"十二五"职业教育国家规划教材
经全国职业教育教材审定委员会审定

大学生心理素质教育

第三版

邓明珍　王瑞忠　主编

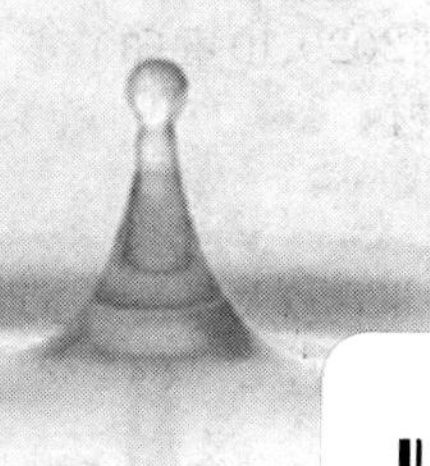

化学工业出版社
·北京·

本书依据《北京高校学生心理素质教育教学大纲》，针对高职高专学生的身心特点和思想实际来编写，具有一定的理论性和较强的实用性。

本书共分心理健康概论（绪论）、心理现象（第一章～第四章）、人际关系（第五章～第七章）、职业生涯（第八章～第九章）、心理问题预防（第十章～第十一章）、心理健康总结（第十二章）六个部分，从各个角度介绍了大学生在生活、学习、工作中遇到的心理素质问题，指出了其原因，阐述了调适方法。

本书可以作为高职院校各专业的心理辅导教材。

图书在版编目（CIP）数据

大学生心理素质教育/邓明珍，王瑞忠主编．—3版
北京：化学工业出版社，2015.1（2020.10重印）
“十二五”职业教育国家规划教材
ISBN 978-7-122-22501-6

Ⅰ.①大… Ⅱ.①邓…②王… Ⅲ.①大学生-心理素质-素质教育-高等职业教育-教材 Ⅳ.①B844.2

中国版本图书馆CIP数据核字（2014）第288721号

责任编辑：于　卉　王　可　　装帧设计：关　飞
责任校对：宋　玮

出版发行：化学工业出版社（北京市东城区青年湖南街13号　邮政编码100011）
印　　刷：北京京华铭诚工贸有限公司
装　　订：三河市振勇印装有限公司
787mm×1092mm　1/16　印张 $20\frac{3}{4}$　字数550千字　2020年10月北京第3版第7次印刷

购书咨询：010-64518888　　售后服务：010-64518899
网　　址：http：//www.cip.com.cn
凡购买本书，如有缺损质量问题，本社销售中心负责调换。

定　　价：38.00元

前　言

本教材2010年出版了第一版，2011年出版了第二版。4年的教育实践表明，使用本书的大学生，个体心理素质提升，群体心理和谐；使用本教材的院校，校园安全稳定，校风学风健康向上，院校获得诸多荣誉。本书第二版获“2012年中国石油与化学工业出版物（教材奖）二等奖”。

《大学生心理素质教育（第三版）》在保持原教材体系和特色的基础上，努力做到理论再精炼，案例再典型，论述更可读，学习和训练再紧密结合，设计了理论论述、知识要点、阅读材料、思考与练习、个体心理训练、团体心理活动、心理测量等栏目。

参与本书编写的教师包括教授1名，副教授2名，讲师3名，他们除了具有心理学专业学历背景和国家心理咨询师资格外，长期在高职院校从事大学生心理素质教育、心理咨询和心理测试、思想道德教育和学生管理等工作。作者怀着真诚和爱心，从高职高专学生的身心特点和发展规律出发，对高职高专学生的自我意识、情绪管理、压力挫折的承受与应对、个性塑造、人际交往、性与恋爱、学习、择业、心理障碍与心理疾病、珍爱生命与学会感恩、正能量与新梦想等问题，潜心研究和教学实践，总结经验并参考心理专家的理论后撰写了本书。

我们希望本书能对高职高专的学生及其家长，以及心理健康教育工作者和思想道德教育工作者有些实际作用。

本教材第三版由邓明珍、王瑞忠主编，负责拟定编写大纲和统稿；凌燕英任副主编；梁萍、邹平、农雁玲参与编写。内容分工为：王瑞忠编写绪论、第三章、第十章、第十二章、团体心理活动选编；凌燕英编写第八章、第九章；梁萍编写第一章、第二章、第十一章、常用心理测量表；邹平编写第四章、第五章、第六章；农雁玲编写第七章。

本书在修订过程中，参阅和引用了国内外专家、学者的研究成果，并继续得到了化学工业出版社的有力指导和鼎力支持，在此深表谢意！

由于编者水平有限，敬请读者对本教材批评教正。

编　者

2014年11月

第一版前言

心理素质是大学生全面发展的整体素质的中介和载体，也是促进他们健康成长、成才的基础和保证。加强大学生心理素质教育，是高等学校的重要任务。开设大学生心理素质教育课，旨在使大学生了解心理知识，培养健康心理，增进心理承受能力，从而适应未来社会对人才素质的要求。

本书是根据《中共中央国务院关于进一步加强和改进大学生思想政治教育的意见》（中发［2004］16号）文件、《教育部、卫生部、团中央关于进一步加强和改进大学生心理健康教育的意见》（教社政［2005］1号）文件，采用《北京高校学生心理素质教育教学大纲》（京教工［2005］26号）作为编写指导而编写的。本教材具有结构严谨、体系完整、逻辑清晰、联系实际、通俗易懂、便于自学、学练结合等优点。

本书由邓明珍、王瑞忠任主编；凌燕英任副主编；梁萍、邹平、农雁玲任参编。常用心理测量表由梁萍统稿；全书由邓明珍、王瑞忠统稿。

本书在编写过程中，参阅和引用了国内外专家、学者的研究成果，同时得到了化学工业出版社的指导和鼎力支持，在此一并致以深深的感谢！

本书在编写过程中，尽管已经依据了许多心理学成果，但由于编者的理论修养和实践经验局限，难免有疏漏等不足之处，敬请各位读者批评指正，以便再版时修订完善。

编　者

2009年12月

第二版前言

本教材 2010 年 2 月出版了第一版，在 2010 年的教学过程中，编者根据读者反馈和心理学学术成果，对本教材的疏漏和不足之处进行了修订。使第二版相对第一版：理论完整、条目严谨、语言精练、案例增加、可读性加强，便于大学生学习过程中的自学、复习、作业、考试，便于大学生心理活动中的心理训练、心理测量、心理调适、团体活动等。

本教材第二版仍由邓明珍、王瑞忠主编、统稿；凌燕英任副主编；梁萍、邹平、农雁玲参与编写。

本教材在修订过程中，参阅和引用了国内外专家、学者的研究成果，并继续得到了化学工业出版社的有力指导和鼎力支持，在此表示深切的谢意！

由于编者水平有限，本教材仍有各种不足之处，敬请读者批评指正。

编　者

2011 年 1 月

目　录

绪论 人类心理与心理健康

学习目标：①知识目标。了解心理学的研究对象，了解健康的基本知识，懂得身心健康对大学生成长成才的重要性，提高对学习本课程必要性和重要性的认识。②能力目标。掌握维护心理健康的方法。③素质目标。认识身心健康对人生的重要性。

学习重点：人类的心理和心理结构，健康的标准，大学生心理健康的标准，维护心理健康的方法。

学习难点：维护心理健康的方法。

第一节 人类心理

什么是人类心理？人类心理发展有何规律？心理健康的标准是什么？心理健康对人类有何重要性？要了解这些问题，必须首先了解人类的心理现象与心理本质。

一、人类的心理现象

人类的心理现象是指人类的心理活动及其表现形式。人们在生活实践中与周围环境、事物相互作用，必然有这样或那样的主观活动和行为表现。这就是人的心理活动，简称心理。人的心理现象由心理过程和个性心理两个方面组成。心理过程和个性心理是人的心理活动的基本形式，也是人的心理活动表现的重要方面（图 0-1）。

- 心理现象
  - 心理过程（注意贯穿其中）
    - 认识过程（知）：感觉、知觉、思维、记忆、想象
    - 情绪情感过程（情）：情绪、情感
    - 意志过程（意）：意志力、坚韧性
  - 个性心理
    - 个性倾向性：需要、动机、兴趣、理想、信念、世界观
    - 个性心理特征：气质、性格、能力

图 0-1 人类的心理现象

（一）心理过程

人的心理过程就其性质与功能的不同，分为认识过程、情绪情感过程和意志过程。

1. 认识过程

认识过程是人接受、储存、加工和理解各种信息的过程，即人脑对客观事物的现象和本质的反映过程。它包括：感觉、知觉、思维、记忆和想象。

（1）感觉 是人脑对当前客观事物个别属性的反映。感觉是一种最简单的心理现象，是认识过程的开始。心理学根据感觉刺激是来自有机体外部还是内部，把感觉分为两大类：外部感觉和内部感觉。外部感觉有：视觉（眼）、听觉（耳）、嗅觉（鼻）、味觉（舌）、触觉（皮肤）等；内部感觉有：身体内部的器官和组织接受机体内部的刺激，反映身体的位置、运动和内脏器官的不同状态，如动觉（肌肉运动觉）、静觉（前庭平衡觉）、内脏觉等。感觉的特性是感受性。

（2）知觉　是人脑对感觉到的客观事物的整体反映。知觉在感觉的基础上产生，是对感觉信息的组织和解释的过程。客观事物总是由许多属性综合而成的一个整体。知道这个事物的某一属性，往往就能知道这个事物的整体。如看到一种颜色，就能知道是什么物体的颜色；听到一种声音，就能知道是什么物体发出的声音。从而也就知道此事物的意义，这时的心理活动就是知觉。知觉过程一般要经历分析、比较和决策三个阶段。知觉可从不同角度进行分类：按知觉对象的性质，可分为物体知觉和社会知觉；按知觉中哪种感受器的活动占主导地位，可分为视知觉、听知觉、嗅知觉等；按知觉印象是否符合客观实际，可分为正确的知觉和错误的知觉。知觉的特性是整体性、恒常性、意义性（理解性）、选择性。

（3）思维　是人以感知觉所获得的信息为基础，再利用已学得的知识和经验，进行分析、比较、综合、抽象和概括等，认识事物的本质属性和规律性联系。人类的科学发明创造都是通过人脑的思维活动而实现的。在认识过程中，思维实现着从现象到本质、从感性认识到理性认识的转化，从而构成人类认识的高级阶段。思维可从不同角度进行分类，主要有以下几种。①根据思维的凭借物和解决问题的方式可分为：直观动作思维，即凭借直接感知和伴随实际动作的思维；具体形象思维，即运用已有表象进行的思维；抽象逻辑思维，即运用概念、判断、推理去认识事物本质和规律的思维。②根据思维的方法可分为：再现性思维，即应用习惯方法和固定程序解决问题的思维；创造性思维，即以新颖独创的方法解决问题的思维。③根据思维的方向可分为：聚合思维（又称求同思维），即朝着一个方向，得出单一正确答案的思维；发散思维（又称求异思维），即朝着多个方向，寻求多种正确答案的思维。④根据思维的指向可分为：对外思维，这是认知外部客观世界的思维（科学研究的侧重点）；对内思维（又称元认知），这是对头脑内部的认知活动的认知和调控（心理研究的侧重点）。思维的特性是概括性和间接性。思维的品质是广阔性、深刻性、独立性、批判性、逻辑性、灵活性、敏捷性、独创性。

（4）记忆　是过去经验（如感知过的事物、思考过的问题、体验过的情感、从事过的活动等）在人脑中的反映。记忆过程有三个基本环节：①识记（译码），是识别和记住事物，从而积累知识经验。②保持（编码和储存），是巩固已获得的知识经验，其对立面是遗忘。③再认和回忆（检索），是在不同的条件下恢复过去经验。过去经历过的事物再次出现在面前，能把它们辨认出来称为再认；过去经历过的事物不在面前，能在头脑中把它们重新呈现出来称为回忆。再认和回忆的主要区别在于：再认在感知过程中进行，而回忆则在感知外通过思维活动进行。记忆可从不同角度进行分类，主要有：①根据记忆的内容，可分为形象记忆、情绪记忆、语词记忆和动作记忆。②根据记忆的信息储存时间长短不同，可分为瞬时记忆（4 秒钟以内）、短时记忆（1 分钟以内）、长时记忆（1 分钟以上至永久）。③根据长时记忆的内容，可分为情景记忆和语义记忆。④根据长时记忆有无意志和目的，可分为无意记忆和有意记忆。记忆的品质是敏捷性、持久性、准确性、备用性。

记忆表象（简称表象）是过去感知过的事物形象在头脑中的再现。如，看到“天安门”一词，即想起参观过的天安门的形象。表象的特征包括：①形象性。表象是记忆内容中形象、情景的部分。如提到“父母”，脑海里会展现出爸爸妈妈的音容笑貌。②概况性。表象是综合多次知觉而形成的对同类事物的一般印象。如头脑中的树、房、山等已不再是具体的某棵树、某间房、某座山，而是一般的概括的树、房、山的形象。③可操作性。表象在头脑中可以被智力操作。即可以分析综合，放大缩小，移植翻转等。表象的可操作性，使得形象思维、创造思维、想象成为可能。

（5）想象　人在头脑里对已储存的表象进行加工改造形成新形象的过程叫想象。通过想象创造的新形象叫想象表象。想象表象的主要特点是形象性和新颖性。根据产生想象时有无意图和目的，可将想象分为无意想象和有意想象。无意想象是没有预定目的的、不由自主的想象；有意想象是有预定目的的、自觉进行的想象。有意想象又可分为：①再造想象，是根据别人的描述或图样、符号、记录等在头脑中形成新形象的过程。②创造想象，是不根据现成的描述而独立地产生新形象的过程，其特点是新颖、独创、奇特。③幻想（创造想象的特殊形式），是与个人生活愿望相联系并指向未来的想象。

2. 情绪情感过程

情绪情感是客观事物是否符合人的需要、愿望、观点而产生的态度体验。人们总是抱着某种需要去认识客观事物，在认识过程中，总会产生一种态度体验。如果满足了需要，则产生一种愉快的、肯定的、积极的态度体验；反之，则产生一种不愉快的、否定的、消极的态度体验。这种由于需要是否满足而产生的态度体验，就是情绪情感过程。

情绪情感不同于认识。同样是人对客观事物的反映形式，认识是人对客观事物本身的反映，而情绪情感则是人对客观事物与主观需要之间关系的态度体验。不同的人对同一客观事物或者同一个人在不同的时间、地点等条件下对同一客观事物的态度体验可能很不相同。

情绪与情感的联系。两者都是对自我需要满足状况的心理反应。情感在多次情绪体验的基础上形成，并通过情绪表现出来；反过来，情绪的表现和变化受已形成的情感的制约。

情绪与情感的区别。①产生基础不同。情绪出现较早，多与人的生理性需要相联系；情感出现较晚，多与人的社会性需要相联系。情绪是人和动物共有的，情感却是人类独有的。②稳定性不同。情绪具有情境性和暂时性；情感则具有深刻性和稳定性。情绪常由身旁的事物所引起，又常随着人、事、场合的改变而变化。情感在多次情绪体验基础上形成后相对稳定，如对一个人的爱和尊敬，可能一生不变。③表现特点不同。情绪具有冲动性和外显性；而情感则深沉和内隐。人在情绪左右下可能难以自控，高兴时手舞足蹈，激动时拍手称快，生气时捶胸顿足，愤怒时暴跳如雷，郁闷时垂头丧气。而情感更多的是内心体验，如爱国主义情感一般不轻易表露，但对人的行为有重要的调节作用。

情绪的种类。依据情绪发生的强度、紧张度和持续时间可把情绪状态分为心境、激情和应激。心境是一种微弱的、平静的、持续时间较长的情绪状态。激情是一种强烈的、爆发的、持续时间短暂的情绪状态。应激是由出乎意料的紧急状况引起的高度紧张的情绪状态。

情感的种类。情感的种类繁多，如按人类的社会性，情感则可分为理智感、道德感和美感。①理智感（真感）。是人在智力活动过程中认识、探求和维护真理的需要是否得到满足而产生的情感体验。如，对科学探索的好奇，对研究中未证实结果的怀疑，对科学真理的热爱和追求，对偏见和谬误的鄙视和排斥等。②道德感（善感）。是人按照一定的道德标准评价自己或他人的思想和言行时产生的情感体验。善感的主要形式有：直觉的善感（如危险感或荣辱感促使自己制止不当的需求与行为），想象的善感（如想起文天祥等英雄人物而唤起钦慕善感），伦理的善感（结合道德的感性经验和理性认识，深刻认识善的要求和意义）。善感的主要内容有：反映个体对社会环境的态度的集体主义、爱国主义和国际主义；反映个体对周围人的态度的友谊感、同情感、眷恋感、正义感、是非感；反映个体对自己的态度的良心、羞耻心、荣誉感、自尊心等。③美感。是人按照一定的审美标准评价自然界、社会生活及文艺作品时产生的情感体验。

3. 意志过程

意志是个体自觉地确定目的，并根据目的调节支配自身的行动，克服困难，实现预定目的的心理过程。意志是人类特有的心理现象。人类不仅要认识世界，还要改造世界。改造世界的活动总是带有一定的目的性，为了实现既定目的，就要想方设法克服困难。这种为了实现目的克服困难的活动就构成心理过程中的意志过程。社会生活中，小到搬一件东西，解一道数学题，大到参加科学考察，抗洪抢险，若为一定的目的而努力，就是意志过程。

意志的作用。一方面表现为依据情境、调整心态、选择方法、发动行为去实现预定目的。另一方面表现为抑制一切干扰实现预定目的之意图、动机、思想、情绪和行动的出现。即古人所说的“有所为，有所不为”。例如，学生为了升大学，克制自己懒惰、贪玩的习性，把大多数时间用来读书、做题。

意志的本质。辩证唯物主义的科学心理观认为，意志既是自由的，又是不自由的。说它是自由的，是因为在一定条件制约下，人可以按照自己的意志去自由地选择目的，发动或制止某些行动，选择行为方式去完成预定目的。说它是不自由的，是因为意志不能随意创造一切，人的愿望和行动必须服从客观规律，否则就会碰壁。

意志有三方面特征：①有明确的预定目的。如运动员为获得奥运金牌而刻苦训练，文学爱好者为成为作家而笔耕不辍，科学家为攻克难关而废寝忘食等。②以随意运动为基础。随意运动，通常是一些受意识支配的已经熟练掌握的动作。如运动员自如地运球上篮，学生熟练地曲膝做操，画家持笔作画，音乐家操琴谱曲等。③与克服困难相联系。如运动员忍着伤痛坚持在训练中扭腰摆臂，建筑工人冒着酷暑施工，清洁工人顶着严寒工作等。

意志有四方面品质：①自觉性。能够自觉地确定行动目的，并独立自主地采取决定和执行决定。其反面是易受暗示和独断。②果断性。能够面对复杂多变的情境迅速有效地决定，并实现作出的决定。其反面是优柔寡断或草率决定。③坚韧性。既能坚持原则，抵制各种内外干扰，又能审时度势，灵活机动地达到预定目的。其反面是执拗或动摇。④自制性。能够自觉灵活地控制自己的情绪，约束自己的言行。其反面是任性和怯懦。

4. 注意

认识、情绪情感和意志构成了人的心理过程。然而，人的心理过程还总是伴随着这样一种心理现象，如为什么同一事物，有时我们能感知得到，有时却感知不到；为什么解决问题时，聚精会神与三心二意的解决效果大不同，这就是注意。注意是心理活动对一定事物的指向与集中，它是伴随心理过程进行的一种心理状态，是心理活动的共同特征。

注意有两个基本特征。①指向性，指心理活动有选择地反映一些对象而离开其余刺激。就像满天星斗，我们要想看清楚，就只能朝向个别方位或某个星座。②集中性，指心理活动停留在被选择对象上而排除干扰刺激。比如我们集中注意去读一本书的时候，对旁边的人声、鸟语或音乐声就无暇顾及，或者有意不去关注它们。

注意有四方面品质。①注意的范围。即同一时间能清楚把握注意事物的数量。②注意的稳定性。即注意能否较长时间地集中于某一事物上。③注意的转移。即注意能否根据需要较快地从一事物转移到另一事物上。④注意的分配。即能否同时把注意分配到两种或几种事物上。

注意本身并非独立的心理过程，但它却是我们从事活动、获得知识、提高学习和工作效率的基础，是人的心理活动的共同特征。

（二）个性心理

认识、情绪情感和意志是人类共有的反映客观现实的心理过程。但是，每个人在反映客观现实时，会有不同的行为特点和行为方式。这些不同的特点和方式构成每一个人的心理差异，称为个性心理差异，简称个性心理、个性差异、个性。个性心理主要表现在两个方面：个性倾向性和个性心理特征。

1. 个性倾向性

个性倾向性是指一个人所具有的意识倾向和人对客观事物的稳定的态度。主要包括需要、动机、兴趣、理想、信念和世界观。

(1) 需要　是个体在生活与实践中对所缺乏的事物在头脑中的一种主观反映。人的需要的形成有两方面原因：一是人们感到缺乏什么东西，有不足之感；二是人们期望得到什么东西，有求足之感。需要就是这两种感觉形成的心理现象。它是由内外刺激引起的，是个体积极性的源泉，是人们思想和活动的初始动力。需要的分类：从需要主体的角度看，可分为个体需要与群体需要；从需要对象的存在状态看，可分为自然需要和社会需要；从需要对象的表现形态看，可分为物质需要和精神需要；从需要的历史作用看，可分为合理性需要与非合理性需要。需要还有高低不等的层次，它依次递进，在满足低一层次的需要后，又会产生新的高一层次的需要。美国心理学家马斯洛将人的基本需要分为生理需要、安全需要、社交需要、尊重需要、自我实现需要五个层次。

(2) 动机　是指为满足某种需要而进行活动的具体想法，是直接推动人们去行动以达到一定目的的内部动力。动机由需要转化而来，需要转化为动机有两个条件，一是需要心理要发展到一定强度，二是要有外部诱因条件的刺激，二者缺一不可。动机的分类：根据需要的不同，可分为自然性动机与社会性动机；根据诱因的不同，可分为内在动机和外加动机；根据动机的效能，可分为主导动机和辅助动机；根据动机追求的目标和持续时间，可分为长远动机和短暂动机；根据动机的社会意义与评价，还可分为积极动机与消极动机。人们在两个及以上动机强度相当又不能同时满足时，会发生动机冲突。动机冲突从形式上可分为：双趋冲突，即相同强度的两种动机，追求同时并存的两个目标，但只能选择其一；双避冲突，即同时面临两个希望避开的目标，但必须接受其一；趋避冲突，即对同一目标兼具好恶的矛盾心理状态；双重趋避冲突，即同时具有两个或几个目标，而每个目标又同时形成趋避冲突。动机冲突从内容上可分为：原则性动机冲突，即在动机选择上主要受个人的世界观、人生观、价值观的影响；非原则性动机冲突，即在动机取舍时主要受个性倾向的影响。

(3) 兴趣　指个人对某种事物所持的愿意接近、乐于探索、积极实践的认识倾向和情感状态。当一个人对某一事物产生兴趣时，就会积极主动地使自己的各种心理活动指向该事物。随着兴趣逐渐浓厚，则会形成强烈爱好。兴趣的分类：从兴趣的内容看，可分为物质兴趣和精神兴趣；从兴趣的指向方式看，可分为直接兴趣和间接兴趣；从兴趣带来的客观效果看，可分为积极兴趣和消极兴趣。兴趣的特点：兴趣范围大小，兴趣众多时是否存在一个中心，兴趣是否持久稳定，兴趣对个人活动能产生多大效果等。

(4) 理想　是指对未来事物的合理的希望与想象。理想与空想、幻想、妄想的区别在于理想具有合理性和根据性。理想的分类：理想按所属人的范围可分为个人理想和群体理想；理想按奋斗时间的长短可分为长远理想和近期理想；理想按内容可分为社会理想、生活理想、职业理想、素质理想。理想的追求方法是踏实做事，诚信做人。

(5) 信念　是指人按照自己所确信的观点、原则和理论去行动的个性倾向。信念的最高内在表现为世界观、人生观、价值观、历史观、学术观等方面的信仰。信念的最高外在表现为如夸父逐日、精卫填海、愚公移山等坚定不移的行为志向。信念是意志行为的基础，是个体动机目标与整体长远目标的统一，没有信念就不会有意志，更不会有积极主动的行为。信念是一种心理动能，其行为上的作用在于通过士气激发人们潜在的精力、体力、智力和其他各种能力，以实现与基本需求、欲望和信仰相应的行为志向。

(6) 世界观　是人们对整个世界的根本看法和根本观点的总和，它包含了人的自然观、社会观、历史观、人生观。人生观是世界观在人生问题上的运用，世界观决定人生观。价值观则是以世界观、人生观为基础的，有什么样的世界观、人生观，就会有什么样的价值观。价值观与世界观相比，具有具体性的特点，它不像世界观那样是对整个世界的根本看法，而是对社会生活中事物和现象作出具体的判断和选择。价值观与人生观相比，则具有多样性、广泛性的特点，它不只讨论人生价值问题，它讨论的问题更为广泛、具体、多样。

需要、动机、兴趣、理想、信念和世界观所代表的个性倾向性是人从事各项活动的基本动力，决定着人的行为的方向，一个人的个性倾向是在实践活动中逐渐形成并发展起来的，它反映了一个人与客观环境之间的关系，以及一个人特殊的生活环境和经历。个性倾向性随个人发展阶段的不同而不同。儿童期，支配其心理活动与行动的主要个性倾向是兴趣；青少年期，理想和信念逐渐上升到主导地位；青年晚期和成年期，人生观和世界观支配着人的心理与行为，成为其主导的个性倾向。

当一个人的个性倾向成为一种稳定而概括的倾向时，就成为自己对自我、对他人、对某事的一贯态度并采取相应的行为方式，从而构成了具有自我独特特点的性格特征。

2. 个性心理特征

个性心理特征是一个人身上经常表现出来的本质的、稳定的心理特征，它是个性倾向性稳固化和概括化的结果。它包括气质、性格、能力等。气质是先天的，性格和能力主要是后天的。

(1) 气质　是指一个人的高级神经系统在心理活动中的动力特征。气质有多种分类法。①气质的阴阳五行说。中国古代医学著作《内经》将人的气质分为太阴之人、少阴之人、太阳之人、少阳之人、阴阳和平之人。②气质的体液说。古希腊医生希波克拉底设想人体内有血液（心脏）、黄胆汁（肝）、黑胆汁（胃）、黏液（脑）四种液体，并根据这些液体混合比例哪一种占优势，把人分为不同的气质类型：体内血液占优势属于多血质，热而湿，好似春天；黄胆汁占优势属于胆汁质，热而干，好似夏天；黑胆汁占优势属于抑郁质，冷而干，好似秋天；黏液占优势属于黏液质，冷而湿，好似冬天。③气质的体型说。德国心理学家恩斯特·克雷奇默提出：有矮而胖的矮胖型、高而瘦的瘦长型、肌肉发达的斗士型等气质。④气质的激素说。美国心理学家柏尔曼提出，人的气质是由某种内分泌腺的活动所决定，由人的某种腺体特别发达或不发达，而分为肾上腺型、垂体型、甲状腺型、副甲状腺型、性腺型和胸腺型这六种类型气质。⑤气质的血型说。日本心理学家古川竹二，根据人的血型而把人分为A型、B型、AB型、O型等四种类型气质。⑥气质的活动特性说。美国心理学家巴斯，用反应活动的特性，即活动性、情绪性、社交性和冲动性作为划分气质的指标，由此区分出活动性气质、情绪性气质、社交性气质、冲动性气质等四种类型气质。⑦气质的高级神经活动类型说。俄国生理心理学家巴甫洛夫提出，高级神经活动具有强度、平衡性、灵活性三种基本特性，这三种特性的结合使高级神经活动分为四种类型：强而不平衡型（兴奋型），强而平衡灵活型（活泼型），强而平衡不灵活型（安静型），弱型（抑郁型）。大多数人，都是近似于某种气质，同时又与其他气质结合在一起。

(2) 性格　是指一个人对客观现实所持的稳定态度并与之相适应的习惯化的行为方式。性格分类的理论很多。其中，经典分类是从“行为模式类型”来分的，有A型、B型、M型、MA型、MB型和C型。A型性格（外倾）的人说话与行动节奏快，性急，争强好胜，总是迫使自己处于紧张状态。B型性格（内倾）的人镇静、专心致志、温文尔雅，能够灵活地应付紧张事件，没有时间紧迫感，不易受挫折，即使受挫折，也能现实地接受挫折。M型属介于A型和B型之间的中间型，MA型属M型偏向A型，MB型属M型偏向B型，C型属严重抑郁型性格。

(3) 能力　是一个人顺利完成某种活动的心理特征。如人的聪明与愚笨，有的人具有数学才能，有的人具有文学才能，有的人具有音乐才能，有的人具有绘画才能等。

二、人类的心理本质

辩证唯物主义认为，心理是人脑对客观现实的主观印象。从形式上看，心理是人脑的机能，从内容上看，心理是客观现实的反映。

（一）心理是人脑的机能

人类经历了漫长过程才认识到脑是心理的器官。古代人们认为心脏是心理的器官，认为人之所以产生心理是由于心脏的作用。中国和西方的古代哲学家都有如此看法。如孟子认为“心之官则思”（即心脏的官能就是思想），汉字中与人的精神活动相关的字、词，多有“心”，如感情、想象、思考、心情等。随着科学发展和实践经验的总结，人们逐渐认识到心理现象并非心脏的机能，而是与脑相联系。当人入睡后，心脏在跳动，脑却不知道了。如果脑受严重损伤，尽管心脏还在跳动，心理却发生严重障碍。于是，人们逐渐认识到脑比心脏对人的心理活动更为重要。

生理解剖学的发展促进了人们对脑机能的认识。16 世纪，我国明朝医生李时珍就认识到脑才是人的思维器官，提出“脑为元神之府”。19 世纪，随着西方生理学的发展，此问题才有了比较一致的认识。1861 年，法国医生布格卡对一个多年不能清楚地说话的患者死后尸解，发现患者的大脑皮层左侧额叶部分有病变，从而发现言语运动区的位置。此后，医学界历经多年的临床经验和资料积累，才把脑各部分的机能搞清楚。

反射学说奠定了心理的生理基础。脑以什么方式进行活动？脑如何活动才产生心理现象？17 世纪法国哲学家笛卡儿提出了反射的概念。他认为动物的活动和人的不随意活动都是自动实现的对外界刺激的反应，他将这种借助神经系统所实现的，对外界刺激所做的有规律的应答活动叫做反射。俄国生理心理学家巴甫洛夫对动物和人的反射活动进行了大量的科学研究，创立了高级神经活动学说，进一步揭示了心理活动的生理机制。

人脑怎样活动才产生心理现象？现代科学研究表明，人的一切心理活动就其产生方式来说都是脑的反射活动。反射是有机体借助于神经系统对刺激作出规律的反应。脑的反射活动分为三个主要环节：①开始环节，外界刺激作用于人的感觉器官，经传入神经向脑中枢输入信息；②中间环节，脑中枢对感觉信息进行加工、贮存的神经过程，表现为心理现象；③终末环节，脑中枢沿传出神经将信息传至效应器官，引起效应器官的活动如动作、语言等。终末环节并非活动的结束，往往反应活动本身又会成为新刺激，引起新的神经过程，新信息返回传入脑中枢，即反馈。反馈使人的心理活动成为完整的连续的过程，人才能完善地反映客观世界。心理现象为反射始端的外界刺激所引起，在反射的中间环节产生，并对反射终端的反应活动具有调节作用。

可见，人脑使人体各器官组成一个整体，使人体与环境发生联系、保持平衡，具有对外界信息进行接受、传递、加工、贮存和提取等复杂的心理活动的功能。所以，人脑是心理的器官，心理是人脑的机能。但是，人脑本身不能单独产生心理。

（二）心理是客观现实的反映

心理是客观现实的反映。反映是物质间相互作用彼此留下痕迹的过程。由于物质本身的性质和运动形态的不同，反映的形式也不相同。心理不过是物质世界中普遍存在的各种各样反映形式中的一种高级反映形式而已。

客观现实是心理的源泉和内容。客观现实可分为自然性现实和社会性现实两大方面。人的各种心理活动，无论是低级的，还是高级的，其内容都受到这两方面客观现实的制约，并以各种形式反映客观现实。

心理是人对客观现实的主观印象。人的心理的内容和源泉是客观的，但对客观现实的反映是由具体的人进行的，由于每个人的认识、经验、兴趣、世界观存在差异，因此对客观现实的反映不完全相同，从而表现出人的心理的主观性特点。如对一棵树，农民、木匠和植物学家的反映就会不同。人对客观现实的反映，受他所积累的个人经验和个性心理特征所制约，带有个人的独特色彩。

心理是人对客观现实的能动反映。首先，人对外界事物的反映具有选择性；其次，人对外界事物的反映具有积极主动性，并根据事物的规律以其行动去反作用于外界事物，从而达到改造环境的目的。正是在客观现实的刺激下不同的人出现各种不同的心理状态，表现出人的反映具有主观能动性特色。

心理是人通过社会实践对客观现实的能动反映。有了人脑作心理的生物前提，有了客观现实作心理的源泉和内容，有了人脑对客观现实的特殊反映方式，还不能保证人产生心理活动。这是因为，在人脑、客观现实、心理活动之间，还缺少一个中介或桥梁，这就是社会实践。只有让人脑与客观现实在社会实践中发生联系，才能实现心理反应，人的社会实践活动是心理产生和发展的基础。

三、人类的心理素质

人类的心理素质是人的心理过程和个性心理所体现的心理品质的总和，也是人的智力因素与非智力因素的总和。

心理素质的内容从心理现象的角度看，包括心理过程和个性心理两类。心理过程类的心理素质包括感觉、知觉、思维、记忆、想象、注意、情绪、情感、意志等；个性心理类的心理素质则包括气质、性格、能力、需要、动机、兴趣、理想、信念等。

心理素质的内容也可以分为智力和非智力两类。智力类的心理素质包括注意力、观察力、思维力、记忆力、想象力等一般能力，也包括表达能力、社交能力、组织能力等特殊能力；非智力类的心理素质包括需要、动机、兴趣、情绪、情感、意志、理想、信念等。

心理素质是人的整体素质的基础和核心。人的发展，就是人类不断由低级向高级的发展进化。现代社会人的发展，就是人的现代化。人的现代化，一方面强调人的素质全面发展，追求人的生命质量不断提高；另一方面又强调人的发展必须与自然协调、与社会适应。要使人类在改造自然和改造社会的过程中健康发展，心理素质的健康发展就十分重要。

心理素质是人的整体素质的中介和载体。人的素质结构为：①生理素质。包括生理机能、运动机能、体质体型等的素质。②心理素质。③社会素质。包括思想政治观点、道德行为规范、科学文化知识、生活劳动技能、审美等的素质。这三方面素质相互渗透相互作用，共同构成人的整体素质。其中，心理素质居于生理素质和社会素质之间，使人的素质各部分联系起来，掌握人的整体素质相对稳定的特质和发展趋势。因此，心理素质是人的整体素质的中介和载体，是人成长成才的基础和保证。心理素质健康与否，关系到人的生命质量和人生成败。

心理素质与社会发展紧密相关。一方面，人的发展程度决定社会的发展程度。另一方面，社会的发展变革挑战人的素质尤其是心理素质。人要具备全新的心理素质才能适应社会发展进步。①21 世纪是社会全面发展的世纪。社会发展要求作为社会活动主体的人要全面发展。1976 年联合国教科文组织大会提出，社会发展应是“以人为核心的发展”。现代化不仅是物的现代化，更是人的现代化，即实现包括心理素质在内的人的整体素质的提高。②21 世纪是知识经济社会的世纪。知识经济社会是“人才社会”，重视人力资源开发和人的全面发展；知识经济社会是“竞争社会”，知识创新和技术创新的竞争更加激烈；知识经济社会是“合作社会”，知识创新和技术创新越来越倚重团队的合力；知识经济社会是“成就社会”，社会只承认知识创新和技术创新中的成就者；知识经济社会是“压力社会”，学会学习、学会创新、学会生存成为每个人终身要面对的问题。为适应知识经济社会，人不但要有知识、能力、才干、胆识和开拓创新精神，还要有科学的思维方法、高尚的道德品质、合作的群体意识、广阔的视野胸怀、崇高的理想目标，这些都需要良好的心理素质。③21 世纪是实现中国梦的世纪。中国将走向发达工业社会、知识经济社会；将建成完善的社会主义市场经济体制；将成为与国际接轨的开放社会。这些转变，不仅将带来经济高速发展、市场空前繁荣、生活极大改善、社会巨大进步，同时将伴随社会矛盾与冲突，这又将导致诸如取义与取利、平均与先富、保守与竞争、社会定向与个体定向等的心理矛盾与冲突。我们只有用良好的心理素质来整合心理矛盾和冲突，才能实现个人梦、实现中国梦。④21 世纪还是世界风云变幻的世纪。和平与发展虽已成为时代主题，但风云变幻、局部战争等也将撞击人的心灵。没有良好的心理素质，难以做到“任凭风浪起，稳坐钓鱼台”。

综观社会发展与心理健康发展可以发现，心理疾病与现代化发展具有同步性。据资料统计，中国人的心理疾病患病率 20 世纪 50 年代为 2‰，70 年代为 7‰，80 年代仅 15 岁以上的人就达 10.5‰，90 年代达 12.6‰，目前达 22.2‰左右，接近美国比例（25‰）。究其原因，主要是中国人的心理素质与社会发展不相适应。例如，①认知方面，重现实思维、求同思维，轻理论思维、求异思维；②情感方面，强调传统道德，具有强烈的道德自律性，偏激性浓，而缺乏理智性、开放性、稳定性；③意志方面，忍耐性、自制性强，但欠缺积极、勇于竞争的优良品质；④个性心理方面，中国人的气质和性格具有较强的内向性、自制性和低冲动特点。为适应社会发展，要有一个由内向型气质向外向型气质的转变，由社会定向的性格向个人定向的性格的演变。美国社会学家英格尔斯指出，人的现代化应具备的品质和特征中最重要的就是对社会发展的心理适应程度。只有具备了良好的心理素质，才能对社会发展持积极的、灵活的态度，视社会发展为正常的机会，而不视其为问题和障碍；才能主动调节和整合心理冲突，保持良好的、有效的生存状态，在 21 世纪的竞争中立于不败之地。

第二节　心理健康

健康是人快乐、幸福和成功的前提和基础。前世界卫生组织（WHO）总干事马勒曾指出：必须让每个人认识到，健康并不代表一切，但失去了健康，便失去了一切。

一、健康标准

（一）健康标准的演变

1. 健康标准的生物医学模式

古代和近代，人们习惯于从生物医学的角度思考健康问题。认为健康就是用客观测量方法找不到身体哪一部分有病态的证据，无病即健康。疾病就是生物学统计常模可观察到的偏离，身体内出现高于正常值的化学物理变化，如体温、细胞数等出现变化就是患了疾病。英文中有三个不同词来标志疾病的概念。disease，病人躯体器官有器质性病变或功能不正常。illness，病人有主观不适感。sickness，病人不能正常工作学习和日常活动。传统的健康观念概括为：无器质性或功能性异常，无主观不适的感觉，无社会公认的不健康行为。

2. 健康标准的“生物—心理—社会模式”

理论研究与社会实践的发展表明，人不仅是生物体，而且有着复杂的心理活动，并生活在一定的社会环境中。因此，要有“立体健康观”。

世界卫生组织 1948 年成立，在《保健大宪章》中指出：健康不仅为没有疾病或虚弱，而且是身体、精神和社会适应能力之完好状态。并提出了 10 条健康标准：①精力充沛，能从容不迫地应付日常生活和工作压力而不感到过分疲劳和紧张；②态度积极，勇于承担责任，不论事情大小都不挑剔；③精神饱满，情绪稳定，善于休息，睡眠良好；④能适应外界环境的各种变化，应变能力强；⑤能抵抗一般性的感冒和传染病；⑥体重得当，身材均匀，站立时头、肩、臂的位置协调；⑦反应敏锐，眼睛明亮，眼睑不发炎；⑧牙齿清洁无空洞，无痛感，无出血现象，牙龈颜色正常；⑨头发有光泽、无头屑；⑩肌肉和皮肤富有弹性，走路轻松自如。健康是生理健康与心理健康的统一体，两者相互依赖、密不可分。人患生理疾病时，往往情绪低落、烦躁不安，易发生心理问题；同样，长期心理不适、抑郁烦闷、焦虑焦躁，也容易导致生理疾病。

3. 健康标准的“生物—心理—社会—道德模式”

世界卫生组织 1989 年将健康定义修改为：健康不仅是没有疾病，而且包括躯体健康、心理健康、社会适应良好和道德健康。后面的健康层次是以前面的健康层次为基础而发展的更高级的健康层次。①躯体健康。指个人的人体组织结构完整和生理功能正常。它是其他健康层次的基础。②心理健康。指个人的认识、情感、意志、人格、行为的完整协调，心境发展的最佳状态。③社会适应良好。指个人在社会生活中的角色适应良好。社会适应良好的最高境界是具有较强的社会交往能力、工作能力和广博的文化科学知识，不仅能胜任个人在社会生活中的各种角色，而且能创造性地取得成就，贡献社会，实现自我。社会适应不良的表现是缺乏角色意识，或者角色错位。④道德健康。指能够按照社会规范的细则和要求来支配自己的行为。道德健康的最高标准是“无私利人”，基本标准是“为己利人”。道德不健康的表现是“损人利己”和“纯粹害人”。

世界卫生组织 1999 年又提出身心健康的三个新指标。即新概念，从满足物质需要向满足精神需要发展。新原则，从经验养生向科学养生方向发展。新目标，从追求生存质量目标向追求生活质量目标转化。

世界卫生组织 1999 年还提出身心健康八条新标准。即食得快，便得快，睡得快，说得快，走得快，良好的个性人格，良好的处世能力，良好的人际关系。“五快”表明躯体健康：食得快，胃口好，内脏功能正常；便得快，排泄轻松自如，胃肠功能正常；睡得快，中枢神经系统功能协调，内脏功能正常；说得快，头脑清楚思维敏捷，心脏功能正常；走得快，运动功能与神经协调功能正常。“三良好”表明心理健康：良好的个性人格，情绪乐观、性格温和、意志坚强；良好的处世能力，观察问题客观现实，待人接物合情合理；良好的人际关系，遇事达观，助人为乐，不斤斤计较。

（二）亚健康

世界卫生组织 2004 年公布的一项调查表明，全世界处于真正健康状态（第一状态）的人口只有 5%，其余 20%的人处在疾病状态（第二状态），75%的人处于亚健康状态（第三状态）。亚健康是指人在躯体、心理和社会环境等方面表现出不适应，介乎健康与疾病之间的临界状态。

亚健康的主要表现。①躯体亚健康。神经系统：失眠多梦，头痛头晕，疲劳乏力；五官系统：眼睛酸涩，容易流泪；毛发：脱发、斑秃、早秃，每次洗发都有许多发脱落；骨骼系统：腰背肩颈酸痛、僵硬，关节咯咯作响；心血管系统：恶心，心慌气喘，胸闷憋气；消化系统：食欲不高，消化不良，腹部饱胀，便秘或腹泻；生殖系统：月经不调，痛经，血块，性冷淡，性功能下降；免疫功能：抵抗力下降，慢性咽炎，反复感冒等。②心理亚健康。记忆力下降，精神难以集中，焦虑烦躁，情绪低落忧郁，遇小事易生气，做事经常后悔等。③社会交往亚健康。人际关系不良，家庭不和谐等。

亚健康的主要原因。①环境因素：空气污染、水质污染、食物污染等；②生活因素：过于劳累、睡眠不足、久坐少动、生活无序、营养不均衡、烟酒过度、纵欲过度等；③医学因素：肿瘤和心脑血管病等危险因素的流行，病原微生物的侵袭，错误医疗的副作用等；④心理因素：压力挫折等；⑤社会因素：生活工作节奏加快，社会家庭压力增加等。这五大因素会导致人体微循环紊乱，血黏度增大，血流不畅，营养物质交换不全，代谢物质瘀积不出，神经系统兴奋抑制规律遭破坏。

亚健康者一般没有生命危险，如若碰到高度刺激，如熬夜、发脾气等应激状态，则容易猝死，就是“过劳死”。

摆脱亚健康不能只靠药物和补品，要采用健康的生活方式和心理调节。比如，科学的膳食营养、合理的工作节奏、规律的生活方式、充足的休息睡眠、适当的户外运动、戒除吸烟酗酒、积极的心理状态、适宜的干预调理等，可将某些疾病控制不发作，并转化为健康状态。

世界卫生组织 1992 年在加拿大维多利亚会议提出了健康四基石：合理膳食，戒烟限酒，适当运动，心理平衡。1996 年美国疾病控制中心指出，采用健康四基石方法可使美国人均寿命延长 10 年，高血压下降 55%，脑卒下降 75%，肿瘤下降 1/3，糖尿病下降 50%，冠心病事件明显减少，生活质量明显提高。

世界卫生组织还指出：个人健康和寿命的 60%取决于个人，15%取决于遗传，10%取决于社会因素，8%取决于医疗条件，7%取决于气候。

二、当代中国大学生的心理健康标准

（一）当代中国大学生的身心特点

大学生是富有理想、文化层次较高的青年群体。与西方国家的大学生不同，中国大学生的群体特征相对突出，表现在年龄段相对集中（一般为 18～23 岁左右）、学习和生活环境相对封闭、学习条件大致相似等方面。大学生的心理特征以其生理特征为基础，同时又受家庭、学校、社会等外界环境的影响，因此，要了解大学生的心理健康问题，必须了解大学生的生理特征和心理特征。

1. 当代中国大学生的生理特征

18～23 岁的大学生，其生理特点主要表现在体、力、脑、性 4 方面的巨大变化：体，身体定型为成人；力，青年期是人生命力最旺盛时期；脑，大脑、神经系统、第一和第二信号系统发达完善；性，性成熟期，要求爱和被爱。青年期的体、力、脑、性 4 方面的生理巨变，为青年的心理变化提供了良好的物质基础。

2. 当代中国大学生的心理特征

（1）心理发展的过渡性　青年期是少年向成年人转变的过渡期，也是少年心理向成人心理过渡的关键期。

（2）心理发展的可塑性　大学时代心理品质全面发展、基本形成，同时又容易受外界环境的影响。

（3）心理发展的矛盾性　大学生由于缺乏社会生活经验，心理成熟滞后于生理成熟，经济不能独立，传统价值权威衰落，受现代价值多元化影响等，大学生心理发展出现诸多矛盾。如理想与现实的矛盾，情绪与理智的矛盾，独立与依赖的矛盾，乐群与防范的矛盾，自尊与自卑的矛盾，竞争与求稳的矛盾，性之生物性与社会性的矛盾等。

（4）心理发展的差异性　大一是适应期。突出问题是适应大学生活，建立新的人际关系。大二至大三是发展期。突出心理问题是：成才道路选择与理想的树立，学习目标的实现，学习方法的掌握，学习心理结构的形成。毕业前夕是成熟期。世界观、人生观逐渐形成，但毕业又要面临新的心理适应，升学还是就业？国内深造还是出国留学？就业还是创业？这些使得心理又起波澜。

（二）当代中国大学生的心理健康标准

1. 当代中国大学生心理健康的标准

中国绝大多数心理专家认为当代中国大学生心理健康的标准如下。

（1）智力正常　主要表现为：有浓厚的学习兴趣和强烈的求知欲；能积极协调学习过程；能掌握有效的学习方法和保持较高的学习效率；能从学习中获得满足感和快乐感。

（2）情绪稳定　内容主要有：正面情绪多于负性情绪，对生活充满希望；善于调控自己的情绪，既能克制又能合理宣泄自己的情绪；情绪的表达既符合社会的要求又符合自身的需要；情绪反应与环境相适应，反应的强度与引起这种反应的情境相符合。

（3）意志健全　意志健全者在行动的自觉性、果断性、坚韧性和自制力等方面都表现出较高的水平。意志健全的大学生在各种活动中都有自觉的目的性，能适时地做出决定并运用切实有准备的方式解决所遇到的问题，在困难和挫折面前，能采取合理的反应方式，能在行动中控制情绪和言而有信。

（4）人格完整　人格完整是指有健全统一的人格，即个人的所想、所说、所做都是协调一致的。个人具有正确的自我意识，能以积极进取的人生观作为人格的核心，并以此为中心把自己的需要、动机、兴趣、理想和气质、性格、能力统一起来。

（5）自我评价正确　大学生在自我观察、自我认定、自我判断和自我评价时，能恰如其分地认识自己，摆正自己的位置，既不以自己在某些方面高于别人而自傲，也不以某些方面低于别人而自卑，面对挫折与困境，能够自尊、自强、自制、自爱，正视现实，积极进取。

（6）人际关系和谐　大学生要敢于交往，乐于交往，善于交往；既有广泛而稳定的人际关系，又有知心朋友；在交往中保持独立而完整的人格，有自知之明，不卑不亢；能客观评价别人和自己，善取人之长补己之短，宽以待人，乐于助人；能正确处理人际冲突，化解矛盾，处理好竞争与互助的关系。

（7）社会适应正常　个体与客观现实环境保持良好秩序。个体既能客观地认识现实环境，以有效的办法应付环境中的各种困难；又能根据环境特点和自我意识情况去努力协调，或者改善环境来适应个体需要，或者改造自我去适应环境。

（8）心理行为符合年龄与性别特征　人生每个年龄阶段的心理发展都表现出相应的质的特征，称为心理年龄特征。心理行为符合其年龄特征，是心理健康的表现；如果严重偏离同龄人，则是心理不健康的表现。此外，心理行为也应与其性别特征大致相符，否则会造成其社会性别角色的反差和冲突，难以融入社会和群体。

2. 当代中国大学生心理健康标准具有相对性

我们理解和运用当代中国大学生的心理健康标准时，应注意以下几点。

（1）心理健康水平可以划分为四个等级　①心理健康。即本人自觉愉快，他人不觉异常，社会适应良好，具有理想追求。大学生心理健康三境界：最低境界是没有心理障碍，不患心理疾病；第二境界是能够有效地学习、生活、交往；最高境界是能够发挥自身潜能，促进自我价值实现。②心理困扰。即痛苦感大于愉快感。如焦虑感、罪恶感、疲倦感、烦乱感、无助感、无用感等。多数人的心理困扰通过自我调适在短期内可以缓解，少数人的心理困扰需要通过社会支持或心理咨询才能解决。③心理障碍。它是由内外因素造成个体心理状态的超前、停滞、延迟、退缩或偏离。如神经症、人格障碍、性心理障碍、创伤性心理障碍等。心理障碍需要通过专业人员提供心理咨询治疗才可能解决。④心理疾病。它是由内外因素造成个体强烈的心理反应并伴有明显躯体不适感。如精神疾病、犯罪心理、自杀倾向等。心理疾病必须通过心理医生提供心理治疗才可能康复。

（2）心理不健康与有不健康的心理不能等同　心理不健康是一种持续的不良心理状态。偶尔出现一些偏离正常的心理活动或行为表现，并不意味着心理不健康，应具体问题具体分析。例如，一个平时活泼的大学生，突然忧郁寡欢，其心理健康吗？如果真相是亲人去世，或者家庭严重变故，或者刚刚失恋呢？

（3）心理健康和心理不健康是连续或交叉的状态　心理健康与心理不健康、心理正常与心理异常之间并无绝对界限，而是一个连续化过程。如将正常比作白色，将异常比作黑色，那么在白色与黑色之间有一个广阔的过渡区域——灰色区，大多数人都散落在灰色区。人生发展过程中面临心理问题是常见的，随着心理成长而积极调整就会趋于健康。

（4）心理健康是动态的变化过程　随着时间推移，环境变化，自身成长，经验积累，每个人的心理健康状态都会发生变化。如果不注意心理保健，经常处于心理困扰状态，就可能出现心理障碍进而患上心理疾病；反之，如果出现心理困扰，能及时自我心理调整或寻求心理咨询，则可能很快恢复心理健康状态。

（5）心理健康标准具有整体协调性　①从心理过程看，健康人的心理活动是一个完整统一的协调体，这种整体协调保证了个体反映客观世界的准确性和有效性。如，认识是健康心理的起点，意志是人格的归宿，情感是认识与意志的中介。②从心理结构看，一旦它们不能合乎规律地协调运作，就可能产生心理问题。③从个性角度看，个体都有长期形成的稳定的个性心理，没有遭受剧烈的外部影响是不会轻易发生变化的。④从个体与群体的关系看，个体划归不同群体，不同群体的心理健康标准具有差异。

（6）心理健康标准是一种理想尺度　它既为人们提供了衡量心理是否健康的标准，也为人们指出了提高心理健康水平的努力方向。

三、维护当代中国大学生的心理健康

（一）当代中国大学生的心理问题

维护大学生的心理健康，必须首先了解大学生心理健康状况。而要了解大学生心理健康状况，就要既研究大多数正常学生心理健康状况，也研究少数不正常学生的心理问题。

1. 当代中国大学生心理问题的主要表现

诸多调查结果表明，目前中国大学生中普遍存在以下心理问题。

（1）大学生活适应问题　①生活能力和自立能力弱。尽管高校倡导大学生“自我教育、自我管理、自我服务”，但并非所有大学生都能较好地处理自己的事务。不仅独生子女如此，困难学生也如此。困难学生家长感到不能为孩子提供足够的经济支持而觉得对不起孩子，作为一种补偿，不让孩子干更多的活，因而造成子女的生活能力弱。②挫折承受能力弱。当代大学生，出生于国家改革开放之时，成长于国家经济发展之日，物质条件好转，兄弟姐妹减少，在校老师宠，在家父母捧。面临生活、感情、学业、就业等挫折，显得无所适从，感到失去生活意义，甚至怀疑人生。所以，适应大学生活，完成大学生作为“文化人”与“社会人”的培养任务，是大学教育的重要内容。

（2）情绪问题　①抑郁。表现为个体心中持久的情绪低落，常伴有身体不适、睡眠不足、压抑沮丧、无精打采、懒于活动。经济条件差、家庭关系差，某种原因如考试失败、失去亲人、失恋、同学失和等都是抑郁的直接诱因。②情绪失衡。大学生的社会情感丰富而强烈，具有一定的不稳定性与内隐性，表现为情绪波动大，喜怒无常，会因一点小小胜利而沾沾自喜，也易为一次考试失败、情感受挫而一蹶不振。稳定而积极的情绪反映，是学生成才的重要因素，也是学生心理健康中值得重视的问题。

（3）情感问题　友情、爱情、亲情是学生情感的三个重要问题。①友情困扰。校园的独特氛围滋长着学生的各种情感。但是，有的学生希望珍惜友谊却不经意地与友谊失之交臂；有的学生则分不清友谊与爱情，不能很好地把握男女同学交往的尺度。②爱情困扰。爱情虽非大学必修课，但“不在乎天长地久、只在乎曾经拥有”，“专业恋爱、业余学习”，“爱是情感、不是规范”等爱情观成为普遍现象。因此，正确处理爱情与学业的关系是大学生的必修课。③亲情问题。近年来，不少大学生与家长没有话讲，通信基本缘于经济供给等实质问题而非情感沟通。与此相反，恋人交往越来越频。一些家长感到亲情受到空前挑战。对父母给予的关心、爱护，学生当仁不让地认为理所当然，并理直气壮地认定父母不求回报。

（4）人际关系问题　①人际关系不适。进入大学，远离原来熟悉的生活与学习环境，部分学生面对新的师生关系、同学关系、异性关系显得很不适应。有的学生从未离开过家庭，在父母呵护下成长，对于如何关心别人想得较少；而另一方面，学生又希望别人认可，“心里话儿对谁说”成为学生普遍的困惑。②社交不良。部分学生缺乏在公众场合表达自己思想的能力与勇气，向往活动，却怕失败，羡慕而不多参与，久而久之，感叹“外面的世界很精彩，外面的世界很无奈”，影响了学生潜能的充分发挥。③个体心灵闭锁。学生从校门到校门，缺乏人际交往经验，而自身在人际交往中的不自信又不利于增加自身的人际魅力，妨碍了良好的人际交往圈的形成。与此同时，由于个体间的正常交往不够，又易引发猜疑、妒忌等，不利于学生的健康成长。

（5）性教育问题　性教育是健康教育、人格教育、道德教育、文明教育。中国大学生的性教育尚未得到很好解决。主要表现在：①性生理适应不良。对于青春期性生理成熟带来性梦、性幻想、性冲动等性反应现象，不少大学生迷惘，有的产生堕落感、耻辱感与犯罪感，有的放纵性生理欲望而发生两性行为，有的导致性心理障碍甚至危及生命等。②性心理存在问题。大学生长期的校园生活导致了社会化进程的后延，致使性心理成熟落后于性生理成熟。很多人面临：最初恋人不是最终选择（据调查大学生初恋不成功率在80%以上），“面对男友的性要求，如何选择才既不伤害感情，又保持了自身的尊严？”“既不破坏社会公德，又不影响他人，性自慰可以吗？”性好奇、性无知、性贞洁感的淡化、性与爱的困惑、性与爱的分离、婚前性行为的后果及其压力，都是值得重视的问题。

（6）学习和创造问题　由于大学的学习目的、学习内容和学习方法都有别于高中，因此大学生会出现诸如学习动机、兴趣、方法、用脑等方面的问题。经调查和测试，学习心理问题列首位的是学习压力大，排其后的是学习目的不明确、学习动机功利化、学习动力不足、学习成绩不理想、学习困难等。面对人才市场竞争压力，很多学生内心有危机感，但真正学起来仍然没劲，加上宽松的学习环境，不少学生自制力弱，学习成绩自然差。而成绩差反过来又影响了学习心理的健康发展，更谈不上创造心理的发展了。

（7）求职择业问题　近年来“就业难”问题日显突出。面对市场经济的挑战，学生出现了种种不正常的择业心态。如，①择业恐惧心态。即不了解社会需求，面对“自主择业”不知所措，甚至恐惧；或者盲目攀比，即择业期望值过高。②急功近利心态。即对职业和单位的选择过分功利化和经济化。③择业心态失衡。如择业中的自卑、嫉妒、焦虑等。

（8）特殊群体学生的心理健康问题　①独生子女心理健康问题。独生子女一般有着较好的家庭条件，是大学生中的“洒脱”一族。但是，因在家庭中受到过多的呵护，独立生活能力、自立能力、进取意识明显不足，对集体生活不适应，考虑他人较少，考虑自己过多，对生活质量的要求较高，对人生理想的追求则不高。②贫困学生心理健康问题。近年来，经济贫困学生的思想教育、生活状况受到社会各界的广泛关注，国家和高校采取了各种办法，解决他们的生活问题。不容忽视的是，学业成绩不理想、家庭经济贫困的“双困生”，心理负担很重。③网瘾学生心理健康问题。或者上网成瘾，或者迷于网恋等，从而引发种种问题行为。

2. 当代中国大学生心理问题的主要原因

（1）外界环境因素　①社会因素。社会存在方面，市场经济带来了经济繁荣，外面世界的各种诱惑比以往任何时候都强烈；社会意识方面，经济发展，竞争加剧，社会弊端突显，必然导致价值观冲突的日益加剧，而积极的或消极的社会风气也会对大学生产生正反两方面的影响。②学校因素。随着高等教育改革的深化，学习压力、就业压力、成才压力、交费上学的经济压力都会不同程度地冲击当代大学生的心灵。③家庭因素。家庭是人生的奠基石，父母是孩子的首任老师。家庭内的语言、情绪、人际氛围、教养态度、教育方法、结构变化（如单亲家庭、重新组合家庭）、经济贫困，都会深远地影响孩子的心理。④事件因素。诸如评优落空、选干失败、人际摩擦、情感挫折、财产损失、罹患伤病、家庭变故、遭受灾难等消极事件，会直接影响大学生的心理健康。

（2）个体自身因素　①身心缺陷。有的大学生因为长相、身材、高矮、胖瘦、感官功能、身体素质等，导致学习和训练中力不从心；有的大学生因为心胸狭窄、孤僻封闭、急躁冲动、固执多疑等，产生“我不如人”的心理。身心缺陷造成心理负荷，如果长期恶性循环，心理承受力将越来越差。②身心矛盾。当代大学生正值成年早期，生理基本成熟，而心理尚未成熟。处于心理断乳期的大学生有着积极与消极两个方面的心理状态，加上发展也不平衡，容易造成各种心理矛盾。它既可能促进大学生心理迅速成熟，也可能阻碍大学生心理健康发展。③社会化延迟。人的社会化程度的提高，以人的社会成熟为标志，即个体对自己在社会中所处的角色及所担负的社会责任有正确的认识。人的社会化程度的提高，取决于人的社会实践活动，而在校大学生对社会实际缺乏深刻了解，社会实践活动表面和肤浅，需要针对性的心理教育和指导。

（二）当代中国大学生心理健康教育

2006 年，《中共中央关于构建社会主义和谐社会若干重大问题的决定》中指出：“注重促进人的心理和谐，加强人文关怀和心理疏导，引导人们正确对待自己、他人和社会，正确对待困难、挫折和荣誉。加强心理健康教育和保健，健全心理咨询网络，塑造自尊自信、理性平和、积极向上的社会心态。”2005 年，教育部、卫生部、共青团中央在《关于进一步加强和改进大学生心理健康教育的意见》中指出，“加强和改进大学生心理健康教育的总体要求是：以邓小平理论和‘三个代表’重要思想为指导，遵循思想政治教育和大学生心理发展规律，开展心理健康教育，做好心理咨询工作，提高心理调节能力，培养良好心理品质，促进大学生思想道德素质、科学文化素质和身心健康素质协调发展。”

1. 当代中国大学生心理健康教育模式

(1) 教育模式　坚持心理健康教育与思想政治教育结合，普及教育与个别咨询结合，学校教育与自我教育结合，课堂教育与校园文化活动结合，解决心理问题与解决实际问题结合。通过思想政治理论课，帮助大学生树立正确的世界观、人生观、价值观，形成大学生心理健康发展的动力；开设课程、讲座报告等向大学生进行心理健康的普及教育；建立大学生心理健康教育咨询中心，增加心理教育书刊，开展心理社团活动，进行大学生心理健康的助人自助、互助和谐；通过开展健康向上丰富多彩的校园文化活动修养身心、陶冶情操。中国大学生的心理问题，许多由实际问题引起，如经济贫困、学习困难、就业压力等，要将解决心理问题与为大学生办实事办好事结合起来。

(2) 辅导咨询模式　坚持心理普查与心理访谈结合，个别咨询与团体咨询、电话咨询、网络咨询、书信咨询、班级辅导、行为训练结合。大学新生进校后进行心理普查，建立大学生心理档案，对心理普查中筛查出的有心理问题的学生及时进行访谈，并建立随访联系。定期对中、高年级学生进行普查，及时发现问题，开展心理咨询，有针对性地帮助学生解决心理困惑，提高心理素质。

(3) 理论方法模式　坚持西方心理学理论方法与中国传统理论方法、中国思想政治工作理论方法、中国大学生学习和校园文化活动结合。西方的心理教育和心理咨询，健康要素上注重生理对心理的影响，一般不主张纳入伦理道德因素，坚持“价值中立原则”；运作机制上以医学型为主，主要以心理障碍或身心疾病患者为服务对象，将消除症状作为首要的咨询和治疗目标，从业人员多数出身医学专业和心理专业，多有处方权，常结合药物进行心理治疗。中国大学生的心理教育和心理咨询，健康要素上注重生理状况、心理因素、社会环境、伦理道德等多因素作用，心理教育和心理咨询在必要时可进行价值干预；运作机制上以教育发展型为主，以全体大学生为服务对象，以促进大学生的健康成长为根本目标，从业人员多数出身心理学、教育学和思政专业，无药物处方权，只能采取心理学和教育学的方法，进行心理教育、心理测验和心理咨询，进行健康教育和文体活动，进行道德教育和思政工作。

(4) 管理模式　坚持心理教育与学生管理结合，学生日常管理与预警系统建设结合，心理咨询与心理治疗结合。大学各系有专人负责心理工作，建立校、系、年级、班级、寝室、社团的学生联系系统，及时发现和解决学生中存在的心理问题，并与医疗机构建立心理治疗绿色通道，指导学生去做心理咨询或去医院进行心理治疗。

(5) 队伍模式　坚持专职与兼职结合，心理教育与全员育人结合。心理学专家、德育工作者、医生是大学生心理教育的基本力量，要加强对他们的专业化培训；要发挥经过心理咨询培训的院系学生工作干部的作用，因为他们离学生最近，最了解学生，也最容易发现学生的心理问题，对学生大量存在的一般心理适应问题能够进行必要的辅导；同时要使教职员工都关注大学生心理健康，将全员育人与全员心育结合起来。

(6) 环境模式　形成学校、社会、家庭、自身共同关心大学生心理健康的良好环境。教职员工心理健康，社会全民心理健康，父母长辈心理健康，是学生心理健康成长的重要环境。大学校园中，则要建立良好的学风、教风、班风、系风、校风，消除不良文化的影响，营造宽松的心理气候和催人向上的校园文化，形成人人重视心理健康的良好氛围。

2. 当代中国大学生心理健康教育内容

(1) 主要内容　①宣传普及心理学基础知识，帮助大学生认识健康心理对成长成才的重要意义；②介绍增进心理健康的方法途径，帮助大学生培养良好的心理品质和自尊、自爱、自律、自强的优良品格，有效开发心理潜能，培养创新精神；③解析心理现象和常见心理问题的产生原因及其表现，以科学的态度对待心理问题；④传授心理调适方法，帮助大学生消除心理困惑，增强克服困难、承受压力挫折的能力，珍爱生命、关心集体，悦纳自己、善待他人。

(2) 注重“六学” 为了培养心理健康的“社会人”和“文化人”，就要教育学生“学会适应，学会生活，学会交往，学会做人，学会学习，学会发展”。学会适应、学会生活，即能够妥善处理自身事务，学会遵守社会规范，成为一个适应社会需要的社会人；学会交往、学会做人，即关心国家大事和国际局势，关心我们生存的社会，关心朋友，珍惜友谊，善待爱情，体谅父母，积极热情地介入社会生活；学会学习，即不仅学习书本知识，而且学习观察问题、解决问题的方法与途径，学习将书本知识转化为实践能力；学会发展，人的发展是永恒的课题，自我塑造、自我发展、自我完善是人生中非常重要的内容。

(三) 当代中国大学生心理自我调适

1. 培养健康生活方式

生活方式是指人们在日常生活中遵循的行为规范，即习惯化了的生活。健康的生活方式是健康心理的基础。大学生的健康生活方式包括：①合理作息，起居有常，睡眠充足；②平衡膳食，合理营养，保持正常体重；③戒烟限酒，不滥用药物；④科学用脑（即勤用脑、合理用脑、适时用脑），避免用脑过度引起神经衰弱；⑤积极休闲，选择文明高雅的休闲方式，愉悦身心；⑥适量运动，积极参加体育锻炼。摒弃不文明的生活方式：沉溺网络、不科学饮食、抽烟酗酒、晚睡晚起、不搞体育运动、做危险动作等。

2. 提高心理健康水平

大学生要：①树立正确的世界观、人生观和价值观，树立科学的身心健康观念；②不对自己过分苛求，奋斗目标力所能及；③不对外界过高期望，避免失望或者失落；④学会调控情绪，通过自我娱乐、亲朋倾诉、心理辅导和咨询等方式，排泄消极情绪和心理压力，乐观面对生活；⑤培养坚强的意志品质，锻炼自己的韧性；⑥塑造健全人格，促进个性完善；⑦克服社交障碍，改善人际关系；⑧积极生涯规划，开发自我潜能。

3. 投身社会实践，扩大人际交往，建立广泛的社会支持系统

大学生要积极主动地参加各类社会实践活动，提高自身综合素质，通过群体交往活动，理解人际关系，体验友谊与沟通的快乐，开阔视野，并寻找广泛的社会支持。当面临压力挫折时，广泛宽厚的社会支持会帮助大学生走出沼泽，走向开满鲜花的岁月。

知识要点

(1) 人的心理现象。表现为心理过程和个性心理。心理过程包括认识过程、情绪情感过程和意志过程。注意与心理过程相伴随。个性心理包括个性倾向性和个性心理特征。

认识过程包括感觉、知觉、思维、记忆和想象。

情绪情感过程。情绪的基本状态是心境、激情和应激。情感的种类繁多，按人的社会性，情感则分为理智感（真感）、道德感（善感）和美感。

意志的特征是，有明确的预定目的，以随意运动为基础，与克服困难相联系。意志的品质有自觉性，果断性，坚韧性，自制性。

注意本身并非独立的心理过程，它是伴随心理过程进行的心理状态。注意的特征是指向性，集中性。注意的品质有注意的范围，注意的稳定性，注意的转移，注意的分配。

个性倾向性包括需要、动机、兴趣、理想、信念和世界观等。

个性心理特征包括气质、性格、能力。

(2) 人的心理本质。心理是人脑对客观现实的主观印象。从形式上看，心理是人脑的机能，从内容上看，心理是客观现实的反映。

(3) 人的心理素质。人的素质包括生理素质，心理素质，社会素质。心理素质是人的整体素质的中介和载体，是人成长成才的基础和保证。人的心理素质，是人的心理过程和个性心理所体现的心理品质的总和，也是人的智力因素与非智力因素的总和。

(4) 人的健康标准。世界卫生组织以“生物—心理—社会—道德模式”研究健康标准。1989 年将健康定义为：健康不仅是没有疾病，而且包括躯体健康、心理健康、社会适应良好和道德健康。后面的健康层次是以前面的健康层次为基础而发展的更高级的健康层次。1999 年又提出身心健康三个新指标，即新概念（从满足物质需要向满足精神需要发展），新原则（从经验养生向科学养生方向发展），新目标（从追求生存质量目标向追求生活质量目标转化）；八条新标准，即食得快，便得快，睡得快，说得快，走得快，良好的个性人格，良好的处世能力，良好的人际关系。

亚健康是指人在躯体、心理和社会环境等方面表现出不适应，介乎健康与疾病之间的临界状态。其主要表现有：躯体亚健康，心理亚健康，社会交往亚健康。

(5) 当代中国大学生心理健康八条标准。智力正常，情绪稳定，意志健全，人格完整，自我评价正确，人际关系和谐，社会适应正常，心理行为符合年龄与性别特征。

(6) 维护当代中国大学生的心理健康。目前大学生普遍存在的心理健康问题有，大学生活适应问题，情绪问题，情感问题，人际关系问题，性教育问题，学习和创造问题，求职择业问题，特殊群体学生的心理健康等问题。要了解影响大学生心理健康的外界原因和自身原因，懂得对大学生实施心理素质教育的重要性，掌握心理健康自我调适的方法。

阅读材料

美国心理健康专家乔治·斯蒂芬森提出如下“保持心理健康的 11 个方法”

第一，苦恼时，找你信任的，谈得来的，同时头脑也较冷静的知心朋友倾心交谈，将心中的郁闷及时倾吐出来，以免积压成疾。

第二，受到较大的刺激或挫折失败而陷入自我烦闷状态时，最好暂时离开你所面临的情境，转移一下注意力，暂时回避，以便恢复心理上的平静，将心灵上的创伤抚平。

第三，当情感发生激烈震荡时，宜将情感转移到其他活动上去，忘我地去干一件你喜欢干的事，如写字、打球、唱歌等，从而将你心中的苦闷、烦恼、愤怒、忧愁、焦虑等情感转移或替换掉。

第四，对人谦让，自我表现要适度，有时要学会当配角和后台工作人员。

第五，多替别人着想，多做好事，可使你心安理得，心满意足。

第六，做一件事情要善始善终。面临很多困难时，宜从容易解决的问题入手，逐个解决，以便信心十足地完成自己的任务。

第七，性格急躁的人不要做力不从心的事，并避免超乎常态的行为，以免紧张焦虑，心理压力过大。

第八，对别人要宽宏大量，不要求别人一定按你的想法去做事，原谅别人的过错，给别人以改错的机会。

第九，保持人际关系的和谐。

第十，自己多动手，破除依赖心理，不要老是停留在观望阶段。

第十一，制订一个既能使你愉快而又切实可行的调适身心的计划，给自己以希望。

心理训练

生命曲线

目的：回顾“过去的我”，总结“现在的我”，展望“未来的我”，评估自我人生。

操作：① 在一张纸的中央画一个坐标，横坐标表示年龄，纵坐标表示生活的满意程度，如图 0-2 所示。

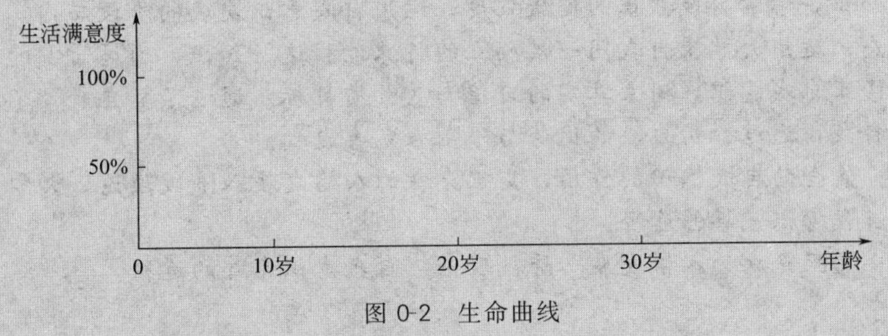

图 0-2　生命曲线

② 闭目安静地思考，找出自己生活中的一些重要转折点以及对当前的人生仍具影响力的重要经历，并评价自己对这些重要事件的感受，按照发生的时间和对此事件的满意度在坐标上用一个点表示，并简要地把事件标注在点的旁边。

③ 将不同的点连成线，边看着线边反省，并把未来人生的趋向用虚线表示。

④ 在探讨的过程中，你可参考以下的问题作出适当的思索，会令这项练习达到更好的效果：你对过往的人生历程满意吗？人活着，有什么意义？你认为自己生命的质量如何，有价值和意义吗？请你仔细地再看看这简单而很有意思的生命曲线，并留心内心的反应。

思考与练习

1. 人类的心理现象有哪些？人类心理的本质又是什么？
2. 如何科学地认识健康的概念？
3. 大学生心理健康的标准是什么？如何增进大学生自身的心理健康？
4. 学校对大学生进行心理健康教育的内容和方式有哪些？你最乐意接受哪些方式？
5. 心理测试：SCL-90 症状自评量表（见附表 2-1）。

第一章　自我意识与自我完善

学习目标：①知识目标。了解自我意识的内涵；了解自我认识的途径；通过整合自我认知及他人的反馈，形成更清晰的自我概念；认识自己的长处和不足。②能力目标。能根据自我意识的结构知识，考量自我意识的健康程度；运用自我意识发展的阶段与内容，明确自我意识的发展状态；运用大学生自我同一性确立的特殊过程这一知识，通过自身的成功与失败的经验，不断修正自我意识，树立真实的自信。③素质目标。通过了解自我“不完美”的事实来增进接纳自我，通过分析自我的优势与限制来完善自我。

学习重点：健全的自我意识的作用，艾里克森的人格发展八阶段理论，大学生的六大自我认同问题，自我意识完善的途径。

学习难点：艾里克森的人格发展八阶段理论，自我意识完善的途径。

“我是谁?”“我从哪里来？要往哪里去?”从古希腊开始，人们就问自己这些问题，然而至今都没有得出令人满意的答案。认识自己，心理学上叫做自我知觉，是自己了解自己的过程。从某种角度来看，人最需要了解的始终是自己。如果把个体和外界的关系看成是一个又一个的结构，那么自我意识是作为这些结构的起点和终点而存在的。于是，自我意识就成为连接自身与外界，并构成社会万象的关节点。

第一节　自我意识概述

“让生活失去色彩的，不是伤痛，而是内心世界的困惑；让脸上失去笑容的，不是磨难，而是禁闭内心的缄默……”央视这段宣传语在大学生当中引起了极大的共鸣。

大学生自我意识得到越来越多人的重视与关注，正确认识自我是个体发展的最重要的前提。进入大学的学生，都会思考：“我是谁?”“我有什么目标?”“我为什么上大学?”“我以后要成为怎样的人?”等问题。我们再问一个简单的问题：当你向别人描述你自己时，你首先想到的特征是什么？是你的性格特征如外向、内向还是外表特征如高、矮、胖、瘦？还是角色类别如男生女生等？事实上，你可能更倾向于用概括性的语言对自己做一个总体评价。如“我是一个追求优秀的大学生”，“我是一个有理想、有抱负但有些懒惰自制力弱的人”等。所有这一切，都是大学生自我意识的真实体现。

一、自我意识的概念

自我意识是意识的一种，是作为主体的我对于自己以及自己与周围事物的关系，尤其是对人我关系的认识和态度。具体来说，它包括以下三个部分的内容。

1. 生理自我

是指个体对自己的身体、性别、年龄、容貌、仪表、健康状况以及所有物等方面的认识。在自我体验上表现为自豪或自卑，在行为上表现为追求外表美、对所有物的占用、支配与爱护等。

2. 心理自我

是指个体对自己的能力、性格、气质、兴趣、信念、世界观等个性特征的认识。在自我体验上，常表现为自豪、自尊、自信或自卑，在行为上追求个人能力的提升、品格的完善等。

3. 社会自我

随着个体的社会化程度的加深，个体获得了一定的社会经验，逐步意识到自己在社会中要担任一定的角色，在组织中要有自己的地位和作用，这就产生了社会自我。简而言之，社会自我就是个体对自己在一定的社会关系和人际关系中的角色、地位、名望等方面的认识。在自我体验上，也表现出自豪或自卑，在行为上追求个人的名誉、地位，和他人进行激烈竞争等。

个体的自我意识从无到有，最后达到成熟，经历了漫长的发展过程。成熟的自我意识至少表现在以下三个方面：能意识到自己的身体特征和生理状况；能认识并体验到内心进行的心理活动；能认识并感受到自己在社会和集体中的地位和作用。

二、自我意识的结构

1. 自我认识

自我认识是认知的一种形式，主要涉及“我是谁?”“我是什么类型的人?”等问题。自我认识主要包括个体的自我感觉、自我观察、自我分析和自我评价等方面内容。其中，自我评价集中代表自我认识的发展水平，是自我意识的核心。自我评价是个人对自己身心特征的判断和评论，对于个人社会生活和人际关系的协调尤为重要。

2. 自我体验

自我体验属于情绪、情感的范畴，主要涉及的是“我是否满意自己?”“我是否喜欢自己?”等问题，它是个体在自我评价的基础上，评价结果是否符合自己的需要所产生的一种情感体验，主要包括自爱、自尊、自信、自卑、自负、自责、自豪感、羞耻感、责任感、义务感、优越感等。

3. 自我调控

自我调控是在自我评价的指导和自我体验的推动下，个体对自己心理行为的自觉和有目的的调节、控制，以达到理想的自我的目标。主要涉及“我应当成为什么样的人?”“我需要如何做才能成为理想中的那种人?”等问题。自我调节又包括自主、自立、自律、自我教育、自我监督、自我激励、自我控制等方面。其中自我控制是最集中的调节手段，亦是个体是否具备自制、自控的良好心理品质和主动积极的心理行为的重要体现。

心理学研究表明，每个人的自我意识是由自我认识、自我体验和自我调控三个层面有机组合而成的。三者之间的和谐程度以及与客观现实的吻合程度，决定了个体自我意识的健康状况。

三、自我意识发展的一般形式

自我意识发生之后，一直持续地发展着，但是在整个儿童期，自我意识的发展是平缓的、渐进的，自我意识的内容反映的是自我的外部行为特征以及外部周围世界，很少或没有触及自己的内心世界。进入少年期后，自我意识急剧发展，出现了分裂——矛盾——统一的基本形式。

1. 自我意识的分裂

进入少年期，个体的抽象思维能力发展起来，认识能力大大提高。同时，生理方面出现了第二个发育高峰，促使少年增强自我存在的意识。12～14岁是自我意识急剧发展的关键时期。这时的少年好像突然发现了自己，他们激动、兴奋，同时又紧张、焦虑。他们热衷于探索自己内心深处的心理奥秘，逐渐在头脑中窥视到自己的内部心理活动和个性品质，于是，自我意识发生了裂变，打破了惯有的笼统和混沌，原有的整体的“我”一分为二，一个是主体的我，即观察者、认识者的我；一个是客体的我，即被观察者、被认识者的我。自我意识的分裂，使少年的内心活动日益复杂，他们表现得好反思、内省，常常伴随着困惑和焦虑，喜欢以日记作为自己倾诉衷肠的“伴侣”，他们在日记中表达的往往就是主体的我对客体的我的认识、观察和评价。自我意识的裂变，使得自我意识的发展进入一个崭新的阶段，并使主体改造主观世界成为可能。

2. 自我意识的矛盾

自我意识未分裂前，整个自我是笼统的、一体化的，无所谓矛盾产生。儿童很少有激烈的内心冲突以及由此产生的苦闷和彷徨等深刻的情绪体验。一旦自我发生裂变，主体的我和客体的我就要发生矛盾斗争，这种矛盾突出地表现为“现实的我”和“理想的我”之间的矛盾。“理想的我”，它与主体的我相联系，反映了个体希望成为什么样的人，具有什么样的形象，它作为个体奋斗、成才的目标而存在；另外，与客体的我相联系的，便是“现实的我”，它反映个体实际上是什么样的人，具有什么样的品质，它作为个体的现实目标而存在。正由于“理想的我”和“现实的我”不可能完全吻合、统一，它们之间的矛盾和冲突将永远存在。在青少年期，由于自我意识的矛盾，个体经常表现出激烈的思想斗争和冲突，内心动荡不安，常常伴随着强烈的情绪体验。

3. 自我意识的统一

任何事物的发展都是矛盾的双方相互依存、相互斗争而推动的。青少年自我意识矛盾的存在，使主体的内心产生冲突，主体就要设法寻找某些方法和途径使“现实的我”和“理想的我”在新的水平和方向上达到协调统一，从而清除冲突感、紧张感。自我意识的统一，是自我意识发展的关键环节。青少年的自我意识经过不断的分裂——矛盾——统一的螺旋上升过程，自我意识得到发展并逐渐成熟，自我形象逐渐树立，自我观念逐渐形成。

四、健全的自我意识的作用

一个人的心理发展一般都要经历从幼稚到成熟的过程。形成正确的自我意识是心理成熟的标志，对心理健康、人生幸福、事业成功都起着重要作用。善于认识自我的人，更能真实地认识自己，不歪曲自己的知觉来迎合别人的愿望，更能按照自己的本性，过自己想过的生活；善于认识自我的人，由于对自己认识全面、充分，能表现恰当的行为，被社会和他人接纳，减少消极、负面的情绪；善于认识自我的人，行为表现更加成熟，更能把握生活，抓住机会，获取人生的幸福；善于认识自我的人，能清楚自己的优点和缺点，从而找到自己成功的方向。具体而言，有以下几个方面。

1. 促进社会适应，和谐人际关系

大量的心理学实践表明，许多人社会适应不良及人际关系不协调是由于自我意识不健全或不正确造成的。如果一个人对生理的自我、心理的自我、社会的自我的认识和体验不正确，尤其是在自我评价及自我概念上与客观的现实差距太大时，就可能造成社会适应不良及人际关系不协调，从而影响人的心理健康。正确的自我意识通过正确的自我评价产生合理的理想自我，并且通过正确认识自己与他人、个体与群体不同的地位和需要，采取不同的策略，主动调节人际关系。对己、对人能够知己知彼，从而保持良好的社会适应和人际关系，维护心理健康。

2. 制约着个体发展的方向，促进自我实现

个体向什么方向发展，首先取决于个人如何评价自己。这种自我评价在实践上就指导着个体发展的进程。比如一个学生自认为是一个勇敢的人，那么他就会在行动中尽量表现出勇敢的品质；如果他自认为是一个正直的人，那么他就会在生活中自觉维护正义的主张，采取正义的行动，而拒绝去做那些他认为是不正义的事情。同样，如果一个学生自认为是有能力的，那么他就会在完成任务的过程中竭尽全力去克服困难，否则，他就会对克服困难丧失信心。有人曾对学习成绩不好的学生进行调查，发现有三分之一的学生学业成绩不良是因为对自己学习的能力缺乏信心。这说明对本身个性品质的评价，制约着自我发展的方向，进而影响自我实现的程度。

健全的自我意识通过合理的自我认识、良好的自我体验、自觉的自我调节和控制，促进自我实现，最大限度地挖掘自身的潜力。

3. 有助于自我教育和自我完善

当一个大学生确立了自己的发展目标以后，他是否对这个目标的实现采取积极的态度和方式，是否对自我个性的发展经常进行自我监督、自我反省、自我强化、自我批评、自我调节和自我控制，决定着他的发展目标能否真正地实现。当现实的自我和理想的自我不能统一，或在理想的自我实现过程中受到挫折时，有健全自我意识的人能够自省，自觉地寻找其原因。一方面通过自我调节、控制，纠正心理偏差，努力缩小理想的自我与现实的自我的差距；另一方面重新调整认识，形成新的理想的自我，使自己的心理行为个体化与社会化协调、平衡、完善地发展。

第二节　大学生自我意识的发展与完善

自我意识是人才成长和发展的必备心理要素。大学生正处在自我意识的确立、趋于成熟时期，因此，学会准确了解自己，必须了解大学生自我意识的发展过程与特征及影响大学生自我意识发展的影响因素，矫正自我意识的偏差，掌握提高自我意识的方法。

一、大学生自我意识发展的类型

大学时代正处于青年中期，在初中、高中阶段，个体常常被紧张的学习、考试所追逐，没有什么时间去考虑自己的人生。进入到大学之后，首先，由于身体成熟，他们开始注意、关心自己的身体、内驱力及内部欲求；其次，由于人际关系的扩大，他们将自己的内在能力与他人进行比较，从而对自己的素质、天赋等问题进行思考；再次，由于认识能力的发展，他们开始对自己行动的原因、结果以及自己的存在价值和人生意义进行思考。大学生自我意识迅速发展、自我明显的分化，意味着自我矛盾冲突的加剧。在反复经历分化——矛盾——统一——再分化——矛盾——再统一的过程中，大学生的“现实我”和“理想我”也得到了一次又一次的调整、充实和发展，归纳起来，大学生在自我意识的统一过程中有以下几种类型。

1. 自我完善型

这是一种积极健康的类型，当这类学生自我意识出现矛盾时，会主动按照社会要求的“理想自我”，自觉地改变“现实自我”的不足之处，使“现实自我”逐步完善，以与正确的“理想自我”趋于统一。这里包含两层意思：第一，确立“理想的自我”既符合社会的要求，又具有成为现实的可能性；第二，在通往理想的道路上，能够扬长避短，顽强拼搏，不断自我调节和自我完善，达到“理想自我”与“现实自我”的真正统一。

2. 自我安慰型

这是一种消极被动的类型。这类学生一般采取强调客观因素或原谅自己的办法去解除自我意识的矛盾，当“理想的自我”与“现实的自我”产生矛盾时，他们往往以“我本来就不行”来自我安慰，或者是勉强奋斗一阵子，一遇到困难，便浅尝辄止，降低“理想自我”的要求，以获得自我意识的虚假统一。

3. 自我反差型

这类学生多盲目自信，过高地估计“现实自我”的能力，“理想自我”标准太高。这样，便造成理想与现实的强烈反差，若经过长期努力仍不能实现理想，往往颓废到无所追求的“现实自我”，以此求得心理的平衡。

4. 消极补偿型

这类学生常以不正确的方式从消极方面努力，以摆脱、发泄理想与现实的矛盾所带来的痛苦，补偿“理想自我”的需要。如一些大学生，由在中学时全班注目的中心变成大学时班上普通一员后，不愿接受面对的现实，为了维持心理平衡，一方面热切寻求外界的肯定，对老师和同学的反应十分敏感，一方面以穿着打扮补偿“现实自我”的不足，以维护“理想自我”的尊严。还有的学生以谈情说爱来排遣孤独，以打架斗殴来发泄苦闷，以聚众滋事来寻求众人注目。这种消极补偿，显然无助于自我意识的真正完善。

二、大学生自我意识的整合

自我意识的矛盾冲突，常常会给大学生带来不安或心理痛苦，他们总是力图通过自我探究来摆脱这种不安与痛苦。在自我意识的矛盾冲突中，大学生的自我意识也在不断调整、发展。在自我意识的不断调整、发展的过程中，他们极易寻求新的支点，寻找自我意识的统一点，整合自我意识。由于自我意识具有复杂性与多维性，大学生逐渐在多维度中审视自我、调整自我，向理想自我靠近，这也是自我同一性的建立。从多维度观察的自我同一性越高，大学生自我意识的发展越好，人格越完善。但是，由于大学生的成长背景、家庭教养方式、社会经济地位、个人人生志向、职业目标的不同，他们的自我意识整合的结果与类型也不同。从自我意识的性质看，大学生自我意识的整合结果表现在三个方面。

1. 积极自我的建立：自我肯定

自我肯定，即对自我的认识比较清晰、客观、全面、深刻。这种积极自我的特点是在经过痛苦的选择与调整之后，大学生逐渐成长，使自己的理想我与现实我趋于统一，主观我与他观我趋于一致，对自我的认识更加深刻、客观、理性。积极的自我不仅了解自己的长处与优势，也了解自己的不足与劣势，他能够分析哪些是通过努力可以达到的，哪些是属于无法企及的，从而进行积极的自我肯定，向着理想自我迈进。

2. 消极自我的建立：自我否定

消极的自我意识分为两个方面：自我贬损型与自我夸大型。自我贬损型的人由于总在积累失败与挫折的经历，对现实自我的评价较低，并时常伴有没有价值感、自我排斥、自我否定。他们不但不接纳自己，甚至自我拒绝、自我放弃，表现为没有朝气、随波逐流、缺少激情，生活没有目标，其结果则更加自卑，从而失去进取的动力。自我夸大型的人正好相反，他们对自我的评价非常高，往往脱离客观实际，常常以理想自我代替现实自我，盲目自尊，虚荣心强，心理防御意识强。其行为结果要么表现为缺乏理智，情绪冲动，忘记现实自我而沉浸于虚无缥缈的自我设计中；要么自吹自擂、自我陶醉，却不去为实现自我做出努力。自我贬损型与自我夸大型的共同特点是对自我评估不正确、理想自我不健全，缺乏实现理想自我的手段，形成后的自我虚弱而不完整，是一种不健康的自我整合。虽然，大学生中这种类型的人较少，但严重者可能用违反社会规范或违法犯罪的手段来谋求自我意识的整合。

3. 自我冲突

自我冲突是难以达到整合的自我意识，它表现为自我评价始终在真实自我上下徘徊，自我认知或高或低，自我体验或好或坏，自我控制时强时弱，心理发展极不平衡，有时显得自信而成熟，有时又表现出自卑而不成熟，让人无法评估。自我冲突的人表现为两种类型：自我矛盾型与自我萎缩型。自我矛盾型的大学生，内心冲突激烈，持续时间长，自我认识、自我体验、自我控制不稳定，新的自我无法整合。例如，有的大学生既是一个自信的人，也是一个自卑的人；既是一个诚实的人，也是一个骗子；既是一个性格孤僻的人，也是一个善于交际的人。自我萎缩型的大学生缺乏理想自我，但又对现实自我深感不满，他们消极放任、自怨自艾，甚至麻木、自卑，以至于越来越消沉、对自己丧失信心，严重的还可以导致精神分裂症或绝望轻生。因此，自我冲突的大学生要逐渐调整自己的自我认知，客观认识自己与他人，客观看待成功与挫折，这样才能使自我意识在良性轨道上循环。

三、艾里克森的人格发展八阶段理论

美国心理学家艾里克森认为，在个体发展的不同时期，社会对个体提出不同的要求，在个体自身的需要和能力与社会要求之间就出现不平衡现象，这种不平衡给个体带来紧张感。艾里克森将社会要求在个体心理中引起的紧张和矛盾称为心理社会危机。他根据个体在不同时期的心理社会危机的特点，将个体人格发展过程划分为八个阶段。每个阶段都有其特殊的目标，都有其特定的发展任务需要完成，也存在着相应的冲突。每一阶段的发展中，个体均面临一个发展危机。

艾里克森认为，个体人格的发展过程是通过自我的调节作用及其与周围环境的相互作用而不断整合的过程。人格发展任务完成得成功或不成功，就会产生人格发展的两个极端，属于成功的一端，就形成积极的品质，属于不成功的一端，就形成消极的品质。每个人的人格品质都处于两极之间的某一点上。如果不能形成积极的品质，就会出现发展的“危机”。教育的作用就在于发展积极的品质，避免消极的品质。

艾里克森人格发展八个阶段的发展任务和所形成的良好人格品质如下。

1. 婴儿前期（0～2 岁）

这一阶段的主要发展任务是获得信任感，克服怀疑感；良好的人格特征是希望品质。

如果认为婴儿是个不懂事的小动物，只要吃饱不哭就行，那就大错特错了，婴儿期是一个人基本信任和不信任的心理冲突期。所谓信任，是婴儿的需要与外界对他需要的满足保持一致。这阶段的婴儿已经开始认识人了，孩子哭或饿的时候，父母是否出现则是建立信任感的重要问题。如果婴儿感到所处的环境是个安全的地方，周围人们是可以信任的，对母亲或其他养育者表示信任，由此就会扩展为对一般人的信任。婴儿如果得不到周围人们的关心与照顾，他就会对外界特别是对周围的人产生害怕与怀疑的心理，时时担忧自己的需要得不到满足。以致会影响到下一阶段的顺利发展。

2. 婴儿后期（2～4岁）

这一阶段的主要发展任务是获得自主感，克服羞耻感；良好的人格特征是意志品质。

个体在第一阶段处于依赖性较强的状态下，什么都由成人照顾。到了第二阶段，儿童掌握了大量的技能，如爬、走、说话等，更重要的是他们学会了怎样坚持和放弃，也就是说儿童开始“有意志”地决定做什么或不做什么。儿童开始有了独立自主的要求，比如想要自己穿衣、吃饭、走路、拿玩具等，他们开始去探索周围的世界。这时候，如果父母及其他照顾他们的成人，允许他们独立地去干一些力所能及的事情，并且表扬他们完成的工作，就能培养他们的意志力，使他们获得一种自主感，能够自己控制自己。相反，如果成人过分爱护他们，处处包办代替，什么也不需要他们动手，或过分严厉，这也不准那也不许，稍有差错就粗暴地斥责，甚至采用体罚，就会伤害儿童的自主感和自我控制能力，使孩子产生自我怀疑与羞耻之感。

3. 幼儿期（4～7岁）

这一阶段的主要发展任务是获得主动感，克服内疚感；良好的人格特征是目标品质。

个体在这阶段的肌肉运动与言语能力发展很快，能参加跑、跳、骑小车等运动，能说一些连贯的话，还能把自己的活动扩展到超出家庭的范围，除了模仿行为外，个体对周围的环境充满了好奇心，知道自己的性别，也知道动物是公是母，常常问问这，动动那。这时候，如果成人对于孩子的好奇心以及探索行为不横加阻挠，让他们有更多机会去自由参加各种活动，耐心地解答他们提出的各种问题，而不是指责，那么孩子的主动性就会得到进一步的发展，表现出很大的积极性与进取心。这为他将来成为一个有责任感、有创造力的人奠定了基础。反之，如果父母对儿童采取否定与压制的态度，就会使他们认为自己的游戏是不好的，自己提出的问题是笨拙的，自己在父母面前是讨厌的，那么，幼儿就会逐渐失去自信心，致使他们产生内疚感与失败感，他们更倾向于生活在别人为他们安排好的狭窄的圈子里，缺乏自己开创幸福生活的主动性。这种内疚感与失败感还会影响下一阶段的发展。

4. 童年期（7～12岁）

这一阶段的主要发展任务是获得勤奋感，克服自卑感；良好的人格特征是能力品质。

儿童的智力不断地得到发展，特别是逻辑思维能力发展迅速，他们提出的问题很广泛，而且有一定的深度，他们的能力也日益发展，参加的活动已经扩展到学校以及外面的社会。这时候，对他们影响最大的已经不是父母，而是同伴或邻居，尤其是学校中的教师。他们很关心物品的构造、用途与性质，对于工具技术也很感兴趣。这些方面如果能得到成人的支持、帮助与赞扬，则能进一步加强他们的勤奋感，使之进一步对这些方面发生兴趣。

这个阶段的儿童都应该接受学校教育。学校是训练儿童适应社会、掌握今后生活必需的知识和技能的地方。如果他们能顺利地完成学业，他们就会获得勤奋感，这使他们在今后的独立生活和承担工作任务中充满信心。反之，就会产生自卑感，另外，如果儿童养成了过分看重自己的工作态度，而对其他方面木然处之，这种人的生活是可悲的。艾里克森说：“如果他把工作看做他唯一的任务，把做什么工作看成是唯一的价值标准，那他就可能成为自己工作技能和老板们的最驯服和最无思想的奴隶。”

当儿童的勤奋感大于自卑感，他们就会获得有“能力”的品质，艾里克森说：“能力是不受儿童自卑感削弱的，完成任务所需要的是自由操作的熟练技能和智慧。”

5. 青少年期（12～18 岁）

这一阶段的主要发展任务是形成角色同一性，防止角色混乱；良好的人格特征是诚实品质。

青少年对周围世界有了新的观察与新的思考方法，他们经常考虑自己到底是怎样一个人，他们从别人对他的态度中，从自己扮演的各种社会角色中，逐渐认清了自己。此时，他们逐渐疏远了自己的父母，从对父母的依赖关系中解脱出来，而与同伴们建立了亲密的友谊，从而进一步认识自己，对自己的过去、现在、将来产生一种内在的连续之感，也认识自己与他人在外表上与性格上的相同与差别，认识自己的现在与未来在社会生活中的关系，这就是心理社会同一感。

艾里克森认为，一方面青少年本能冲动的高涨会带来问题，另一方面更重要的是青少年面临的新的社会要求和社会冲突而感到困扰和混乱。所以，青少年期的主要任务是建立一个新的同一感或自己在别人眼中的形象，以及他在社会集体中所占的情感位置，避免在这一阶段的危机中角色混乱。

艾里克森把同一性危机理论用于解释青少年对社会不满和犯罪的社会问题上，他说："如果一个儿童感到他所处的环境剥夺了他在未来发展中获得自我同一性的种种可能性，他就将以令人吃惊的力量来抵抗社会环境。在人类社会的丛林中，没有同一性的感觉，就没有自身的存在，所以，他宁愿做一个坏人，或干脆死人般地活着，也不愿意做不伦不类的人。他自由地选择这一切。"随着自我同一性的不断发展，青少年形成了"忠诚"的品质。艾里克森把忠诚定义为："不顾价值系统的必然矛盾，而坚持自己确认的同一性的能力。"

6. 成人前期（18～25 岁）

这一阶段的主要发展任务是获得亲密感，避免孤独感；良好的人格特征是爱的品质。

亲密感是人与人之间的亲密关系，包括友谊与爱情。亲密的社会意义，是个人能与他人同甘共苦、相互关怀。亲密感在危急情况下往往会发展为一种互相承担义务的感情，它是在共同完成任务的过程中建立起来的。如果一个人不能与他人分享快乐与痛苦，不能与他人进行思想情感的交流，不相互关心与帮助，就会陷入孤独寂寞的苦恼情境之中。

艾里克森认为，只有具有牢固的自我同一性的青年人，才敢于冒与他人发生亲密关系的风险。因为与他人发生爱的关系，就是把自己的同一性和他人的同一性融合一体，这里有自我牺牲和损失，只有这样才能在恋爱中建立真正的亲密无间的关系，从而获得亲密感，否则将产生孤独感。艾里克森把爱定义为"压抑异性间遗传的对立性而永远相互奉献。"

7. 成人中期（25～60 岁）

这个时期的主要发展任务是获得繁衍感，避免停滞感；良好的人格特征是关心品质。

这一阶段有两种发展的可能性，一种可能性是向积极方面发展，个人除关怀家庭成员外，还会扩展到关心社会上其他人，关心下一代以至子孙万代的幸福。他们在工作上勇于创造，追求事业的成功，而不仅是满足个人需要。另一种可能性是向消极方面发展，即所谓自我专注，就是只顾自己以及自己家庭的幸福，而不顾他人的困难与痛苦，即使有创造，其目的也完全是为了自己的利益。

艾里克森认为，当一个人顺利地度过了自我同一性时期，在以后的岁月中他将过上幸福充实的生活，他将生儿育女，关心后代的繁殖和养育。他认为，生育感有生和育两层含义，一个人即使没生孩子，只要能关心孩子，教育、指导孩子也可以具有生育感。反之，没有生育感的人，其人格是贫乏和停滞的，是一个自我关注的人，他们只考虑自己的需要和利益，不关心他人（包括儿童）的需要和利益。

在这一时期，人们不仅要生育孩子，同时要承担社会工作，这是一个人对下一代的关心和创造力最旺盛的时期，人们将获得关心和创造力的品质。

8. 成人后期（60岁以后）

这一阶段的主要发展任务是获得完善感，避免失望或厌恶感；良好的人格特征是智慧、贤明品质。

如果前面七个阶段积极的成分多于消极的成分，就会在老年期汇集成完美感，回顾一生觉得这一辈子过得很有价值，生活得很有意义。相反，如果消极成分多于积极成分，就会产生失望感，感到自己的一生失去了许多机会，走错了方向，想要重新开始又感到为时已晚，痛不胜痛。于是产生了一种绝望的感觉，精神萎靡不振，马马虎虎混日子。

艾里克森认为，在衰老的过程中，老人的体力、心力和健康状况每况愈下，对此他们必须做出相应的调整和适应，所以被称为自我调整对绝望感的心理冲突。

四、大学生自我同一性建立过程中的问题

青年时期的自我发展是发展心理学研究的重点。艾里克森认为，青年期的发展课题是自我同一性的确立。自我同一性也称为自我认同，是指个体寻求内在合一及连续的能力。大学生由于身心两方面发生重大变化，他们开始关注自我，思考关于“自我”的问题。自我同一性是大学生寻求自我了解与自我追寻的必然历程，对大学生人生价值的选择、理想信念的树立有着积极意义。如果大学生不能确立良好的自我同一性，就会对社会的主导价值表示怀疑，极易造成生活没有重心、摇摆不定。

青年大学生在确立自我同一性的过程中，存在六个方面的自我认同问题：一是我现在想要什么？二是我有何身体特征？三是父母如何期望我？四是以往成败经验如何？五是现在有何问题？六是希望将来如何？这六个方面问题回答归为“我是谁？”与“我将走向何方？”两大问题。如果完成得较好，大学生就能够适应与化解危机，达到自我同一性；否则，容易出现自我同一性危机，迷失个人方向，与自己的角色不相适应，最后出现退缩、自卑等不良人格特征。

1. 前瞻性的时间观与混淆的时间观

大学生对时间的认同是自我认同中非常重要的一件事。有的大学生没有认识到时间的、改变的不可挽回，他们必须与时俱进；有的为了避开成长的压力，希望时间过去，面临的困境也随之而去；有的希望时间停滞不前，依旧沉浸在少年时代中，不去主动承担责任，拒绝成长，造成不成熟的自我认同。

2. 自我肯定或自我怀疑

大学生从多维度看待自己，如对自己的天赋、智力、身体、心理与发展的认知，对成功与挫折的认知，都在很大程度上确立大学生的自我认知。有的大学生过分看重别人对自己外表的看法，有的则对一切抱漠不关心的态度，一个自我认同的人能够有效地统合自我与他人的信息，达到自我同一性。

3. 预期职业成就与无所事事

大学生的职业生涯规划与职业预期是学业的重要归宿，也是一个非常实际的问题，大学生通过职业生涯确立与肯定自己的能力，对大学生重要的是坚持学习并充分发挥自己的潜能，而不是确定自己的能力有多大。许多有才能的大学生由于缺乏毅力而无所建树；也有的大学生沉溺于网络游戏不能自拔，而荒废了学业。

4. 性别角色认同与两性混淆

大学生应当对社会规范的性别角色及其责任有所认同，接受自己完全是个男性或女性而有适当的性别表现。另外，与同性或异性相处都感到自在，否则易陷入两性危机中。

5. 服从与领导的认同

大学生既要发展自己作为团体领导者的能力，又要学会与适应作为团体成员的团队精神与合作精神。当作为领导时，能够适当地运用权力；而当作为成员时，不盲目服从而又能归属于团队。

6. 价值观的形成

大学生真正开始选择人生，思考人生，逐步形成自己的人生观与价值观及生活理念，大学生价值观的确立是自我同一性的最高境界，也是自我同一性最为重要的任务。

五、大学生为什么关注自我

成年时期自我的形成，是经过整个青年期的分化、整合过程之后最终完成的，影响这一过程的因素，包括自小积累的经验、对他人的态度及来自他人的评价、独立的意识及自身在社会中的作用、地位与身份等。在这一过程中，青年期是身心发展的关键期，更是自我意识发展的关键期。个体在青年期生理、认识、情感等各方面的深刻变化，如性的成熟、思维与想象能力的发展、感受力的提高，使他开始把关注的重点转向自身内部，开始去发现、体现自己的内心世界，并迫切要求形成自己独特的个性与独特的理解方式。

个体在青年期逐渐累积的生活经验也直接影响着自我意识的发展，特别是“成功”与“失败”的经验，对自我的形成与自我意识的发展的影响力更为巨大，随着经验的扩大，成功和失败的经验也随之增多，通过自己对这些经验的再评价，个体可以修正自我意识。

对处于青年期的个体而言，来自他人的评价对自我意识的修正、自我的形成也直接产生积极的作用。自我意识尚未确定的青年，往往对他人的评价更为敏感，他们往往通过他人对自己的态度、评价来认识并确认自我的存在价值。开始步入成年前期的个体，虽然已应该而且有能力承担诸多社会责任和义务，但他们在做出某种决断的时候往往进入一种“暂停”局面，以尽可能地满足避免同一性提前完结的内心需要。而自我同一性的确立是青春期的发展课题。换句话讲，成年前期有意无意地会用拖延去逃避责任。心理学上把成年前期称为“心理的延缓偿付期”。

大学时代的青年正处于“心理的延缓偿付期”。在初中、高中阶段，个体常常被紧张的学习、考试所追逐，没有什么时间考虑自己的人生，只有进入大学，才能真正专心地考虑自我、探索自我和确立自我这一课题。这是因为以下三点。

① 这个时期的自我被称为人生的第二次诞生，它包含着四个层次的含义：一是“疾风怒潮期”到“相对平稳”，二是边缘人地位，三是人格的再形成，四是人生价值观的形成。

② 这个时期的人际关系表现为友情与孤独、性意识的发展及恋爱结婚，对父母的矛盾情感。

③ 这个时期心理的两极性。一是意志与行动的两极性，二是人际关系的两极性，三是日记中表现的两极性，四是闭锁性与开放性。

总体而言，大学生对自我的关注可以归为以下三点：一是由于身体成熟，他们开始注意、关心自己的身体、内驱力及内部欲求；二是由于人际关系的扩大，他们将自己的内在能力与他人进行比较，从而对自己的素质、天赋等问题进行关心；三是由于认识能力的发展，他们开始对自己行动的原因、结果以及自己的存在价值和人生意义进行思考。大学生自我意识的发展、自我明显的分化意味着自我矛盾冲突的加剧，其结果便造成在新的水平和方向上达到协调一致，即自我统一。

六、大学生自我意识的完善

自我意识对人的心理健康起着很重要的作用，它制约着人格的形成发展，在人格的优化中发挥着强大的动力功能。健全的自我意识是心理健康的重要标准，是人类自身内在的一种成功机制，在人才发展中发挥着重要作用。

（一）健全的自我意识的标准

① 自我意识健全的人，应该是一个有自知之明的人，既知道自己的优势，也知道自己的劣势，能正确评价自我和自我发展。

② 自我意识健全的人，应该是自我认识、自我体验和自我控制相协调一致的人。

③ 自我意识健全的人，应该是积极自我肯定的、独立的并与外界保持一致的人。

④ 自我意识健全的人，应该是理想自我与现实自我统一的人，有积极的目标意识和内省意识，积极进取、永无止境。

（二）自我意识完善的途径

1. 正确的自我认知

正确的自我认知是指对自己有着较为明确的了解，能客观地认识自己和评价自己，既承认自己的能力和才干，又承认自己的不利条件或限制因素。自我认可的原则是指对自己的能力和才干、潜力和长处竭力发扬光大，对于自己的不利条件和制约因素、缺点和不足，则能主动地进行自我批判和自我教育，也能努力去避免、改正和克服，能正确地估计自己的地位与作用，努力献身于符合社会发展规律和现实的社会理想。

随着高等教育从精英化教育到大众化教育的转变，大学生更应该正确认识自己的社会地位与作用。大学生不再是“天之骄子”，甚至有人提出大学生应该是普通劳动者中的一员。这就说明了大学生的社会地位发生了很大的改变。面对着新的形势，大学生应该重新认识自己，正确认识自己，给自己一个合理的定位，这样才有利于大学生的健康成长。

能够正确地自我认知的人，能够根据自己的天赋、体格、实际的能力和才干、确定的地位和作用来确定自己的目标、终身目的，以造就自己。大学生正处于自我意识发展的关键期，自我同一性还未形成，所以，正确的自我认知是其人格成长的重要目标。

自我认知是从多方位建立的，既有自己的认识与评价，也有他人的评价。大学生不妨自己认真仔细地想一想，用尽量多的形容词描述自己，要忠实于自己的内心。在此基础上，进行第二步，他观自我的描述，描述父母眼中的我、同学眼中的我、老师眼中的我、恋人眼中的我、兄弟姐妹眼中的我，再寻找这些描述中共同的品质，将其归类。描述的维度越多，越会找到比较正确的自我。

2. 积极的自我悦纳

自我悦纳是自我意识健康发展的关键所在。悦纳自我首先要接纳自己，喜欢自己，欣赏自己，体会自我的独特性，在此基础上体验价值感、幸福感、愉快感与满足感；其次要理智与客观地对待自己的长处与不足，冷静地看待得与失。心理健康者的重大特点之一就是能够坦然接纳自己的优缺点。

有人误以为悦纳自己是放任自己的缺点，其实不然。因为喜悦地接纳自己和要不断地提高自己是不矛盾的，一个人只有喜欢自己才会关爱自己，也才会不断地调节、提升自己，以使自己更加完善。有的人总感觉不快乐，其根源往往在于不能悦纳自己，不接纳自己的长相、出身、性格、知识水平等，他把自己的时间、精力全用在拒绝自己、否认自己上，其结果是既无法快乐也无法成长。

在生活中注重自我，自我意识是将注意力集中在自我的一种状态。积极的策略是：关注自己的成功，并将优势积累，每个人身上都有着无数的闪光点，重点在于寻找自己的闪光点并将其构成亮丽的人生风景线。

3. 提高自我效能感

自我效能感是由美国著名心理学家班杜拉提出的一个重要概念，指个体对自己能够成功地表现某一行为的期望。其实质，就是个体对自己行为能力作出的客观公正的判断，是自信心在某项任务中的具体表现。当人们期望自己成功时，他必然会尽自己最大的努力并且当面临挑战性任务时，会表现出更强的坚持力，从而增加了成功的可能性，自我效能感高的人一般学业期望较高。一个人，只有真正地相信自己能让某事发生，才能下定决心并付出努力，最终实现自己的期望。也就是说，自我效能感与成就动机呈正相关性。

提高自我效能感的另一条途径是克服自我障碍，我们经常会体验对自己能力程度的焦虑带来的不安全感，这便是一种自我障碍。我们听说了太多这样的故事：由于考试前身体不好，所以在大考中没有取得好成绩。这便是典型的自我障碍，为自己的考学不成功找到了适当的借口。一个渴望自我发展的人必须主动克服自我障碍，进行积极的自我提升与自我尝试。积极的自我在尝试中会发现自己的新的支点。

4. 有效的自我控制

自我控制是个体主动、定向地改变自我的心理品质特征和行为的心理过程。有效地控制自我是健全自我意识、完善自我的根本途径。缺乏自我控制意识的人将是一个情绪化的、缺乏承受力的、一事无成的人。对自我的有效监督和控制，离不开意志的力量。只有意志健全的个体才会做到对自我的有效控制，从而最终实现理想的自我。因此，每个人都应从培养健全的意志品质做起，增强对挫折的承受力，提高自控能力，从而达到自我实现，使理想的自我和现实的自我统一。

5. 关注自我成长

自我的发展需要不断的自我反思、自我监控。但将成长作为一条线索贯穿于人的始终时，整理自己成长的轨迹显得尤为重要。“人生就是一门不断学习的功课”，学习如何让自己、他人和社会，甚至世界变得更美好。自我成长的认知提供了我们学习改变、进步的大前提。在待人处事上，我们将对我们的言行更负责任，因为我们所做的一切将影响我们的环境，而环境又将影响我们，如此反复的互相影响，将会形成巨大的循环。依照过去、现在、未来进行清理，深刻了解与把握自己。要记住：自我体验永远是个体的，当我们在分享他人自我成长的硕果时，也在促进我们自己的成长。

知识要点

（1）成熟的自我意识至少表现在以下三个方面：能意识到自己的身体特征和生理状况；能认识并体验到内心进行的心理活动；能认识并感受到自己在社会和集体中的地位和作用。

（2）每个人的自我意识是由自我认识、自我体验和自我调控三个层面有机组合而成的。三者之间的和谐程度以及与客观现实的吻合程度，决定了个体自我意识的健康状况。

（3）健全的自我意识通过合理的自我认识、良好的自我体验、自觉的自我调节和控制，促进自我实现，最大限度地挖掘自身的潜力，使心理行为个体化与社会化协调、平衡、完善地发展。

（4）个体发展的每个阶段都有其特殊的目标，都有其特定的发展任务需要完成，也存在着相应的冲突。人格发展任务完成得成功或不成功，就会产生人格发展的两个极端，属于成功的一端，就形成积极的品质，属于不成功的一端，就形成消极的品质。每个人的人格品质都处于两极之间的某一点上。

（5）大学生在确立自我同一性的过程中，存在六个方面的自我认同问题：一是我现在想要什么？二是我有何身体特征？三是父母如何期望我？四是以往成败经验如何？五是现在有何问题？六是希望将来如何？这六个方面问题回答归为“我是谁？”与“我将走向何方？”两大问题。

（6）完善自我意识必须要有正确的自我认知、积极的自我悦纳、有效的自我控制，以及更高的自我效能感、自我成长的认知。

阅读材料

样样不如别人，感到很自卑

刘某，女，18岁，大学一年级学生。主诉内容为：“我来自于边远山区，家境贫寒，大学以前的时光都在小山沟里度过，性格内向，平时说话不多。来到这里上大学，我感觉自己样样不如别人，自己没见过世面，知识面很窄，在同学面前什么都不懂，个头矮小，长的又不好看，家里不如别人有钱，甚至连我以前引以为豪的学习成绩在大学里也没有了任何优势。我总觉得自己比别人低一等，怕身边的同学瞧不起自己，内心特别痛苦和无奈。”

该生主要由于觉得自己各方面都不如别人，体验到深深的自卑感，进而产生失望、痛苦、无奈等消极情绪体验。自卑源于比较而不是源于真实，她的痛苦正是由于拿自己的短处去比别人的长处，这样，越比越灰心，越比越失去信心，从而认定自己“样样不如人”，觉得自己低人一等。俗话说：“骏马能历险，犁田不如牛，坚牛能载重，渡河不如舟。”每个人都有自己的优势所在，关键是如何去发现自己的优势和长处，学会接纳自我，尤其是要接纳自己存在的缺点。

调整心理落差，正确认识自我

李某，女，18岁，北京某重点大学一年级学生。来自某省一县立中学。在期末考试前一周来到校心理咨询室，向咨询老师倾诉道：“老师，我最近特别难受，已经有两夜没睡着觉了，心跳的特别快，白天迷迷糊糊，觉得一点劲儿也没有。期末考试一天天临近，同学们学习抓得都比较紧，我心里更是着急。在中学时，老师管理很细，自习课也常到班上来，我是班长，和老师比一般同学更接近，老师对我的学习辅导也比较多。到大学后，老师每堂课都讲很多内容，下课后就很难找到老师，我也没有进行系统的复习，所以期中考试成绩很不理想，数学才考了70分。别的功课考得也不好，在班上最多是个中等生。老师从没表扬过我，同学们也没人注意我，我在班上变成了一个不受重视的学生。我是一个自尊心很强的人。军训时我动作不标准，教官常纠正我，我自己也觉得走得不好看，心里很不是滋味，宿舍那几个对我有意见的同学也不时向我投来嘲笑的目光，我心里很气。在中学时，我一直受老师重视，同学羡慕，就连校长、主任也不时夸我几句。高考成绩下来后，我考的不错，为学校争了光，我心里就更得意了，谁想进大学后，变成这个样子，我的情绪十分低沉，真受不了这种不受重视的地位……”

李某入学虽已近一个学期，但心情并不平静、心理上并未取得平衡。她在中学时所处的“尖子”地位，与大学的学习中下水平形成心理上的巨大“落差”，这是她心理失衡的根本原因。中学时的突出地位，使她很容易在心理上产生某种优越感和自负情绪，总认为自己比别人强一些，甚至会认为进入大学以后仍会和在中学一样成为班上的主要干部和最优秀的学生。但是，她没有想过，别的同学在中学时也有和她类似的情况，他们在各方面也不比她弱，甚至部分同学比她更强、更为突出。这使她产生很重的心理负担，从过去的自负跌到了现在的自卑，心理上一时难以承受。要帮助她解决心理矛盾，调整失衡心态，应从帮助她正确认识自我，调整心理落差入手。

不必为城乡差异而自卑

张某，男，18岁，重点工科大学一年级学生。主诉内容为：“我来自农村。农村孩子上学不易，我自幼勤奋刻苦，学习成绩很好，好不容易考上了重点大学，全家人、全村人都为我高兴。可是来到学校以后，我并不高兴，总觉得自己处处不如人，心里很不是滋味。我满口的家乡话常引同学们发笑；穿着、举止动作都显得土里土气；我上中学时学校不重视体育，现在上体育课时自己的动作显得很笨拙，觉得很难堪；又没什么业余爱好和文艺才能；在宿舍聊起天来城市同学侃侃而谈，人家见多识广知道的很多，自己没见过什么世面说起话来笨嘴拙舌，常常惹得同学们哄堂大笑，自己觉得很丢脸。我有一种先天不如人的感觉，很自卑。但我又不甘心如此，于是拼命学习，想以优异的学习成绩来显示自己的才能，补偿其他方面的不足。我生怕考试失败，那就证明了自己真是先天不如人。我每天拼命地学习，但有时并不学得进去，总是惶惶不可终日，学习时注意力也不集中，生怕考不好。现在我晚上很难入睡，白天又看不进去书，我该怎么办呢?”

张某的主要问题是对生活环境的变化以及在新集体中位置与角色的变化不适应，引起自我评价降低，强烈的自尊心与自卑感的尖锐矛盾冲突，导致心理失衡。他为了维护自尊心，对自己提出了不切实际的要求，自我期望值过高，使得目标实现的可能性降低，于是出现了紧张、焦虑的情绪体验。他应当正确认识自我，看到自己的优势，提高自信心；正确地对待由于城乡生活环境所造成的同学之间的差别，既要承认农村学生由于生活环境的限制存在一些不如城市学生的地方，如知识面窄等，但又应看到这些差距是可以通过学习来弥补的，更应看到农村学生勤奋刻苦、吃苦耐劳、生活自理能力强等长处。既要通过进一步地学习来拓宽自己的知识面，培养自己多方面的兴趣爱好，更应客观地分析自己的学习能力，坦然地接受自己尽了最大努力而取得的成绩，这样才能消除心理上的紧张焦虑，在良好的心境中从容地参加考试，发挥出自己最佳水平，去争取理想的成绩。

“丑小鸭”的苦恼

肖某，女，大学一年级学生，理科。前来咨询时对咨询老师说道：“老师，你没发现我长得很丑吗？你看我的两只眼睛不一样大，是先天的弱视，我的嘴唇也比较厚……总之，很丑！上中学的时候，我一直是好学生，成绩总是班里的第一名。但是我的内心感到很孤独，感到很悲苦。因为在升入高三后，我爱上了同班的一名男同学，也许这就是‘情窦初开’吧！心里很甜蜜，但我知道那个男生和同班另一名女生很要好，他从来没注意过我。理智告诉我，以我的长相是不可能把他吸引过来的，尽管我的学习是班上最出色的。我的渴求当然是彻底的失望……现在，我又碰到问题了。同班一位男生很爱和我说话，还约我和他一起上自习。可是，我很自卑，和他说话的时候从来不敢看他，总是低着头。每次都是他先和我说话，他找我。我从来没去找过他。”

相貌是“上帝”给的，个人无法选择。处于青春发育阶段的个体，开始注意自己的相貌。即使在理智上知道内在美重于外在美，人们仍然会因自己相貌出众、平平或丑陋而产生满意、自豪、不满意、自卑等体验。这种体验由“情窦初开”而强化。肖某的苦恼正由此产生。她由于自己的长相问题，觉得自己是一只“丑小鸭”，从而导致自卑心理。她应正确看待相貌的美与丑，外在美与内在修养的关系，正视自己，坦然接受自己的缺点，自然、大方、坦诚地与人（包括那位男生）交往。

自我意识误区

小范来自农村，家境不佳，相貌平平，个子矮小，他从内心深处有一种自卑感。他一方面努力完成学业，另一方面也要为生计奔波，在别人的眼里他是个坚强而有头脑的人。而他却不这样认为，他觉得这只是一种无可奈何的选择。平常的他可以与周围的人融洽相处，似乎是个开朗的人。但他说这不是他。他不敢与人谈自己的家、谈那份奔波的辛苦，因为这些都是心底最隐秘的东西。这是让他感到极度自卑的地方，想改变却又是徒劳的。他认为这个“自卑”的“我”才是真正的“我”，而那个外在的“我”不过是个假象而已，从来也不曾真实地存在过。后来，他考上了研究生，但这并没给他带来喜悦，从读研的第一天开始，他就准备换个专业，他在学业、生活中拼搏，以此来减轻自卑感。后来他爱上了一个女孩，但由于自卑，他没有勇气表白。

小范的“痛苦”，是典型的自我意识误区的表现。他无法将“外在的我”与“内在的我”统一起来，认为自己的“外在的我”只是个假象而已，并不真正存在，从而不能在心理上认同这样一个自我形象，只认定那个“自卑”的自我形象。所以，无论事实上他有多优秀、多出色、多成功，他都不能真正认同，他的骨子里依然是自卑的。这样的自我意识误区，致使他始终摆脱不了“自卑”的阴影，无法形成正确的自我概念和树立健康的自我形象。

自我意识混乱

小张，上海某高校计算机专业大四学生，因在寝室进行盗窃，被送进了铁窗。他坦言，作案是为了让自己失败得更彻底。在此之前他一直认为自己能当“领导”、做“伟人”，但连续几年在学业与班干部竞选中均受挫折。于是他经常逃课，放弃努力，成了全系最差的学生，无法正常毕业。面对自己的失败，他归咎于当初专业选择的错误，并最终以犯罪的方式来宣泄自己的苦闷。

小张的行为主要是由于自我意识混乱造成的。所谓自我意识混乱，是指个体无法形成正确的自我概念和适宜的自我态度，以致不能达到自我同一性的确立而获得安定、平衡的心理状态。表现为自我定位不准，挫折承受能力较差，一旦遇到较大的压力，容易产生过激行为。青年期是个体的“第二次诞生”，是其自我意识迅速发展和确立的阶段，青年期的一个重大发展课题，就是学习如何认识自我和理解自我，这一发展课题的完成直接关系到健全人格能否建立。小张便是由于自我意识混乱，没有形成正确的自我概念和自我态度，最终导致了犯罪心理的产生和人格的扭曲。

自我评价过低

小朱，女，广州某大学大二学生。由于报考英语四级连续三次未通过，于是觉得自己无能，很自卑，自信心丧失，情绪消沉。2003 年夏季的一个傍晚从珠江桥上跳进河里欲自尽，幸被一位农民工救起。

小朱由于在英语四级的问题上遭到连续的挫折，从而丧失自信，对自我的评价过低。自我评价过低主要指否定自己、拒绝接纳自我的心理倾向。处于这种意识状态的人，往往降低社会需求水平，对自我过分怀疑，压抑自我的积极性，并可能引发严重的情感损伤和内心冲突。他们的心理体验常伴随较多的自卑感、盲目性、自信心丧失和情绪消沉、意志薄弱、孤僻、抑郁等现象，尤其是面对新的环境、遇到挫折或发生重大生活事件时，常常会产生过激行为而酿成悲剧。

要学会找准自己的位置

小梁是电影学院导演系的研究生，个子高高的，长得也很帅，但几年下来他有一个很悲观的想法：做导演需要出名，而真正出名的导演又有几个呢。而且自己家是外地的，从本科到研究生一路走来实在太累了，要协调各方面的关系，这种压力压得他喘不过气来。最终，他办理了退学手续。学校的老师、同学无不为他惋惜。

大学生现在面临的压力过大，造成心理的落差比较大，与整个社会发展的形势和家庭的影响是分不开的。首先是大学生的就业问题，大学的扩招，让一些学生在上学的时候就对毕业后的就业问题产生焦虑。其次，自我和家庭对学生前途所定的目标过高，有的学生有一种为家长读书的想法，想的是将来要怎样报答家长，有的给自己定了一个不太符合实际的目标，都可能在最终结果上产生很大的心理落差。这需要学生找准自己的位置，要正确评价和认识自己，无论怎样，知足常乐是不变法则。另外，不要好高骛远，要脚踏实地一步步走好自己的路。

心理训练

我是谁

目的：了解自我评价，审视自我认识的合理性与客观性，明确自我的接纳程度，学会自我无条件接纳。

操作：

（1）写出10句“我是××××××××”。

（2）要求：尽量选择一些能反映个人风格的语句，避免出现类似于“我是一个大学生”、“我是一个中国人”、“我是一个女生”这样共性的句子。

（3）将以上自我认识进行归类。

① 身体状况（外貌、身高、体型等）

编号：

② 心理状况（性格、情绪、情感、才智等）

编号：

③ 社会状况（与他人的关系、对他人常持有的态度和原则）

编号：

（4）在列出的每句话的后面加上正号（+）或负号（-）。

正号表示“这句话表达了你对自己肯定满意的态度”；负号表示“这句话表达了你对自己不满意、否定的态度”。看看你的正号与负号的数量各是多少。

（5）自我反思。

如果你正号的数量大于负号的，说明你的自我接纳状况良好。相反，你的负号将近一半甚至超过一半，这显示你不能很好地接纳自己，你的自尊程度较低。

这时你需要内省一番，寻找问题的根源，比如：是否过低地评价了自己？是什么原因使你成为这样？有没有改善的可能？

周哈里窗（Johari Window）

目的：引导学生通过他人的反馈察觉自我，特别是自己未知的那部分自我，使自知的“我”和他人所知的“我”更为一致，从而更客观地认识自我，形成更清楚的自我概念。

操作：

（1）发给每组学生一人一张“‘周哈里窗’记录表”（表1-1），请学生在“自我知觉”部分写下自己的优缺点（最少各三个），然后在每一个可以让别人知道的优缺点前打“√”，并在纸上写上自己的名字。

（2）每位学生将记录表传给右方同学，请其各自写下记录表主人的优缺点，依此顺序轮流下去，直到同组都轮完再回到自己的手中为止。

（3）请学生自己给自己画一扇窗户，可以用不同的颜色代表优缺点，完成自己的“周哈里窗”。

（4）学生在团体中讨论自己了解别人眼中自己的优缺点（尤其是缺点）后的感受，及完成“周哈里窗”的含义，彼此分享。

（5）讨论自己得到的反馈以及对“周哈里窗”的理解。

表1-1 “周哈里窗”记录表

自我知觉		他人知觉	
优点	缺点	优点	缺点

思考与练习

1. 结合自我意识发展的内容，谈谈自己现阶段自我意识的成熟状况。
2. 个体自我意识的健康程度可以从哪些层面进行考量？
3. 发展健全的自我意识对个体自身有何积极意义？
4. 你认为应当如何实现自我意识的积极整合？
5. 你的自信心状况如何？怎样树立真实的自信？
6. 通过分析自己的优势与限制，提出完善自我的打算。
7. 心理测试：自我和谐量表（SCCS）（见附录）。

第二章　积极有效的情绪管理

学习目标：①知识目标。了解自己的情绪状态，认识到长久的负性情绪有碍身心健康；理解提高情商的途径。②能力目标。通过检视自己的不合理信念，学会有效驳斥不合理信念；把握情商水平高低的考量方式，寻求提高自身的情商水平的有效方法；了解自身可能存在的不良情绪，寻找恰当的调节方法。③素质目标。运用健康情绪的评断标准进行自我审视，鞭策自我习得健康的情绪；掌握情绪管理方法，有效提升情绪管理水平。

学习重点：情绪的功能，大学生常见的情绪问题，大学生情绪问题产生的原因，不良情绪的自我调节方法，非理性信念的主要表现。

学习难点：不良情绪的自我调节方法。

据世界卫生组织统计，中国现今约有1.9亿人的神经系统处于失衡状态；神经系统失衡所引发的疾病在我国疾病总负担中排名首位，约占疾病总负担的20%。每四个人中就会有一个人在其生命的某一阶段曾受过神经系统方面疾病的侵扰。

关于抑郁：据卫生部统计，我国每年至少有25万人死于自杀，另有200万人自杀未遂。自杀人群中近八成患有抑郁症，抑郁症已成为我国15～34岁人群的第一大死因。

关于焦虑、烦躁：中国的交通事故每死3个人中就有1个是由于情绪不稳定、焦虑、烦躁而引起的。而每年我国死于交通事故的约有10万人，平均每天300人。

关于神经衰弱：我国每年有约60万学生，因用脑过度而致神经衰弱，无法继续学业。

心理学的研究认为，人的情绪的大部分是由于自己的知觉、想法、评价引起的。因而，一个人应该学会对自己的情绪负责。了解了这一点，把握和调节自己的情绪就容易多了。学会情绪的自我调节和管理，才能使情绪保持良好状态，减少负性情绪对自己的不良影响。

第一节　情绪概述

一、情绪的含义

情绪就是作为认识主体的人对客观事物是否符合自己的需要而产生的态度体验。一般说来，凡符合、满足人的需要的客观事物，往往使人产生满意、愉快、喜爱等情绪体验；反之，凡不符合、不能满足人的需要的客观事物，则会使人产生不满意、不愉快、憎恨、忧愁等情绪体验。客观事物和人的主观需要是复杂多样的。因此，反映这种关系的情绪也是极其复杂的。同一事物，既可以引起肯定的情绪，也可以引起否定的情绪。例如，对待学习，学生为取得优异的成绩而感到愉快，也可能同时由于劳累、厌学而有不快之感。

二、情绪的结构

情绪是一个复杂的心理过程，它是基于人的需要而产生的。经长期研究表明，情绪具有先天遗传性，人的恐惧、愤怒、欢乐、悲哀等基本情绪及其表现方式是生来就有的，不学自会的，但成人的复杂情绪则是后天习得的。情绪在形式上可以以心理特质的方式蕴含在人的人格结构之中，在内涵上是主体主观需要同客观环境（包括周围人）整合的产物。面对如此复杂的情绪现象，心理学家把情绪结构归结为三个方面，这也是任何情绪都具备的三要素。即内省的情绪体验、外在的情绪表现、情绪的生理变化。

1. 内省的情绪体验

简单地说，就是人对情绪状态的自我感受，是在强度、紧张水平、快感度和复杂度4个维度上产生的心理感受。内省的情绪体验是人脑对客观环境和客观现实的重要反映形式之一，这种反映形式不同于感觉、知觉和思维反映形式。即情绪活动不同于认知活动，它不是对客观事物本身实质的反映，而是带有主观色彩的之于主体需要的反映。

2. 外在的情绪表现

外在的情绪表现即表情，具体指面部表情、言语表情和体态表情。在情绪发生过程中，人的行为会发生习性反应，面部及身体其他部位都会随着主体体验而显现出相应变化，也会有相应的言语。如遇到伤心、悲痛的事有的人捶胸顿足、呼天抢地；如遇到高兴的事就手舞足蹈，典型的是范进中举之后，手脚乱舞大呼“我中了”；可见表情在情绪活动中具有独特作用，是情绪本身不可分割的发生机制，也是传递情绪信息的外在表现。

3. 情绪的生理变化

即情绪产生时各系统器官都会发生生理变化和物理反应，尤其是脑和神经系统，该系统为情绪发生和持续提供了能量。其生理机制就是大脑皮层的不同神经元产生兴奋，皮下中枢，包括海马、丘脑和脑干网状结构，不断传递和反馈信息，协调和支持脑的激活水平和情绪状态。伴随着脑和神经系统的变化，机体的其他内脏器官也会随之产生不同的生理变化，如呼吸急促、心跳加快等。情绪生理变化是主观体验的深化，又是外在情绪表现的基础，在情绪结构中起到承上启下作用。

综上所述，情绪就是个体对本身需要和客观事物之间关系的短暂而强烈的反应。是一种主观感受、生理的反应、认知的互动，并表达出一些特定行为。

三、情绪的功能

1. 情绪是适应生存的心理工具

在低等动物种系中，几乎无情绪可言。即使在低等脊椎动物中，所有的也只是一些具有适应价值的行为反应模式。例如，搏斗、逃跑、哺喂和求偶等行为。这些适应行为在它们相对应的特定的生理唤醒下发生，当动物的神经系统发展到皮质阶段时，生理唤醒在脑中产生相应的感觉（感受）状态并留下痕迹，就是最原始的爱、怒、怕等情绪。因此，情绪是进化的产物。

当特定的行为模式、生理唤醒及相应的感受状态三成分出现后，就具备了情绪的适应性，其作用在于发动机体中的能量使机体处于适宜的活动状态，将相应的感受通过行为（表情）表现出来，以达到共鸣或求得援助。所以，情绪自产生之日起便成为适应生存的心理工具。

人类继承和发展了动物情绪这一高级适应手段。人类个体发育几乎重复了动物种系发生的过程。人类婴儿在出生时，由于脑的发育尚未成熟，还不具有独立行动和觅食等维持生存的基本能力，他们靠情绪信息的传递得到成人的哺育。成人正是通过婴儿的情绪反应体察他们的需要，并及时调整他们的生活条件的。

因此，情绪的适应功能从根本上说是服务于改善和完善人的生存和生活条件的。无论是儿童或成人，通过快乐表示情况良好；通过痛苦表示急需改善不良的处境；通过悲伤和忧郁表示无奈和无助；通过愤怒表示行将进行反抗的主动倾向。同时，由于现代人生活在高度人文化的环境中，情绪的适应功能的形式有了很大的变化，例如，人用微笑向对方表示友好，通过移情和同情来维护人际联结，掩盖粗鲁的愤怒行为等，情绪起着促进社会亲和力的作用。但是人们也看到，在个人之间和社会上挑起事端引起的情绪对立，有着极大的破坏作用。总之，各种情绪的发生，时刻都在提醒着个人和社会去了解自身或他人的处境和状态，以求得良好适应。社会有责任去洞察人们的情绪状态，从总体上做出规划去适应人类本身和社会的发展。

2. 情绪是激发心理活动和行为的动机

情绪构成一个基本的动机系统。它能够驱策有机体发生反应、从事活动，在最广泛的领域里为人类的各种活动提供动机。情绪的这一动机功能既体现在生理活动中，也体现在人的认识活动中。

一般来说，生理内驱力是激活有机体行为的动力。但是情绪的作用则在于能够放大内驱力的信号，从而更强有力地激发行动。例如，人在缺水或缺氧的情况下，血液成分发生变化，产生补充水分或氧气的生理需要。但是这种生理驱力本身并没有足够的力量去驱策行动。而这时产生的恐慌感和急迫感起着放大和增强内驱力信号的作用，并与之合并而成为驱策人行动的强大动机。

此外，内驱力带有生物节律活动的刻板性。例如呼吸、睡眠、进食均按生物节律而定时，情绪反应却比内驱力更为灵活，它不但能根据主客观的需要及时地发生反应，而且可以脱离内驱力而独立地起动机作用。例如，无论在任何时候和何种情况下发生，恐惧均能使人退缩，愤怒定会发生攻击，厌恶一定引起躲避等。

情绪的动机功能还体现在对认识活动的驱策上，这一点通过兴趣、情绪明显地表现出来。严格说来，认识的对象并不具有对活动的驱策性，促使人去认识事物的是兴趣和好奇心。兴趣作为认识活动的动机，导致注意的选择与集中，支配感知的方向和思维加工，从而支持着对新异事物的探索。

基本上，任何一种情绪都是促使我们采取某种行动的动力，亦即由于进化使我们在面临各种情境时能立即拟定相应计划。情绪一字源自拉丁动词“行动”，意指采取趋吉避凶的行动。观察动物或孩童的举止，最易看出情绪与行动的关系，事实上，也唯有在文明化的成人身上，才看得到情绪与行动分离的特例。也就是说，任何情绪都可能促使我们采取行动。

每种情绪各有独特的生物特征，也都扮演不同的角色。随着探讨人体与人脑的新方法不断出现，现在专家能够从更精细的生理角度，观察到情绪如何促使我们做出不同的反应。

① 愤怒时血液流向手部，更便于抓住武器或打败敌人。心跳加速，肾上腺素之类的东西激增，激发强大的力量。

② 恐惧时血液流向大腿肌肉，使脸部因缺血而惨白。身体僵立动弹不得，可能是争取时间考虑是否需要躲避。脑部情绪中枢激发荷尔蒙使身体处于警戒状态，专注逼近的威胁，随时准备做最佳反应。

③ 快乐时脑部抑制负面情绪的部位较活跃，能量增加。生理方面唯一的特征是较为沉静，使身体能较快从负面情绪中恢复过来。如此不但身体得以休养生息，也能鼓起精神应对眼前的挑战与目标。

④ 爱、温柔与性满足会引发自主神经系统的警觉状态，这与愤怒和恐惧引发的打或逃的反应恰恰相反，全身笼罩在平静与幸福感之中，极有利于与人合作。

⑤ 惊讶时眉毛会上扬以便扩大视觉范围，也可让更多光刺激到视网膜，借以很快了解

环境状况，研究最佳的反应对策。

⑥ 全世界任何种族厌恶时的表情都一样：上唇向一边扭曲，鼻子微皱。达尔文认为刚开始这个动作是为了闭紧鼻子以免吸入可厌的气味，或表示想吐出难吃的食物。

⑦ 悲伤的主要功能是调适严重的失落感，如亲人死亡或重大挫折等。人悲伤时会精力衰退，兴趣全无，尤其对娱乐不再感兴趣，悲伤到近乎抑郁时甚至会减缓新陈代谢。人们利用这种退以自省的机会悼亡伤逝，省思人生的意义，当精力慢慢恢复时再规划新的开始。或许精力的衰退最初是为了让悲伤者留在家里，因为这时他们比较脆弱，在外面容易受到伤害。

这些情绪反应多是经过漫长的史前时期慢慢进化而成，当时的生存环境自是极度恶劣，新生儿夭折率甚高，很少人能活到三十岁，食肉动物横行，水旱无常，民不聊生。但随着农业时代的到来及原始社会的建立，人类的生存条件大为改善。在古时候，一触即发的怒气或许是生存的要件，但今天火爆脾气往往酿成无可挽回的悲剧。一般的人情绪不能与行动分离。文明化程度高的人遇到不愉快的事也会烦恼，但他可以控制自己的情绪。

3. 情绪是心理活动的组织者

情绪是独立的心理过程，有自己的发生机制和操作规律；作为脑内的一个监测系统，情绪对其他心理活动具有组织的作用。情绪的组织作用包括对活动的瓦解或促进这两个方面，一般说来，正性情绪起协调、组织的作用；负性情绪起破坏、瓦解或阻断的作用。

有研究证明，情绪能影响认知操作的效果，其影响效应取决于情绪的性质及强度。耶克斯—多德森定律指出，中等唤醒水平的愉快和兴趣情绪为认知活动提供最佳的情绪背景。愉快强度与操作效果曲线呈倒 U 形，过低或过度的愉快唤醒均不利于认知操作。研究表明，对负情绪来说，痛苦、恐惧的强度与操作效果呈直线相关，情绪强度越大，操作效果越差。与痛苦、恐惧不同的是，由于愤怒情绪具有自信度较强的性质和指向于外的倾向，中等强度的愤怒一旦爆发出来，有可能组织个体倾向于面对任务，导致较好的操作效果。这些研究结果补充了叶克斯—多德森曲线。上述结果表明，情绪执行着监测认知活动的功能，不同性质和不同强度的情绪起着不同程度的组织或瓦解认知活动的作用。

情绪的组织功能也体现在对记忆的影响方面。美国心理学家鲍维尔的研究表明，当人处在良好的情绪状态时，更容易回忆那些带有愉快情绪色彩的材料；如果识记材料在某种情绪状态下被记忆，那么在同样的情绪状态下，这些材料更容易被回忆出来。这说明情绪具有一种干预记忆效果的作用，使记忆的内容根据情绪性质进行归类。

情绪的组织功能还表现在影响人的行为上。人们的行为常被当时的情绪所支配。当人处在积极、乐观的情绪状态时，倾向于注意事物美好的一面，态度和善，乐于助人，并勇承重担。而消极情绪状态则使人产生悲观意识，失去希望与渴求，也更易产生攻击性。

4. 情绪是人际通讯交流的重要手段

情绪和语言一样，具有服务于人际通讯的功能。情绪通过独特的无词通讯手段，即由面部肌肉运动模式、声调和身体姿态变化所构成的表情来实现信息传递和人际间的互相了解。其中面部表情是最重要的情绪信息媒介。

语言是人际交流的主要工具，而情绪信息的传递则应当说是语言交际的重要补充。而且，在许多情景中，表情能使言语交流所造成的不确定性和模棱两可的情况明确起来，成为人的态度、感受的最好注解；而在另一些场合，人的思想或愿望不宜言传，也能够通过表情来传递信息。在电影业发展早期，无声电影正是通过演员的各种表情动作来向观众传递信息的。

但是，从通讯交流的发生上说，表情信息的交流则出现得比语言要早得多，情绪是高等动物信息传递的主要工具，也是前言语阶段婴儿与成人互相沟通的唯一渠道和手段。情绪的适应功能正是通过其通讯作用实现的。

表情信号的传递不仅服务于人际交往，而且往往成为人们认识事物的媒介。这一现象在婴幼儿中表现得最明显，在成人中也经常发生。例如，婴儿从一岁左右开始，当面临陌生的不确定情境时，往往从成人面孔上搜寻表情信息（鼓励或阻止的表情），然后才采取行动（趋近或退缩）。这一现象称作情绪的社会性参照作用。情绪的参照作用有助于儿童和成人适应社会，尤其对于儿童的心理发展起着关键的作用。它有助于促进儿童探索新环境，扩大活动范围和发展智慧能力。

情绪的通讯交流作用还体现在构成人际之间的感情联结上。例如，母婴之间有着以感情为核心的特殊的依恋关系，这是最典型的感情联结模型。半岁以上婴儿在母亲离开时会表现不安和哭闹，称为"分离焦虑"。婴儿在七、八个月以后，在母亲经常接近和离开的不断重复中，学会预料母亲接近和离开的后果，形成"依恋安全感"。依恋安全感的建立是儿童情绪健康和人格完善发展的重要基础。它使婴儿经常快乐，更容易同他人接近并建立友好关系，更愿意认识和探索新鲜事物。此外，感情联结还有其他多种形式，例如友谊、亲情和恋爱，都是以感情为纽带的联结模式。

情绪的功能向我们揭示，情绪既服务于人类基本的生存适应需要，又服务于人类社会群体生活的需要。人们每时每刻发生的情绪过程，都是自然环境和社会环境对人发生影响相结合的反应。情绪卷入人的整个心理过程和实际生活，成为人的活动的驱动力和组织者。

四、情绪的基本状态

每个人通常会在不同时空条件下处于不同的情绪状态之中。所谓情绪状态，是指在一定的生活事件影响下，一段时间内各种情绪体验的一般特征表现。根据情绪状态的强度和持续时间可分为心境、激情和应激。

1. 心境

心境是具有感染性、相对稳定而且能持续存在的一种情绪状态。我们通常会问自己的朋友"最近心情好吗?"这其实就是在关心朋友的心境状态如何。当处在一种心境之下时，人们就会不自觉地受到这种心境氛围的影响，而以相同的情绪体验来观察看待周围的人、事、物。比如，当人们心境好时，看什么东西都顺眼、顺心，原来不喜欢的人也有了几分姿色，原来看不惯的事也觉得有了几分道理。而当人们心境不好的时候，再好的饭也难以下咽，再好的歌也觉得心烦。而且，心境的不同会导致对于同样的事物产生截然相反的情感体验，同样是一轮明月，有的人见月伤感，有的人借月抒怀。心境的持续性表现在它可以连续几个小时、几个星期、几个月甚至一年以上。所以，我们应该尽可能地延长阳光愉快的心境，并尽可能地缩短那些悲伤、不安、恐惧等不良心境存在的时间。

2. 激情

激情是一种爆发性的、强烈而短暂的情绪反应。暴跳如雷、捶胸顿足、勃然大怒、喜极而泣等都是这种情感的外在表现。《儒林外史》中讲了范进中举的故事，当穷困潦倒的范进看见红榜上写着自己的大名时，突然"噫嘻"一声，拍拍手掌说道："哇呀！我……我中了!"话音刚落便向后一倒，晕了过去。范进高兴得发了疯，幸亏他老丈人的手狠才把他打得清醒了过来。美国体操选手雷顿本来是替补队员，意外地荣获奥运会冠军后兴奋得发了疯，只见她一会儿双手抱头，一会儿仰天长啸，一会儿又匍匐在地，久久不动。她手足无措，不知用什么方式来尽吐心中的快意。可见，无论是高兴还是悲哀都注意不要过度，在激情的状态下，要避免过分的冲动，要能够调控自己的情绪。

激情对人的影响有积极和消极两个方面。一方面，激情可以激发内在的心理能量，成为行为的巨大动力，提高工作效率并有所创造。例如，战士在战场上冲锋陷阵，一往无前；画家在创作中尽情挥洒，浑然忘我；运动员在报效祖国的激情感染下敢于拼搏，勇夺金牌。但另一方面，激情也有很大的破坏性和危害性。激情中的人有时任性而为，不计后果，对人对己都造成损失。一些青少年犯罪，就是在激情的控制下一时冲动，酿成大错。激情有时还会引起强烈的生理变化，使人言语混乱，动作失调，甚至休克。所以，在生活中应该适当地控制激情，多发挥其积极作用。

3. 应激

应激是在意外或突如其来的刺激下所产生的一种适应性的反应。人在应激状态下常伴随明显的生理变化，例如，当面临抢劫、事故等危险或突发事件时，人的身心会处于高度紧张状态，并由此引发一系列生理反应，如肌肉紧张、心率加速、腿脚颤抖、瞠目结舌、脸色苍白、血压上升等。这是因为个体在意外刺激作用下必须调动体内全部的能量以应付紧急事件和重大变故。这个生理反应的具体过程为：紧张刺激作用于大脑→使得下丘脑兴奋→肾上腺髓质释放大量肾上腺素和去甲状腺素→大大增加通向体内某些器官和肌肉处的血流量→提高机体应付紧张刺激的能力。

加拿大心理学家塞里把整个应激反应过程分为动员、阻抗和衰竭三个阶段：首先是由机体通过自身生理机能的变化和调整做好防御性的准备；其次是借助呼吸心率变化和血糖增加等调动内在潜能，应对环境变化；最后是当刺激不能及时消除时，持续的阻抗使得内在机能受损，防御能力下降，从而导致疾病。

应激的生理反应大致相同，但外部表现可能有很大差异。积极的应激反应表现为沉着冷静、急中生智，全力以赴地去排除危险，克服困难；消极的应激反应表现为惊慌失措、一筹莫展，或者采取错误的行动，加剧了事态的严重性。这两种截然不同的行为表现，既同个人的能力和素质有关，也同平时的训练和经验积累有关。如果接受过防火演习和救生训练，遇到类似的突发事故，就能正确、及时地逃生和救人。应激是人的正常生理与情绪反应，但这种反应不能过长，长时间处于应激状态会导致疾病的发生。

在日常生活中，我们可能并没有严格地区分上述三种情绪状态，只是简单地把三种情绪状态统称为情绪状态或者是一种心情。心情可能有多种表现形式，可能受很多因素的影响。

第二节 大学生的情绪问题与情绪管理

大学生活总的来说是紧张的，社会期望高、心理压力大、学习负担重、竞争激烈，使大学生的情绪易处于紧张状态。一般认为，适度的、情境性的负性情绪反应，如考试中的紧张和焦虑、失意后的悲伤等情绪是正常的。但是，如果大学生不能很好地处理生活和学习中的各种问题，极易产生不同程度的情绪问题，从而影响身心的健康和发展。

大学生的情绪问题，一般是指大学生的消极情绪，指因生活事件引起的悲伤、痛苦长时间持续不能消除的状态。情绪问题一方面导致大学生大脑神经活动功能紊乱，使情绪中枢部位的控制减弱，使其认识范围缩小，自制力、学习效率降低，不能正确评价自我，甚至会产生某些失去理智的行为，造成心理障碍和心理疾病；另一方面，情绪问题又会降低大学生的免疫功能，导致其正常生理平衡失调，引起心血管、消化、泌尿、呼吸、内分泌等系统的各种疾病。

一、大学生常见的情绪问题

1. 自卑

自卑是自我情绪体验的一种形式，在心理学上又称“自我否定”，主要表现为对自己的能力、学识、品质等自身因素评价过低。由于学习环境、生活环境的改变，部分大学生由高中时期的“佼佼者”变成大学校园中的“普通一员”，这种“地位”的改变是造成部分大学生自卑的重要原因，还有一些学生由于家庭条件差或自身某些不足而自卑。有自卑感的学生由于自我评价过低，导致行为畏缩、瞻前顾后、多愁善感，自尊心极强，过于敏感，严重影响各方面的正常发展。

2. 焦虑

焦虑是一种比较复杂的消极情绪现象，是人们对即将发生的某种事件或情境感到担忧和不安，又无法采取有效的措施加以预防和解决时产生的情绪体验。焦虑对大学生的影响是复杂的，既可以成为大学生成才的内驱力，起促进作用，也可以起阻碍作用。实验证明，中等焦虑能使学生维持适度的紧张状态，注意力高度集中，促进学习。但过度焦虑则会给学生带来不良的影响。过分的焦虑使人处于一种无所适从的状态，总是担心将要发生的事情，坐立不安，注意力分散，办事效率低下。如有的大学生在临考前夜的失眠或考试时“怯场”，在竞赛中不能发挥正常水平等，多是高度焦虑所致。焦虑的大学生在内心深处有一种无法解脱、不愿正视的心理问题，焦虑只是矛盾、冲突的外显，借此作为防御机制以避免更深层次的困扰。

引起学生焦虑的主要原因有：入学适应困难、学习问题（如考试焦虑）、人际交往（如社交恐惧引起的焦虑）、求职就业问题等。

3. 抑郁

抑郁也是极为复杂的情绪障碍，是正常人以温和方式体验到的、已经作为日常生活一部分的、持久的一种情绪状态。当个体感到无法面对外界压力时常常会产生这种消极情绪。抑郁的人很难回忆起美好的记忆，不适当地责备自己，认为他人更消极地看待自己，对未来感到悲观。

一般来说，这种情绪多发生在性格内向，好孤僻、敏感多疑、依赖性强、不爱交际，生活遭遇挫折，长期努力得不到补偿的大学生身上。一部分大学生由于不喜欢所学专业，感到前途渺茫，或是由于人际关系处理不当、失恋等问题而过早“看破红尘”，导致情绪抑郁，他们的主要表现是：情绪低落、思维迟缓、郁郁寡欢、闷闷不乐、兴趣丧失，体验不到生活、学习的快乐，并伴有食欲减退、失眠等。

4. 易怒

心理学的研究表明，在一般情况下，情绪反应都是由大脑皮层决定的。但是美国纽约大学的莱克杜斯通过研究表明，并不是所有情绪的发生都要经过大脑皮层的加工整合与评估，他认为“除了情绪通道之外，另有一小络神经元直接自丘脑连接到杏仁核，通过这些狭小通道，杏仁核可直接在大脑皮层尚未作出评价之前抢先作出反应导致有机体的一时冲动”。处于青春期的大学生内分泌系统处于空前活跃时期，大脑神经过程的抑制和兴奋发展不平衡，内制力较差，容易冲动。易怒是大学生常见的一种消极激情，有的大学生因为一件小事或一句话激动得暴跳如雷，或出口伤人，甚至动拳脚伤人。

5. 压抑

大学时期是情感最丰富强烈的时期，同时也是一个充满压力和冲突的时期。情绪的压抑也是大学生中常见的情绪问题。相当多的大学生常常感到自己的情感不能得到尽情倾诉。近年来大学中流行的“郁闷”情绪即是压抑的表现。这种感觉有些是由自己意识到的原因引起的，而有些则是自己也不知道的，只觉得自己有一种不满、烦恼、空虚、寂寞、孤独、苦闷、疑惑的感觉。

大学生情绪压抑的原因是多方面的，比如，在解决“自我认同”的危机中会出现精神上的迷茫、情绪上的苦闷和心理上的不安；在实际生活环境中，大学生会遇到许多问题，他们的需要无法得到满足，如人际关系的紧张、“三点一线”的枯燥、成绩下降的烦恼、失恋带来的痛苦、性冲突的苦闷、情感丰富而无所寄托造成的孤独寂寞、对社会现实难以理解产生的疑惑、才能难以施展导致的空虚、激烈竞争形成的心理压力，等等。这些都会使敏感的大学生有挫折感，从而产生情绪困扰。当这种困扰无法宣泄时，就会日积月累积淀下来形成压抑。此时的压抑往往已经失去了原来的具体内容而主要表现为一种形式，大学生称之为“郁闷”。长期的、严重的压抑会诱发胃溃疡、高血压等疾病，还往往会导致心理异常，甚至厌弃人生而自杀。适当的宣泄是防治压抑的有效途径。

6. 嫉妒

嫉妒是大学生中有一定普遍性的不良情绪。当看到别人比自己强时，心里就酸溜溜的不是滋味，于是就产生一种包含着憎恶与羡慕、愤怒与怨恨、猜疑与失望、屈辱与虚荣以及伤心与悲痛的复杂情感，这种情感就是嫉妒。嫉妒者不能容忍别人超过自己，害怕别人得到自己无法得到的名誉、地位等，在他看来，自己办不到的事别人也不要办成，自己得不到的东西，别人也不要得到。

容易引起大学生嫉妒的因素主要有以下几类：外表、成绩、能力、物质条件、恋人、运气，等等。虽说嫉妒是人类的一种通性，但那些自尊心过强、虚荣心过盛、自信心不足、以自我为中心、认知有偏差、自控能力弱的大学生更易产生嫉妒，而且程度也较一般人更重。

嫉妒心会影响大学生的人际关系，造成同学间的隔阂甚至对立，同时使自己处于烦躁、痛苦的情绪中，因而需要很好的调节。

首先，要学会进行正确的比较，每个人都既有长处，亦有短处，关键是要善于学习别人的长处，弥补自己的短处。

其次，要化消极的嫉妒为积极的进取，“你行我也行”，奋发努力，缩小差距。

再次，要充实自己的生活，培根就曾经说过：“嫉妒是一个四处游荡的情欲，能享有它的只能是闲人，每一个埋头于自己事业的人，是没有功夫去嫉妒别人的。”

7. 冷漠

冷漠是一种对人对事冷淡、漠不关心的消极情绪体验。正处在青年中期的大学生，情绪丰富而强烈是其基本心理特征之一。但有的大学生却表现出对一切都不关心：对学习漠然置之，听课昏昏欲睡，对成绩好坏满不在乎，对集体漠不关心，对同学冷漠无情，对环境无动于衷。日本心理学家把具有这种冷漠状态的大学生称之为“三无”学生，即无情感、无关心、无气力。

冷漠与退缩一样，是一种消极情绪的内化而非外显的行为，事实上，冷漠比攻击更可怕。冷漠会带来责任感的下降、生活意义的缺失与自我价值的放弃。可以说是有百害而无一利的消极情绪体验。冷漠的形成多数与人生重大生活事件与重要丧失有关，也与个体的生活经历有关。

对大学生来说，为了消除冷漠，应充分意识到冷漠的危害性，分析自己冷漠的原因，从而做针对性的调整。

首先，积极转变观念并采取行动是很关键的。人际关系是相互的，要获得别人的友情，就不能对人冷漠，若不伸出自己的手，又怎能握住对方的手？顾影自怜是在为自己设置陷阱。

其次，人与人之间需要感情的交流，尤其是性格内向、情感含蓄的大学生更应主动走出自己的情感世界，实现相互沟通；克服观望、等待或被动态度，意识到自己是生活的主人和创造者，自己要对自己负责任，积极地投身于各项活动，从中去获得热情、乐趣和自身价值。

再次，明白生活中虽然有假恶丑，但毕竟人间处处有真情，不应遭遇几次挫折和不幸就一叶障目、失去信心，如俄国诗人普希金说的："假如生活欺骗了你，不要忧郁，也不要愤慨！不顺心时暂且忍耐；相信吧，快乐之日就会到来。"

二、大学生情绪问题产生的原因

当代中国正处于社会急剧变革时期，嬗变的环境条件给大学生的心理带来了极大的冲击。由于大学生正处于生理、心理及思想变化时期，心理状态及情绪动荡不安，且缺乏社会生活的磨练，心理承受能力相对薄弱，在这些巨大冲击面前，缺乏恰当的适应能力，极易导致焦虑、抑郁、自卑、逆反等情绪问题的产生。归纳起来，大学生中的情绪问题主要受以下因素影响。

（一）客观因素

1. 社会环境

社会主义市场经济体制的建立和发展、竞争机制的引入、生活节奏的加快、传统价值观念嬗变以及转型时期一系列社会问题的出现，这些社会刺激给社会阅历浅、心理应对和承受能力弱的大学生带来了很大的冲击，容易引发大学生的心理与行为严重失调，产生不良情绪。如大学校园中曾一度流行过"六十分万岁"的口号，但随着国家就业体制改革的深入，这句口号将永远成为历史。大学生面临的任务就是要全方位塑造自己，将自己推入市场，接受市场的选择。不少学生由于对自己信心不足，时常出现过于焦虑和担心的情绪。

2. 学校环境影响

就学校环境来看，随着我国高校教育体制改革的深入，只重学习成绩或一纸文凭的时代将永远成为历史。高校为了适应市场的需要，提高自身办学水平、培养优秀人才，对学生的学习、综合素质等方面也要求更高，并制定了完善的考核标准。大学生稍有松懈就会在竞争中失利，这也成为大学生产生消极情绪的诱因之一。另外，目前高校改革不断深化，招生不断扩大，由此带来了高校办学的一系列变化，如交费上学制度、奖贷学金制度、就业择业制度的变更和完善，这些也在一定程度上影响大学生的情绪。

3. 家庭因素的影响

家庭是人才成长的启蒙学校，家庭经济状况，家长教育态度、内容与方式，家庭成员之间的亲疏关系，对学生情绪、情感水平的培养起着非常重要的作用。当前，生活节奏的加快、社会的转型，对家庭的冲击较大，单亲家庭、下岗家庭等问题家庭增多，越来越深刻地影响着大学生的情绪。另外，家长对子女过高的期望值或要求，过于急切的"望子成龙"的心态，对加重其子女的心理负担、使之产生焦虑不安等情绪体验起了推波助澜的作用。一些大学生因为害怕不能满足家长的要求或不能为家庭增添光彩，因而引发高度焦虑和极度苦闷的情绪反应。个别大学生因体验不到家庭的温暖或感受不到来自教师、同学对他的关爱和体贴，也极易使他们产生“冷眼看世界”的消极情绪体验和反应。

（二）主观因素

外在的环境刺激对大学生情绪问题产生的影响固然深刻，但大学生的情绪变化的决定性因素还取决于大学生自身。

1. 不能正确地评价自我

每位大学生的过去都有一段“辉煌的历史”。但是，大学校园是群英荟萃、人才济济的地方，这样的变化，常常会使一部分学生感到失落，变得不知所措而逐渐产生自卑感。因此，每个大学生都需要重新认识自我，摆正位置，寻找新的起点。如果一味沉溺于过去，不愿正视现实，遇到困难挫折时就很容易产生自负自卑的情绪。相反，习惯于过高地估计自己，心里常常觉得自己什么都比别人强，自然容易使其滋生骄傲自满的情绪体验，一旦遇到挫折，就会一蹶不振、自暴自弃。

2. 依赖性与自主性的矛盾

在大学时代，大学生进入了较为自由和开放的环境，独立意识日益增强，希望独立自主，凡事想依靠自己的力量，处处想显示个人的主张。一方面，他们渴望在各个方面取得成功，关心时事政治，积极参加校内外各种活动，力求处处显示出自己的能力。但是，由于他们的心理成熟落后于生理成熟，认识能力落后于活动能力，在经济上、行为上尚不能完全独立，长期形成的依赖心理一时难以摆脱，面对复杂的环境，常常不知所措。另一方面，多数学生是独生子女，独立性比较差，有较强的依赖性，缺乏社会经验和独立生活能力，生活中的一切事务都要亲自处理，这对于生活自理能力极差的大学生来说缺乏必要的心理准备。这种依赖性和自主性的矛盾容易导致部分学生对大学生活的严重不适，处于悲伤、抑郁状态。

3. 期望值偏高与现实状况的反差

处在“青春少年”的大学生，一般比较自信，对自己的前途和未来怀有美好的向往，成就动机很强，自我期望值很高。但现实状况却不尽如人意，如果大学生经过一个阶段的努力仍然不能实现自己的愿望，就会感到理想破灭，一旦遇到困难和挫折，就很容易萎靡不振，情绪低落；或者产生逆反情绪，与社会对立。

4. 性和恋爱引起的情绪波动

一方面，由于大学生的性机能日益成熟，对感情的欲望逐渐加强，他们渴望与异性交往，追求美好爱情。但由于大学生心理尚未完全成熟，情绪有较大波动性，而且由于大学生的性格尚未定型，承受挫折的能力不够，对爱情的理解又过于浪漫而不切实际，一旦情感问题上遭受挫折（如失恋、单相思）便难以接受而灰心丧气、一蹶不振，甚至走向极端而采取毁灭行为。

另一方面，有些大学生由于缺乏必要的性教育而导致谈性色变，产生性罪恶感。性心理常处于受压抑状态，本能的释放性与心理的压抑性的矛盾必然导致性焦虑。个别学生会因此精神蒙受痛苦，心灵备受煎熬，情绪波动明显，陷入惶恐不安、担心害怕、心神不宁、头晕脑胀、失眠多梦的心境之中。

5. 人际交往的受挫

一些大学生对人际交往具有浓厚的理想主义色彩，对友谊的渴求十分强烈，人际交往的期望值过高，一旦期望值难以达到，就容易对人际交往采取消极冷漠的态度。当出现心理困扰，又苦于无人倾诉排解，由于得不到及时的帮助与治疗，就可能引发精神上的疾病。

另外，不少学生或多或少地怀有封闭心理，担心自己在社交场合不善言谈，担心自己缺少社交风度和气质，不被人重视接纳。有些同学很想正常地与人交往，却因生性内向，过于腼腆，存在思想顾虑，从而游离于校园交际圈之外。一旦在心理上与人群格格不入，就不可避免地陷入紧张、焦虑情绪之中。

6. 重要丧失

大学期间的重要丧失也会对大学生的情绪产生重大影响。一是与大学生活有关的重要丧失如考试失利、学业失败、求职失利等；二是与大学生自我发展有关的荣誉的丧失，如入党、评优失利等；三是情感方面的重要丧失如失恋、好友失和等；四是重要他人的丧失如亲人去世、家庭发生重大变故等，都对大学生的情绪构成影响，特别是负性生活事件对大学生不良情绪的滋长与蔓延起着不容忽视的作用。如果不及时调整，容易引发情绪问题。

三、健康情绪的标志

当客观环境中出现的事物与我们自身的需要相一致时，就会产生愉快的情绪，例如，一名警察在抓捕犯罪嫌疑人时，刚好需要群众的帮助，而此时有数名群众前来帮助，这名警察就会产生心理上的愉悦；当客观环境中出现的事物与我们自身的需要不一致时，就会产生不满意或焦虑的反应，例如，我们计划好周末去旅游，但是，到火车站才发现根本就无票可买，此时就会产生不满意或焦虑。由此可见，情绪是指客观环境中的事物是否符合人的需要产生的内心体验。

情绪有两种相反的类型，一个是积极的情绪，另一个是消极的情绪。在实际当中，我们要设法保持积极的情绪，避免出现消极的情绪。积极的情绪又称健康的情绪，它是我们每个人追求的目标。

一个人的情绪健康水平如何，可以参照以下的有关情绪健康的标准进行了解。

1. 情绪活动必须事出有因

作为一个人，不可能不产生情绪反应，产生情绪反应是人的一种正常的心理特点。关键在于所拥有的情绪是否事出有因，如果在某些时候，莫名其妙地产生悲伤、恐惧、喜悦、愤怒、愉悦等情绪，这就是一种不健康的情绪反应。健康的情绪应当是事出有因，也就是“世界上没有无缘无故的爱，也没有无缘无故的恨”。例如，沮丧的情绪，它产生的原因应当是挫折，悲哀的情绪产生的原因应当是不幸的事件。

2. 情绪反应要与情绪产生的原因相一致

健康的情绪应当是情绪反应与产生情绪反应的原因相一致，也就是不能出现矛盾的反应。当自己的愿望获得满足，或者遇到喜事时，我们的反应应当是愉悦、高兴和幸福；当我们遭遇意想不到的危险时，就会产生紧张、恐怖的反应；当我们想去做一件事情，经常受到干扰时，就会产生挫折的反应。假如情绪反应与大多数人的反应不一致，该悲哀的不悲哀，该快乐的不快乐时，说明情绪健康上存在一定的问题。

3. 情绪反应要适度

情绪反应适度是说情绪的强度应当与引起情绪的原因相一致，也就是，强烈的刺激应当引起强烈的情绪反应，较弱的刺激应当引起较弱的反应。但是，这并不是绝对的，因为情绪反应除了受刺激的影响以外，还要受其他因素的作用，同一种刺激强度，不同的人会有不同的反应。总体上说，情绪的反应要适度，特别是要避免出现强烈的情绪状态。

4. 情绪稳定

健康的情绪应当是稳定的情绪。当我们受到源自于外界的刺激时，刚开始情绪反应比较强烈，以后随着时间的推移，情绪反应逐渐减弱，并趋于稳定。例如，一名警察在勘察犯罪现场时对犯罪嫌疑人的所作所为感到震惊，他当时产生了一种强烈的愤怒，以后随着时间的推移，这种情绪逐渐弱化。如果愤怒的情绪无法随时间的推移而弱化，或者时高时低，就是情绪不稳定了。

5. 心情愉快

心情愉快是每个人都要追求的生活目标之一，心情愉快的人做什么都会感到信心十足，精力充沛。心情愉快说明一个人身心健康，对许多方面都很满意，心身处于积极状态。与此相反，如果一个人经常情绪低落、愁眉苦脸、心情郁闷，则是心理不健康的标志之一。

6. 自我控制

健康的情绪应当是能够进行自我调节和控制的，这种自我控制与调节尤其表现在危机时刻。当一名警察遭遇到危险时，应当沉着冷静，积极调控自己的情绪，使紧张激动的情绪趋于缓和，动员全身的力量去应对面前的危险情境。情绪健康的人应当是个人情绪的主宰。

四、管理情绪，提高情商

（一）情商与情绪管理

1. 情商

情商（EQ）又称情绪智力，是指人在情绪、情感、意志、耐受挫折等方面的品质。以往认为，一个人能否在一生中取得成就，智商（IQ）是第一重要的，即智商越高，取得成就的可能性就越大。但现在心理学家们普遍认为，情商水平的高低对一个人能否取得成功也有着重大的影响作用，有时其作用甚至要超过智力水平。

美国心理学家认为，情商主要包括以下五方面内容：①清楚认知自己的情绪，成为自己生活的主宰。②妥善管理自己的情绪，使之适时适度地表现出来。③自我激励，走出生命中的低潮，重新出发。④认知他人的情绪，做到换位思考和高位思考。⑤管理好人际关系，与他人和谐相处。

情商的水平不像智力水平那样可用测验分数较准确地表示出来，它只能根据个人的综合表现进行判断。心理学家们还认为，情商水平高的人具有如下的特点：社交能力强，外向而愉快，不易陷入恐惧或伤感，对事业较投入，为人正直，富于同情心，情感生活较丰富但不逾矩，无论是独处还是与许多人在一起时都能怡然自得。

情商是一种能力，情商是一种创造，情商又是一种技巧。既然是技巧就有规律可循，就能掌握，就能熟能生巧。只要我们多点勇气，多点机智，多点磨练，多点感情投资，我们也会像“情商高手”一样，营造一个有利于自己生存的宽松环境，建立一个属于自己的交际圈，创造一个更好发挥自己才能的空间。

2. 情绪管理

情绪管理是指通过研究个体和群体对自身情绪和他人情绪的认识、协调、引导、互动和控制，充分挖掘和培植个体和群体的情绪智商、培养驾驭情绪的能力，从而确保个体和群体保持良好的情绪状态，并由此产生良好管理效果的一种管理手段。简单说，情绪管理是对个体和群体的情绪感知、控制、调节的过程。包括两个方面：正面情绪是指以开心、乐观、满足、热情等为特征的情绪；负面情绪是指以难过、委屈、伤心、害怕等为特征的情绪。

种种的负面情绪无论是对个人还是组织而言，危害都是很大的。长期的情绪困扰得不到解决，除了会降低个人的生活质量，还会使个人丧失工作热情，影响个人与同事的人际关系，并且影响个人的绩效水平。情绪管理就是善于掌握自我，善于调节情绪，对生活中矛盾和事件引起的反应能适可而止地排解，能以乐观的态度、幽默的情趣及时地缓解紧张的心理状态。

综上所述，情绪管理的能力高低实质上就是情商水平的综合性表现。

(二) 情绪管理的方法

由于不良情绪会妨碍人的身心健康，因此，心理学家积极主张对大学生的情绪进行科学指导，并提倡大学生进行自我调节。不同情境中的负性情绪可以采取不同方法进行自我调节和控制。以下原则对大多数人会有一定的指导与帮助。

一是培养乐观向上、积极进取的人生观；

二是培养广泛的兴趣爱好与主观幸福感，热爱生活；

三是注重沟通的艺术，学会与人合作，建立宽厚的人际关系；

四是悦纳自己，用赞赏的目光对待自己；

五是宽容别人，不苛求别人；

六是学会忘记过去的失败与对自己的伤害；

七是避免过分自责；

八是善于控制自己的情绪，并学会消化负性情绪；

九是不要随意扩大某事的严重性，尽可能做到“大事化小，小事化了”；

十是学会忽略对自己不利的事情，以避免因此引起的负性情绪体验。

从操作层面看，不良情绪的自我调节方法很多，人们常用的有如下几种。

1. 理性情绪疗法

美国临床心理学家阿尔伯特·艾利斯（Albert Ellis）在20世纪50年代创立了理性情绪疗法（remotional therapy，简称RET），其核心是去掉非理性的、不合理的信念，建立正确的信念。非理性信念的特点是绝对化、过分概括化。艾利斯认为，非理性信念主要包括以下十条。

① 每个人都应该得到在自己生活环境中对自己重要的人的喜爱与赞许。

② 每个人都必须能力十足，在各方面有成就，这样的人才是有价值的。

③ 有些人是坏的、卑劣的、恶性的；为了他们的恶行，他们应该受到严厉的责备与惩罚。

④ 假如发生的事情是自己不喜欢或不期待的，那么它是糟糕的、很可怕的，事情应该是自己喜欢与期待的那样。

⑤ 人的不快乐是由外在因素引起的，一个人很少有或根本没有能力控制自己的忧伤和烦闷。

⑥ 一个人对于危险或可怕的事物应该非常挂心，而且应该随时考虑到它可能发生。

⑦ 逃避困难、挑战与责任要比面对它们容易。

⑧ 一个人应该依靠别人，而且需要有一个比自己强的人做依靠。

⑨ 一个人过去的历史对他目前的行为是极重要的决定因素，因为某事曾影响一个人，它会继续，甚至永远具有同样的影响效果。

⑩ 一个人碰到种种问题，应该有一个正确、妥当及完善的解决途径，如果无法找到解决方法，那将是糟糕的事。

艾利斯的RET理论认为：情绪并不是由某一诱发事件本身直接引起的，而是由经历这一事件的个体对这一事件的解释和评价所引起的。这一理论也称为理性情绪ABCOE理论，A是指诱发性事件（activating event）；B指个体所遇到的诱发性事件之后产生的相应信念

(belief)，即他对这一事件的想法、解释和评价；C指在特定的情景下，个体的情绪及行为的结果（consequence)；D即驳斥、对抗（dispute)，实际上也是一个咨询治疗过程流程图；E是产生有效的治疗效果（effect)。例如，一名大学生因考试成绩平平（A）而焦虑甚至抑郁（C)，这是因为他有这样的信念（B)，大学生在各方面都应当是优秀的，出类拔萃的，否则情况就非常糟糕。合理的解释是大学生未必各方面都优秀（D)。重要的是做好自己（E)。

人的思想、情感和行动是同时发生的。当人思想时，也在感受和行动；同样，当人在感受时，也在思想与行动。情绪问题就是用非理性的话对自己言语、暗示或指示的结果。

2. 积极的自我暗示

心理暗示，从心理学角度讲，就是个人通过语言、形象、想象等方式，对自身施加影响的心理过程。这个概念最初由法国医师库埃于1920年提出，他的名言是“我每天在各方面都变得越来越好”。自我暗示分消极自我暗示与积极自我暗示。积极自我暗示，在不知不觉之中对自己的意志、心理以至生理状态产生影响，积极的自我暗示令我们保持好的心情、乐观的情绪、自信心，从而调动人的内在因素，发挥主观能动性。心理学上所讲的“皮格马利翁效应”也称“期望效应”，就是讲积极的自我暗示。而消极的自我暗示会强化我们个性中的弱点，唤醒我们潜藏在心灵深处的自卑、怯懦、嫉妒等，从而影响情绪。

与此同时，我们可以利用语言的指导和暗示作用，来调适和放松心理的紧张状态，使不良情绪得到缓解。心理学的实验表明，当一个人静坐时，默默地说“勃然大怒”、“暴跳如雷”、“气死我了”等语句时心跳会加剧，呼吸也会加快，仿佛真的发起怒来。相反，如果默念“喜笑颜开”、“兴高采烈”、“把人乐坏了”之类的语句，那么他的心里面也会产生一种乐滋滋的体验。由此可见，言语活动既能唤起人们愉快的体验，也能唤起不愉快的体验；既能引起某种情绪反应，也能抑制某种情绪反应。因此，当我们在生活中遇到情绪问题时，我们应当充分利用语言的作用，用内部语言或书面语言对自身进行暗示，缓解不良情绪，保持心理平衡。比如默想或用笔在纸上写出下列词语：“冷静”、“三思而后行”、“制怒”、“镇定”，等等。实践证明，这种暗示对人的不良情绪和行为有奇妙的影响和调控作用，既可以松弛过分紧张的情绪，又可用来激励自己。

3. 转移注意力

注意力转移法就是把注意力从引起不良情绪反应的刺激情境转移到其他事物上去或从事其他活动的自我调节方法。当出现情绪不佳的情况时，要把注意力转移到自己感兴趣的事上去，如：外出散步，看看电影、电视，读读书，打打球，下盘棋，找朋友聊天，换换环境等，有助于使情绪平静下来，在活动中寻找到新的快乐。这种方法，一方面中止了不良刺激源的作用，防止不良情绪的泛化、蔓延；另一方面，通过参与新的活动特别是自己感兴趣的活动而达到增进积极的情绪体验的目的。

4. 适度宣泄

过分压抑只会使情绪困扰加重，而适度宣泄则可以把不良情绪释放出来，从而使紧张情绪得以缓解、轻松。因此，遇有不良情绪时，最简单的办法就是“宣泄”。宣泄一般是在背地里，在知心朋友中进行的。采取的形式或是用过激的言辞抨击、谩骂、抱怨恼怒的对象；或是尽情地向至亲好友倾诉自己认为的不平和委屈等，一旦发泄完毕，心情也就随之平静下来；或是通过体育运动、劳动等方式来尽情发泄；或是到空旷的山林原野，拟定一个假目标大声叫骂，发泄胸中怨气。必须指出，在采取宣泄法来调节自己的不良情绪时，必须增强自制力，不要随便发泄不满或者不愉快的情绪，要采取正确的方式，选择适当的场合和对象，以免引起意想不到的不良后果。

5. 自我安慰法

当一个人遇有不幸或挫折时，为了避免精神上的痛苦或不安，可以找出一种合乎内心需要的理由来说明或辩解。如为失败找一个冠冕堂皇的理由，用以安慰自己，或寻找理由强调自己所有的东西都是好的，以此冲淡内心的不安与痛苦。这种方法，对于帮助人们在大的挫折面前接受现实，保护自己，避免精神崩溃是很有益处的。比如，对于失恋者来说，想到“失恋总比结婚后再离婚要好得多”，便可减轻因失恋带来的痛苦。因此，当人们遇到情绪问题时，经常用“胜败乃兵家常事”、“塞翁失马，焉知非福”、“坏事变好事”等词语来进行自我安慰，可以摆脱烦恼，缓解矛盾冲突，消除焦虑、抑郁和失望，达到自我激励、总结经验、吸取教训的目的，有助于保持情绪的安宁和稳定。

6. 交往调节法

某些不良情绪常常是由人际关系矛盾和人际交往障碍引起的。因此，当我们遇到不顺心、不如意的事，有了烦恼时，能主动地找亲朋好友交往、谈心，比一个人独处冥想、自怨自艾要好得多。因此，在情绪不稳定的时候，找人谈一谈，具有缓和、抚慰、稳定情绪的作用。另外，人际交往还有助于交流思想、沟通情感，增强自己战胜不良情绪的信心和勇气，能更理智地去对待不良情绪。

7. 情绪升华法

升华是改变不为社会所接受的动机、欲望而使之符合社会规范和时代要求，是对消极情绪的一种高水平的宣泄，是将消极情感引导到对人、对己、对社会都有利的方向去。如一同学因失恋而痛苦万分，但他没有因此而消沉，而是把注意力转移到学习中，立志做生活的强者，证明自己的能力。

在上述方法都失效的情况下，仍不要灰心，在有条件的情况下，去找心理医生进行咨询、倾诉，在心理医生的指导、帮助下，克服不良情绪。

知识要点

(1) 情绪既服务于人类基本的生存适应需要，又服务于人类社会群体生活的需要。人们每时每刻发生的情绪过程，都是自然环境和社会环境对人发生影响相结合的反应。情绪是人的活动的驱动力和组织者。

(2) 情绪状态，是指在一定的生活事件影响下，一段时间内各种情绪体验的一般特征表现。根据情绪状态的强度和持续时间可分为心境、激情和应激。

(3) 大学生的情绪问题受到客观因素（社会、学校、家庭等环境）和主观因素（不恰当的自我评价、依赖性与自主性的矛盾、期望值偏高与现实状况的反差、性和恋爱引起的情绪波动、人际交往的受挫、个人的重要丧失）的双重影响。

(4) 一个具有健康的情绪的个体，他的情绪活动必须事出有因，他的情绪反应要与情绪产生的原因相一致，他的情绪反应的强度应当与引起情绪的原因相一致，他应该是情绪稳定的，他应该是心情愉快、心身处于积极状态的，并且应当是能够进行自我调节和控制的。

(5) 情商包括五大内容：清楚认知自己的情绪、妥善管理自己的情绪、自我激励、认知他人的情绪、管理好人际关系。情商水平高的人具有社交能力强，外向而愉快，不易陷入恐惧或伤感，对事业较投入，为人正直，富于同情心，情感生活较丰富但不逾矩，无论是独处还是与许多人在一起时都能怡然自得等特点。

(6) 艾利斯的RET理论认为：情绪并不是由某一诱发事件本身直接引起的，而是由经历这一事件的个体对这一事件的解释和评价所引起的。

(7) 不良情绪的自我调节，可以通过改变不合理的认知（理性情绪疗法）；可以利用积极的语言的指导和暗示作用（积极的自我暗示）；可以把注意力从引起不良情绪反应的刺激情境转移到其他事物（转移注意力）；可以采取正确的方式，选择适当的场合和对象宣泄（适度宣泄）；可以为失败寻找合乎内心需要的理由来说明或辩解（自我安慰法）；可以主动与亲朋好友交往、谈心（交往调节法）；可以将消极情感引导到对人、对己、对社会都有利的方向（情绪升华法）。

阅读材料

危急时刻

一列火车行经路易斯安那湾区，不幸因一艘大游艇撞毁桥梁，导致火车翻入水中。火车中的鲁西夫妇一心只想到女儿的安危，眼见河水漫入车厢，竭尽全力将女儿送出车窗，夫妇两人不及逃生，惨遭灭顶。获救的女儿安德芮因此次事故患脑性麻痹须以轮椅代步。

鲁西夫妇为拯救女儿奋不顾身的行为，确实展现出非凡的勇气。这种为子女牺牲奉献的故事在历史上屡见不鲜，在人类未来的进化历程中也必然会一再重演。生物学家或许会解释说，这是人类为了创造宇宙继起之生命的本能反应，但对于危机时刻的父母而言，这无非是爱的表现。

这一舍己救女的伟大行为证实了无私的爱对人类有多重要，危急时刻的唯一指引就是我们最深沉强烈的情感，这也是人类得以代代延续的重要原因。这是多么伟大的力量。从理智的角度来看，这种牺牲似乎是非理性的，从情感的观点来说，却是唯一的选择。

情绪何以能通过进化而占据人类心灵的核心位置？社会生物学家认为，人类在危机时刻的反应可提供解释。人类在面临危险、痛失亲人、遭遇挫折、维系夫妻关系、建立家庭等重要情境下，都不允许理智地独自逃避，往往依赖情绪的指引。每一种情绪都是可立即付诸行动的明确指示，而且一再被证明可以应付人生的挑战。经过进化过程的无数演练，这些情绪武器深印在神经系统中成为心灵的自发倾向。

经验告诉我们，任何决策过程中情感所占的比重绝不亚于理性。甚至有过之而无不及。过度强调智商的重要，而忽略情绪的重要性，再高的智力也是惘然。

激情淹没理智引发的悲剧

十五岁的麦迪想和父亲开个玩笑，躲在衣橱里，待父母访友归来时突然跳出来吓他们，当时是凌晨一点。然而爸妈却以为麦迪当晚会去朋友家住，因此进门时听到屋里有声音便非常紧张，父亲立刻拿起手枪到女儿的房间查看，只见一个人影自衣橱里跳出来，父亲慌乱中开了一枪，打中女儿颈部。十二小时后麦迪伤重身亡。

恐惧正是人类进化过程中遗留下来的一种原始情绪。恐惧促使我们保证家人远离危险；恐惧促使父亲抓起手枪搜寻隐身在家中某个角落的入侵者；恐惧使他在尚未认清对方是谁，甚至来不及听出女儿的声音，便扣下致命的扳机。进化生物学家认为，这类自发的反应已深烙在我们的神经系统上，因为在史前一段漫长的关键时期，这样的反应不仅攸关人类存亡，更关系着重要的进化任务，所以人类将这个自我防卫基因传给了下一代。

从长远的历程来看，情绪的确是人类的绝佳武器，但对照日新月异的现代文明，我们的进化脚步显然已追不上时代的发展。因此，社会必须制定规章来压制人们由内而外汹涌澎湃的情绪。

一双臭袜子引发悲剧的启示

2008年5月9日的《楚天都市报》报道，8日凌晨，武汉工程大学一名大一男生因为自己的臭袜子被室友扔掉，在宿舍里用水果刀将室友刺死。

另据2008年5月9日《现代快报》报道，8日上午11点左右，云南师范大学数学学院2004级学生乔荣（男）在公共教室自习时，被同班学生胡平（男）用水果刀刺伤，经抢救无效身亡。

这两篇报道，似乎是一个巧合，却同时反映了在大学生群体中日益突出的一个问题。两件事，均是大学生之间的伤害事故。不难看出，杀人者本不是什么凶狠的杀手，更不是事先有预谋而故意为之，他们的杀人都是一时情绪失控所造成。情绪失控了，便会发生令人预料不到的事情。然而，这本可以避免，也是本不应该发生的悲剧。为了一双臭袜子或一两句话，就要丧失一个年轻的生命么？想一想，谁都会感到不可思议。

一个人，一生之中会有许多同学。当我们回首往事时，总忘不了和同学们相处时的那些日子。但是正如居家过日子一样，同学之间也会产生矛盾。同学之间，绝对没有什么难解的怨恨。大家从不同的地方走到一起学习和生活，原本是陌生的，又哪来的仇恨？可同学间一旦发生口角，一件鸡毛蒜皮的小事若处理不当或失控，便会酿成一场悲剧。

痛定思痛，原因还在于高校此方面的教育和干预措施太少。因情绪失控杀人者，其性格和心理上或多或少有一些问题。他们可能性格孤僻，可能不善言谈，可能在心理上排斥他人，等等。而当他们的情绪恢复平静后，其本人对于自己所做的和发生的一切同样会感到难以置信。但现实却是如此的残酷，两个年轻的生命丧失了，另两个年轻的生命要面临法律的严惩。

随着社会的急剧发展，今天的大学生在面对社会变化和各种压力时，需要给予更多心理和情感上的辅导。情感教育和心理干预，对预防大学生犯罪行为来说，会起到未雨绸缪以及防患于未然的作用。如果高校对此置若罔闻，或仅仅是抓学生们的学习，恐怕悲剧还会发生，也会不可避免地发生下去。

心理训练

识别你的情绪状况

请你拿出一张纸来，回答以下三个问题。

① 我现在有什么情绪？

情绪本身并没有好坏之分，却很容易被人们忽视。因此，觉察、识别并接纳自己的情绪，就成为情绪调节的第一步。

② 我为什么会有这种情绪？

不由自主是情绪体验的主要特点之一。请分析一下，我为什么会有这种情绪？例如，我为什么会烦恼？为什么有挫折感？找到原因，才能对症下药。

③ 我应该怎样应对或调节这种情绪？

想一想用什么方法调节情绪？尤其是当你心情不好时，用什么方法使心情好转？你曾经使用过什么有效的方法？交友、放松、运动还是唱歌？

看看你的情绪标尺

当你愿意面对自己的情绪，下一步就是明确所处情绪的程度，这可是情绪改变的重要一环。我们对情绪的认知往往是模糊而泛化的，一难过就认为“天哪，没有好过的事了!”这种偏差导致看什么都不顺眼了。这个时候使用情绪标尺，来看看这件让我们难过的事是真的糟糕透顶，还是你夸大了它的威力。

首先充分地感受这种情绪，在头脑中描绘激发事件的具体细节，然后问自己：如果0代表十分难过，10代表十分高兴，从0到10你给自己打几分？

数字可以让我们更直观地判断自己的情绪状态，这个时候往往就会发现原来情况没有自己想象的那么糟糕，然后再思考“我除了这件事还能做哪些事?”，就会更有效率了。

思考与练习

1. 情绪对于个体有何功能？
2. 情绪健康的标志是什么？如何帮助自己保持健康的情绪？
3. 哪些主观因素影响个体情绪的变化？如何利用这些因素有效管理自己的情绪？
4. 大学生常见的情绪问题有哪些？如何有针对性地进行调节？
5. 情商有哪些内容，情商水平的高低可从哪些方面进行考量？
6. 检视自己面对问题时容易出现哪些不合理信念？应该如何驳斥这些不合理信念？
7. 试用理性情绪理论对自己过去或目前的一个引发负性情绪的事件进行分析。
8. 心理测试：情绪类型测试、情商自测问卷（见附录）。

第三章　压力挫折与意志品质

学习目标：①知识目标。了解压力挫折产生的原因和应对的正确方式，提升对压力挫折的科学认识。②能力目标。增强承受和应对压力挫折的能力。③素质目标。引导学生树立远大理想和抱负，培养坚韧不拔、自律自强的意志品质。

学习重点：压力、挫折及其类型与产生机理，对挫折的不同反应与后果，影响挫折承受力的各种因素，挫折防卫机制及其不同的表现方式，意志、意志过程和意志力，意志力与挫折应对的关系，提高自身意志品质的途径与方法。

学习难点：挫折防卫机制。

北宋词人苏轼说："古之立大事者，不惟有超世之才，亦必有坚忍不拔之志。"前苏联作家奥斯特洛夫斯基说："钢是在烈火和急剧冷却里锻炼出来的。所以才能坚硬和什么也不怕。我们的一代也是这样在斗争中和可怕的考验中锻炼出来的，学习了不在生活面前屈服。"对大学生而言，压力挫折既是打击，也是成长，正确地认识与对待压力挫折，是成功人生的必经之路。

第一节　压力与应对

一、压力概述

（一）压力的含义

压力（stress）原是物理学概念。加拿大生理心理学家汉斯·薛利（Hans Selye）1936年将压力概念引进医学和心理学。

压力概念有三种含义：①压力是外部刺激。压力指那些使人感到紧张的事件或环境刺激。②压力是身心反应。压力指具有威胁性的刺激引起的身心防御反应。③压力是外部刺激与身心反应的交互关系。是个体对环境中具有威胁性的刺激，认知其性质后所表现出来的反应。目前，研究者对压力概念未达成一致的理解。这是由于研究者从各自的学科领域、研究对象、研究方法对千姿百态的压力问题进行探讨，结果差异很大。总的来说，心理学研究的压力，多数指第三种解释。

车文博主编的《当代西方心理学新词典》中，有个词条叫应激（stress）。①应激的含义：应激亦称压力、紧张，指个体身心感受到威胁时的一种紧张状态。②应激的结构：应激来源，即造成应激或紧张的刺激物；应激本身，即特殊的身心紧张状态；应激反应，即对应激源的生理和心理反应。③应激时的表现：一类是活动抑制或紊乱，表现出不适应的反应，如目瞪口呆，手忙脚乱，陷入窘境；另一类是调动各种力量，积极应对紧急情况，如急中生智，行动敏捷，摆脱困境。④应激时的身体：生化系统激烈变化，肾上腺素以及各腺体分泌增加，身体充分动员活力增强，以应对意外突变。⑤应激的后果：长期处于应激状态，有害健康，甚至危险。故要减少和避免不必要的应激，学会科学地对待应激。

综上所述：压力就是压力源、压力感和压力反应三者形成的综合性心理状态。压力源指现实存在的威胁性刺激；压力感指由威胁性刺激导致被压迫的主观感受；压力反应指人对压力事件的反应。三者相互联系，相互影响，表现为认知、情绪、行为的有机结合，成为综合性心理状态。压力源的存在，使个体意识到压力。伴随对压力的认知，会有持续的紧张情绪。压力引发行为反应，如果积极应对并化解压力，会减少压力反应，如果消极应对或逃避压力，则会导致心理障碍，强化压力反应，形成恶性循环。

（二）压力的原因

心理压力的原因复杂。压力源可能存在于人们自身，也可能存在于环境之中，但是人际关系是压力的最主要来源。心理学家在研究中对造成压力的各种生活事件进行分析，提出了四种类型的压力源。

1. 躯体性压力源

躯体性压力源是指对人的躯体直接发生刺激作用而造成身心紧张的刺激物。包括物理的（如温度或噪声）、化学的（如酸碱）、生物的（如可怕生物或疾病）刺激物，这类刺激是引起生理压力及其生理反应的主要原因。

2. 心理性压力源

心理性压力源是指来自人们头脑中的紧张性信息。如心理冲突、心理挫折、过高期望、不祥预感、与职责有关的压力和紧张等。心理性压力源与其他类型压力源的显著区别在于它直接来自人们头脑，反映了心理困难。生活压力事件随处可见，为何有的人无动于衷，有的人却耿耿于怀，区别源于各自对压力的认知。如果过分夸大压力威胁，就会制造一种自我验证的预言：我会失败，我应付不了。久而久之，会造成长期压力感，畏惧压力。

3. 社会性压力源

社会性压力源是指造成个人生活方式变化，并要求人们对其做出调整和适应的情境与事件。社会性压力源包括个人生活变化和社会生活重要事件。华盛顿大学心理学家霍曼（Holmes TH）和瑞希（Rahe）于1967年公布的"生活改变与压力感量表"（表3-1），列出了43种大部分人可能经历的生活事件。由400位不同职业、阶层、身份、年龄的人对这些事件产生的压力大小打分，其中24个项目直接与家庭关系的变化有关。

4. 文化性压力源

文化性压力源最常见的是文化性迁移，即从一种语言环境或文化背景进入另一种语言环境或文化背景中，使人面临全新的生活环境、风俗习惯和生活方式，从而产生压力。若不改变原习惯，适应新变化，会出现不良的心理反应，甚至积郁成疾。如出国留学，缺乏应对环境改变的心理准备，没有扎实的外语基础，就难以适应异国环境，甚至中断学业或引发疾病。

（三）压力的类型

按照压力的强度一般可分为三大类。

1. 一般单一性生活压力

人在生存和发展中，总会遭遇各种生活事件（如表3-1所列的事件）。如果我们生活的某一时段经历着某一压力事件并努力去适应它，而且其强度不足以使我们崩溃，这时的压力称为一般单一性生活压力。经历此类压力，虽然付出很多身心资源，只要没崩溃，那么承受人再经历一次此类压力后，会提升自身适应能力。

表 3-1　生活改变与压力感量表

序号	变化事件	压力指数	序号	变化事件	压力指数
1	丧偶	100	23	子女长大离家	29
2	离婚	74	24	与爱人父母发生冲突	29
3	夫妇感情不和分居	65	25	个人取得显著成绩	28
4	坐牢	63	26	配偶开始工作或失业	26
5	家庭成员死亡	63	27	入学或辍学	26
6	个人受伤或患病	53	28	居住条件明显变化	25
7	结婚	50	29	个人习惯改变	24
8	被开除	47	30	与老板(上级)发生矛盾	23
9	复婚	45	31	工作时间或条件明显变化	20
10	退休	45	32	搬家	20
11	家庭成员患病	44	33	转学	20
12	怀孕	40	34	消遣娱乐明显变化	19
13	性功能障碍	39	35	定期集体活动明显增减	19
14	增加新的家庭成员	39	36	社会活动明显变化	18
15	工作岗位重新调整	39	37	贷款买大件(车等)	17
16	经济状态明显变化	38	38	睡眠习惯明显改变	16
17	好友死亡	37	39	饮食习惯明显变化	15
18	工作改行	36	40	家庭成员聚会明显增减	15
19	夫妻多次吵架	35	41	休假	13
20	贷款买房	31	42	过重大节日	12
21	取消抵押或贷款	30	43	小的违法行为	11
22	工作责任明显变化	29			

2. 叠加性压力

叠加性压力有两类：①同时性叠加压力（俗称“四面楚歌”）。即当事人同时遭受若干事件的压力。如公司破产时，家庭变故，亲人离异，朋友背叛，还要参加考试等。②继时性叠加压力（俗称“祸不单行”）。即当事人相继遭受两个以上事件的压力。如夫妻刚离异，即面临竞聘上岗；搬家刚结束，又面临工作调动；孩子病刚好，母亲又病倒等。叠加性压力，是极为严重和难以应对的压力，它对人的危害很大。尤其是长期抑郁者，会在叠加性压力面前失去生活勇气，而那些完美主义者，没有学会“取舍”，很容易爆发焦虑性神经症。如果伴有长期人格障碍的话，叠加性压力还是精神分裂症的重要诱因。

3. 破坏性压力

破坏性压力又称为极端压力，包括战争、海啸、大地震、受攻击、被绑架、被强暴等。破坏性压力对于幼儿和成人的影响有着很大差异。幼儿及无能力自我保护者，面对灾难事件，往往采用本能的回避、遗忘或者记忆加工来让自己远离焦虑。成人虽有能力却无法行动，会变得妄自菲薄，否定自我，消极自卑，长久阴影。破坏性压力还是各种恐惧症和人格解体神经症的重要诱因。对于破坏性压力，人的适应一般分为惊吓期、恢复期和康复期，但后遗症却因人各异。

（四）压力的身心反应

1. 压力的生理反应

加拿大生理心理学家汉斯·薛利毕生从事压力研究，发现压力有以下重要特性。

（1）动力性　人们常说压力变动力，是由于个体遇到压力时，不会无动于衷，而会采取一定的行为处理所处的具有威胁性的刺激情境。

（2）致病性　过度的压力能击溃一个人的生物化学保护机制，使抵抗能力降低，患上身心疾病。压力反应有三个阶段：①警觉阶段。表现为肾上腺素分泌增加，心率加快，体温和肌肉弹性降低，贫血，以及血糖水平和胃酸度暂时性增加，严重可致休克。②抵抗阶段。身体动员许多保护系统去抵抗导致危机的原因，此时全身代谢水平提高，肝脏大量释放血糖。如时间过长，可使体内糖贮存大量消耗，下丘脑、脑垂体和肾上腺系统活动过度，从而造成内脏物理性损伤，出现胃溃疡、胸腺退化等症状。③衰竭阶段。表现为体内各种储存几乎耗竭，机体处于危机状态。

压力引发的主要生理疾病：①循环系统。心率加快，血压增高，心脏疾病。②内分泌系统。肾上腺激素和去甲肾上腺激素分泌增加，而持续的释放和消耗去甲肾上腺素会造成抑郁症。③消化系统。胃肠失调、胃溃疡、腹泻。④呼吸系统。哮喘、支气管炎等。⑤生殖系统。女性月经不调，男性阳痿，以及性激素分泌下降。⑥泌尿系统。丧失胰岛素，诱发糖尿病。⑦运动系统。身体疲劳，肌肉紧张，汗流增加，骨质疏松，关节炎。⑧神经系统。睡眠障碍，周期性头痛。⑨免疫和抗炎系统。易患感冒，易患癌症。

（3）致死亡　个体在抵抗阶段生理功能大致恢复正常，能适应艰苦的生活环境。即压力反应在一定的程度上能增强个体适应能力。但是，抵抗阶段对新压力的抵抗力反而降低。个体若再承受持久高压，可能导致身心耗竭，步向死亡，即精疲力竭阶段。

2. 压力的心理反应

（1）压力适度的心理反应　①适度压力会引发心理的正向适应反应。如警觉、注意集中、思维敏捷、寻求支持、学习处理压力的技巧等，从而有助于个体应付环境。如学生考试、运动员参赛，适度竞争压力下才容易出成绩。②适度压力能给生活带来乐趣。如玩电子游戏至精疲力竭还不愿罢手，惊险游乐项目，户外探险运动，看恐怖影视，可能失恋、离婚仍坚持恋爱和结婚等。③环境压力还能促进人类发展。进化论认为，资源有限导致竞争，竞争必然产生压力，地区发展越快压力也越大；人生每个阶段都要应付新要求，人的成长和发展就是不断适应环境压力的过程。如某地有条河，两岸有鹿群，北岸的鹿强壮，奔跑及生殖能力都很强，南岸的鹿则远远比不上。同一品种为何差别大？后经考察分析，原来河北岸有狼而河南岸没有。有狼的环境激发了鹿的斗志，促进了鹿的强壮。

（2）压力过少的心理反应　美国心理学家贝克斯顿（Bexton）在美国麦吉利大学做过一个感觉剥夺试验（见图 3-1）。他募集大学生志愿者作为被试，志愿者躺在床上睡觉，有 20 美元一天的酬劳，他们可以自己决定何时退出实验。但是，大多数被试在实验开始后的24～36 小时内就退出，没人坚持 72 小时以上。实验中，被试睡觉→出现厌倦、不安→自己制造唱歌、吹口哨、自言自语等刺激→出现幻觉。研究人员认为，维持大脑觉醒状态的中枢结构需要得到外界刺激来维持激活状态。当外界接触被阻止，大脑就即兴创作，自己产生刺激。实验证明，维持生命活动必需有一定水平的外界刺激。

（3）压力过度的心理反应　过度压力（即能量强度过大、规模范围过广、持续时间过长）会引发心理的负向反应。①情绪方面：忧虑、焦躁、愤怒、沮丧、悲观、抑郁等；②智能方面：思维狭窄、自我评价降低、自信心减弱、注意力分散、记忆力下降，认知效能差

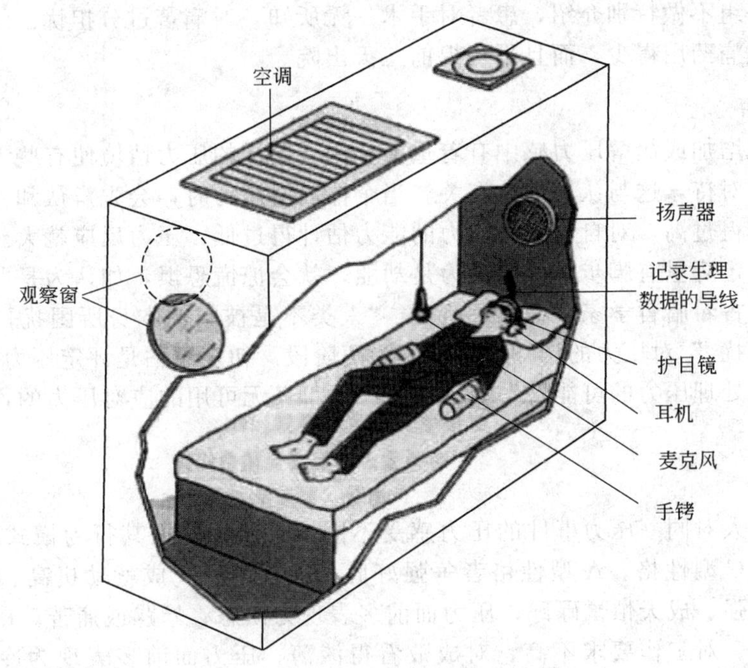

图 3-1　感觉剥夺试验

等；③精神方面：反应过敏、疲劳感、失眠等；④行为方面：说话结巴、刻板动作、嗜吃或厌食、过度烟酒、迟到缺勤、拖延事情、停止娱乐、攻击行为等；⑤人际方面：孤独、疏远、沟通效果差等。心理学研究发现：当猩猩被隔离监禁一段时间后，会出现重复摇晃、吸吮手指或原地绕圈等刻板行为；把一只动物关在无法逃离的笼子内并给予电击，会引起动物不断吃东西的行为；当两只动物被电击，它们会打起架来。

个体对压力的心理反应存在很大差异，这取决于个体对压力的认知、解释和处理能力。

个体面临压力时会有各种行为变化，这些变化取决于压力程度及个体所处环境。压力下的行为反应可分为直接反应与间接反应。直接反应指直接面对引起紧张的刺激时，为消除刺激源而做出的反应。例如，路遇歹徒或与其搏斗或逃避。间接反应指借助某些物质暂时减轻与压力体验有关的苦恼，例如，借酒消愁。

二、压力的应对

（一）影响压力的因素

压力由刺激引起。不良的刺激会引起压力，愉悦的刺激也会带来压力。生活中的压力不可避免，但各人的压力感受不同。人们的压力感受存在差异的主要因素归纳如下。

1. 经验

经验会影响人们面对同一压力事件的压力感受。对两组跳伞者的压力状况进行调查发现，有过 100 次跳伞经验的人不但恐惧感小，而且会自觉地控制情绪；而无经验的人在整个跳伞过程中恐惧感大，并且越接近起跳越害怕。一帆风顺的人，一旦遭遇打击就会惊慌失措；而人生坎坷的人，同样的打击却不会引起重大伤害。可见经验能增强抗压能力。

2. 心理准备

心理准备也会影响人们面对同一压力事件的压力感受。对两组接受手术的患者心理试验发现，其中一组术前讲明手术过程及后果，使患者有心理准备，对手术痛苦视为正常现象并坦然接受；另一组不做特别介绍，患者对手术一无所知，对痛苦过分担忧。结果术后有准备组比无准备组止痛药用得少，而且平均提前三天出院。

3. 认知评估

认知评估在增加或缓解压力感中有着重要作用。同样的压力情境使有些人苦不堪言，而另一些人则平静对待，这与认知评估有关。当个体面对压力时，会先辨认和评估压力。如果把压力威胁估计得过高，对自己应对压力的能力估计得过低，压力反应就大。在安静的书房看书，忽然听到走廊里有脚步声，如认为是劫匪，就会惊慌恐惧，如认为是朋友来访，则会轻松愉快。正如古希腊哲学家伊壁鸠鲁所说："人类不是被问题本身所困扰，而是被他们对问题的看法所困扰。"对压力的认知评估可分为两阶段。初步评估是评定压力来源的严重性，二级评估是估量处理压力的可能性。如果压力严重，又无可用的应对压力的资源，必然产生持续的身心紧张。

4. 性格

不同性格的人对同一压力事件的压力感受不同。人的性格按其行为模式可分为 A 型性格、B 型性格和 C 型性格。A 型性格者争强好胜、缺乏耐心、成就动机高、说话办事讲效率、时间紧迫感强、成天忙忙碌碌，压力面前多表现为愤怒、暴躁或痛苦。B 型性格者个性随和、生活悠闲、对工作要求不高、对成败看得淡薄，压力面前多表现为冷静、沉默或压抑。C 型性格者害怕竞争、回避冲突、屈从权势、逆来顺受、有气独吞，压力面前表现为绝望、孤立无援。通常人们难分 B、C 两种性格。其实也简单，比如踢一脚 B 型性格者，他不仅表面不在意，内心也不火。而 C 型性格者是表面不发火，肚里火燃烧。研究发现，A 型性格者易患心脏病，患病率是常人的 2～3 倍。C 型性格者易患癌症，患病率是常人的 3 倍以上。

5. 环境

一个人的压力源与他所处的小环境有直接关系。小环境主要指家庭或单位。家庭压力通常来自夫妻关系、子女教育、经济问题、家务劳动、邻里关系等。如果工作过度、支持不足、沟通不良等会使人产生压力感。如果家庭和睦，工作如意，压力感必然小，于是心情舒畅，身心健康。

（二）应对压力的方法

所谓应对压力，是指当压力对我们可能造成伤害时，用一些方法和技巧去应对，以减低压力带来的负面影响。有效应对压力的方法如下。

1. 懂得解决压力问题的过程

个体从面临压力到解决问题一般要经过三个阶段：①冲击阶段。压力来临时，如果刺激过度，会使人感到眩晕、发懵、麻木、呆板、不知所措，常会出现类休克状态。比如，突然听到亲人去世，很多人发愣、惊慌，甚至歇斯底里，只有少数人能保持镇定和冷静。②安定阶段。当事人在经历震惊、冲击之后，努力想恢复心理平衡，设法控制焦虑和情绪紊乱，恢复受到损害的认知功能，运用心理防卫机制或争取亲友帮助。③解决阶段。当事人将注意力转向压力来源，冷静分析压力原因，或规避压力来源，或提高应对能力去解决压力问题。

2. 学会应对压力的策略

应对压力的策略一般有两类：①处理困扰，即直接改变压力源。②减轻不适感，指不直接解决问题，而是调节自己，消解不良反应。见表 3-2。

表 3-2 应对压力的策略

处理困扰	改变压力源或改变个人与压力源的关系：通过直接的行为反应或想方设法解决问题	攻击（破坏） 逃避（使自己置身于威胁之外） 寻找其他途径（商讨、交涉、妥协） 预防未来压力（调高预期并采取措施）
减轻不适感	改变自己：通过能使自己觉得舒服的活动，调节情绪，但并未改变压力源	以身体为主的活动（使用药物、放松等） 以认知为主的活动（分散注意力等） 歪曲现实的潜意识活动

3. 掌握应对压力的方法

（1）不良的应对方法　①依赖药物。服用镇静剂可以暂时减轻压力，但不能解决压力源。长期服用容易形成药物依赖，丧失个人尊严，甚至引发其他疾病。②抽烟酗酒。烟草是兴奋剂，有一定镇静作用。酒精是神经刺激物，同时也是镇静剂。抽烟喝酒虽能暂时抑制中枢神经系统，缓解紧张状态，但常用易致酒精中毒，烟草副作用更是危害无穷。③其他不良的应对方法。沉溺幻想，损害自己，攻击他人等。

（2）正确的应对方法　①认识压力的作用及其可能导致的后果，对可能出现的过度压力有心理准备。②学会用心理减压方法，减轻压力的负面作用。如读写减压：阅读喜欢的书刊来转移注意力，或者写日记把不愉快的事或痛苦的感受叙述出来。运动减压：从事各种体育运动，是发泄郁闷的好办法。社交减压：参加多种群体活动，多与亲朋好友交流，释放紧张情绪。活动减压：旅游、卡拉 OK、琴棋书画。咨询减压：寻求心理咨询。③认清自我能力，制定切实可行的目标。避免“心比天高，命比纸薄”。④建设良好社会支持系统，拥有亲朋好友。⑤积极面对人生，自信豁达，知足常乐，笑口常开。⑥改变自己的不合理理念，换个角度看问题，有时会柳暗花明。

第二节　挫折与应对

“人有悲欢离合，月有阴晴圆缺，此事古难全。”尽管人们希望一帆风顺、万事如意，但挫折却总是不可避免。成功诚可贵，失败也并非毫无意义。

一、挫折概述

（一）挫折的含义

心理学讲的挫折，是指人们在有目的的活动中，遇到无法克服或自以为无法克服的障碍或干扰，使其需要或动机不能获得满足而产生的情绪反应。

挫折包括三方面成分。①挫折情境（客观原因）。使得需要或动机不能获得满足的内外障碍或干扰的情境。挫折情境可能是人或物，也可能是自然或社会环境。②挫折认知（主观反映）。对挫折情境的知觉、认识和评价。③挫折反应（主观体验）。当需要或动机不能满足时产生的情绪反应和行为反应，如焦虑、紧张、烦恼、困惑、沮丧、失意、愤怒、攻击、躲避等。

挫折具有客观性。首先，挫折情境越严重，挫折反应就越强烈；反之，挫折反应就轻微。其次，只有当挫折情境被个体认知，才会产生挫折反应；如果挫折情境没被个体知觉，或者虽然知觉到了但认为不严重，就不会产生挫折反应，或者只产生轻微的挫折反应。总之，当挫折三方面成分同时存在时，就构成典型的心理挫折。

挫折更有主观性。参照上一章中美国心理学家阿尔伯特·艾利斯的情绪 ABCDE 理论。在挫折三方面成分中，挫折情境为 A，挫折认知为 B，挫折反应为 C。B 是核心，C 主要取决于 B。如果 B（主体的认知或理念）不合理，即便没有 A，也可能产生 C。例如，高考（A）前的模拟考（非 A）失败。有的人认为它暴露了自己存在的问题（B 合理），明确了下一步的努力方向，没有挫折反应；有的人把它看成是自己学习能力极差的表现（B 不合理），于是伤心难过甚至丧失信心，产生挫折反应。

（二）挫折的原因

1. 客观环境因素

客观环境因素通常分为自然环境因素和社会环境因素两类。

（1）自然环境因素　非人力所能抗拒的自然灾害等的影响。如台风、洪水、地震、雪灾、酷热、疾病、事故等。

（2）社会环境因素　社会生活中的政治、经济、法律、道德、宗教、文化、风俗等的影响。对大学生而言，它又可细分为：①社会因素。如就业择业中对性别、身材、容貌、视力、个性等的要求限制，偶发的失恋、被盗、遇冷落、受刁难等事件，常会导致挫折感产生。②学校因素。如校园环境、人文氛围、教学条件、生活条件、管理方式等与学生的性情、志趣、爱好、态度、愿望、成长背景不符合时，挫折感由此而生。③家庭因素。如家庭的自然结构、抚养方式、经济状况、健康状况、邻里关系等，家长的综合素质、教育方式、职业阅历、人脉关系等，无不影响家庭成员的心理状况。有关研究表明，自小娇生惯养的孩子，家长粗暴教育的孩子，家庭经济贫穷的孩子，双亲不和或单亲家庭或父母亡故的孩子，更容易产生挫折感。

2. 个体主观因素

个体主观因素通常分为个体主观条件限制和动机冲突两类。

（1）个体主观条件限制　包括：个体对自我身心条件的认知评价，个体对环境的了解程度，个体期望目标与实际有效行为的匹配程度等。例如，色盲者不能进入医学、美术、化工等专业，外貌不扬者难入表演等专业，不善言表者可能不讨人喜欢，身有残疾者可能遭人歧视等，如不能以平衡心态对待自己和环境，就会产生挫折感。又如，有的大学生因高考分数较高，要求自己拿一等奖学金等，方法就是苦学。然而大学与中学的学习特点、评定标准有很大差异，仅靠苦学难达标，于是遭受挫折打击。有的大学生自我管束差，迟到缺课，作业不交，考试作弊，沉溺网络，吸烟酗酒，行凶盗窃，结果受到纪律处分。

（2）动机冲突　现实生活中，人们常会同时并存两个及以上的动机，如果不能同时获得满足，并且在性质上又相互排斥，就会产生动机冲突。动机冲突一般有四种形式：①双趋冲突（又称正正冲突）。指个体同时面临两个同样吸引力的目标，“鱼和熊掌不可兼得”，出现难以取舍的冲突。如既想继续深造学习，又想就业经济独立，犹豫不决。②双避冲突（又称负负冲突）。指个体同时面临两件不利的事情，“前有狼后有虎”，只能躲避其一接受另一的冲突。如癌症患者是手术治疗还是化学治疗，“两者必居其一”。③趋避冲突（又称正负冲突）。指同一目标可以满足个体某些需求，但会构成其他威胁，进退两难。如大学生既想潇洒玩乐谈恋爱，又觉得父母供己读书不容易。④双趋避冲突（又称双重正负冲突）。指个体同时面临两个各有所长、各有所短的目标，产生难以抉择的心态。如身处学习风气不好的群体中，想独自努力学习却担心人际关系，想随大流又觉得不该虚度光阴。

大学生最常见而又最难解决的动机冲突是：①独立与依赖。大学生独立意识增强，面临困难时希望靠自己解决，但因缺乏经验，又总希望他人帮助，甚至想念家长庇护的时光。

②亲近与疏远。结交同学、朋友的过程中，想与其分享隐私，又恐惧暴露过多受伤害。③合作与竞争。市场经济竞争，崇尚和鼓励个人奋斗成功，从孩提游戏，到学校学习，到升学考试，到就业择业，都是竞争择优；但是教育又强调集体主义和相互合作，个人归属团体并受团体制约，于是就出现两难情境。④冲动表达与道德规范。现代社会鼓励自我表现，个人也有自我表现欲望，但是完全表现自我个性，却往往与社会习俗和社会规范发生矛盾与冲突。

（三）挫折的类型

我们可以从不同的角度，把挫折分为不同的类型。

从挫折的现实性角度划分。①实际挫折。是指个体已经遭受的挫折。人们只要正视它，就可能有效地加以处理。②想象挫折。是指个体想象未来可能出现的挫折。适度的想象挫折有积极意义，但想象过于超出实际，则会对身心产生消极影响。

从挫折的严重性角度划分。①一般挫折。是指日常生活和工作中常见的小挫折。如父母责骂、领导批评、朋友口角、小考失误等，它对身心影响不大。②严重挫折。是指影响人生大问题的挫折。如高考落榜、天灾人祸、触犯刑律等，它对身心影响很大。

从挫折的持续性角度划分。①短暂挫折。是指持续时间比较短暂的挫折。这种挫折即使比较严重，也会随着时间推移而自然消失，对身心影响不大。②持续挫折。是指导致挫折的情境有相对稳定性，使人长期处于紧张状态中。持续挫折对身心健康影响很大，甚至可能导致人格障碍。

从挫折的原因角度划分。①目标挫折。是指个体行为不能达到目的而引起的挫折感。如考试得不到预期分数，工作得不到预期职位等。②阻碍挫折。是指在需求和目标之间出现阻碍而引起的挫折感。阻碍可能是物质的，也可能是观念的。③行为挫折。是指个体的行为意向因条件限制无法付诸实施而引起的挫折感。如工作、交往、活动等的行动失败。④缺乏挫折。是指个体无法拥有自认为非常重要的东西而引起的挫折感。如物质缺乏、能力缺乏、生理条件缺乏、经验缺乏、感情缺乏等。⑤损失挫折。是指个体失去了原来所拥有的东西而引起的挫折感。如失恋、家庭离异、亲人死亡等。

从挫折的内容角度划分。①学习性挫折。指个体在学习过程中遇到障碍而引起的挫折。如因努力程度、学习方法、身心状况等因素导致成绩不合格等。②交往性挫折。指个体在处理人际关系遇到障碍而引起的挫折。如受同学排斥讽刺、交不到知心朋友等引起的挫折。③志趣性挫折。指个体在兴趣、志向和愿望等方面遇到障碍而引起的挫折。如兴趣爱好得不到家长支持却受到过多的限制和责备，因生理条件限制不能达到自己的愿望等。④自尊性挫折。指个体在自我尊重需要方面没有得到满足而引起的挫折。如自感表现很好，却没能评上先进，没被选任干部等。⑤情境性挫折。指特定的时空限制而造成的挫折。如孤身求学，经济拮据，节假日不能回家与亲人团聚所产生的孤寂感等。

（四）挫折对大学生的影响

挫折可能是埋葬弱者的坟墓，也可能是磨练强者的火炉。所以，挫折对大学生心理具有消极和积极的影响。

1. 挫折对大学生的消极影响

挫折可能降低大学生的学习效率。学习是一种积极的思维活动，学习效率除受个体的智力水平和知识水平的制约外，还与个体的情绪状态、自信心等因素密切相关。大学生受挫后，自信心降低，情绪焦虑不安，会极大降低学习效率。

挫折可能降低大学生的思维能力与生活能力。大学生受挫后，容易情绪波动。如果持续遭受挫折，则可能神经系统紊乱。这不但会降低他们的思维能力，也会使他们的生活适应能力大打折扣。

挫折可能损害大学生的身心健康。大学生受挫后，身心处于紧张、压抑和焦虑的状态。这种消极的心理能量如果长期得不到释放，就会损害身心健康，甚至可能诱发精神病。

挫折可能导致大学生性格改变与行为偏差。当大学生遭受过度挫折而无法调整时，会使某些行为反应形成习惯模式或个性特征。如热情开朗者，因屡次失恋，可能由热情变成世故。同时，因受挫而应激，容易感情冲动，自控能力降低，可能做出违反社会规范的行为。如有的大学生受挫后，酗酒闹事，挑唆斗殴，甚至走上犯罪道路。

2. 挫折对大学生的积极影响

挫折有利于磨练大学生的性格和意志。坚强的性格和意志，往往是挫折磨练的结果。牛顿说过："如果你问一个善于溜冰的人如何学得成功，他会告诉你，'跌倒了，爬起来，便会成功。'""忍人所不能忍，为人所不能为"，才能获得成功。越王勾践卧薪尝胆三年，终报亡国之仇；罗斯福身有残疾，却凭借渊博的知识、睿智的头脑、自强不息的精神获得人民的拥护，连任四届美国总统；爱迪生 67 岁遭遇火灾，多年的研究成果付之一炬，但他并未伤心消沉，第二天又重新埋头于研制工作。

挫折有利于增强大学生的情绪反应能力和解决实际问题能力。当大学生面临困难或挫折时，其神经系统受到强烈刺激会引起情绪激奋、精力集中、思维加快，反应能力提高。同时，在解决困难和对付挫折的过程中，可以学到经验与方法，提高分析问题和解决问题的能力。俗话说：失败是成功之母，错误是正确之梯，吃一堑、长一智。化学家门捷列夫说过，一个人要发现卓有成效的真理，需要千百个人在失败的探索和悲惨的错误中毁掉自己的生命。

挫折有利于大学生正确地认识自我，提高生活适应能力。许多大学生对社会、对自己有一些不切实际的想法，当他们用这些想法来指导行动时，往往出现挫折。挫折会使他们清醒，促进他们对现实有一个较为客观的认识，从而增强其适应社会的能力。

（五）挫折防卫机制

1. 挫折防卫机制的含义

挫折防卫（御）机制，也叫心理防卫（御）、自我防卫（御）、防卫（御）机制。是指个体处于挫折情境时，在心理内部具有自觉或不自觉地解脱烦恼、减轻内心不安，以恢复情绪平衡与稳定的一种适应性倾向。防卫机制源自弗洛伊德的精神分析学说。弗洛伊德认为，防卫机制是无意识的心理反应，用以防止社会规范所限制的不能接受或不能直接表达的本能冲动。

2. 挫折防卫机制的种类

按心理成熟度，防卫机制可分为如下四类。

（1）精神病性的防卫机制（一级防卫机制，也称自恋性防卫机制） 包括否认、投射、攻击、移位、冷漠。这些机制常见于 5 岁以内的健康孩子，成人的梦中和幻想中，精神病态的自我为中心者。

（2）不成熟的防卫机制（二级防卫机制，也称幼稚性防卫机制） 包括求得注意、倒退、固执、逆反、摄入、逃避。这些机制常见于 3 岁到 15 岁的健康孩子，成人中的性格障碍者和心理治疗中者。

（3）神经性的防卫机制（三级防卫机制） 包括文饰、反向、认同、隔离、抵消、幻想。这些机制常见于 3 岁以上的健康人、神经症者和正在对付急性应激的个体。

（4）成熟的防卫机制（四级防卫机制） 包括压抑、补偿、幽默、升华、坚持。这些机制常见于12岁以上的健康人，它是承认和正视挫折，正确分析挫折原因，总结经验教训，争取积极行为方式，最后战胜挫折。

3. 22种挫折防卫机制

(1) 否认　即潜意识里拒绝承认痛苦现实以保护自我。但凡意志薄弱且知识结构单纯的人，常会情不自禁地像鸵鸟一样“眼不见为净”。如儿童闯祸后手蒙眼睛；父母否认孩子有生理缺陷；癌症病人否认罹患癌症。这时个体不但否定事实，而且真的相信没有发生，有时达到妄想状态，便成“精神病”症状了。

(2) 投射（也称外向投射、外射、推诿）　即把挫折原因归咎于外界，或把自己的过错归咎于他人。如考试失败，归咎为老师教得不好、考题太难或评卷不公；将军战败，归咎为“天亡我也，非我之过”；球赛输了，说场地不好，裁判不公；台湾俚语：“不会划船说溪窄”，都传神地说明了投射作用。

(3) 攻击（也称直接攻击）　将挫折情绪直接发泄到使之受挫的人或物上。如打架斗殴、损害物品等。它主要发生在自控力差的鲁莽者身上。

(4) 移位（也称转向攻击、移置）　即把挫折情绪从危险情境转移到较为安全的情境中释放出来。主要表现：①迁怒。引起挫折的对象不能攻击，就将愤怒发泄到其他的人或物上去。如丈夫把工作中的愤怒，回家对妻子发泄，妻子转对孩子发泄，孩子又转对玩具或小动物发泄。②无名烦恼。挫折来源不明，无明显对象可以攻击或者受挫者不知如何攻击，而使情绪陷入低潮。③自罪。将攻击对象转向自己而自我责备。

(5) 冷漠　将挫折感受深藏于心，外表对挫折情境漠不关心、无动于衷。如有的大学生因社会活动能力较差，多次失败，逐渐对同学关系、社会活动持冷漠态度。

(6) 求得注意　想方设法让别人注意自己受到挫折。如以大声喧哗、寻衅生事、恶作剧等方式来显示自己。

(7) 倒退（又称退行、退化、回归）　个体用与自己年龄、身份极不相称的幼稚方式对抗挫折。如某些病人经过死里逃生的车祸或危险的大手术后，虽然躯体复原，但内心受挫，不愿出院再负成人责任，而退行成孩子般依赖。有的学生受挫后，哭啼吵闹、捶胸顿足、蒙头睡觉、不吃饭上课等，以求得师长和同学的同情和关注。

(8) 固执　个体重复无效刻板动作对抗挫折。当个体多次遭受同样的挫折，会逐渐失去信心和随机应变的能力，而形成刻板的同样无效的反应方式。固执行为不同于意志力，它是个体不能正确分析失败原因，采用极不明智的对抗形式。如学生多次违反校规校纪受到批评，却固执地屡教不改。固执行为容易发生在性格内向、倔强、看问题片面者身上。“头撞南墙不转弯”是固执的最好写照。

(9) 逆反　用相反的错误方式对抗挫折。俗话讲“你要我朝东我偏朝西”。一般来说，个体的行为方向与其动机方向应当一致，如果受挫后，一意孤行，盲目反抗，抵制正确教导，便是逆反。如学生在课堂上受到纪律批评，便采取逃课或不理教师等违反社会规范的方式来表达内心的不满。

(10) 摄入（也称内向投射、内射）　与投射作用相反，它是广泛地、毫无选择地将外界因素纳入自己的内心，成为自己人格的一部分。“近朱者赤，近墨者黑”是典型的摄入。摄入的对象，常常是所爱、所恨和所怕的人。例如，父母去世后，将父母的言行摄入自身而形成自己的人格，以减轻对死者的内疚感。相反，对社会和他人不满，因无力反抗，就演变成恨自己无能，自暴自弃，极端情况下甚至自残自杀，以此解脱内心痛苦。

(11) 逃避　逃到比较安全的环境中躲避挫折。主要表现如下。①逃往其他现实。如学习不好就沉溺游戏；为了消除焦虑或苦恼而行为忙碌；通过舞台表演来“安全”地表达本能欲望等。②逃向疾病。如受到挫折、迫害后，心理冲突和焦虑化为躯体病症而住院治疗，以患病博取同情，减轻心理痛苦。③逃向幻想世界（见幻想）。

（12）文饰（也称合理化、自我安慰）　个体遭受挫折或者无法达到追求的目标或者行为不符合社会规范时，无意识地采用似乎有理的解释或者实际上站不住脚的理由来为其难以接受的情感、动机、行为辩护。鲁迅笔下的“阿Q”就是文饰典型。主要表现：①酸葡萄心理（俗话：自欺欺人）。《伊索寓言》中的狐狸吃不到葡萄就说葡萄酸，即把得不到的东西说成是不好的。②甜柠檬心理（俗话：知足常乐）。当得不到葡萄只有柠檬时，就说柠檬是甜的。文饰与投射不同，投射是将自己内心无法接受的感觉、动机和行为归于外界或他人；文饰则是为自己找冠冕堂皇的理由。文饰运用得当，可以消除心理紧张、减少攻击行为的产生。若运用过度，则会妨碍人们追求真正需要的东西。

（13）反向（又称矫枉过正）　个体用与自己的欲望、动机、观念等截然相反的态度和行为，来减少焦虑，维护心理安宁。“此地无银三百两”是反向的典型。例如，内心自卑，表现却高傲自大；心仪某异性，表面却不屑一顾；内心愤恨仇敌，外表却温和热情。可见，如某人行为过分，表明他潜意识中可能有反向欲望。此外，反向行为虽在一定程度上可以掩饰个体的真实动机，但是长期运用会从根本上扭曲自我意识，使动机与行为脱节，造成心理失常。

（14）仿同（也称表同）　个体无意识地吸收和模仿自己仰慕的人或团体的特点，作为自己行为的一部分去表达，用以增强自己的感受，掩护自己的短处，减轻挫折感。即“取他人之长归为己有”。主要方式：①近似仿同。如学生成绩不佳，就效仿历史名人，说爱迪生、爱因斯坦小时候曾被老师视为弱智等。②长处仿同。如相貌平平的女孩与漂亮女孩做朋友，为别人夸奖其女友而自豪。仿同与摄入有区别，摄入是毫无选择地吸收外界的东西；仿同却是有选择地吸收和模仿某些特殊的人或物的特点。一般说来，仿同的动机是爱慕，是正常的心理现象。但若仿同使用过度，或仿同错误模式，或充满矛盾的仿同，其行为反而变得不正常。

（15）隔离（也称分离）　个体切断意识与挫折的直接联系，将部分事实从意识中隔离，避免精神不悦。例如，不说人死，而说仙逝、长眠、归天、走了、去见马克思、去见孔子等，这样就感觉不太悲哀或不祥。心理咨询中，要注意来访者潜意识中所要掩饰的，正是要针对的问题。

（16）抵消　个体以象征性的动作、语言和行为来抵消挫折，弥补内心的愧疚与不安。如丈夫在外玩得太晚而回家很迟，为妻子带回较贵重的礼物来抵消他的愧疚之心；妈妈不小心让小孩碰撞到物品，常会用打物品的方式来哄小孩；说了不吉利的话，就吐口水或说句吉利话来抵消晦气；打碎了碗，赶快说句“岁岁平安”。

（17）幻想　指个体无力处理现实困难，就以任意想象的虚幻情景来应对挫折。如弱者受欺负而无力抵抗，就幻想痛打敌人以满足自己的反抗心理。“灰姑娘”童话，一个现实中倍受欺凌的少女，幻想有一天遇到白马王子，帮她脱离困境走向幸福。适度幻想可以排除烦恼，若过度幻想就失常了，若将现实与幻想混为一谈就病态了。如面对就业难，强势背景者往往依靠亲人解决问题，有些弱势背景者则通过算命、信教等虚幻的方式摆脱痛苦。

（18）压抑（也称潜抑）　指个体的某种观念、欲望、情感或行为不能被超我接受时，不知不觉压抑进潜意识，使自己不再焦虑和痛苦。压抑有两重性：①积极方面。压抑能帮助个人抑制罪恶冲动和不伦念头。如一男子路遇漂亮姑娘而想入非非，但立即觉察此念头不好，赶快压抑邪念。人格越完善越成熟，越能按社会规范压抑原始欲望。②消极方面。压抑不能从根本上解决情绪困扰问题。如一中年妇女的独生子死于某月车祸，当时她非常痛苦，时间一长，压抑进潜意识，但以后每到该月就发抑郁，药物无效，经心理医生催眠，压抑在潜意识中的原因再现，宣泄情绪，抑郁消失。可见，长期压抑会导致心理困扰甚至心理疾病，最好方法是找可靠的亲友一吐为快，宣泄郁积。

压抑不同于遗忘，也不同于压制。压抑是个体无意识地主动忘却；遗忘是记忆痕迹消灭而自然忘却；压制是有意识地抑制自己认为不该有的冲动与欲望，如制怒。

(19) 补偿（也称替代） 是指个体行为受到挫折或个体因某方面缺陷而无法达到目标时，加倍努力发展其他方面的优势和特长来获得其他方面的成功，重拾自尊和自信。即“失之东隅，收之桑榆”。如没有选上学生干部，便努力使学业成绩名列前茅；失恋后，通过参加文体活动补偿痛苦。补偿也有两重性：①补偿的目标和活动符合社会规范和人的发展需要，补偿行为是积极的；反之，既无益于身心健康，还可能危害他人与社会。②适度补偿益多害少，过分补偿害多益少。美国一位16岁男孩，突然拼命运动，外出必戴太阳镜，口叼大号雪茄，开口便说许多女孩在追他。其实，他生活在有六个姐姐的女性化家庭，他是唯一男孩，受“娘子军”影响，读高中被女生嘲笑像姑娘。受此刺激，180度转弯，企图证明自己是个阳刚男人，出现过分补偿现象。

(20) 幽默 是指以幽默的语言或行为来应付紧张的情境或表达潜意识的欲望。通过幽默来表达攻击性或性欲望，可以不担心自我或超我的抵制。如古希腊哲学家苏格拉底有位脾气暴躁的夫人，一次他与学生谈论学术问题，忽听叫骂，接着他夫人用一桶水将他全身浇湿，在场者很尴尬。苏格拉底一笑：“我知道打雷以后，一定下雨。”

(21) 升华 指个体将被压抑的本能欲望导向人们所接受、社会所赞许的活动之中，把痛苦化为建设性动力，并得到本能的满足。古今佳话：文王拘而演《周易》，仲尼厄而作《春秋》，屈原放逐赋《离骚》，左丘失明写《左传》，孙膑跛脚修《兵法》，司马迁宫刑著《史记》，歌德从失恋中获得灵感写出名著《少年维特之烦恼》。

利他，具有升华的类似作用。利他是指既能满足自己的欲望与冲动，又有利于他人和社会的行为。有位青年，从小喜欢玩火，就将欲望升华成为保险公司火灾调查员，每接火警，莫名兴奋，马上认真细致工作，有利于公司和社会。利他与投射的区别在于，它为别人提供真实而非想象的好处。利他与反向的区别是，它让应用者至少得到部分满足。

(22) 坚持 指个体百折不挠地战胜挫折，加倍努力地使目标最终实现。美国电影《阿甘正传》中的主人翁智商不高，他的办法就是忽视挫折、不懈努力，最后成就了事业、赢得了尊重。“成功在于最后的坚持之中”。

4. 挫折防卫机制的特征

① 防卫机制是无意识的或者至少是部分无意识进行的。

② 防卫机制是通过支持自尊或美化自我来保护自己免受伤害。

③ 防卫机制从其作用和性质看，可分为积极的和消极的两种。积极的防卫机制在缓冲心理挫折时，表现出自信、进取的倾向，有助于战胜挫折；消极的防卫机制大多表现出退缩、冷漠、逃避的倾向，虽能暂时缓解内心冲突，但长久使用会阻碍个体面对现实并影响人生健康发展。

④ 防卫机制似有自我欺骗的性质。即以掩饰或伪装真正的动机，或否认可能引起焦虑的冲动、动作或记忆的存在而起作用。因此，防卫机制是通过歪曲知觉、动作、动机、思维和记忆，或完全阻断某一心理过程而防卫自我免于焦虑。

⑤ 防卫机制本身不是病理的，但使用不当或使用过分则可能引发心理病态。

⑥ 防卫机制可以单一地使用，也可以多种机制同时使用。

现实社会中，人们都在有意或无意地使用各种防卫机制来维持心理平衡，减轻挫折带来的心理压力，防止挫折引发身心疾病。但要注意以下几种情况：运用防卫机制适时适度，能维护身心健康，超出其使用范围或限度，可能演变成病态；对任何挫折都做出刻板的公式化的防卫反应，可以认为他已经心理病态；运用的防卫机制越原始，效果越差，离意识的逻辑方法越远，越近似于心理病态。

二、挫折的承受和应对

（一）挫折的承受能力

1. 挫折承受能力的含义

挫折承受能力简称挫折承受力，指个体适应、抵抗和应付挫折的能力。挫折承受力是维护个体心理健康的一道防线。挫折承受力较低的人，几经挫折打击后，容易失去人格的统一完整性，甚至会出现人格扭曲、行为失常和心理疾病。挫折承受力是后天学习来的，是个体适应环境的能力之一。

挫折感受简称挫折感，指个体在目标行为过程中，认识并感受到自己的动机性活动受到阻碍后引起的心理状态和情绪反应。挫折感是一种复杂的内心体验，它交织着烦恼、困惑、焦虑、愤怒等各种负面情绪。

挫折阈限。心理学上常用阈限值说明人的感觉能力。人体接受刺激有一定限度，那种引起感觉的最小刺激强度即下限叫做感觉的“绝对阈限”或“下阈”；那种继续增强也不会使感觉进一步变化的刺激强度即上限叫做感觉的“最大刺激阈限”或“上阈”。如正常人听觉的强度范围为0～140分贝，刚能引起听觉的声音强度是0分贝，是“下阈”，140分贝以上的声音不能引起人更强的听觉，反而会引起痛的感觉，是“上阈”。心理学把引起挫折感的最小刺激点叫做“绝对挫折阈限”，即挫折感的下限（或下阈）；把人们能够承受的挫折感的最高限度叫做“挫折适应极限”，即挫折感的上限（或上阈）。绝对挫折阈限越低对挫折越敏感，绝对挫折阈限越高对挫折越不敏感。

2. 影响挫折承受能力的因素

人们对挫折的承受力有着鲜明的个性差异：不同的人对同一挫折的承受力不同，同一个人对不同挫折的承受力也不同。个体的挫折承受力受多种因素的影响，包括生理因素、心理因素、思想因素及社会因素等，但较多地受个人心理因素的影响。

（1）生理因素　身体是承受艰苦生活和精神折磨的物质基础。在其他条件相同的情况下，体格强壮者要比体弱多病者更能承受住挫折带来的痛苦与悲哀。

（2）心理因素　①人格因素。性格开朗、个性完善、意志坚强者，比消沉抑郁、内向自闭者更能承受挫折。②认知因素。同一挫折对认知水平高的人的心理打击小，反之则大。③心理预期。自我心理预期越高，挫折承受力越弱，自我心理预期合理，挫折承受力则强。如一个优秀大学生很难接受自己平凡的现实，因而倍感受挫；反之，一个对大学状况客观预期的学生面临挫折的心理相容度则高些。

（3）思想因素　①思想境界。崇高的理想信念、正确的人生目标、乐观的生活态度，能够使人意志坚强地对待生活、承受挫折。如邓小平对待三起三落。②思想准备。事先有充分的思想准备，挫折承受力就强。如果把事情设想得一帆风顺，对可能产生的困难毫无思想准备，一旦受挫就难以承受。

（4）目标因素　①目标理解。目标对个体越重要，受挫后的反应越强烈。如一个十分渴望留学者遭拒签后的心理承受力会降低。②目标距离。个体距离目标越近，挫折承受力越大。因为即将达到目标，虽遭失败仍会坚持尝试，如果开始阶段就失败，则可能早早放弃。

心理学家对老鼠作实验：在一条长通道的一端给鼠喂食物，食物是鼠的目标。然后在通道的不同位置设立路障，构成到达目标的挫折。结果发现，路障设得越接近目标，老鼠在放弃尝试前走的次数越多。心理学家对大学生做走迷宫实验：在不同地点堵塞通路，也发现越走近出口处的人，越不愿放弃目标，从而做出更多的尝试。

(5) 社会因素　①社会阅历。面对同一挫折，一个饱经风霜、历经磨难的人，比一个生活平顺、少受挫折的人，挫折承受力更强。②社会支持。一个人拥有的社会资源越多、社会支持体系越完备，获得的心理援助越多，越容易走出挫折情境。

3. 提高挫折承受能力

个人只有形成正确的挫折观，培养坚强的意志品质，适当运用心理防卫机制，才能不断提高挫折承受力。

(1) 形成正确的挫折观

挫折具有普遍性。自古英雄多磨难，从来纨绔少伟男。爱因斯坦在报考瑞士联邦工艺学校时，竟因三科不及格落榜，被人耻笑为“低能儿”。小泽征尔，这位被誉为“东方卡拉扬”的日本著名指挥家，在初出茅庐的一次指挥演出时，被中途“轰”下场，紧接着又被解聘。

挫折具有两重性。巴尔扎克说：“世界上的事情永远不是绝对的，任何事情的结果完全是因人而异的，苦难对于有才能的人来说可能是一块垫脚石，是一笔财富，但是对于弱者来说，可能就是万丈深渊”。

变换角度看挫折。“宝剑锋从磨砺出，梅花香自苦寒来”。《孟子》卷十二里有“天将降大任于斯人也，必先苦其心志，劳其筋骨，饿其体肤，空乏其身，行拂乱其所为，所以动心忍性，曾益其所不能……生于忧患而死于安乐也。”人对于自己最大的潜能总不能认识，只有经历大变故或大危难的磨练，才能催唤出来。记者采访球王贝利，问其儿子将来能否像他一样有名，他说：“不可能，因为我的父亲是一个穷人，而他的父亲不是。”

善于摆脱挫折带来的烦恼。正面例子，“塞翁失马”；郑板桥的“聪明难，糊涂难，由聪明而转入糊涂更难。放一着，退一步，当下心安，非图后来福报也”。反面例子，鲁迅笔下的祥林嫂。

既然人生难免挫折，挫折具有消极和积极的两重性，我们就要减少挫折的消极影响，增加挫折的积极影响。促进这种转化的主要因素有以下几种。

第一，树立正确的挫折观是促进转化的前提。挫折观，即人们对挫折的认识和评价。人在遭受挫折后，是否会产生强烈的挫折感和情绪反应，能否经得住挫折的压力和打击，不仅在于挫折本身的性质和程度，更在于个体对挫折的认知和评价。正确的挫折观：①要看到挫折既给人以打击、损失、痛苦，也能激发人奋起、成熟、坚强。②当挫折发生时，应当面对它，正视它，解决它或摆脱它。

第二，树立健康向上的人生观价值观是促进转化的思想基础。人生观是个人对于人生的根本看法，它直接影响自己的心理和行为。只有树立正确的人生观，才能产生正确的价值观，才能保持积极乐观的生活态度；在胜利面前头脑清醒，把握情绪波动；在挫折面前沉着分析，充满勇气；生活有正确目标，培养高尚的道德情感，锻炼坚强的意志品格；正确评价自己和对待他人，摆正个人、集体和社会的关系；抛弃个人私利和恩怨，形成正确的苦乐观和荣辱观。

第三，正视失败、不懈追求和及时调整目标是促进转化的心理准备。有人类，就有追求；有追求，就有失败；有失败，就有成功。追求—失败—成功，是人类通往文明的奋斗之路。失败是成功之母：①正视失败，汲取经验教训，不被痛苦压倒，进而不懈追求，逐步谋求成功。②及时调整目标，使目标既有坚定性，又有灵活性。坚定性是指不朝三暮四、见异思迁；灵活性是指根据环境变化和个人实际作必要的目标调整。这种目标调整，既可以是降低目标，也可以是改换目标。例如：英国的柯南道尔，身为医学学士行医并不出色，写《福尔摩斯》却名扬四海，中国的鲁迅也是从医生转而成为大文豪。

第四，坚定的自信和坚强的意志是实现挫折转化的根本保证。大学生要增强挫折承受力就必须努力培养自己坚强的意志品质。

(2) 培养坚强的意志品质

① 意志的含义

意志是个体自觉地确定目的，并根据目的调节支配自身的行动，克服困难，实现预定目的的心理过程。

意志过程包括两个阶段：一是制定行动计划。表现为取舍和调整动机，克服动机冲突，确定行动目标，选择方法策略，制定可行计划。二是执行行动计划。表现为克服困难，冲破阻力，执行决定，根据挫折失败总结经验教训，调整计划，坚持行动，达到目标。

② 意志的品质

意志的品质是一个人在意志行动中形成的比较稳定的特性。主要有以下四个因素。

意志的自觉性（亦称独立性）。是指个体能够自觉地确定行动目的，并独立自主地采取决定和执行决定以实现既定目的。具有自觉性的人，能独立自主，遵守纪律，执行准则，坚持真理，修正错误，胜不骄，败不馁，排除诱惑，抗拒干扰等。与自觉性相反的是易受暗示性和独断性。易受暗示性表现为缺乏主见，人云亦云，行动易受他人影响，易发生动摇。独断性则表现为盲目地自作主张并一意孤行，对别人的建议和规劝无论合理与否都一概予以拒绝。

意志的果断性。是指个体能够面对复杂多变的情境而迅速有效地决定，并实现决定。果断性是以勇敢和深思熟虑为前提条件的，是个体的聪敏、学识、机智的结合。与果断性相反的是优柔寡断或草率决定。优柔寡断的人遇事犹豫不决，患得患失，顾虑重重。草率决定的人则往往凭一时冲动作出决定，不顾后果鲁莽从事，因而往往导致失败。

意志的坚韧性（亦称坚持性）。是指个体在意志行动中既能坚持原则，抵制各种内外干扰，又能审时度势，灵活机动地达到预定目的。“锲而不舍，金石可镂”，“富贵不能淫，贫贱不能移，威武不能屈”，就是意志坚韧性的表现。如李时珍写《本草纲目》花了 27 年，马克思写《资本论》花了 40 年，歌德写《浮士德》花了 60 年。与坚韧性相反的是执拗和动摇。执拗者对自己的行动不作理性评价，固执己见，我行我素，往往明知不可为而为之。动摇者则见异思迁、这山望那山高，受挫退缩，虎头蛇尾，庸碌无为。

意志的自制性。是指个体在意志行动中善于控制自己的情绪，约束自己的言行。邱少云埋伏在敌阵前，被燃烧弹火烧，克制不动，壮烈牺牲，保证部队完成潜伏任务，就是意志自制性的典范。与自制力相对立的是任性和怯懦。任性者自我约束力差，顺利时为所欲为、肆无忌惮，受阻时鲁莽冲动、感情用事。怯懦者胆小怕事，遇到困难或情况突变时惊慌失措，畏缩不前。

上述意志品质是有机统一体，其中以自觉性为核心和前提，其他品质则相互渗透和相互影响。

③ 意志力

意志力是指人们为了达到既定目的而自觉努力的程度或坚强的意志品质。意志力强的人挫折承受力和挫折应对力都较强，面对挫折，能够自觉调控自我的心理和行为，找出失败原因，施展所有本领来对付困难，坚持将计划执行到底，直至实现目标。意志力弱的人往往缺少信心和主见，自控力和约束力较差，面对挫折，消极应对，其结果不仅影响既定目标的实现，还进一步降低自信心、挫折承受力和挫折应对力，甚至出现意志消沉和精神障碍。

人的意志力不是与生俱来的，而是在社会实践中培养锻炼出来的。

树立崇高理想是培养意志力的先决条件。人的行动目标受动机的刺激而产生，而动机的产生又受个人思想的直接影响，所以只有具备崇高理想，才会有远大目标，有了远大目标，才可能培养出为达到目标所需要的意志力。

脚踏实地从点滴做起是培养意志力的基本途径。惊天动地的大事业能锻炼人的意志，日常的学习工作等小事也能培养人的意志。如能坚持按时起床、按时上课、按时交作业等小事，也会得到意志锻炼。而小事马虎，明日复明日，必定演变成意志薄弱者。

在克服实际困难中锻炼和培养意志力。学习、劳动、文体和社会活动都需要个体为达到一定目标而表现出坚强、果断的精神和勇气，特别是那些困难的或不感兴趣的活动，更能锻炼人的意志。实践中常会遇到各种困难，有的人坚韧不拔，战而胜之，有的人遇难就退，一事无成。因此，学习中要敢于攀登，科研中要不畏艰险，劳动中要知难而进，社会活动中要不怕障碍，只有实践才能锻炼和培养意志力。

创设特殊的情景来磨练意志力。大学生只有加强自我锻炼，良好的周围影响才能起作用。锻炼自我的方式很多，如体育锻炼等活动，用榜样楷模和名言警句对照检查自己，严格执行个人计划，写日记检查自我言行等。同时，对根本做不到的事情，不要说大话或硬性坚持。只有坚持执行正确决定，才能培养个人意志力。

自觉主动地控制自己是培养意志力的关键所在。控制自己表现在两个方面：一是促使自己坚决执行决定；二是行动中抑制冲动行为。正如俄国教育学家马卡连柯所说：“坚强的意志——这不仅是想什么就获得什么的那种本事，也是迫使自己在必要的时候放弃什么的那种本事。”

(3) 适度运用挫折防卫机制

挫折防卫机制有消极意义和积极意义之分，其消极意义在于使个体可能因压力的缓解而自足，或者出现退缩甚至恐惧而导致心理疾病。其积极意义在于使个体在受挫后能减免精神压力，恢复心理平衡，甚至激发个体的主观能动性，以顽强的毅力战胜挫折。

(二) 挫折的应对能力

1. 应对挫折的含义

人们遭遇挫折，第一阶段是承受挫折，第二阶段是应对挫折。面对挫折，是及时解除挫折，还是让挫折持续很长时间不解决；是以消极方式获得暂时的心理平衡，还是以积极方式达到较长的心理平衡；是凭感情冲动或过激行为对抗挫折，还是用社会准则指导解除挫折；个体是否具备解除挫折的经验和方法，等等。应对挫折，通常是指以积极的态度和合适的方法去有效地摆脱或解除挫折。

2. 提高挫折应对能力

(1) 正确归因　社会心理学的动机情绪归因理论（也叫成功与失败的归因理论）认为，成败事件的潜在原因有三个维度：内部——外部、稳定——不稳定、可控——不可控。正确归因是真实的归因，就是弄清成败到底是内因还是外因，稳定原因还是不稳定原因，可控制原因还是不可控制原因，或者是各种因素交织作用；如果主要是自我的、不稳定的、可控因素造成的失败，就要克服自我不足；如果是外部的、稳定的、不可控因素造成的失败，就要调整原定目标。错误归因往往是片面的归因，或者把失败一概归于外因而责怪他人，或者把失败完全归于自己而过多责备自己。项羽兵败垓下时仰天悲歌：“力拔山兮气盖世，时不利兮骓不逝。”意即，他有盖世之才、撼山之勇，然而时运不济，天不助他，徒唤奈何。项羽只见自己勇猛的长处，不见刚愎自用、战略错误的短处，把失败归咎命运不济，就是一种错误归因。

（2）善待自己　遭遇挫折，最希望得到别人的安慰和帮助。但是，外因要通过内因才能起作用。所以关键是善待自己。①宣泄消极情绪。即把内心郁闷通过合乎社会规范的手段发泄出来以达到心理平衡。“打掉牙往肚里咽”会积郁成疾，大禹治水般疏导才能身心健康。方法如，与可靠的亲友交谈，到无人处高声叫喊，击打沙袋等假想敌，文体活动，心理咨询等。②珍惜生命价值。遭遇逆境愤慨不平时，请思考：生命健康和一时成败谁重要？世上有无永不凋谢的鲜花？弄通浅显道理，就会淡泊名利，无欲则刚。③展现自己亮点。个体受挫失意时，自我评价也达到低点，此时的关键在于发现自己的优点，肯定自己的能力，重新振作起来。④总结经验教训。个体受挫后，如果烦恼失望，意识模糊，将受新挫，恶性循环。所以，受挫后一定要沉着理智，及时总结经验教训，才可能使挫折成为进步阶梯。⑤调整抱负目标。目标关联挫折。目标太低，虽易成功，但不能带来真正满足；目标太高，受主客观条件限制，易受挫折；只有目标合理，经过努力可以达到，才有成就感。对于长远目标，应分为中期、近期、当前等子目标，经过努力实现一个个具体目标，才会使人不断产生动力，去努力达成更具吸引力的目标。⑥适度知足常乐。在物欲、权欲、名欲上与收获不如自己者比，就会知足。但在飞速发展的现代社会，小富即安也不利于个人、家庭和社会的进步，知识也要不知足才能拼搏进取。所以，要适度知足。⑦要有危机意识。把青蛙丢进沸水，它会在千钧一发之际蹦出水面逃生。把青蛙放进冷水锅慢慢加热，青蛙悠然享受温水，等到水温使它受不了时，已欲跳无力葬身热水之中。所以，面对某些慢性长久的挫折环境，要有危机意识去抗争和抉择。⑧主动出击挫折。人的一生必然要与各种挫折做斗争。会骑自行车吗？较快车稳，太快危险，太慢车晃，停下会倒。以积极态度提高综合能力，有什么风浪过不去呢？

（3）宽待他人　①宽容他人。宽容是对他人一些非原则性缺点和过失的宽恕和谅解。由社会因素引起的挫折具有人为的特点，这就涉及受挫后如何对待他人的问题。如不宽容而去报复，必然“冤冤相报何时了”。当然也要防范那些“顺我者昌，逆我者亡”，通过整人显示其权威，通过损人获取快乐的心理龌龊者。②告别嫉妒。他山之石，可以攻玉。与其嫉妒他人，空耗情绪，不如借鉴对方长处，激发自己走好自己的路。③多理解少苛求。当他人受挫时，力所能及给予疏导；当他人成功时，及时给予肯定。这样做的结果，会使自己受挫后，可能得到他人的理解和帮助。

（4）改变挫折情景　挫折情景是产生挫折认知和挫折反应的客观根源，如果挫折情景能得以消除或改变，则挫折认知和挫折反应会随之变化，乃至不复存在。主要方法如下。①预防挫折的产生。如能预见挫折原因，及时采取防范措施，尽可能将挫折消除在发生前。如预测地震、台风、暴雪等自然灾害；预防三废污染、安全事故、经济危机等社会灾难；重视生理特点使人尽其才，尊重生理缺陷使人有所用。②消除、改变或摆脱挫折。遭受挫折后，通过分析，如有可能，尽量设法消除或改变挫折情境。例如，若条件允许，调换自己没有兴趣、不合自我个性的专业或工作，避免学业或事业的失败。如果个体无法改变当前环境，或者调整自我，或者调换环境。“树挪死，人挪活”。恩格斯失恋后去阿尔卑斯山旅行，普希金失恋后到高加索参加对土耳其的战斗，都是摆脱挫折环境。③减轻挫折的消极影响。有些挫折情境一旦发生，个体无法消除或改变，就要设法减轻其消极影响。如天灾人祸、战争动乱、违法犯罪、生老病死、能力不济等，人际间给予正当帮助，像支援受灾者，帮助有难者，惩罚、教育、改造犯罪者等。

（5）和谐人际关系　心理学研究表明，群体面对压力挫折，可以降低消极情绪体验。因此，建立和谐的人际关系是提高挫折应对能力的有效手段。建立和谐人际关系要注意：①掌握交往技能，使交往顺利进行。②养成交往品质，择友而交，理解尊重，真诚宽容。③把握交往机会，保持沟通畅通，避免误解不悦。

(6) 寻求社会支持　个体遭受挫折后，还应主动寻求社会支持。从社会获取信息、方法、策略，可能并必要时请他人出面解决问题。俗话说“当局者迷，旁观者清”；“一个篱笆三个桩，一个好汉三个帮”；“三个臭皮匠，顶个诸葛亮”；“孤掌难鸣”，“独木不成林”。主动寻求社会支持，并不意味着个体无能，而是心理成熟的表现，是运用群体力量战胜挫折。

知识要点

(1) 压力是压力源、压力感和压力反应三者形成的综合心理状态。压力适度会产生促进个体生存和成长的动力。压力过少不利于人的健康成长。压力过度则会导致个人应激过度，引发身心疾病，甚至死亡。

(2) 压力的应对。

压力感的普遍性。压力由刺激引起。不良的刺激和愉悦的刺激都会引起压力感。生活中的刺激不可避免，压力感也就普遍存在。

压力感的差异性。由于个体经验、心理准备、认知评估、性格不同，不同时空的小环境不同，每个人的压力感是不同的。

正确地应对压力。当压力对我们可能造成伤害时，用正确的方法和技巧去应对，以减轻压力的负面影响。主要方法有：①懂得应对压力的一般过程。个体面临压力到解决问题一般经历冲击、安定、解决三阶段。②掌握应对压力的主要策略。或者直接改变压力源，或者调节自己来消解不良反应。③运用应对压力的正确方法。认识压力的作用及其可能导致的后果，对可能出现的过度压力有心理准备；使用读写、运动、社交、活动、咨询等心理减压方法，减轻压力的负面作用；了解自己的能力，制定切实可行的目标；建设良好社会支持系统；积极面对人生，知足常乐；改变不合理观念，换个角度看问题。

(3) 挫折是人们在有目的的活动中，遇到无法克服或自以为无法克服的障碍或干扰，使其需要或动机不能获得满足而产生的情绪反应。挫折包括以下成分。A. 挫折情境；B. 挫折认知；C. 挫折反应。挫折是客观的，更是主观的。在挫折三方面成分中，B 是核心，C 主要取决于 B。如果 B 不合理，即便没有 A，B 也可能引发 C。

(4) 挫折防卫机制是个体处于挫折情境时，在心理内部具有自觉或不自觉地解脱烦恼、减轻内心不安，以恢复情绪平衡与稳定的一种适应性倾向。按心理成熟度，防卫机制分为 4 类 22 种。①精神病性的防卫机制（一级防卫机制）。包括否认、投射、攻击、移位、冷漠 5 种。②不成熟的防卫机制（二级防卫机制）。包括求得注意、倒退、固执、逆反、摄入、逃避 6 种。③神经性的防卫机制（三级防卫机制）。包括文饰、反向、认同、隔离、抵消、幻想 6 种。④成熟的防卫机制（四级防卫机制）。包括压抑、补偿、幽默、升华、坚持 5 种。现实社会中，适时适度地运用防卫机制能维护身心健康，超出其使用范围或限度则可能演变成心理病态；对任何挫折都做出刻板的公式化的防卫反应，已经是心理病态；使用防卫机制越原始，效果越差，离意识逻辑方法越远，越近似心理病态。

(5) 挫折承受能力。指个体适应、抵抗和应付挫折的能力。挫折承受能力受生理、心理、思想、社会等诸多因素的影响，但较多受个人心理因素的影响。个人只有形成正确的挫折观，培养坚强的意志品质，适当运用心理防卫机制，才能不断提高挫折承受能力。

(6) 挫折应对能力。人们遭遇挫折，第一阶段是承受挫折，第二阶段是应对挫折。应对挫折，通常是指以积极的态度和合适的方法去有效地摆脱或解除挫折。提高挫折应对能力的主要方法策略有：正确归因，善待自己，宽待他人，改变挫折情景，和谐人际关系，寻求社会支持。

阅读材料

谈迁与《国榷》

谈迁是我国明清之际的历史学家，从29岁起撰写明代编年史《国榷》，历时27年，108卷500万字的巨著终于大功告成。然而，不幸的事发生了。一天夜里，谈迁家中被盗，他的书稿也被偷走了！谈迁遭此打击，肝胆欲碎。然而，他没有气馁，而是从头做起。又过了9年，他重新写成了这部传世巨著。

孔子的坎坷

孔子自幼丧父，家境贫寒。他15岁起发愤读书，30岁就博学多才。他先在鲁国从政，鲁国内乱，就去齐国，终不得重用，只好返回鲁国，见鲁君沉迷女乐不理朝政，55岁的孔子就带着弟子周游列国，希望实现政治抱负，都失望而归。后孔子不再求仕，专心整理教育思想及文献资料，一生培养学生三千人，他的“仁”政思想影响中国上千年，中国现在在国外办了许多孔子学院。如果孔子后半生仍求仕途，则难成中国文化圣人。

吃苦教育

洛克菲勒家族1912年资产就超10亿美元，为当时美国首富和世界首位亿万富翁。按常人所想，其子女过着“人上人”的生活。恰恰相反，洛克菲勒家中，没有游泳池、网球场、棒球场，孩子们穿着雇工般普通的服装，玩具也是家长自己做的。零用钱按年龄段发放，10岁之前每周0.3美元，10岁之后每周1美元，12岁以上每周2美元，并且规定零花钱的支出要详细记录，如非正当开支，下次发放要予扣除。但是孩子们可以通过卫生、绿化、擦皮鞋等劳动来获取额外补贴。这种严格训教，养成了孩子崇尚节俭的优良品格。也使洛克菲勒家族一百多年长盛不衰。还有人们熟知的实业家李嘉诚、曾宪梓、田家炳等，都对子女施以吃苦教育，从小培养其承受压力挫折的能力。

狐狸与葡萄的寓言

盛夏酷暑，几只口干舌燥的狐狸来到一片葡萄园，串串又大又紫、晶莹剔透的葡萄挂满枝头。众狐狸馋涎欲滴，急不可耐竞相跳跃。无奈葡萄架太高，葡萄可望而不可即。

狐狸A在葡萄架下转了几圈，找不到攀援之处，环顾四周亦无梯子可用，于是摇了摇头：“这葡萄一定很酸”，咽了咽口水，哼着小曲走开了。

狐狸B笑A没出息，高喊“下定决心，不怕万难，吃不到葡萄死不瞑目。”一下又一下，跳个没完，终因劳累过度，死在葡萄架下。

狐狸C跳了几下吃不到葡萄，便发火大嚷，“谁把葡萄架得那么高？诚心跟我过不去，真可恨!”葡萄主人听到骂声，一锄头将其打死了。

狐狸D愤愤不平，越想越气，“连葡萄都吃不到，活着还有什么意思?”上吊而死。

狐狸E闷闷不乐地回了家，终日愁苦，抑郁成疾，患病而死。

狐狸F一气之下精神失常，不停念叨：“吃葡萄不吐葡萄皮，不吃葡萄倒吐葡萄皮。”

狐狸G从心理咨询中心借了一把梯子，爬上葡萄架满载而归。

狐狸H从狐狸G那里偷、骗、抢了一些葡萄，受到严厉惩罚。

狐狸I怀着“我得不到的东西也决不让别人得到”的阴暗心理，趁葡萄主人黑夜熟睡，一把火烧了葡萄园，遭到其他狐狸的共同围攻。

另有几只狐狸去到其他葡萄园，既经狐狸G的指点到心理咨询中心借来梯子，又用叠罗汉的方法，齐心协力，成果共享，皆大欢喜。

思考：为什么狐狸们的结局各不相同？你愿意做哪类狐狸？

心理训练

压力挫折总结

回忆自己所经历过的压力挫折以及它们给你的人生带来的影响，从正、负两个方面来分析，并填入表3-3。

表3-3　压力挫折总结

发生时间	压力挫折经过	消极影响	积极影响
初中一年级	与最好的朋友竞选班长，因误会而闹翻	曾有一段时间陷入孤独，心情变坏	学会处理竞争与友谊的关系，加深对友谊的理解
高中阶段			
大学一年级			
……			

身心放松方法

1. 腹式深呼吸法

胸部呼吸及其局限。人们大都采用胸式呼吸。胸部呼吸只是肋骨上下运动和胸部微扩张，许多肺泡没有经过彻底的扩张与收缩，得不到很好的锻炼。这样氧气就不能充分地被输送到身体的各个部位，时间长了，身体各个器官就会有不同程度的缺氧状况，很多慢性病因此而生。人在长时间高负荷紧张工作环境下，机体耗氧量很大，但是我们通常是浅短、急促地呼吸，每次换气量非常小，往往在吸入的新鲜空气尚未深入肺叶下端时，便匆匆呼气了，这就没有吸收到新鲜空气中的有益成分！造成在正常的呼吸频率下，依然通气不足，体内的二氧化碳累积。经常出现头晕、乏力、嗜睡等工作综合征，甚至还会出现紧张、失眠、焦虑、抑郁等。

腹式呼吸及其优点。腹式呼吸以膈肌运动为主，吸气时胸廓的上、下径增大。能增加膈肌的活动范围，而膈肌的运动直接影响肺的通气量。膈肌每下降1厘米，肺通气量可增加250～300毫升。坚持腹式呼吸半年，可使膈肌活动范围增加4厘米。

腹部呼吸训练。右手放在腹部肚脐，左手放在胸部。吸气时，最大限度地向外扩张腹部，胸部保持不动。呼气时，最大限度地向内收缩腹部，胸部保持不动。循环往复，保持每次呼吸的节奏一致。细心体会腹部一起一落。经过一段时间的练习后，可将手拿开，仅用意识关注呼吸过程即可。

注意事项：①呼吸要深长而缓慢。②用鼻呼吸而不用口。③一呼一吸掌握在15秒钟左右。即深吸气（鼓起肚子）3～5秒，屏息1秒，然后慢呼气（回缩肚子）3～5秒，屏息1秒。④每次5～15分钟。做30分钟最好。⑤身体好的人，屏息时间可延长，呼吸节奏尽量放慢加深。身体差的人，可以不屏息，但气要吸足。每天练习 1～2 次，坐式、卧式、走式、慢跑式皆可，练到微热微汗即可。腹部尽量做到鼓起缩回 50～100 次。呼吸过程中如有口津溢出，可徐徐下咽。

2. 肌肉放松法

准备动作。先自行紧张身体的某一部位，如用力握紧手掌 10 秒钟，使之有紧张感，然后放松 5～10 秒，经过紧张和放松多次交互练习，在需要时，便能随心所欲地充分放松自己的身体。施行紧张松弛训练的是肌肉。

正式训练。①舒适地坐在草坪上，拿掉眼镜、手表、腰带、领带等容易妨碍身体充分放松的物品。②依次进行：手部、手臂、肩部、颈部、背部，胸部，腿部、臀部，面部。③放松好后，留点时间感受放松状态。此时可给自己一些暗示。比如，我现在从五数到一，一的时候我睁开眼睛，很清醒，很宁静，很放松。

3. 想象放松法

环境安静，舒适地坐在沙发上、草坪上，或舒适地躺在床上、草坪上。拿掉眼镜、手表、腰带、领带等容易妨碍身体充分放松的物品，闭上双眼，想像放松每部分紧张的肌肉。

想象一个你熟悉的、具有快乐联想的景致，如公园、海边沙滩（或草原）。仔细看着它，寻找细致之处。如果是花园，找到花坛树木的位置，看着它们的颜色和形状，尽量准确地观察它们。张开想象的翅膀，你来到一片海滩（或草原），你躺在海边，风平浪静，波光熠熠，一望无际，心旷神怡，内心充满宁静、祥和。景象越来越清晰，自己越来越轻柔，阳光微风轻拂你。你已成为景象的一部分，没事要做，没有压力，只有宁静和轻松。在此状态下停留一会儿。然后慢慢地又躺回海边，景象渐渐离你而去。再躺一会儿，周围是蓝天白云，碧涛沙滩。然后做好准备，睁开眼睛，回到现实。此时，头脑平静，全身轻松，非常舒服。

思考与练习

1. 结合自身的成长历程，谈谈压力在人生发展中的积极意义？研究如何降低压力的负面影响以及如何使压力向积极方面转化。

2. 挫折防卫机制有哪些方式？如何合理运用挫折防卫机制？

3. 如何培养良好的意志品质？

4. 写出自己遇到挫折时最常用的几种应对方式，并按反应强度和持续时间长短排序，客观分析这些应对方式对挫折的积极和消极影响，探讨个人应对挫折的最佳方式。

5. 心理测试：心理压力的自我检查，心理承受力自测问卷，意志力评定问卷（见附录）。

第四章 良好个性的塑造培养

学习目标：①知识目标。了解个性、气质、性格等方面的基本知识。②能力目标。帮助学生认识自己和他人的个性特点，塑造良好的性格。③素质目标。了解自己性格的特征、优势和缺点，正确对待自己的性格。

学习重点：人格、气质、性格三者的涵义及关系。

学习难点：合理运用自己的气质，塑造良好个性。

"我来迟了，没得迎接远客！"黛玉思忖道："这些人个个皆敛声屏气如此，这来者是谁，这样放诞无礼？"心下想时，只见一群媳妇丫鬟拥着一个丽人，从后房进来。这个人打扮与姑娘们不同，彩绣辉煌，恍若神妃仙子。头上戴着金丝八宝攒珠髻，绾着朝阳五凤挂珠钗，项上戴着赤金盘螭璎珞圈，身上穿着镂金百蝶穿花大红云缎窄褃袄，外罩五彩刻丝石青银鼠褂，下着翡翠撒花洋绉裙。一双丹凤三角眼，两弯柳叶掉梢眉，身量苗条，体格风骚，粉面含春威不露，丹唇未启笑先闻。真所谓"未写其形，先使闻声"，作者在没有正面描写人物之前，就已先通过人物的笑语声，传出了人物内在之神，突出了人物的个性特征。

第一节 了解自己的个性

个性，也称人格。这个词来源于拉丁文"persona"，意思是面具。古代西方人在演戏时，不同的角色戴不同的面具，戴一定面具的人出场，观众就知道他是个什么样的人，面具体现了角色的特点和人物性格。因此，面具是剧中人的行为方式和性格特征的标志。所以个性，是指一个人区别于他人的，在不同环境中一贯表现出来的，相对稳定的影响人的外显和内隐行为模式的心理特征的总和。

人格具有这样一些特征。①独特性：一个人的人格是在遗传、成熟、环境和教育等先天和后天因素的交互作用下形成的。不同的遗传、生存环境和教育条件，形成了各自独特的心理特点。"人心各不同"，"各如其面"，正说明了人格是千差万别、千姿百态的。这就是人格的独特性。②稳定性：在行为中偶然发生的、一时性的心理特征，不能称为人格。例如，一位性格内向的大学生，在各种不同的场合都会表现出沉默寡言的特点，这种特点从入学到毕业不会有很大的改变，这就是个性具有相对稳定性。③功能性：人格在一定程度上影响到一个人的生活方式，甚至决定一个人的命运，因而是人生成败的重要因素之一。比如，当面对挫折与失败时，强者能发奋拼搏，懦弱者会一蹶不振。这就是个性功能的表现。④统合性：人格的统合性是心理健康的重要指标。当一个人的人格结构各方面彼此和谐一致时，他的人格就是健康的。否则，会出现适应的困难，甚至出现"分裂人格"。

气质、性格和能力是人格的特征，它们都是人格的组成部分。

一、气质概述

谈到气质，有些人可能想到"某某明星好有气质哦！"也有人会通过他人的外貌特征来评价该人如何气质不凡。生活当中我们谈论的气质与心理学谈论的气质大相径庭。

（一）气质的含义

心理学中的气质是指一个人生来就有的心理活动的动力特征，它是指心理活动的速度、强度、稳定性和灵活性、指向性等。也就是我们平常说的“脾气”、“禀性”。气质是由生理，尤其是神经结构和机能决定的心理活动的动力属性，是人生来就有的典型的心理活动的动力特征。这些特征有规律地互相联系、组合，构成了个人的气质类型特征。例如，有的人暴躁易怒，有的人温柔和顺。气质是一种人格特征，即依赖于生理素质或身体特点的人格特征。气质具有遗传性，是先天就有的，后天很难改变。

（二）气质的类型

有这样一个故事：四个人去看戏，但都迟到了，检票员不让他们进去。第一个人立刻面红耳赤地与检票员吵了起来，声称自己有票，一定要进去。第二个人头脑灵活，他想，检票员是不会让他们进入剧场的，他绕剧场一周，发现了一个无人看管的边门，就溜进去了。第三个人很有耐心，他慢条斯理地与检票员磨嘴皮、阐述自己想进去看戏的种种理由，在他的软磨硬缠下，检票员动了恻隐之心让他进去。第四个人首先想到的是自我责难，认为是自己运气不好，难得出来看戏就碰上这等倒霉的事情，算了，还是回家吧。以上这个故事是由前苏联心理学家达维多娃编写的，目的在于描述四种具有典型气质的人在同一情境中的不同行为表现。

古希腊医生希波克拉底（公元前 460—前 377）提出关于人的四种气质类型说。他认为，人体内有四种基本体液：血液、黄胆汁、黑胆汁、黏液；每种体液对应于一种气质；人体中四种体液可以有不同的配置，其中占优势的体液主导着人的气质类型。五百年后，古罗马医生盖伦对希波克拉底的四种类型采用了气质概念，这就是近代气质概念的由来。这四种体液与气质的对应关系是：血液—多血质、黄胆汁—胆汁质、黑胆汁—抑郁质、黏液—黏液质。不同的气质有着不同的行为模式，它们的特点各不相同。人的气质类型无好坏之分，任何一种气质类型都有具有两重性，有积极的一面，又有消极的一面。

1. 多血质

多血质气质类型的特点是活泼好动，言语行动敏捷，反应速度、注意力转移的速度快，行为外向；容易适应外界环境的变化，善交际，不怯生，容易接受新事物；注意力容易分散，兴趣多变，情绪不稳定。

多血质人的积极方面：思想活跃、反应迅速、接受新事物快，有利于创新；灵活、适应性强，具有很强的应变能力；比较机智，能适应各种复杂情况；善于交际，富有同情心，有利于处理上下级各方面的关系。消极方面：情绪不稳定、易于变化；工作持续性差，容易见异思迁；决策易轻率，缺乏深思熟虑。

2. 胆汁质

胆汁质气质类型的特点是能忍受强的刺激，能坚持长时间的工作而不知疲劳，显得精力旺盛，行为外向，直爽热情，情绪兴奋性高，但心境变化剧烈，脾气暴躁，难以自我克制。

胆汁质人的积极方面：精力旺盛，工作主动性强，能以极大的热情投身于所从事的事业；热情直率，容易与周围的人发生联系，有利于在活动中接近人群，联系人群；思维敏捷，反应迅速、行动快，有很强的决断能力；办事果断不拖拉，工作效率高。消极方面：脾气暴躁，压不住火，不利于处理各方面的人际关系。缺乏耐性，不利于完成艰苦而持久的工作，工作也不容易深入细致。

张飞之死

张飞脾气暴躁。闻知关公被害，旦夕号泣。诸位将领以酒劝解，张飞酒醉后，怒气更大。帐上帐下，只要有过失士兵就鞭打他们，以至于多有被鞭打至死的。有一天，张飞下令军中，限三日内制办白旗白甲，三军挂孝伐吴。次日，帐下两员末将范疆、张达，入帐告诉张飞："白旗白甲，一时无可措置，须宽限才可以。"张飞大怒，喝道："我急着想报仇，恨不得明日便到逆贼之境，你们怎么敢违抗我作为将帅的命令！"就让武士把二人绑在树上，每人在背上鞭打五十下。

打完之后，用手指着二人说："明天一定要全部备完！如若违期，杀你们两人示众！"打得二人满口出血。二人回到营中商议。范疆说："今日受了刑责，让我们怎么能够筹办？这个人性暴如火，如果明天置办不齐，你我都会被杀啊！"张达说："与其他杀我，不如我杀他！"范疆说："只是没有办法走近他。"张达说："我两个如果不应当死，那么他就醉在床上，如果应当死，那么他就不醉好了。"二人商议停当。张飞这天夜里又喝得大醉，卧在帐中。范、张二人探知此消息，初更时分，各怀利刀密入帐中，就把张飞给杀了。

当夜，他们拿着张飞的首级，逃到东吴去了，张飞就是这样死去的。

3. 抑郁质

抑郁质气质类型的特点是多疑多虑，内心体验极为深刻，行为极端内向；敏感机智，别人没有注意到的事情他能注意到；胆小，孤僻，情绪兴奋性弱，寡欢，爱独处，不爱交往；做事认真仔细，动作迟缓，防御反应明显。

抑郁质人的积极方面：具有很强的感受性，因而观察比较细致、深入，直觉性强，分析问题比较深刻；预见性强，布置工作比较细致周到。消极方面：行为孤僻，不善交际；感情脆弱，难以忍受强烈刺激；优柔寡断，多忧多虑。

4. 黏液质

黏液质气质类型的特点是反应速度慢，情绪兴奋性低但很平稳；举止平和，行为内向；头脑清醒，做事有条不紊，踏踏实实，但容易循规蹈矩；注意力容易集中，稳定性强；不善言谈，交际适度。

黏液质人的积极方面：沉着、冷静，在处理问题和决策过程中比较稳妥；坚韧、注意稳定，有实干精神；工作比较踏实，有很强的坚持性；情绪不外露、交际适度，善于忍耐自制，因而能给人以良好的心理影响。消极方面：灵活性差，接受新事物比较慢；刻板，缓慢，不利于在当前高速多变、高度竞争的条件下工作；比较内向，人际交往不深刻。

气质类型不能决定人的活动成就的高低，也不能决定一个人将来成就大小，成才与否。一般来说，各种类型的人都可以取得很高的成就。俄国的著名作家赫尔岑、普希金、克雷洛夫、果戈里在气质类型上分别属于多血质、胆汁质、黏液质、抑郁质，但这并没有妨碍他们都走上文学家的道路。在现实生活中，我们也会看到各个不同领域中有成就的人物，在气质上并非完全相同。

二、性格概述

（一）性格的含义

性格就是人在对现实的稳定的态度和习惯化了的行为方式中所表现出来的个性心理特征。也即对人、对事的态度和行为方式上表现出来的心理特点，如理智、沉稳、坚韧、执着、含蓄、坦率，等等。

（二）性格的结构

性格的结构很复杂，它是由多种成分、多侧面交织在一起构成的，从组成性格的各个方面来分析，可以把性格的结构分为静态特征和动态特征。

1. 性格结构的静态特征

性格结构的静态特征可分解为态度特征、意志特征、情绪特征和理智特征四个组成成分。

（1）性格的态度特征　人的性格是现实社会关系在人脑中的反映，一个人做什么、如何做，总是和他对世界、对别人、对自我的态度相联系的，性格的态度特征，是指个体在对现实生活各个方面的态度中表现出来的一般特征。主要体现如下。①对待社会、集体、他人的态度特征。如：对他人、社会、集体的态度是正直还是虚伪、礼貌还是粗暴、富有同情心还是冷酷无情、合作还是孤僻、猜疑还是信任、热爱集体还是自私自利等，有的人爱祖国、爱集体、助人为乐、正直、诚实、宽容、与人为善等；而有的人则自私自利、阴险狡猾、虚伪等。②对待学习和工作的态度特征。对待学习和工作的态度是认真还是敷衍、积极还是消极、主动还是被动、勇于创新还是墨守成规等，如有的人勤劳、认真、细心、节俭；而有的人则懒惰、马虎、粗心、浪费等。③对待自我的态度特征。对待自我的态度是谦虚、自律还是骄傲放任等，如有的人谦虚、自信、自尊、自爱；而有的人则骄傲、自馁、自卑、自怜等。

（2）性格的意志特征　性格的意志特征是指个体在调节自己的心理活动时表现出的心理特征。自觉性、坚定性、果断性、自制力等是主要的意志特征。自觉性是指在行动之前有明确的目的，事先确定了行动的步骤、方法，并且在行动的过程中能克服困难，始终如一地执行。与之相反的是盲从或独断专行。坚定性是指能采取一定的方法克服困难，以实现自己的目标。与坚定性相反的是执拗性和动摇性，前者不会采取有效的方法，一味我行我素；后者则是轻易改变或放弃自己的计划。果断性是指善于在复杂的情境中辨别是非，迅速作出正确的决定。与果断性相反的是优柔寡断或武断、冒失。自制力是指善于控制自己的行为和情绪。与自制力相反的是任性。

（3）性格的情绪特征　性格的情绪特征是指个体在情绪表现方面的心理特征，即一个人在情绪活动中表现出情绪的强度、稳定性、持久性及主导心境方面的性格特征。在情绪的强度方面，有的人遇事情绪反应强烈，不易于控制；有的人则情绪反应平和、微弱，易于控制。在情绪的稳定性方面，有的人情绪波动性大，情绪变化大、喜怒无常；有的人则情绪稳定，心平气和、很少大起大落。在情绪的持久性方面，有的人情绪持续时间长，对工作学习的影响大；有的人则情绪持续时间短，对工作学习的影响小。在主导心境方面，有的人经常情绪饱满，处于愉快的情绪状态，每天拥有明媚的春光；有的人则经常郁郁寡欢，整天无精打采，似乎与快乐无缘。

（4）性格的理智特征　性格的理智特征是指个体在认知活动中表现出来的心理特征，是人与人在认识活动中所表现出来的差异。主要表现在感知、记忆、思维、想象等认知方面。如在感知方面，能按照一定的目的任务主动地观察，属于主动观察型，有的则明显地受环境刺激的影响，属于被动观察型；有的倾向于观察对象的细节，属于分析型，有的倾向于观察对象的整体和轮廓，属于综合型；有的倾向于快速感知，属于快速感知型，有的倾向于精确地感知，属于精确感知型。想象方面，有主动想象和被动想象之分；有广泛想象与狭隘想象之分。在记忆方面，有主动与被动之分；有善于形象记忆与善于抽象记忆之分等。在思维方面，也有主动与被动之分；有独立思考与依赖他人之分；有深刻与浮浅之分等。

性格特征的几个方面是相互制约的有机整体。一般来说，性格的态度特征是性格的核心，而对社会、对集体的态度又是最为重要的态度，因为态度直接表现出了一个人对事物所特有的、比较恒常的倾向，同时它也决定了性格的其他特征。例如，一个对社会、对集体有高度责任感的人，他对工作、对学习也一定是认真负责、兢兢业业的，他对别人也会是诚恳、热情的，对自己也是能严格要求的。这就告诉我们，在分析一个人的性格时，一定要抓住他的性格的主要特征。

性格的各种特征并非一成不变的机械组合，一个人常常在不同场合下显露性格的不同侧面。鲁迅先生既“横眉冷对千夫指”，又“俯首甘为孺子牛”，充分表现了他性格的完美，又说明了性格的丰富性和统一性。

2. 性格结构的动态特征

(1) 各种性格特征存在着内在的联系　例如，一个人在工作和学习的态度特征上表现出认真负责、勤奋踏实，一般在理智特征上表现出主动观察和详细分析的特点，在情绪特征上表现出平静和容易自我控制情绪的特点，在意志特征上则表现出目的性、坚持性和自制性的特点。正是由于各种性格特征之间存在这种内在联系，因此，我们有时可以根据一个人的某种性格特征去推断他的另外一些有关的性格特征。在性格结构中，性格的态度特征和意志特征是最主要的两大组成成分，而态度特征则显得更为重要，因为它直接表现了一个人对客观现实所特有的、稳定的倾向，也是一个人品德和世界观的具体反映。

(2) 性格特征有不同的组合方式　由于在稳固的态度和行为方式中所表现出来的性格特征是人们在接触多种场合的过程中概括化的结果，因此性格特征既有稳定性和一致性的一面，也有根据场合灵活组合的一面。性格特征之间的不同组合有两种表现方式。

① 在不同场合，同一种性格特征表现的程度可能有所不同。比如，一个懒散的学生在父母面前可能表现得比较懒惰，而在教师和同学的面前可能较勤劳。

② 在不同场合，可能明显表现出性格的不同侧面。例如，学生对有修养的人表现出尊敬，而对缺乏教养的人表现出厌恶。

这些说明，人的性格结构并不是各种性格特征的机械组合，而是各种性格特征的有机结合，同时也说明性格结构具有丰富性和复杂性。因此，要想了解一个人的性格结构，就必须从多方面、多场合去考察一个人的态度和行为方式。

(3) 性格具有一定的可塑性　人的性格是在长期生活实践中形成和发展起来的，一旦形成就具有一定的稳定性。但它也不是一成不变的。研究表明，环境的变化是性格发生变化的重要原因之一。当然，意识的自我调节对性格的改造也起重要作用。当一个人知识经验丰富了，对客观现实的认识逐步深化，形成了比较系统的思想、理想、信念和世界观之后，他就会在主动自我调节过程中改造和发展自己的性格，以便符合社会要求和适应生活环境。

(三) 性格的类型

性格的类型是指在一类人身上所共有的性格特征的结合。按一定原则和标准把性格加以分类，有助于了解一个人性格的主要特点和揭示性格的实质。由于性格结构的复杂性，在心理学的研究中至今还没有公认的性格类型划分的原则与标准。常见的性格分类如下。

1. 按心理机能划分性格类型（机能说）

美国心理学家培因等人根据理智、情绪、意志三种心理机能在性格中何者占优势，把人的性格划分为理智型、情绪型和意志型。理智型的人，通常以理智来评价周围发生的一切，并以理智支配和控制自己的行动；情绪型的人，言行举止易受情绪左右，情绪体验深刻强烈，好感情用事；意志型的人，具有明确的行动目的和较强的自制力，除了上面三种典型的性格类型，还有一些中间型，如理智——意志型。

2. 按心理的倾向性划分性格类型（向性说）

瑞士心理学家荣格根据人的心理活动倾向于外部还是内部，把性格分为外倾型（外向型）和内倾型（内向型）。外倾型的人心理活动倾向于外部，经常对外部事物表示关心和兴趣，性情开朗活泼，情感外露，不拘小节，善于交际，热情、随和；内倾型的人心理活动倾向于内心，较少向别人显露自己的思想，沉静、谨慎、顾虑，适应环境困难，交往面窄。多数人并非典型的内倾和外倾，而是介于两者之间的中间型。

3. 按个体独立性程度划分性格类型（独立顺从说）

按照一个人独立性程度的大小，可把性格分为独立型和顺从型。独立型的人不易受外界因素的干扰，善于独立地发现问题和解决问题，应变能力强，易于发挥自己的力量；顺从型的人独立性差，易受外来因素的干扰，常不加分析地接受别人的意见，应变能力差。

4. 按人的社会生活方式划分性格类型（社会文化学说）

德国的心理学家斯普兰格从文化社会学的观点出发，即根据人类社会生活方式及由此而形成的价值观，根据人认为哪种生活方式最有价值，把人的性格分为六种类型，即经济型、理论型、审美型、宗教型、权力型、社会型。

经济型的人：一切以经济观点为中心，以追求财富、获取利益为个人生活目的。实业家多属此类。

理论型的人：以探求事物本质为人的最大价值，但解决实际问题时常无能为力。哲学家、理论家多属此类。

审美型的人：以感受事物美为人生最高价值，他们的生活目的是追求自我实现和自我满足，不大关心现实生活。艺术家多属此类。

宗教型的人：把信仰宗教作为生活的最高价值，相信超自然力量，坚信永存生命，以爱人、爱物为行为标准。神学家是此类人的典型代表。

权力型的人：以获得权力为生活的目的，并有强烈的权力意识与权力支配欲，以掌握权力为最高价值。领袖人物多属于此类。

社会型的人：重视社会价值，以爱社会和关心他人为自我实现的目标，并有志于从事社会公益事物。文教卫生、社会慈善等职业活动家多属此类型。

现实生活中，往往是多种类型的特点集中在某个人身上，但常以一种类型特点为主。

5. 按性格不同特征的结合划分性格类型（特质说）

按照性格的多种特性的不同结合来确定性格类型，主要有以下几种。

（1）美国心理学家卡特尔的特质说。特质是指个人的遗传与环境相互作用而形成的对刺激发生反应的一种内在倾向。特质既可以解释人格，又可以解释性格，因为性格是狭义的人格。

（2）美国心理学家奥尔波特最早提出人格特质学说。他认为，性格包括两种特质：一是个人特质，为个体所独有，代表个人的行为倾向；二是共同特质，是同一文化形态下人们所具有的一般共同特征。而卡特尔则根据奥尔波特的观点，采用因素分析法，将众多的性格分为两类特质，即表面特质和根源特质。表面特质只反映一个人外在的行为表现，是直接与环境接触、常随环境变化而变化的，不是特质的本质。经研究，他把性格概括为35种表面特质。根源特质是一个人整体人格的根本特征，每一种表面特质都来源于一种或多种根源特质，而一种根源特质也能影响多种表面特质。他通过多年的研究，找出了16种根源特质，它们是乐群性、聪慧性、稳定性、支配性、怀疑性、兴奋性、有恒性、敢为性、敏感性、幻想性、世故性、忧虑性、实验性、独立性、自律性、紧张性。根据这16种各自独立的根源特质，卡特尔设计了卡特尔16种人格因素问卷，利用此量表可判断一个人的行为反应。

（3）吉尔福特的特性说。吉尔福特等人认为，性格与人的情绪稳定性、社会适应性和心理活动的倾向性有关，他把人的性格分为12种特性。根据这些特性的不同结合，他又把人的性格分为五种类型。A型：性情急躁、直爽坦率、好胜心强，人际关系不太融洽，其行为常引起人们的注意或议论，又称行为型。B型：情绪稳定、乐观、温和，能力一般，不善交际，能够正确对待困难与挫折，人际关系融洽，社会适应性较好，又称平衡型。C型：情绪稳定、社会适应性良好，内心封闭、孤僻，好幻想，又称安定型。D型：情绪稳定、外向，活泼开朗、善交际，与人关系较好，有组织领导能力，又称管理者型。E型：情绪不稳定、社会适应性较差或一般，内向、自卑、易激怒、多愁善感，也称消极型。

（4）艾森克的特性说。艾森克认为人的性格可以从情绪的稳定与不稳定、内倾与外倾两方面加以描述。他通过测验和统计，找到这两方面特征相互制约的关系，从中得出内倾稳定型、内倾不稳定型、外倾稳定型、外倾不稳定型等性格类型。

三、气质与性格的关系

一个人对现实的稳定的态度决定了他的行为方式，而习惯化了的行为方式又体现了对现实的态度。性格是在社会生活实践中逐渐形成的，已经形成便比较稳定，它会在不同的时间和情况下表现出来。性格的稳定性并不是说它一成不变，性格也是可塑的。性格是在生活中形成的，一个人生活环境的重大变化，也一定会带来他性格的特征的显著变化。

1. 气质与性格的区别

① 从起源上看，气质是先天的，一般产生在个体发生的早期阶段，主要体现为神经类型的自然表现。性格是个体对现实稳定的态度和与之适应的习惯化了的行为方式，是在后天生活过程中形成的，在个体的生命开始时期并没有性格，它是人在活动中与社会环境相互作用的产物，反映了人的社会性。

② 从可塑性上看，气质的变化较慢，可塑性较小；即使可能改变，但较不容易。性格的可塑性较大，环境对性格的塑造作用是明显的；即使已经形成的性格是稳定的，但改变要容易些。

③ 气质无好坏之分，性格有优劣之别。气质所指的典型行为是它的动力特征而与行为内容无关，因而气质无好坏善恶之分。性格主要是指行为的内容，它表现为个体与社会环境的关系，因而性格有好坏善恶之分。

2. 气质与性格的联系

气质会影响个人性格的形成，不同气质类型的人可以形成相同的性格特征；气质可以按照自己的动力方式，渲染性格特征，从而使性格特征具有独特的色彩；气质还会影响某些性格特征形成或改造的速度；性格可以在一定程度上掩盖和改造气质。

第二节 性格决定命运

人，是天地之心，是万物的灵长，但是，人类自从睁开双眼的那一天起，就为命运所困扰，人类的历史也就成了与命运进行永不妥协的斗争的历史。正如台湾歌曲所唱：“三分天注定，七分靠打拼，爱拼才会赢。”什么是命运？一般来说，命运是个人无法把握的寿夭、祸福、穷通、贵贱。孔子说“吾十有五而志与学，三十而立，四十而不惑，五十而知天命，六十而耳顺，七十而从心所欲不逾矩”。所谓“五十而知天命”，并非说他已经预先知道了天命，预测到了自己的未来，而是说他已经懂得了自己做什么和如何去做，实际上，这就是将外在的命运内化为自己的性格。人把握了自己的性格，也就把握了所谓的“天命”。

古希腊哲人赫拉克利特说：“一个人的性格就是他的命运。”这句话包含两层意思：第一，对于每一个人来说，性格是与生俱来、伴随终身的，永远不可摆脱，如同不可摆脱命运一样；第二，性格决定了一个人在此生此世的命运。

一、性格的影响因素

俗话说，“龙生九子，各有不同”。人的性格特点一方面有遗传的因素，另一方面也有环境的影响。那么遗传与环境各有怎样的作用呢？

遗传和环境是影响性格形成的主要因素，社会环境是通过家庭、学校、工作岗位等广泛的活动领域去影响人的。一个人必须学习他所在的社会中人们的生活习惯、技能、行为规范和价值体系，以便取得对社会生活的适应。也就是说，性格的形成是在特定的人类社会中，通过与社会环境的相互作用，由自然人转化为能参与社会生活、担负起一定角色的社会人的过程。研究表明，在性格形成中，环境因素更重要。

（一）遗传：性格的先天基础

遗传对性格是否有影响，影响有多大，尚无定论，家谱研究和双生子的研究均表明，遗传对性格有一定的影响。曾有心理学家在学前儿童（年龄为四岁半）中选取 139 对出生后共同生活的同性别双生子为对象，单以情绪（稳当或激动）、活动（爱动或好静）、社会（活泼或羞涩）三方面人格特质为范围，采取观察评定法，分析比较遗传与环境两因素各自的影响。

总之，遗传在性格形成中有多大作用，目前很难做出明确的定论，但可以肯定的是，遗传是性格形成中不可缺少的影响因素。

（二）家庭：性格的塑造工厂

家庭环境是人出生后最早的教育场所。亲子关系和亲子交往的质量直接影响性格的形成。家庭所处的经济地位和政治地位，父母亲的教育观点和教育水平、教育态度和方法，家庭成员之间的关系，对人性格的形成也有很大影响。

家庭的教养方式一般可以分为三类。①权威型。在这种环境下长大的孩子容易形成消极、被动、依赖、服从、懦弱等特点。②放纵型。在这种环境下长大的孩子多表现为任性、自私、野蛮、无礼等。③民主型。父母的这种教养方式能使孩子形成活泼、快乐、自立、合作、思想活跃等特征。孩子的个性就是在父母与他们的相互磨合中形成的。孩子在批评中长大，学会了责难；敌意中长大，学会了争斗；虐待中长大，学会了伤害；支配中长大，学会了依赖；干涉中长大，学会了被动与胆怯；娇宠中长大，学会了任性；否定中长大，学会了拒绝；鼓励中长大，学会了自信；公平中长大，学会了正义；宽容中长大，学会了耐心；赞赏中长大，学会了欣赏；爱中成长，学会了爱人。这样的说法不无道理。

除了家长的教养方式影响孩子的个性外，家庭成员之间的关系、家庭氛围、父母自身表现出来的性格特点都会对儿童产生潜移默化的影响。家庭氛围大致可分两种。①融洽氛围。夫妻之间彬彬有礼，和蔼可亲，处事通情达理，孩子也表现得温文尔雅，有安全感，生活乐观，信心十足，待人友善等。②对抗氛围。夫妻反目，战争不断，亲子关系不和谐，儿童在性格方面会受很大的影响，如对人冷漠、暴躁、不信任人、缺乏安全感、情绪不稳定，易出现情绪和行为问题。许多单亲家庭的孩子往往会走向两个极端，要么独立性强、有主见、成熟，要么孤僻、反抗、攻击性强。

良好的家庭环境为儿童、青少年形成良好的性格、品质提供有利条件。有研究表明，如果个体在婴儿期与照料者建立了安全型依恋，那么他们在以后的人际关系中会表现得更积极，对人际关系的观念更健康，对自我的态度更积极，更能适应社会的竞争。

（三）社会文化：性格的影响环境

社会文化包括政治、经济、宣传体系、宗教、风俗习惯、传统及生产力水平等。每个人出生后都在一定的文化模式下，而这种文化模式是上几代人在历史发展中形成的。中国人的含蓄、勤俭、关注群体，美国人的开放、进取、关注自我，都与社会文化有关。

当代大学生的个性一方面受到中国文化特征的影响，同时也受到所处的时代特征的影响。进入 21 世纪，中国社会政治经济发生重大变革，科技发展日新月异，这使得大学生的眼界越来越开阔，有利于形成积极主动、独立自主、适应变化、善于交往的个性特征。

（四）学校：性格的再造大师

1. 校园文化的影响

学校是有计划、有组织、有目的地向人们传授知识、技能、价值标准、社会规范的专门机构。校园文化构成了高效的育人环境，具有导向、调适、辐射和凝聚的作用，对大学生的性格发展有着潜移默化的影响。

校园文化从内容上可以分为物态文化、制度文化和精神文化。物态文化指校园环境、建筑特色、美化程度、图书设备、文体设施、校徽校标、校刊校报等校园文化的物质体现和外显特征；制度文化指学校的各种教学、行政、学生管理制度、奖惩条例、组织架构等；精神文化指通过校风、学风和教风所体现出来的价值观、舆论、传统等。

2. 教师的影响

教师通过课堂教学传授系统科学的知识，训练学生习惯于有目的的、连续的、有条理的工作作风，在克服困难中培养坚毅、顽强的品质，在集体活动中锻炼组织性和纪律性。

师生关系中教师是主轴。学生尤其是低年级的学生，常以教师的行为、品德、思想方式和待人接物作为自己的典范，教师的形象和言行无形中影响他们的生活，影响他们性格的形成。每个教师都有自己的风格，这种风格为学生创造了一种氛围。在教师的不同工作氛围之下，学生会表现出不同的行为表现。

3. 同学的影响

同学是年龄、特点、爱好、兴趣、地位相近，并时常在一起的同龄人。学校的环境扩展了学生的交往面。大学生除了和老师交往外，还和许多同龄人及高、低年级学生交往，在交往中学习与他人合作的技能，逐渐减少对家庭的依赖。大学生由于自我意识的增强，情感日益丰富，渴求友谊和理解。在这种心理背景下，同辈群体之间的共同体验、共同语言、共同情感体验、共同需要使他们相互认同、相互模仿、相互接纳，获得心理上的满足，以创造一个适合自己心理适应和发展的小环境。

心理学家研究发现，大学生交朋友非常重视个性特征。比较有人缘的学生一般具有以下个性：对人一视同仁，有同情心，待人热情开朗，有责任感，忠厚诚实，谦逊，独立思考，兴趣爱好广泛。而在同学中不受欢迎的人个性往往表现为：自我中心，不为他人着想，缺乏责任感，把自己置身于集体之外，不尊重他人，操纵欲支配欲强，对他人冷漠，孤僻，不合群，情绪不稳，喜怒无常，狂妄自大，自命不凡，气量小，人际关系过于敏感，嫉妒心强，有敌意，不求上进，生活懒散，兴趣缺乏等。而同学间个性的影响主要取决于群体内的价值取向。比如，好学生的群体内，话题多是学习、成绩、升学等，这种价值上的认同可以引发学习上相互竞争，相互启发，鉴定信念，获得支持；相反则会产生消极的影响。

（五）互联网的影响

随着网络时代的到来，大学生上网人数和上网时间越来越多，网络对大学生的影响越来越大。网络的方便快捷满足了大学生求知的愿望，拓宽了大学生的视野；网络的个性化特征与大学生张扬的个性特点不谋而合，学生在网上可以自由表达自己的思想、观点，展现自己独特的个性，满足好奇心。网络正在改变着大学生的生活方式、学习方式、交往方式。大多数学生上网的动机主要在于获取更多、更新的知识、交朋友，发布信息、通讯、玩游戏等。但也有一部分学生沉溺于网络，脱离现实的生活，患上网络综合征，影响了正常的生活，也影响了个性的健康发展。

二、大学生常见的不良个性

（一）自卑

自卑，也称自卑感，是个体由于自我认知偏差等原因所形成对自己的能力和品质评价过低的自我轻视和自我否定的情绪体验。自卑是经比较而暴露出自己有某种缺点或不足而引起的，因“人无完人”，所以自卑具有普遍性，人人都有一定程度的自卑心理，差异在于自卑的强弱不同、危害大小不同。自卑形成的原因如下。

1. 自我认知偏差

具体表现有四种。①偏低的自我评价。喜欢拿自己的短处与他人的长处相比，越比越泄气。②消极的自我暗示。凡事好从消极悲观的方面考虑，总觉得自己不行，自信心不足，自卑感也愈加重。③过低的期望。不相信自己的能力，对自己的期望值不高，结果造成活动的失败。失败的结果反过来又验证了自我的认识和期望，进一步强化了自卑。④过强的自尊。个体过强的自尊心，会导致自尊的需要经常得不到满足，产生心理失望，并逐渐丧失自信。另外，挫折经历和不恰当的归因也会导致自卑心理的形成。经过挫折的人，尤其是多次受到别人的嘲笑、讽刺和打击时，会对自己的能力产生怀疑，从而一蹶不振。

2. 性格差异

外向性格的人活泼开朗，善于交际，适应环境的能力强；而内向性格的人往往因循守旧，不善与人交往，自我封闭，适应环境的能力差。心理研究表明，几乎所有的自卑者，都是性格内倾的人，他们情感脆弱，体验深刻，比较敏感，常常自惭形秽，总感到别人瞧不起自己，所以事事退缩、回避。结果，增长经验才干的机会无形中大大减少。自卑还存在性别差异，对大学生心理健康状况的调查表明，由于社会文化和角色认同作用的影响，女大学生更容易产生自卑。

3. 生理缺陷等个体原因

一些身材矮小或体型肥胖、相貌欠佳、身患残疾的学生常常感受到常人不能体验的失落和痛苦，产生自轻自贱的情绪，陷入孤独的自卑境地。一些能力一般、学业平常、缺乏专长的学生，常常自叹不如、自怜自卑。有的大学生未能升入理想中的大学，有的同学未学习热门专业或因专业设置不合理等原因而自觉在他人面前抬不起头。还有一些大学生的成才愿望和自我期望值较高，一旦发现“强中更有强中手，能人之上有能人”，中学时代的辉煌不再，便会从美好的理想之巅跌入现实的低谷，从自傲走向自卑。

4. 幼年的生活信息影响

心理学家认为，自卑感起源于人的幼年时期。心理科学的研究证实，不少心理问题都可在早期生活中找到症结，自卑作为一种消极心态也不例外。

5. 社会环境影响

包括家庭的经济状况、社会地位、周围人对自己的评价和印象等，都可能成为一些大学生产生自卑的原因。

(二) 偏执

偏执是个体过分注重和强调自我，忽视自己与周围的关系的认识和体验而出现自我意识缺陷。当今大学生大多顺境成长，缺少挫折体验，缺少对客观环境及人际关系的冷静思考和分析，因此一些大学生的需要、动机、兴趣、理想、信念、世界观等个性倾向性朝偏执型人格发展。偏执形成的原因如下。

1. 过严的家教

往往来自父母过于严厉的管教，在幼小的心灵中，已经有了一种固执的念头——只有听话的才是好孩子。父母对孩子过高的期望，容易使孩子产生争强好胜的模仿行为。

2. 幼年时缺乏爱与安全感

幼年生活中缺少爱的关怀，经常听到父母或长辈的无端的指责，长大后不知道如何去爱别人，如何与别人友好相处。没有安全的环境、童年生活动荡的人，害怕别人侵犯他们，长大后猜疑也就在所难免。

3. 追求完美的心理

由于环境的熏陶，对自己所做的一切不是很满意，总怕听到别人的指责，也容易出现固执的、追求完美的念头，逐渐形成偏执型人格障碍。

4. 纠正敌意训练

每当遇到不顺心的事时，要适时提醒自己不要陷入敌对心理的漩涡里，尤其是在发怒前形成一种冷静的习惯，对于减轻敌意和强烈的情绪反应非常有帮助。学会尊重别人，向所有认识的人微笑。会意的微笑、发自内心的礼貌语言，尤其是要对曾经真诚地帮助过自己的人说“谢谢”，才能赢得别人的尊重。学会忍让和对繁杂事物保持耐心。生活难免会给我们带来烦恼、冲突和纠纷，适时地忍让和克制，千万别让怒火烧得自己晕头转向。

(三) 孤独

国外对孤独的研究始于20世纪70年代末。孤独是指当个人感觉到缺乏令人满意的人际关系，自己对交往的渴望与实际水平产生差距时引起的一种主观心理感受或体验，常伴有寂寞、孤立、无助、郁闷等不良情绪反应和精神空落感。美国护理学家佩皮劳认为，孤独涉及个体对社会相互作用的数量和质量的感觉，“当一个社会关系网比预期的更小或更不满意时，孤独就会出现”。孤独分为积极性孤独和消极性孤独。积极性孤独是自己所需要的孤独。积极性孤独的人倾向于采取人际交往和外在帮助的应对策略。消极性孤独是设法逃避的孤独。消极性孤独的人倾向于采取自我调试和自我接纳的应对策略。

孤独的人往往社交不足或存在人际关系缺陷，并为此而深感痛苦。临床及有关统计资料表明，孤独感已成为现代人的通病。由于大学生身心发展尚未成熟，自我调节和自我控制能力不强，加上紧张的学习任务，会产生复杂的心理状态和心理冲突，从而引发孤独情绪，甚至产生心理障碍及心理疾病。当前大学生出现的各种心理疾患以及发泄、攻击、酗酒甚至自杀等不良行为，无不与孤独心态有关。孤独产生的原因如下。

1. 人际关系紧张引起孤独

人际关系不够和谐，无倾诉对象，一些大学生希望了解他人又不想完全敞开自己的心扉，对同学不坦诚相待，不会主动与教师、同学进行沟通，缺乏知心朋友，常常出现心理烦恼、精神压力无处倾诉的情况，这样就会产生孤独感。同时，目前高校给大学生提供的人际交往的机会不能满足大学生人际交往的需要。此外，情感问题带来的压力，几乎是每个大学生都会面对的问题，等等。这都是导致大学生孤独的原因。

2. 新环境等产生适应障碍

大学新生都有角色适应和转换问题，导致新生心理失衡的原因：首先是现实中的大学与他们心目中的大学不统一，由此产生心理落差，产生强烈的孤独感。其次是新的环境、新的人际关系、教学模式不适应，产生困惑和心理失调。再次是有的同学所学专业非所爱，课程负担过重，学习方法不当，使得大学生长期处于高度紧张的状态下，导致孤独。第四是生活贫困所造成的心理压力，使某些学生羞于同别人相处。第五是有些大学生沉湎于网络虚拟世界，自我封闭，与现实生活产生隔阂，不愿与人交往，从而产生孤独感。

3. 家庭及外界环境的影响

不当的家庭教养方式、单亲家庭环境及消费上的浪费、攀比、学习过于紧张等都容易导致孤独感。

4. 性格差异

外向的学生性格开朗，活泼好动，喜欢与人交往，喜形于色，容易获得别人的喜欢。内向的人往往表现为社交退缩行为，局限在自己的狭小圈子里，不积极参加各种团体的社交活动，限制了自己与他人接触的机会。因此内向的人比外向的人更容易产生孤独感。

（四）自我中心

瑞士心理学家皮亚杰将“自我中心”定义为个体不能区分自己的观点和别人的观点，不能区别自己的活动和对象的变化，把注意集中在自己的动作对象上。美国心理学家埃尔金德将这种自我中心区分为假想观众和虚构自我。假想观众指青少年认为每个人都像他们自己那样对他们的行为特别关注，在真实和假想的情景中去预期他人反应的倾向。虚构自我指的是青少年相信自己是独特的、无懈可击的、无所不能的。

随着自我意识的发展，大学生越来越多地把关注的重心投向自我，因而会比较多地从自身角度考虑问题，他们和其他人相比具有更强的自信心、自尊心、好胜心、优越感和独立感，比较容易出现以自我为中心的倾向。当这种倾向与某些不健康的思想意识（如个人主义、自私自利）和心理特征（如过强的自尊心、唯我独尊等）结合时，就会表现出过分的、扭曲的以自我为中心。他们往往以自我为核心，想问题和做事情都从“我”字出发，常常过于考虑自己的感受，不能设身处地进行客观思考，盛气凌人，总觉得自己比别人优越，缺乏自我批评，总认为自己对、别人错，回避缺点，缺乏自知。由于以自我为中心，他们常与人发生冲突，不能赢得他人的好感和信任，遭到别人疏远。

这类同学自私自利，凡事从个人利益出发，从不顾及别人的处境和利益，待人接物有利可图就行，否则从不参与，与人交往不愿付出真情实意，谁有用就与谁交往；没有知心朋友，与任何人都限于一般交往，其自私自利往往遭到同学的抵制，人际关系不和谐。

三、个性完善的策略与方法

重复一个行为，该行为将成为习惯；坚持一种习惯，该习惯会内化成性格，因此，从现在起，要学习好行为、养成好习惯、形成好性格。

理想的性格就是无性格，它的实质不可名状，正像含盐的水虽咸但没有苦涩，虽淡却非索然无味。具有这一性格特征的人望之俨然，接触起来却和蔼可亲。但在和蔼可亲中又有着一种天生的震撼力。这种人表面上看去总是那么平淡，不显山，不露水，毫无个性。周围的人经常不把他们放在眼里，但他们做起事来，又变化万端。让人捉摸不透，等想明白了才知道他们不容小觑。正如老子说的上善若水，润物无声，这种性格的人像水，虽无声但威力无穷，水滴石穿的道理人人都明白。

理想型性格的人该仁慈之时，他们总是慈眉善目；而该勇猛之时，又如猛虎下山。所有的这些性格特点促使他们既果敢又谨慎，所以他们是天生的领导者，虽自己才能有限，但却知人善任，在他们手下，必有一大批人才乐为其用，所以他们的事业也注定会成功。

1. 改正认知偏差

由于受不良环境的影响，或受不良性格的人的教育和影响，人会产生错误的认知，如认为这个世界上坏人多、好人少；同人打交道，要防人三分；疑心重；以小人之心度君子之腹等，这样的人一般心胸狭窄、妒忌心强、疑心大、古怪、冷漠、缺乏责任感等。因此，要想改变这些，必须改变自己不正确的认知，可多参加有意义的集体活动，去充分体验感受生活，多看些进步的书籍和伟人、哲人传记，看看他们的成功历史和为人处世之道，这对自己性格的改变都会有所帮助。

2. 不要总用阴暗的眼光去看待别人

上过当或受过挫折的人，对人总存在一种提防心理，对人总是往坏处想，这种人疑心重，心胸狭窄，办事优柔寡断。世界上既然有好事，就必然会有不如意的事，既然有好人，就有一些害群之马，但好人还是多数。因此，我们要正确看待别人，看待我们共同生活的社会。

3. 试着去帮助别人，从中体验乐趣

不良性格的人，往往以自我为中心，他们对人冷漠，一般不愿人际交往，生活在自我的小天地里。要想改变这样的性格，平常可以主动去帮助别人，因为人人都需要关怀，你去帮助别人，同样别人也会主动来帮助你。同时，在这种帮助中，能体现自身的价值，心情改善了，对人的态度和看法也会随之改变，从而有利于人性格的改善。

4. 有意识地进行自我锻炼，自我改造

人是一个自我调节的系统，一切客观的环境因素都要通过主观的自我调节发挥作用，每个人都在以不同的程度和方式塑造着自我，包括塑造自己的性格。随着一个人的认识能力的发展和相对成熟，随着一个人独立和自主的发展，其性格的发展也从被动的外部控制逐渐向自我控制转化。如果每一个人意识到这一变化，促进这一变化，自觉地确立性格锻炼的目标，从而进行自我锻炼，就能使对现实态度、意志、理智等性格特征不断完善。

5. 培养健康情绪，保持乐观的心境

一个人，偶尔心情不好，不至于影响性格，若长期心情不好，对性格就有影响了。如常年累月爱生气，为一点小事而激动的人，就容易形成暴躁、易怒、神经过敏、冲动、沮丧等特征，这是一种异常情绪的性格。因此，要乐观地生活，要胸怀开朗，始终保持愉快的生活体验。当遇到挫折和失败时，要从好的方面去想，“塞翁失马，安知非福”，想得开，烦恼就会自然消失。有时，心里实在烦恼，可以找一个崇拜的长者或知心朋友交谈或去看心理医生，不要让苦闷积压在心，否则，容易导致性格的畸形发展。

6. 乐于交际，与人和谐相处

兴趣广，爱交际的人会学到许多知识，训练出多种才能，有益于性格的形成和发展。但是，与品德不良的人交往，也会沾染不良的习气。因此，要正确识别和评价周围的人和事，不要与坏人混在一起，更不要加入不健康的小团体中。人与人之间要互敬、互爱、互谅、互让，善意地评价人，热情地帮助人，克己奉公，助人为乐，努力搞好人与人之间的关系，长此以往，性格就能得到和谐的发展。

7. 提高文化水平，加强道德修养，改造不良性格

有的人已经形成了某种不良的性格特征，例如懒惰、孤僻、自卑、胆小等，要下决心进行“改型”。人的性格虽然有一定的稳定性，但它又是可变的，只要自己下决心去改，是能产生明显效果的，懒汉是可以成为勤奋者的，悲观失望的人也可以成为生机勃勃的人。方法：一是提高文化水平，二是加强道德修养。因为人的性格的形成是受人的文化水平和道德水平影响的。有文化、有道德的人，就有理智感，就能以正确的态度去对待现实生活，这就有助于形成良好的性格特征。

8. 取人之长，补己之短

“人海茫茫，风格各异”；“金无足赤，人无完人”。没有哪种性格是十全十美的，任何一种性格都可以成功，因此不需要对自己的性格感到失望和自卑。每个人的性格特征中都有良好的因素，也有不良的特征。要善于正确地自我评估，辩证地对待自己的优缺点，好的使之进一步巩固，不足的努力改正，取人之长，补己之短，有则改之，无则加勉。久而久之就能使不良的性格特征得到克服和消除，良好的性格特征得到培养和发展。例如，张飞先前十分鲁莽、冒失，自从在诸葛亮帐下听命后，曾经学习诸葛亮一生为人谨慎的优点，后来在一系列的军事活动中表现出机智、细心等性格特点。只是由于张飞火爆、鲁莽的性格没改造彻底，最后死于非命。因此一个人善于下工夫，有意识培养，就可能把自己塑造成性格完善的人。

9. 培养良好的习惯

所谓习惯，就是人在一定的情况下自然而然地或自动化地去进行某些动作的习得倾向。如，有人习惯早睡早起、习惯把物品摆放整齐，有人习惯睡懒觉、乱扔垃圾等。一个人之所以会表现出某种特殊习惯，乃是由于一定的情景刺激和他的某些有关动作在大脑皮层形成了巩固的暂时神经联系。习惯的养成最终会成为一个人性格中的一部分。英国诗人德莱敦说过：“首先，我们培养习惯，然后，习惯塑造我们。”美国心理学家行为主义创始人华生指出，人格就是我们的习惯系统的产物。优化人的性格首先要有自我改变的意识和自知之明，而改变过程的核心就是从改变习惯做起。习惯就是由一点一滴、循环往复的行为动作养成的。通过语言和行为举止训练，可以改变习惯，养成好习惯，进而完善性格。

知识要点

（1）个性，也称人格，是指一个人区别于他人的，在不同环境中一贯表现出来的，相对稳定的影响人的外显和内隐行为模式的心理特征的总和。人格的特征：独特性，稳定性，功能性，统合性。气质、性格和能力是人格的特征，它们都是人格的组成部分。

（2）气质是指一个人生来就具有的心理活动的动力特征，它是指心理活动的速度、强度、稳定性和灵活性、指向性等。也就是我们平常说的“脾气”、“禀性”。气质具有遗传性，是先天就有的，后天很难改变。气质的类型包含多血质、胆汁质、抑郁质、黏液质四种，任何气质类型都有积极的一面和消极的一面。气质类型不能决定人的活动成就的高低，也不能决定一个人将来成就大小，成才与否，各种类型的人都可以取得很高的成就。

（3）性格就是人在对现实的稳定的态度和习惯化了的行为方式中所表现出来的个性心理特征。性格的结构分为静态特征和动态特征。性格结构的静态特征可分解为态度特征、意志特征、情绪特征和理智特征四个组成成分；性格结构的动态特征：各种性格特征存在着内在的联系，性格特征有不同的组合方式，性格具有一定的可塑性。

（4）气质与性格的区别：①气质是先天的，一般产生在个体发生的早期阶段，性格是个体对现实稳定的态度和与之适应的习惯化了的行为方式，是在后天生活过程中形成的，反映了人的社会性。②气质的变化较慢，可塑性较小；性格的可塑性较大，环境对性格的塑造作用是明显的。③气质无好坏之分，性格有优劣之别。

（5）气质与性格的联系：①气质会影响个人性格的形成，不同气质类型的人可以形成相同的性格特征。②气质可以按照自己的动力方式，渲染性格特征，从而使性格特征具有独特的色彩。③气质还会影响某些性格特征形成或改造的速度。④性格可以在一定程度上掩盖和改造气质。

阅读材料

刘邦出生于一个普通的家庭，他不安于贫穷的家庭生活，也不喜欢务农，担任了亭长这样的一个小官。他目光敏锐，善于察言观色。他待人宽厚，喜欢施舍穷人，性情豪爽大度，处事不拘小节。常有人评价青年时期的刘邦是一个有一定才能的小混混。在以后的统一大业中，他的理想型性格发挥得淋漓尽致。起初他的势力不如项羽，这时的刘邦处处忍让，绝不与对方起冲突，鸿门宴中的胆战心惊，中途的仓皇逃走都说明了他身上的这种阴柔性格，该忍时一定要忍。而他的对手项羽因为一生刚硬，不懂得弯曲，最终导致了失败的命运。刘邦与郦食其的交往也是他性格的一个凸显。开始对郦食其很傲慢，但当他发现对方有真才实学时，马上对对方恭敬起来。正是刘邦的礼贤下士，才使得一大批能人志士投奔其门下，为其统一大业贡献了力量。而当他建立汉朝大业后，对有卓越功勋的韩信的处置，就可以看出他的性格中的果断和凶狠。正是刘邦开国之初一系列刚柔并济的举措，才使得西汉后来的繁荣鼎盛局面得以出现。

心理训练

（一）场景

1. 你在森林的深处，你向前走，看见前面有一座很旧的小屋。这个小屋的门现在是什么状态？（开着/关着）

2. 你走进屋子里看见一张桌子，这个桌子是什么形状的？（圆形/正方形/三角形）

3. 在桌子上有个花瓶，瓶子里有水，有多少水在花瓶里？（满的/一半/空的）

4. 这个瓶子是由什么材料制造的？（玻璃/陶瓷/泥土/金属/塑料/木头）

5. 你走出屋子，继续向森林深处前进，看见远处有瀑布飞流直下，请问水流的速度是多少？（你可以从0～10中任意选一个出来形容水流速度）

6. 过了一会儿，你走过瀑布，站在坚硬的地面上，你看见地上有金光闪烁，你弯腰拾起来，是一个带着钥匙的钥匙链。有多少把钥匙拴在上面？（你可以从0～10中任意选一个数字）

7. 你继续向前走，试着找出一条路来，突然你发现眼前有一座城堡。这个城堡是什么样的？（旧的/新的）

8. 你走进城堡，看见一个游泳池，黑暗的水上面漂浮着很多闪闪发光的宝石，你会捡起这些宝石吗？（是/不）

9. 在这个黑暗的游泳池旁边还有一座游泳池。清澈的水面上漂浮着很多枚钱币。你会捡起这些钱币吗？（是/不）

10. 你走到城堡的尽头有一个出口，你继续向前走出了城堡。在城堡外面，你看见一座大花园，你看见地面上有一个箱子。这个箱子是多大尺寸的？（小/中/大）

11. 这个箱子是什么材料做的？（硬纸板/纸/木头/金属）

12. 花园里还有座桥在离箱子不远处。桥是什么材料建造的？（金属/木头/藤条）

13. 走过这座桥，有一匹马。马是什么颜色的？（白色/褐色/灰色/黑色）

14. 马正在做什么？（安静地站着/吃草/在附近奔跑）

15. 哦，不！离马很近的地方突然刮起了一股龙卷风。这时你有三种选择，你会怎样？（1）跑过去藏在箱子里面。（2）跑过去藏在桥底下。（3）跑过去骑马离开。

（二）选择分析

1. 门。门如果是开着的：说明你是一个人任何事都愿意与别人分享的人。门如果是关着的：说明你是一个人任何事都愿意一个人去做的人。

2. 桌子的形状。圆形/椭圆形：总有一些朋友陪伴着你，你完全的信任并接受他们。正方形/长方形：你在交朋友的时候有点挑剔，你只是和那些你认为比较熟悉的朋友有一些来往。三角形：在对待朋友的问题上，你是一个真正的非常吹毛求疵的人，所以你的生活里没有许多朋友。

3. 瓶子里的水。空的：你目前的生活很不满意。一半：你的生活只有一半达到你的理想。满的：你对目前的生活非常满意。

4. 瓶子的质地。玻璃/泥土/陶瓷：在生活里你是一个脆弱而需要得到照顾的人。金属/塑料/木头：你在生活里是一个强者。

5. 水流速度。0：你根本没有性欲。1～4：你的性欲很低。5：中等水平的性欲。6～9：很强的性欲。10：哇噻！你有超强的性欲，甚至没有性根本不行。

6. 钥匙。1：生活中你只要一个好朋友。2～5：生活中你有一些好朋友。6～10：生活中你有许多好朋友。

7. 城堡。旧的：显示你在过去的交往中有一段不好的和不值得纪念的关系。新的：显示你在过去的交往中有一段很好的交往，现在仍然鲜活地驻留在你心里。

8. 从脏水的游泳池里捡宝石。是：当你的伴侣在你身边时，你依然和周围的人调情。不：当你的伴侣在你身边时，你绝大多数的时间只会围着他/她转。

9. 从清澈的游泳池里捡金币。是：当你的伴侣不在你身边时，你会和周围的人调情。不：当你的伴侣不在你身边时，你也会忠实于他/她，不和周围的人调情。

10. 箱子的大小。小：不自负。中等：比较自负。大：非常自负。

11. 箱子的材料（从表面看）。硬纸/纸/木头（不闪光）：谦虚的性格。金属：骄傲而顽固的性格。

12. 桥的材料。金属：和朋友有非常紧密的关系。木头：和朋友有比较紧密的关系。藤条：周围没有很好的朋友。

13. 马的颜色。白色：你的伴侣在你的心目中非常纯洁而美好。灰色/褐色：你的伴侣在你心目中的位置一般。黑色：你的伴侣在你的心目中好像根本不怎么样，甚至还很坏。

14. 马的动作。安静/吃草：你的伴侣是一个顾家、谦虚的人。在附近奔跑：你的伴侣是一个非常狂野的人。

15. 这是最后一个问题但也是最重要的问题。对了，故事的结尾是一阵龙卷风，你怎么去做呢？现在，我们看看题目中的这些事物代表的是什么：龙卷风——你生活中的麻烦。箱子——你自己。桥——你的朋友。马——你的伴侣。如果你选择箱子：无论何时遇到麻烦你都会自己解决。或者你选择桥：无论何时遇到麻烦你都将去找你的朋友一起解决。又或者你选择最后的一匹马：你寻找的伴侣是你无论何时遇到麻烦都要和他/她一起去面对的人。

思考与练习

1. 什么是个性？影响个性的具体因素有哪些？
2. 你怎么看待“细节决定命运”、“态度决定命运”、“性格决定命运”？
3. 心理测试：艾森克人格问卷成人版（EPQ），气质类型测试（见附录）。

第五章　人际沟通与交往能力

学习目标：①知识目标。认识、了解人际沟通与交往的意义及心理特点。②能力目标。学会运用人际交往的技巧处理人际关系问题，顺利地渡过大学生活。③素质目标。克服不良的交往心态和行为，提高沟通效能，培养团队意识和合作精神。

学习重点：人际沟通的种类及人际交往的影响因素。

学习难点：掌握人际沟通及交往的技巧。

小李是一位大学毕业生，大一时成绩优秀、上进有责任心的他成功竞选成为某社团的负责人，在社团中他处处争当活动的“主角”，经常领导、指挥其他同学，但是近段时间他发觉平时的好友、同学和他有了距离感，他感到困惑和孤独。原来他最喜欢讲的一句话是“我是这么想的，你们照着做没错，就这么定了。”小李同学与他人产生距离感的原因究竟是什么呢？

第一节　人际沟通与交往概述

交往是人类最基本的社会活动。因为人们通过相互交往，诉说自己的喜怒哀乐，增进了彼此的感情共鸣，从而在心理上产生一种归宿感。尤其当人处于紧张、孤独、焦虑时，更需要与人交往。培根曾经写道“把忧愁向一个朋友倾诉，你将被分掉一半忧愁；把快乐告诉一个朋友，你将得到两个快乐”。这些都说明沟通与交往非常重要。

美国著名人际关系专家戴尔·卡耐基说：“一个人的成功，只有15%靠智能和专业技术，85%是靠人际关系和他的做人处事能力。”

一、人际沟通概述

沟通是人们为了传递信息、交换意见、交流情感而利用语言或非语言的方式进行互动的过程，是人与人之间发生相互联系的最主要的形式，包括人际沟通和大众沟通。

（一）人际沟通定义

人际沟通是个体与个体之间的信息以及情感、需要、态度等心理因素的传递与交流过程，是一种直接的沟通形式，即人与人之间传递信息、沟通思想和交流情感的过程。

（二）人际沟通种类

1. 正式沟通与非正式沟通

人际沟通按组织系统可分为正式沟通与非正式沟通。前者是通过组织规定的沟通通道进行的信息传递与交流；后者是在正式通道外进行的信息传递与交流。正式沟通的优势是信息通道规范，准确度高；非正式沟通形式灵活，传播速度快，但存在着随意和可靠性差的弱点。

（1）正式沟通网络　在正式群体中，成员之间的信息交流与传递的结构称为正式沟通网络，一般有五种形式，即圆周式、链式、Y 式、轮式和全通道式（图 5-1）。

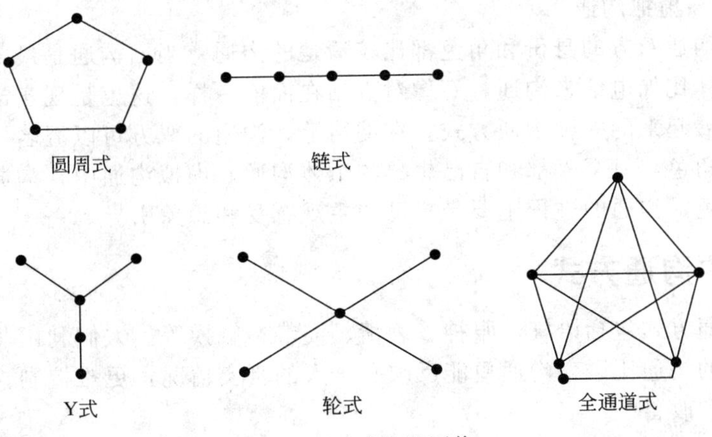

图 5-1　正式沟通网络

（2）非正式沟通网络　群体中的信息交流，不仅有正式沟通，也存在着非正式沟通的各种情况。有学者通过对“小道消息”的研究，发现非正式沟通网络主要有四种典型形式：单线式、流言式、偶然式、集束式（图 5-2）。

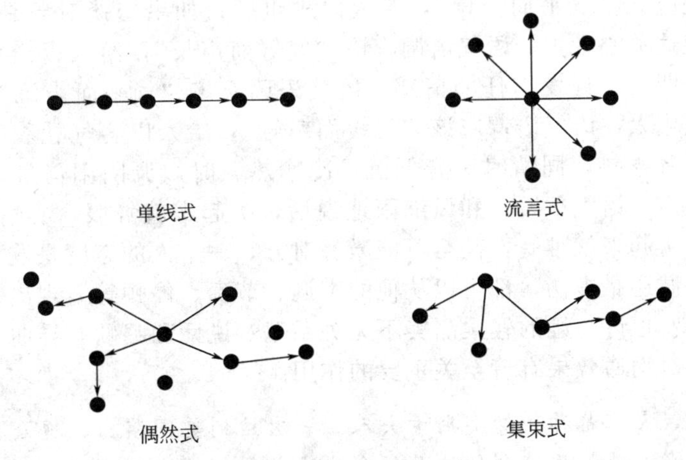

图 5-2　非正式沟通网络

2. 上行沟通、下行沟通与平行沟通

沟通按信息流动方式可分为上行沟通、下行沟通及平行沟通。上行沟通是下情上达，下行沟通是上情下达，平行沟通是在组织的同级间（非上下级关系）的沟通。

3. 单向沟通与双向沟通

这是以信息源接收者的位置关系来区分，二者位置不变的是单向沟通，而不断变化位置的是双向沟通。单向沟通是一方说另一方听，双向沟通是双方有反馈。单向沟通和双向沟通都有各自的长处，比如说在军队里打仗，指令下来，你说“不行，我们是不是讨论下再打呢?”，贻误战机是不行的。所以单向沟通很快捷，但是比较专制，不那么民主，双向沟通就可以更准确。

4. 口头沟通与书面沟通

是两种基本的词语沟通形式。前者是面对面的口头交流，如会谈、讨论、会议、演说、电话联系等；后者是文字形式的沟通，如布告、通知、报刊等。

5. 现实沟通与虚拟沟通

现实沟通是沟通双方的身份和角色都比较清楚的沟通。当面沟通是最普遍的现实沟通形式。双方通过媒体比如电话来沟通，好像对方站在面前一样，这也是现实沟通。虚拟沟通是随着互联网而发展起来的一种沟通方式，在网络上，沟通的双方可以匿名，每个人都可以扮演各种他喜欢的角色，每个人都和自己想象的个体沟通。虚拟沟通中，沟通双方往往不清楚对方的身份和角色，沟通的进程主要受自己的主观感受和想象引导。

二、非语言的沟通方式

非语言的沟通方式包括语气、眼神、表情、姿势、触摸等。人们利用非语言能表达丰富的意义。非语言的沟通比语言沟通更能反映一个人的真实情况，更难控制。非语言沟通可以通过练习来提高和改善。

1. 说话语气

说话语气能反映出一个人的态度，它在人际关系中的沟通作用很大。多姿多彩的语气形态，会给你的言谈添上形象色彩、感情色彩、理性色彩和风格色彩。要善于运用不同的语气，恰当得体地表现不同的思想感情。如果交谈对象是领导、长辈、师长，所表达的是尊敬的情感，语气语调应该“气平而声谦”，给人以敬重感；如果交谈对象是你的下级、晚辈、年幼者，应该多表达关心爱护，语气语调应该“气舒而声长”，给人以亲切感；如果交谈对象是同志、平辈、朋友，抒发信任的情感，语气语调应该“气平而声沉”，给人以诚挚感；如果交谈对象是陌生人，语气语调应该“气缓而声轻”，给人以客气礼貌的印象。友善时声音柔和，激动时声音颤抖，同情时声音低沉，冷嘲热讽时声调阴阳怪气，傲慢、冷漠、恼怒、鄙视时鼻音哼声。语气平缓、和风细雨地说话，听起来就舒服，心情愉悦；语气生硬、暴风骤雨地说话，听起来就难受，甚至可能激怒对方。一个人的态度是友好还是敌意，是冷静还是激动，是真诚还是虚伪，都可以从他的声调、节奏、停顿等表现出来。邓丽君的歌声为什么会经久不衰？也许与她的轻柔甜美不无关系吧？说话和唱歌有异曲同工之妙。说话的语气、气势和气韵对沟通效果有着至关重要的作用。

波兰有位明星，大家都称她摩契斯卡夫人。一次她到美国演出，观众请求她用波兰语讲台词，于是她站起来，开始用流利的波兰语念出台词。观众都只觉得她念的台词非常流畅，但不了解其意义，只觉得听起来非常令人愉快。她接着往下念，语调渐渐转为悲伤，最后在慷慨激昂、悲怆万分时戛然而止，台下的观众鸦雀无声，同她一样沉浸在悲伤之中。突然台下传来一个男人的爆笑声，他是摩契斯卡夫人的丈夫、波兰的摩契斯卡伯爵。因为夫人刚才用波兰语背诵的是九九乘法表。事情有轻、重、缓、急，语气有抑、扬、顿、挫。只有把握说话语气的分寸，才能使说出的话被对方充分理解和接受，才能收到说话的预期效果。

2. 目光眼神

眼睛是心灵的窗户。眼睛是最有效的显露个体内心世界的途径，人对目光很难做到随意控制，人的态度、情绪和情感变化都可以从眼睛中反映出来。观察力敏锐的人，能从他人的目光中看到一个人的真实心态。

目光接触是最重要的语体沟通方式，其他的语体沟通也与目光接触有关。人际沟通如果缺乏目光接触，会成为令人不悦的困难过程。当然，持续“盯人”即长时间的凝视，也会让对方感到压力甚至不快。

3. 面部表情

面部表情是另一种可完成精细信息沟通的体语形式。人的面部有数十块表情肌，可产生极其复杂的变化，生成丰富的表情。这些表情可以非常灵活地表达各种不同的心态和情感。来自面部的信息，很容易为人们所观察。但经过训练，人能较为自如地控制自己的表情肌，因而面部表情表达的情感状态有可能与实际情况不一致。

面部表情可表现肯定与否定、接纳与拒绝、积极与消极、强烈与轻微等情感。它可控、易变、效果较为明显。个体通过面部表情显示情感，表达对他人的兴趣，显示对事物的理解，表明自己的判断等。因而，面部表情是人们运用较多的体语形式之一。

4. 身体姿态

姿态是个体运用身体或肢体的动作表达感情及态度的体语。这也是常见的体语沟通方式。有的学者研究姿势的意义，发现尽管姿势及其意义与文化有一定关系，但通过姿势进行沟通的适应范围还是较为广泛。例如，摆手表示制止或否定，双手外推表示拒绝，双手外摊表示无可奈何，双臂外展表示阻拦，搔头或搔颈表示困惑，搓手、拽衣领表示紧张，拍头表示自责，耸肩表示不以为然或无可奈何。

5. 肌体触摸

触摸被认为是人际交往最有力的方式，人在触摸或身体接触时对情感融洽的体会最深刻。隔阂的消融，深厚的情谊，也常常需要通过身体接触才能得到充分表达。人不仅对舒适的触摸感到愉快，而且会对触摸对象产生情感依恋。有过恋爱经历的人会有体会，爱情是从身体接触（哪怕只是握手）的那一瞬间发生质变的。同样的道理，如果恋人之间从来没有出现任何身体接触，那么恋爱关系的终结对双方的心理失衡很小。但是，如果双方存在拥抱、接吻及性行为等身体接触，那么恋爱关系的终结会给双方带来强烈的失恋反映。

握手的学问。握手是使用最多、使用范围最广泛的沟通行为之一。握手的初衷是向别人表示友好的接纳，短短几秒钟的握手，会把你对别人的态度传送给别人。比如老友重逢时两人的手握完后常来回拉扯，以表达兴奋的心情；好友分别时常边握手边以左手轻拍对方的手臂或肩膀，以表示赞赏和尊重等。心理学家曾总结出社交场合握手的一般规则主要有：握手者必须从内心真诚接纳别人；作为主人、上级或女性，应主动伸手与人相握；不要戴手套与人握手；男性一般不抢先与女性握手；握手时保持适当的目光接触。

三、人际交往概述

（一）人际交往定义

人际关系是指人们在互动过程中形成的一种心理和社会的联系，它反映交往双方关系的亲疏距离和融洽程度。人际关系的形成离不开人际交往，人际交往是指人与人之间在心理上、情感上和行为上的直接或间接的相互作用和相互影响。因而，人际交往的思想观念、行为方式必然会受到人们认知、情感、意志以及社会生活等主客观因素的影响。

一般来说，人际关系是在人际交往中形成的，人际交往是人际关系产生的基础，人际关系则是人际交往的结果。

（二）大学生人际交往现状

1. 总体状况不容乐观

近年来，研究者对大学生的人际关系状况展开了许多调查研究。陈克娥和王鑫强的调查表明，大学生总体人际关系状况不太乐观，其中有人际关系困扰的学生约占被调查学生总数的三分之一，而有严重人际关系困扰的学生占了13%。汪雪莲、许能峰的调查则显示，大学生人际关系困扰总检出率为47.8%，其中轻度人际关系困扰者达32.1%，严重人际关系困扰者达15.7%，具有明显人际关系障碍者占调查的4.4%。这些研究都表明，目前多数大学生的人际关系状况良好，但有部分大学生存在着不同程度的人际关系困扰。人际关系问题在大学生中具有普遍性，应当引起大学生和教育工作者的高度重视。

2. 性别差异

对人际关系困扰的性别调查发现，人际关系问题存在性别差异。总体上说，女生与男生的人际关系差异不大，但在人际关系的不同方面存在男女差异。学者认为，男女在一般智力上不存在性别差异，但在特殊能力上存在性别差异。如女生一般具有语言天赋，在语言的流利性、流畅性等方面优于男生，并且女生感情细腻，善解人意，她们在与人交谈和情感流露方面具有较低的困扰程度。而男生在与人交谈与待人接物上的困扰程度则较高。但女生某些个性方面的缺陷比男生表现得更为明显，如胆小、害羞、嫉妒、猜疑等，这使得女生的人际交往较为被动。

3. 年级差异

不同年级学生的人际关系状况有所不同，低年级和中年级人际关系困扰相对较多，高年级学生人际关系困扰明显较少。低年级学生尤其是大一新生远离了原有的熟悉环境，失去了原有的心理环境，面对来自五湖四海的新同学需要时间磨合。人际关系困扰是大一新生普遍存在的心理健康问题。中年级大学生人际关系问题也比较突出，随着交往的深入，同学关系出现分化，宿舍矛盾也日益突出，而各种评优活动等加速了这些矛盾，他们面临更多的人际关系危机。高年级大学生已经适应了人际关系环境，又因面临毕业，对他人显得更为宽容和珍惜。大学生在不同阶段的人际关系各具特点，对大学生的人际关系辅导要有针对性和阶段性。

4. 生源地域差异

一般来讲，农村来源学生比城市来源学生更多地受到人际关系的困扰，自卑感在农村来的学生身上表现较突出。城市学生由于家庭环境、所受教育的影响，在人际交往能力方面比农村学生强，但城市学生的某些个性如自我中心倾向会比农村学生强。在地域上，南北方的地域差别也带来了人际交往方面的差异。总体上说，南方学生为人细腻体贴，北方学生性情耿直，但过于细腻或耿直又会成为人际交往的障碍。一般而言，到北方读书的南方学生或到南方读书的北方学生可能存在更多的交往障碍。

5. 宿舍危机突出

宿舍人际关系是大学生人际关系中的基本环节，也是衡量大学生人际交往能力、心理健康和为人处世的一杆小标尺。据统计，大学生待在宿舍里的时间占整个课余时间的80%以上，宿舍对于大学生而言，已是集学习、交往、娱乐、休息为一体的重要场所。大学生宿舍关系的满意度直接影响其对大学生活的评价和心理健康。宿舍关系融洽的大学生，多数积极、乐观、注重学习和成就、乐于与人交往和帮助别人。宿舍关系不融洽的大学生，很多表现出压抑、敏感和难于合作的特点。

来自不同家庭的宿舍成员具有不同的生活习惯和个性心理，他们需要长期的相处，相互之间必然存在各种不和谐，这为矛盾的存在和产生提供了可能。总体而言，宿舍人际关系不良主要是由于个体之间的差异造成的。如有的人自我中心严重，不顾他人感受，休息时间玩电脑、打电话；有的人价值取向不同，甚至因为观点不一而争执；另外，大学生对宿舍公共利益的支持与参与度不一，有的学生不履行宿舍义务，不打扫卫生，引起其他舍友的不满。彼此之间各方面的差异使不少大学生存在宿舍危机，严重困扰他们的身心健康。有的大学生除了休息外不愿意回宿舍，有的甚至通过更换宿舍来缓解危机。

（三）大学生人际交往原则

大学生的学习和生活都是在与人交往的过程中进行并实现的。因此，正确把握人际交往的原则与方法，建立健康和谐的人际关系，能为个人素质的全面发展营造良好的小环境。

1. 真诚信用，言行一致原则

真诚是大学生高尚品德的重要体现，也是大学生人际交往的第一原则，是人际交往中最有价值、最重要的一种特征。“浇花浇根，交人交心”，只有真诚的人才会得到别人的尊重和信赖。真诚，即要求我们待人处事真心诚意，表里如一。真诚主要表现为，一是不说谎、不虚伪、不骗人；二是对他人有正确认识，相信他人、不侮辱人，有话当面讲，不搞小动作。即使相互之间有矛盾，也要用真诚的态度与对方交流化解矛盾。只有真诚的奉献，才会收获友情；只有真诚的态度，才能使双方心心相印，友谊地久天长。

讲信用也是真诚的重要表现，大学生在人际交往中不但要诚实，不说谎，而且还要“言必信，行必果”。孔子言：“民无信不立，与朋友交，言而有信。”与守信的人交往才有安全感，如果在交往中不讲信用，会影响到交往的继续和深入。守信就是要求我们在人际交往中一要守时，在约定的时间、地点赴约，绝不拖延迟到；二是要守约，与人约定的事情和答应他人的事一定要说到做到。如果没有把握不轻易许诺，一旦许下诺言应努力兑现。否则“骗人一次，终身无友”，你会永远失去别人的信任。

自我表露是把自己私人性的方面显示给他人。阿特曼等人发现，良好的人际关系是在自我暴露逐渐增加的过程中发展起来的。随着信任程度和接纳程度的提高，交往的双方会越来越多地表露自己。

但值得注意的是，真诚信用也要讲究度，否则会适得其反。如在社交场合，有的大学生不管对象如何，不管他人是否愿意倾听，都一味地倾吐自己所有的真心；或者一味地“实话实说”，把对方的缺点和不足全部说出来。这些做法都是对真诚的错误理解。在真诚的同时也要尊重他人，如果他人不愿意听，那就没有必要讲。如果对方存在缺点、缺陷和不足，可以用委婉的方式提出来。如果是一些不涉及道德的问题或非原则性的问题如对方的穿着打扮等，也可以避而不谈，这并不是虚伪，而是真诚在礼貌中的体现。

2. 充满自信，平等尊重原则

在交往中要充满自信，才能赢得别人的信任。平等尊重是人际之间建立感情的基础，是建立良好人际关系的前提，也是保持良好人际关系的诀窍。平等和尊重相辅相成，平等是尊重的表现，而尊重也是平等的要求。平等待人的原则就是要求人们在交往过程中要学会将心比心，学会换位思考，正如孔子所说的，“己欲立而立人，己欲达而达人”，“己所不欲，勿施于人”。只有平等待人，才能换取别人对自己的平等相待。

大学生在家庭背景、气质和性格、知识和能力等方面都存在差异，但在人格上和法律地位上是平等的，平等尊重是大学生交往的最基本要求。但在现实中，往往经济条件好的同学看不起经济条件差的同学、长相好的同学看不起长相一般的同学、学习成绩优秀的同学看不起学习成绩落后的同学、能力强的学生干部看不起一般的同学等。平等尊重原则就是要求在交往中不以家庭条件、地位和权势压人，不以相貌、学习成绩和能力排斥人。那些以自我为中心、盛气凌人、目中无人的人往往没有和谐关系和真心朋友。因此，大学生要以平等姿态与人相处、相互尊重。只有彼此心理平衡，人际关系才会协调和融洽。

坚持平等尊重原则不仅对他人，而且对自己，即要自尊。有的人为了尊重他人，卑躬屈膝、低三下四，这是不自尊的表现，同样不利于人际交往。自尊就是在人际交往中自重自爱，维护自己的人格和正当权益，避免给人懦弱、自卑、屈从的印象，从而影响人际进一步交往。

3. 互相帮助，互利互惠原则

互助是人际交往的必然要求。交往是一种特殊的人类行为，从心理学的角度来看，交往行为的发生总是源于一定的动机，这个内在动机就是期望着通过交往“获得众人的支持”。既然每个人在交往的过程中都期待着“获得众人的支持”，那就必定要从我做起去支持别人，互助就成为交往的必然要求。

任何人都有着保护自己心理平衡的倾向，都要求自身同他人的关系保持某种合理性。当别人表示出友好、接纳、支持，我们感到应该对别人报以相应的友好，否则就显得不合理。同样的，如果我们的友好行为被别人接纳后，我们也希望别人有相应的回报，否则我们也会觉得不合理，并对对方产生心理排斥。因此，人际交往中既讲究利他也讲究利己，只有礼尚往来，使交往的双方都获得满足感，才能使人际交往维持下去。

研究者巴克曼等人做过一个实验：让互不相识的被试组成一个讨论小组。研究者告诉每一位被试，小组里有几个人特别喜欢他。事实上，这些信息是假的。在经过一次讨论后，研究者告诉被试有可能解散小组而组成两人小组进行讨论，然后要求被试指出，他喜欢和哪个成员配成两人小组。结果表明，被试选择的是研究者指出的喜欢他的成员。这说明了，在人们相互作用过程中，存在着“喜欢的回报”的现象。即别人对我们好，我们也会相应地对别人好，反过来，如果我们为别人付出了，也希望得到别人的回报。

大学生远离家庭，在生活、学习、情感等各方面都会遇到各种问题和困难。同学之间应发扬“能帮就帮”的精神，相互支持。所谓“患难见真情”，在他人困难的时候，主动伸出援助之手，往往会赢得朋友，在自己遇到困难时他人也才愿意提供帮助。如果他人在困难时帮助了我们，我们也应该铭记在心，“滴水之恩，涌泉相报”，懂得感恩的人才能再次得到他人的信任和帮助。

4. 严于律己，宽容理解原则

世界上没有两片完全相同的叶子，人更是如此。由于每个人的成长经历、生活习惯和价值观念等方面存在差异，在交往中相互之间难免会产生矛盾和误会。这就要求我们学会宽容他人、理解他人、体谅他人。所谓宽容，就是心胸宽广，忍耐性强，对非原则性的问题不斤斤计较，不咄咄逼人，能够以德报怨。理解即能感同身受，知道他人的处境和心情，从对方的角度为对方着想。孟子说：“人之相识，贵在相知；人之相知，贵在知心。”宽容和理解是我们争取朋友的重要法宝，懂得宽容和理解的人才能获得真正、长久的友谊，那些求全责备、心胸狭窄之人只会让人都敬而远之。

宽容和理解不仅能扩大交往空间，消除人际间的紧张和矛盾，更是人性的一种光辉。宽容就像一支火炬点亮了别人的生活，也照亮了自己的心田，它让我们对大自然和人类都充满着理解、充满着信心和希望。但宽容并不意味着害怕、软弱，它是有度量的一种表现，是一种崇高的境界，在宽容他人的同时，我们自己也能体会一种超然和快乐。马加爵在法庭上的最后陈述也许能让我们从中悟出些做人要宽容的道理：“尊敬的审判长、审判员、陪审员：谢谢你们，我这个案子的受害者很多，其实我觉得最大的受害者是我的家人，我再也不能报答父母的养育之恩了。我作案的手段确实极其残忍，给很多受害者家属带来了巨大的伤害，我不会逃避责任。我不知道说什么——我希望他们从悲哀中走出来，好好地活下去。我也希望同龄人从我身上吸取教训，凡事想开一些。”

四、影响人际交往的因素

（一）个人特质因素

1. 外表相似性因素

外表和容貌对初次交往的人来说，是个重要的吸引因素，特别是在与异性交往时表现尤为显著。两个人在进行交谈以前，往往是根据交往者的外貌特征来估价他，形成肯定或否定的印象，从而影响了以后相互之间关系的发展。

实验一：美国心理学家沃尔斯特等人让男女大学生各332名相互组对进行了两个半小时的舞会，舞会结束时，询问学生是否希望再次同对方进行约会，结果表明，对方外表越吸引人，就越容易得到肯定的回答。

实验二：美国心理学家戴恩等研究者给大学生们看三个人的照片：一个外貌漂亮，一个相貌平平，一个相貌丑陋。然后要求被试估计他们三人未来是否幸福，结果发现，外貌具有吸引力的人得到了更多的肯定回答。

还有的研究表明，几个月大的婴儿就对漂亮阿姨的照片关注的时间比对不漂亮阿姨的照片关注的时间长。

为什么漂亮的人会更受人喜欢？

爱美之心，人皆有之。无论是男还是女，大家开始都比较喜欢容貌姣好的人，容貌姣好自然也容易吸引别人的注意，从而得到他人的赞赏和追求，容易形成特殊的人际关系；当然，拥有良好长相的人由于听到赞赏的话过多，他们也容易产生错误的自我意象，从而看不起一般同学，也容易导致人际关系不好。

2. 才华和能力因素

研究表明，在其他条件都相同的情况下，有才能的人容易受到人们的喜爱。因为人们认为与有才能的人在一起，可以得到更多的指导，少犯错误，觉得更安全些。

实验：美国社会心理学家阿伦森等研究者在1970年让被试听四个人的讲话录音，这四个人是：

A. 一个能力超凡的人（完人）；
B. 一个犯过错误的能力超凡的人；
C. 一个平庸的人；
D. 一个犯过错误的平庸的人。

然后要被试对四个人的可接受程度进行评价，结果表明：犯过错误、能力超凡的人被认为是最有吸引力。犯过错误的平庸的人被认为最无吸引力。十全十美的人的吸引力排第二。

能力非凡可以使一个人富有吸引力，犯错误使他同普通人更接近，使其吸引力又增加了一层。阿伦森将这一发现称之为“犯错误效应”。

犯错误效应还受性别和自尊心的影响。大多数男性更喜欢犯错误的能力超凡的男人，女性则喜爱无错误而能力非凡的完人；有中等程度自尊的人喜欢犯了错误而又能力非凡的人，自尊心很强或很弱的人喜欢那些没有犯错误的能力超凡的完人。

3. 人格魅力因素

比起容貌和才能，个性品质具有无与伦比的吸引力，而且这种吸引力持久、稳定、深刻。实际生活中我们有这样的体会，只有心灵美的人才会真正受人欢迎和喜爱。

实验：美国心理学家安德森列出555个描写人个性的形容词，有受人喜欢的，也有使人厌恶的。结果表明，被试者评价最高的品质是真诚和真实，而评价最低的是虚伪和说谎。

在我们对大学生所做的调查中也发现，大学生对他人真诚的期望是最高的。个性品质实际上是个体人格美的具体体现，比起容貌的效应，心灵美才是经久不衰的。研究表明，在交往初期，外表和容貌起着重要的作用，但随着交往的深入，那些具有良好的个性品质的人才真正受人欢迎和喜爱。与有良好的个性品质的人在一起能让人感觉到安全、舒适和快乐。因此，大学生应不断完善自己的个性，增强人格魅力，做一个受人欢迎的人。

（二）时空接近因素

美国心理学家费斯廷格对住宅楼居民的调查显示：居住距离越近的人，交往的次数越多，关系也越密切。此后其他的心理学家也做过类似的研究，结论与此相似。可见，邻近性能提高喜欢的程度，容易建立和发展良好的人际关系。

大学生人际关系形成和存在的根本条件就是大学生个体的时空接近。日常生活中与他人接触的机会越多，就越容易产生人际关系。宿舍中，由于舍友之间朝夕相处，就容易建立人际关系；班级中，由于同学之间一起上课学习，也容易建立人际关系；社团中，由于共同的活动，也容易建立人际关系。因此，时空接近是大学生彼此了解和认识的前提。

（三）态度相似性因素

相似性包括态度（信念、兴趣、爱好、价值观等）、年龄、性别、职业、经历等的相似，其中态度的相似是最具吸引力的。这正说明了“物以类聚，人以群分”，“志不同，道不合，不相与谋”的道理。

研究者让互不相识的 17 名大学生住在同一间宿舍里，对他们的亲密化过程进行了近 4 个月的追踪研究，实验前调查了他们的态度，然后调查哪个跟哪个结成朋友。结果发现，在见面初期，多是住在附近的人成为好伙伴，随着时间的推移，态度相似的人逐渐成为了好朋友。大学生之间态度相似，就会有更多的共同观念和志趣，容易相处和交流；如果彼此之间态度不同，则难以找到共同的话题，甚至产生冲突，使人际关系失和。

（四）需求互补性因素

人们需求的互补性是指双方在交往过程中获得互相满足的心理状态。当双方的需求或个性能互补时，就能形成强烈的吸引力。例如一个有支配性格的人容易和被动型的人相处。这是因为彼此之间可以取长补短，互相满足对方的需求。

一般而言，人际关系中的互补因素，其作用多发生在交情较深的朋友、恋人、夫妻间。心理学家克切霍夫等人研究了从朋友到夫妻的过程中不同的人际吸引因素所起的作用。他们发现：初交时，距离因素、外貌因素及社会资源（如经济地位、职业、学历、文化背景等）更具吸引力。结交后，态度、信仰、价值观、人生观、世界观等方面的相似显得更为重要；而到了友谊和婚姻阶段，人格特质互补、需求互补则具有举足轻重的作用。

大学生的需求多种多样，需求的互补成为个体交往的动机，是个体形成合作的人际关系的保障。否则，就不利于人际关系的长久和稳定。

第二节　人际沟通与交往技巧

一、人际交往的心理效应

（一）首因效应

首因，即最初的印象，或称第一印象。有谁不愿意给别人留下深刻、美好的印象呢？人际交往中，人们往往注意最开始接触到的细节，如对方的表情、身材、容貌等，而对后来接触的细节不太注意。这种由先前的信息而形成的最初印象及其对后来信息的影响，就是首因效应，首因效应有“先入为主”的效果。现实生活中，人人都切身体会过首因效应，有人为不良的第一印象的消极影响而摇头叹息，有人为良好的第一印象的积极作用而洋洋自得，有人为盲目“一见钟情”大呼上当，更有些人为初次见面后的错失良机而追悔莫及。

第一印象赖以产生的信息是有限的，因而不一定是真实、可靠的。由于认知具有综合性，随着时间的变化、认识的深入，人完全可以把这些不完全的信息贯穿起来，用思维填补空缺，形成一定程度的整体印象。首因效应固然重要，但“路遥知马力，日久见人心”。

首因效应在人际交往中的作用不容忽视，我们要积极对待，发挥自身优势，避免不足，努力在交往对象心目中留下较好的印象。

努力展示自己最吸引人的品质，展现自己的得意之处。因为人们常常会因为第一印象而产生以点概面的心理。

学习、掌握一些基本的人际交往技能、策略、方法，善于在交往中多微笑、多表扬、多赞美、多给予对方肯定的评价。

在平常生活中培养自己良好的个性品质，尽量避免不良品质的出现。

（二）近因效应

近因，即最后的印象，是指在交往的过程中，最新得到的信息比以前得到的信息对于交往活动有着更大的影响。最后留下的印象，往往是最深的印象，这也就是心理学上所阐释的后摄作用。

首因效应与近因效应不是对立的，而是一个问题的两个方面。在大学生的人际交往中，第一印象固然重要，最后的印象也是不可忽视的。对陌生人的认知中，首因效应比较明显；近因效应相对于首因效应而言，近因效应主要产生于熟悉的人之间，影响着已经发展的交往。有时一个小的消息会使人们多年印象发生质的改变；有时，多年的友谊会因一次口误而导致分裂。因此，认真对待与朋友的每一次交往，切不可因是老朋友而忘乎所以。这就告诉我们，在与他人进行交往时，既要注意平时给对方留下的印象，也要注意给对方留下的第一印象和最后印象。

在交往的过程中，如果对方对我们产生了一点误会而改变了对我们的印象，要做到虚怀若谷，不要激化矛盾，在真诚与谦虚的基础上坦诚交谈，解除误会，改变近因效应的影响。

我们在结交新朋友时，应在重视首因效应的同时，努力维持并发展已经建立起来的友谊，减弱近因效应的负面影响，使交往稳定发展。

（三）晕轮效应

晕轮效应也称“光环效应”和“月晕效应”，指的是在人际交往中，人们常从对方所具有的某个特性而泛化到其他有关的一系列特性上，由局部信息形成一个完整的印象，即根据最少的情况对别人作出全面的结论。所谓“情人眼里出西施”、“爱屋及乌”，说的就是这种光环效应。这种效应往往容易导致对他人评价的片面性，要么“一好百好”，要么“一丑百丑”，“一叶障目，不见森林”。

光环效应实际上是个人主观推断泛化的结果。在光环效应状态下，一个人的优点或缺点也就隐退到光的背后而被视而不见了。在人际交往中，人们往往对外表有吸引力的人赋予较多理性人格特征，或为之预测美好的未来，例如，“那个人第一次见面彬彬有礼，对我关心备至，令我难忘”，“你的气质好，将来求职就业一定没有问题”，等等。人们经常抱着“肯定一切”或“否定一切”的偏见与别人交往，说他好时就好得不得了；说他不好时就十恶不赦。很多情况下，晕轮效应都是在第一印象的基础上产生的。

（四）投射效应

投射效应指在人际交往中，形成对别人的印象时总是假设他人于自己有相同的倾向，即把自己的特性投射到其他人身上。“以小人之心，度君子之腹”，反映的就是投射效应的一个侧面。投射可分为两种类型。一种是个人没有意识到自己具有某些特性，而把这些特性加到他人身上。例如，一个对他人有敌意的同学，总感觉对方对自己怀有仇恨，似乎对方的一举一动都有挑衅的色彩。另一种是个人意识到自己的某些不称心的特性，而把这些特性加到他人身上。例如，在考场上，想作弊的同学总是感觉到其他同学也在作弊，倘若自己不作弊就吃亏了。通过这种投射，重新估价自己的不称心的特性，以求得心理暂时平衡。

（五）刻板印象

刻板印象是社会上对于某一类事物或人物的一种比较固定、概括而笼统的看法。主要表现为：在人际交往过程中主观、机械地将交往对象归于某一类人，不管他是否呈现出该类人的特征，都认为它是该类人的代表，进而把对该类人的评价加强于他。刻板印象作为一种固定化的认识，虽然有利于对某一些全体作出概括性的评价，但容易产生偏差，造成“先入为主”的成见，阻碍人与人之间深入、细致的认知。例如，很多人会有这种印象：上海人聪明伶俐、灵活多变；山东人豪爽风趣、人高马大。男生认为女生细心、胆小、娇气；女生则认为男生心粗、胆大、傲气。农村来的同学认为城市来的同学见多识广，但狡猾、小气；城市来的同学则认为农村来的同学孤陋寡闻，但忠厚、老实，等等。其实这是很早就沿袭下来的看法，传得久了，人们就形成了一种固定的看法，这就是刻板印象。

刻板印象有其积极的一面：①通过刻板印象认识他人，有助于简化认识过程，有利于对某一类人做出概括的了解。②刻板印象能帮助人们更有效地了解和应付周围的环境。比如，我们与陌生人打交道时要认识一个外向型的人，我们会马上从头脑中提取出这类人的一些特点，热情、大方、不拘小节等，这样就能事先做好准备，保证交往的顺利进行。

尽管如此，我们还是要多注意刻板印象带来的消极影响。在人际交往当中我们应当对刻板效应持什么样的态度呢？①认真对待他人的所有信息，不要臆断，不要轻举妄动。眼见为实，耳听为虚，在与别人交往时，应当掌握全面的感性材料，具体问题具体分析。②多参加交往，增强与不同群体之间的接触，这样可以通过亲眼所见，形成对他人的印象。

美国社会心理学家库克指出，要使相互接触的人之间消除他们的刻板印象，需要满足五个条件：①相互接触的平等地位。只有平等的交往，才可能进行有效的沟通，消除偏见。②个人认知的可能。个人之间有直接的交流机会，通过自我的认知活动，才能够形成自我的认识，产生新经验。③有偏见的人处于不带偏见的人群当中，他的正确态度有助于我们消除刻板印象。④群体接触的社会支持。⑤合作。两个人和两个群体的合作能达到和谐，并且达到真正的彼此认识。

二、人际沟通与交往技巧

与人交往是一门学问，更是一门艺术，需要在社交过程中不断学习，掌握社交技能，才能建立良好的人际关系，生活幸福，事业成功。

（一）树立良好形象

社会交往中，个体的知识水平与涵养直接影响着交往的效果。有人说，美丽是一张通行证。可见，爱美之心人皆有之。在生活中，尽管我们知道不要以貌取人，但在人际交往中我们却很难避免因美丽形象而产生晕轮效应和光环效应。既然不能避免他人以貌取人的认知偏差，那就要尽量改造自己的形象。美丽的晕轮效应在与陌生人见面时表现得特别突出，因此，建立良好的第一印象就显得非常重要。第一印象的好坏直接决定着交往发展的方向，甚至影响着是否继续交往的愿望。那么怎样才能给别人一个良好的第一印象呢？首先，要注意自己外在的形象，包括外貌、衣着打扮、风度等。仪表美的人特别容易吸引他人，因而在交往中要注意衣着得体，干净利落，不可不修边幅，邋遢随意。其次，要提高自身修养，包括一个人的道德品格、学识教养、处世态度等。饱满的精神状态、诚恳的待人态度、洒脱的仪表礼节、适当的行为神态、高雅的言辞谈吐等都会给人留下良好的第一印象。

此外，社会心理学家艾根总结出的SOLER模式为我们与陌生人的第一次交往提供了启示。S表示坐或站要面对别人；O表示姿势要自然放开；L表示身体微微前倾；E表示目光接触；R表示放松。从这个模式中，可以让人感受出“我很尊重你、对你很有兴趣、我内心是接纳你的、请随意”等信息，能给对方留下轻松良好的第一印象。

此外，在平时的交往中衣着打扮也要得体，符合大学生的身份，有朝气有活力，朴素而又不乏时尚。在重要的场合，也有必要着装庄重，女生可适当化淡妆，以示对他人的尊重。

（二）讲究谈话艺术

有的人谈吐不凡、幽默风趣，交谈中游刃有余，不仅让人口服还让人心服，这些人在人际交往中如鱼得水。而有的人，缺乏谈话艺术，不仅无法吸引别人，还可能出口伤人，破坏人际关系。谈话艺术很多，下面介绍对人际交往比较重要的几种谈话艺术。

1. 语言艺术

语言是人际交往的工具和媒介，在人际交往中有非常重要的作用。

称呼和礼貌用语。要根据不同的场合，不同的交往对象，选取最适当的交往用语。如怎样称呼对方，是否称呼正确，往往会影响交往的开展。称呼要根据对方的身份、年龄、职业等具体情况而定，如对老师可尊称为“×老师”。同学之间可以相对随意一些，可用一些昵称如“小玲”等，让人感觉比较亲切。对长辈应尊称为“您”以示尊敬。见面时说一声“你好!”，或者“早上好!”“下午好!”等表示问候。主动与他人打招呼会让人觉得你关注他和重视他，这也是基本的礼貌。

交谈中适度辅以非语言动作。如使用表情来表达自己的喜怒哀乐，使用手势和姿势来强化信息的效果，表达自己内心的情感等。通过非语言动作来辅助语言，一方面可以加强语言效果，另一方面也会让人感觉这个人是比较灵活的，充满激情和活力的，从而给人留下深刻的印象。当然，使用非语言动作也要适度，以免让人觉得矫揉造作。

从前，有个青年骑马赶路，时近黄昏，忽见一位老汉从路边经过，他便在马上高喊：“喂！老头儿，离客店还有多远？”老汉回答：“五里!”青年策马飞奔，急赶十多里，仍然不见人烟。他暗想：这老头儿真可恶，说谎话骗人，非得回去教训他一下不可。他一边想，一边自言自语：“五里，五里，什么五里!”猛然，他醒悟过来，这“五里”，不就是“无礼”的谐音吗？于是掉转马头往回赶，追上老人，翻身下马，亲热地叫了声：“老大爷”，话没说完，老人便说：“客店已走过去，如不嫌弃，可到我家一住。”

2. 赞扬艺术

美国作家马克·吐温曾经说过：“只凭一句赞美的话，我就可以快乐两个月。”美国心理学家威廉·詹姆士也说：“人类本质中最殷切的需求是渴望被肯定。”的确，赞美可以让平凡的生活变得美丽，赞美可以激发人的自豪感和上进心。赞美能让对方获得快乐，也让自己获得快乐，赞美是协调人际关系的润滑剂。

然而我们却容易忽略甚至吝啬赞美别人。或许我们的自然倾向是寻找他人的缺陷，如果赞扬了别人那就贬低了自己。所以，在我们生活中最让人渴望而不用花钱费力就能给予的"赞赏"却不多见。

其实，任何愚人都会反对和批评别人，而只有智者和伟人才会赞扬别人，尤其是当对方犯错误时，他们更知道赞同别人的重要性。会赞扬别人是一种能力，并不是每个人天生就会的。有的人想赞扬别人，但是缺乏技巧，达不到目的，有时甚至弄巧成拙。赞扬的关键在于真诚、准确和具体实在，要恰到好处，过度的赞扬会让人反感。

每个人都有其不足，每个人也都有其所长。赞扬别人要善于发现别人最微小的长处，赞美的话语越翔实具体，越说明你对对方感兴趣，越看重他的长处和成绩。最有效的赞赏是赞扬他人身上那些并不是显而易见的长处和优点，这比夸奖人人皆知的优点更有效果。

3. 批评艺术

一般情况下，应多赞扬，少批评。如果非批评不可，也应该讲究技巧。

首先，批评应注意场合。每个人都有自尊，都爱面子。如果在大庭广众下批评别人，对方可能首先意识到的是自己的形象和自尊受到了损害。因此，他会马上以敌视的态度发出反击以保护自尊心。这样，批评不仅收不到效果，反而会增加对方的反感和抵触，还很可能导致双方关系的破裂。所以，批评应尽量避免有其他人在场。

其次，批评之前先赞扬。先赞扬然后提出批评往往能收到很好的效果。赞扬可以提高对方的自信和自尊，让对方感觉到真诚和愉悦，迅速地拉近了双方的心理距离。赞扬和肯定之后才诚恳地提出批评，这样对方会觉得你对他的评价是全面的，既看到了缺点也看到了优点，对方往往更容易接受。

再次，批评要讲究态度，对事不对人。有的人在批评别人时，同时对他人的能力、人品发起攻击，讽刺和挖苦他人，让对方无地自容，严重地打击了对方的自尊心和自信心。这样的批评很难收到效果，还很容易激怒对方。即使是上下级的关系，批评也应该对事不对人，否则就算是口服了也不一定心服。如果你先肯定其能力、人品，然后指出具体方面的错误，对方往往容易接受。如"依你的能力，你应该可以做得更好的。""依你的人品，你不该说出这样的话。""你什么都好，怎么这一点就做不好呢？"

如果他人批评了我们，我们也应该理性分析。如果这种批评是出于好意且意见中肯，我们应该虚心接受，改正自己的不足，完善自我。如果他人的批评是无理的，我们也不妨大度一点，先感谢对方，然后说出理由，或者置之不理就可以了，大可不必与人争论不休。

4. 拒绝艺术

很多人都不敢说"不"，被迫同意每个请求，即使自己没有时间也拒绝不了别人的请求。三毛曾说过："假如把一切都献给了别人，那么你一生就虐待了一个生灵——那就是你自己！"因此，要学会拒绝别人，千万别为难自己。其实学会委婉地拒绝同样可以赢得他人对你的尊敬。那么，怎样才能不伤害对方自尊，又能达到拒绝的目的呢？

首先，拒绝他人要注意场合。在拒绝别人时，最好不要在大庭广众之下或者有第三者在场，这样容易给对方带来难堪，伤害他的自尊心。

第二，拒绝别人之前要耐心听取对方的要求，即使你在他述说的中途就可以判断必须拒绝，也要认真听完他的话，一方面可以确切了解请求内容，另一方面也是尊重请求者。

第三，拒绝请求时，最好有充分的理由。充分的理由能让对方感觉你的拒绝合情合理，或者确实心有余而力不足。这样对方就能理解你的难处，不至于破坏双方关系，当然，也并非所有拒绝都需要理由，对于无理要求，也可以直接拒绝或者用善意的谎言加以拒绝。

第四，在拒绝请求时，要注意态度。拒绝别人时，语言要委婉，最好是感谢请求者对你的信任然后表示歉意。当然，拒绝别人时态度也要坚定，不要优柔寡断。

第五，区分拒绝与排斥。拒绝他人的请求，而不是排斥他人，同时应将此信息传递给对方。如果能为请求者提供解决问题的其他可行途径的话，那么对方也会铭记在心。

5. 求助艺术

人不可能独立完成每一件事情，不管大事小事都有可能需要他人的协助。如果在求助他人时不讲究技巧，就可能遭受拒绝。那么，求助要注意什么呢？

第一，要注意求助用语。无论请求别人做什么，都应该“请”字当先。除了“请”之外，还可以使用“劳驾”、“有劳您”、“麻烦您”等一些词语。甚至还可以先表歉意，再提出请求，这样更容易让人接受。如：“对不起，请问……”、“很抱歉，能不能麻烦您……”等。这些看似简单的请求语，实际上却反映了一个人的修养，也反映了人与人之间应该具有的相互尊重和相互平等的关系。所以，大学生一定要养成多用请求语的良好习惯。即使是请求熟悉的人帮忙，即使是举手之劳，只要是需要他人为你做事，都应当多用“请”字。

第二，要注意求助的态度。良好的求助态度有两层含义：一是向人提出请求时，无须低声下气，丧失自己的人格和尊严。二是向人提出请求时不能居高临下，更不能威胁他人。正确的求助态度是谦卑，语气恳切，平等相待。因为你提出请求，对方并没有义务一定要帮助你。即使是你邀请他人，也没必要摆出一副施恩于人的样子。而很多人容易忽视这一点，尤其是对熟悉的人，明明是自己在求人，却像是要求别人，这自然会令对方感到不平衡甚至因此而拒绝提供帮助。

第三，要注意求助的场合和对方的心境。有的人不注意场合就向别人提出请求，会让人左右为难。如果迫于压力答应了你，他的心里也会觉得不舒畅。另外，求助他人时，也要注意求助对象的心境，如果对方心情很好，此时提出合理的请求，往往能够得到应允，如果在他人心情不好时提出，则往往“凶多吉少”。另外还要注意的是，求助的理由要充分有力，能让人觉得你的请求是合理的、迫切的。

如果你的请求被对方拒绝，也应当表示理解，不能强人所难，更不能因此而怀恨在心。接受请求与不接受请求是别人的自由，并且你必须同样表示谢意，否则是失礼的表现。

6. 把握交谈对象的艺术

俗话说：“到什么山唱什么歌。”人际交往也是如此，我们要根据不同的交往对象的特点采取不同的交谈策略。

第一，要注意对方的身份。在与师长或身份、地位比自己高的人交往时，要表现出尊敬。可以向他们请教一些问题，以示你的谦逊和对他的关注和尊敬。与同辈交往时则讲究亲切、交流和分享。与晚辈交往时要表现出亲切和关爱，不要一副高高在上的样子。

第二，要根据对方特点，寻找谈话内容。如根据对方的职业、家乡或对方感兴趣和熟悉的事情选择话题，这样可以让对方有话可谈。交谈最忌讳的是谈及对方的痛苦和隐私。如果不是对方主动提出，不要谈及让对方难堪的事情。如果对方是个内向、自卑或不善言谈的人，我们可适当进行自我表露。心理学研究表明，适当的自我表露可以引发对方也做自我表露。比如，我们可以先介绍自己或谈自己的感受，对方很可能也会按照我们的模式来谈他的情况，交谈的话题就会越来越多，越来越深入。

（三）把握交往的时空距离

人际交往反映的是一种心理距离，这种心理距离通过交往的时空距离表现出来。时空距离接近表示交往双方亲密融洽，距离远则表示对彼此的态度和情感也比较疏远。如果不能准确把握双方关系的状态和质量，就有可能把握不好交往的时空距离，也不利于人际交往的顺利进行。如一个人与你初次见面，便无话不谈，勾肩搭背，你一定会感觉不自在；而平时与你要好的朋友见到你时总是站在远远的地方不靠近你，你一定会觉得他有意疏远你或者产生了某种误会。因此，交往中要讲究时空距离。

1. 讲究空间距离

有人说，人就像冬天的刺猬，相互之间太近了刺人，远了又觉得孤独和寒冷。那么什么样的空间距离是最合适的呢？美国人类学家爱德华·霍尔划分了人际交往的四种距离：与亲人、恋人等交往的亲密距离可以在44厘米之内；与熟人、朋友等交往的个人距离约在45厘米至1米之间；正式的社交距离的范围近可1米左右，远可3米以上；而公众距离一般都在3米以外。所以，交往时要依据双方的亲密程度和社交场合来确定空间距离，否则就会给他人造成压力和误会。

2. 讲究时间距离

讲究时间距离主要是指交流时间的长短和交流次数的多少。一方面时间距离可以根据关系的亲疏状态来确定。交往之初，若非工作或其他原因，交流的时间不宜太长、交流的次数不宜太多。如果是交情较深，或比较熟悉的人，则交流的时间可以适当长，交流的次数也可以多一些。另一方面，无论交往双方关系如何，都要尊重对方的私人时间。每个人都希望有自己的空间，即便是亲密无间的好友或恋人亦是如此。有的人认为自己与对方的关系不错，就希望时刻与对方待在一起，做什么事情都需要对方陪伴，也不给他去做自己的事情。这就很容易让对方感觉失去了自我空间，觉得跟你交往不安全、不愉快和不自由，渐渐地也就失去了吸引力。适当的交往时间距离是使交往双方保有个性、尊严、富有魅力、生活愉快的，能让相互间产生渴求和不满足感，这就是所谓的“距离美”。

3. 讲究先淡后浓，先疏后密，先远后近的交友之道

人与人的交往都有一个过程，都需要经历由陌生到熟悉的过程。如果在交往中寻求速度，在双方接触不多、了解不多、交情不深的情况下，就急切地想使感情升温，这样的感情往往是不可靠的。俗话说，日久见真情，只有那些经历过时间的磨练而仍然能保持下来的情感才能长久，才最显珍贵。所以当我们感觉与他人一见如故或一见钟情时，也应保持一定的理智，用适当的时空距离去考验感情，这是对双方的一种尊重。

（四）人际交往的基础技巧

1. 寒暄技巧

寒暄的主要作用在于交流感情，向对方表示友好的态度。一般来说，与生人见面，只宜作一般性的寒暄，如问候、互通姓名、相互介绍、谈论一些无关紧要的话题，绝对避开引起争论的话题；与老熟人见面，寒暄要体现与对方的相知，以及对对方的关心；在社交中，应避免涉及个人隐私的问题，如年龄、婚否、经历、收入、住址等。寒暄的方式可以采取问候式、言他式、触景生情式，应尽量注意下列情况：对于不知道的事，不要冒充内行，不懂装懂；对于朋友的失败、缺陷和隐私，不要议论；对于容易引起争执的话题，尽量避免；不要到处发牢骚。

2. 寻找双方共同点

人们都喜欢与志同道合、秉性相投、情趣一致的人友好相处，在交往中，应尽量寻找双方的共同点。寻找共同点的方法有巧借地缘关系、利用共同情趣、利用第三者、尽量与对方一致、寻找共同话题等。

3. 文明礼貌言语

交往中语言能做到文明礼貌，给对方留下修养好的印象，使双方感情很快融洽起来。在社交中，说话时应注意以下几点：把“请”和“您”字常挂嘴边；多用表示敬意的称呼语；在个人的言行举止有损于别人或可能给别人带来不悦时，要及时表示歉意；多用商量的口气；多用感谢语。

4. 经常保持微笑

微笑是社交中最富吸引力、最有价值的面部表情，表现人际关系中友善、诚信、谦恭、和蔼、融洽等感情，微笑具有传递感情、沟通心灵、征服对方的作用，因此在交往中，要学会保持衷心的微笑。英国解剖学家查尔斯·贝尔曾经这样说过：微笑是“最容易辨别的表情……在150英尺远的地方，人们只能看出微笑和惊讶两种表情，而只有微笑能在300英尺之外看得出来。”可见，微笑是最吸引人的一种面部表情。微笑还是不用翻译的世界语言。微笑并不费劲，但它却能产生无穷魅力；微笑转瞬即逝，却能给人留下永久的回忆。请人帮忙时，微笑能事半功倍；感谢别人时，微笑会锦上添花；心情郁闷时，微笑能解除烦恼；开心快乐时，微笑会倍感愉悦。微笑可以使初交者感受到亲切和友善，使朋友间体会到信任和支持，还会使对立者感受到谅解和宽容。有时候，“人缘”的获得就是这样“廉价”而简单。

为什么微笑具有如此大的魔力？因为微笑表达着善良、友好、热情的信息，它让人感觉真心实意，使人在交往中自然放松，不知不觉地缩短了心理距离。面露平和欢愉的微笑，说明心情愉快，充实满足，乐观向上，善待人生，这样的人才会更具魅力。

微笑是一张最美丽的名片，而保持微笑还是一种修养。大学生朝气蓬勃，如果还能时刻保持微笑，将更具感染力。但需要注意的是，微笑必须是真诚的、自然的、发自内心的。

5. 真诚赞美他人

人人都渴望被人肯定，渴望赞美，赞美在交往中起着润滑剂的作用，赞美就是鼓励。赞美的技巧有：谈别人的光荣史；赞美要符合实际，明确具体；假别人之口或适当场合赞美别人；能当面赞美的还是应该当面赞美；不要嫉妒别人。

有一位心理医生在银行排队取款时，看到前面有一位老先生满脸愁苦，有人稍碰撞他一下，他就骂人。心理医生心想，这位老人心情不好，我要让他开朗起来，他就不会以这种不满的态度对待别人了。于是，心理医生一边排队一边寻找老先生的优点，终于他看到，老先生虽驼背哈腰，却长着一头漂亮的头发，于是当这位老先生办完事情走到心理医生面前时，心理医生衷心地赞到：“先生，你的头发真漂亮！”老先生一向以一头漂亮的头发而自豪，听到心理医生的赞美非常高兴，顿时面容开朗、精神焕发起来。可见，一句简单的赞美给别人带来了多大的心理满足。

6. 设身处地

人有各种心理需求，在与人交往时，应设身处地为对方考虑。具体技巧为：从对方的需求出发；能理解别人；帮助朋友渡过难关；宁可自己吃亏，也不能让朋友受损；宽容别人；注意避讳。

7. 避免争论

人际交往中，人们都喜欢与自己意见一致的人，争论很容易伤感情，而且一般交往中的争论是无结果的。因此，应尽量避免争论。避免争论的技巧有：努力谋求与对方一致；得饶人处且饶人；礼让对方；不随便插话。

8. 善于倾听

倾听是人们相互沟通的重要能力，倾听是了解他人、接纳他人的体现。成为一个好的倾听者的技巧有：澄清对方说话的意思，不作评判式的倾听；做出积极的反馈；运用肢体语言，如眼神交流、躯体前倾表示感兴趣、关心等。一位作家说：很少有人能经得起别人专心听讲所给予的暗示性赞美。可见，倾听在交谈中的作用非常大，那些善于倾听的人为良好人际关系的建立和维持提供了重要条件。

很多人在谈话中常常会有一种冲动，那就是很想把溜到嘴边的话讲出来，甚至急不可待地打断对方的谈话。有的人话匣子一打开，逞口舌之快，就再也收不住了，既不允许别人插嘴，也不在乎别人是否感兴趣。这会给人一种自我中心，不尊重他人的印象。因为交谈的每一个人，对他自己的需求和问题会更感兴趣。

如果我们在交谈中能仔细倾听他人的叙述，就会让人感觉到友好、尊重与肯定，会极大地保护对方的自尊心，从而加深了彼此的感情。有的人认为，耐心而认真地倾听别人讲话是委曲求全，这种观点是错误的。倾听不仅可以让我们增长知识和经验，深刻地了解他人，在冲突产生时认真地倾听还何以化干戈为玉帛。

需要注意的是，倾听不是被动的接收，而是一种支持性地倾听，是有反馈的引导和鼓励。通过言语和表情告诉对方你能理解对方的描述和感受，可以使对方受到鼓舞。比如倾听时表情要专注，目光要适度地正视别人，不要东张西望，心不在焉。倾听过程中可以点头，还可以配以一些简单的语言，如“对”、“是的”等词语表示你的赞同。另外，不要轻易打断别人的谈话，应等别人说完后再提问或发表自己的见解。如果实在觉得对方说得太多，自己不想听，也应该以委婉的方式转移话题。当对方向你倾诉他的痛苦时，更应该以听为主，不宜自己滔滔不绝，让对方倾诉和发泄情绪往往比劝慰效果更好。具体技巧如下。

① 要有一定的面部表情。一个有效的倾听者，应通过自己的身体语言表明对谈话内容的兴趣，肯定性点头、适宜的表情并辅之以恰当的目光接触，无疑显示你正在用心倾听。

② 少一些不耐烦的动作。看手表、翻报纸、玩弄钢笔等动作，表你很厌倦，对交谈不感兴趣，不予以关注。

③ 不能盛气凌人。交叉胳膊和腿是一种封闭性的姿态，会显得倾听者气势较盛，应通过面部表情和身体姿势表现出开放交流的姿态，必要时上身前倾，面对对方，去掉双方之间的阻隔物。

④ 不可以随意打断。在别人尚未说完之前，尽量不要做出反应。在别人思考时，先不要臆测。仔细倾听，让别人说完，你再发表自己的看法。

⑤ 不能指手画脚地训导。有时候，倾诉者只是想说出事情，并非寻求帮助。倾听者应避免说“你应该……，而不应该……”，这样会让别人体会到某种不平等。所以，应该用安慰性的语言与倾诉者交流。

9. 消除交往障碍

个人的一些不良习惯会影响交往的顺利进行，因此为避免出现交往障碍，应做到以下几个方面：遵守规则、改变不好习惯、避免言谈失礼、依赖朋友要适度、妥善处理“小钱”、克服嫉妒心理、建立合理的观念。

三、增强人际吸引力的方法

1. 提高个人修养，拥有受人欢迎的品质

为了获得良好的人际的关系，变成一个受人欢迎的人，要努力提高个人修养，下列是13个最受人们欢迎的品质：和蔼、给予、品德、愉快、勇气、果断、尊严、克已、热情、文雅、谦虚、耐心、守时。大学生常见的个性缺陷有：自我中心、自私自利、为人虚伪、不尊重人、报复心理、嫉妒心理、猜疑心理、苛求别人、过分自卑、骄傲自满、孤独固执等。

这些不良的个性特征或缺陷容易给对方以不良的评价、不愉快的感受和不安全感，从而影响人际交往。如以自我为中心的人往往只考虑自己的感受，只关注自己的利益，对人对事缺乏客观分析；自尊心过强、为人固执，不能容忍不同的意见；内心容易嫉妒，说话尖酸刻薄，常与他人产生摩擦和冲突。

2. 讲究社交礼节

讲究社交礼节就是讲礼貌。社交礼节包括：社交场所的说话礼节、登门拜访的礼节、时常露出微笑、自我介绍礼节等。

3. 主动交往

人际交往中无吸引力的一个重要原因是被动交往。被动交往的原因有缺乏交往的意识、自我评价过低、缺乏交往技能等。我们应对照自身情况，克服上述问题，变被动交往为主动交往。列出被动交往的不利之处和自身感受，主动交往的有益之处；尝试几次主动交往，看看自己的感受是否变得积极了；先从主动与人打招呼开始；主动邀请别人来家做客；事先充分准备等。

4. 掌握沟通技巧

眼睛、姿势、面部表情、仪容、穿着、声音都可成为沟通的桥梁。适当运用以下技巧有助于有效交流：注意眼神交流、改善姿势和动作、善用手势和动作、善用手势和表情、留意仪容、善用声音、改善用语习惯、吸引听者、加强幽默感等。

知识要点

1. 人际沟通是个体与个体之间的信息以及情感、需要、态度等心理因素的传递与交流过程，是一种直接的沟通形式，即人与人之间传递信息、沟通思想和交流情感的过程。

正式沟通网络一般有五种形式，即圆周式、链式、Y式、轮式和全通道式。

非正式沟通网络主要有四种典型形式，单线式、流言式、偶然式、集束式。

2. 人际交往是指人与人之间在心理上、情感上和行为上的直接或间接的相互作用和相互影响。

影响人际交往的因素有个人特质、时空接近、态度相似、需求互补。

影响人际交往的心理效应有首因效应、近因效应、晕轮效应、投射效应、刻板印象。

阅读材料

批评的艺术

著名教育家陶行知的“四块糖”的教育批评艺术能给我们深刻的启示：陶行知发现一男同学用泥块想砸另一个同学，他随即制止并责令他放学后去校长室。放学后，陶行知来到校长室，见该同学已先到了，便掏出一块糖递给他：“这是奖励你的，因为你比我先到了。”接着又掏出一块糖给他：“这也是奖给你的，我不让你打同学，你立即就住手了，说明你尊重我。”陶行知又掏出第三块糖：“我调查过了，你砸同学，是因为他们欺负女生。这说明你有正义感。”这时学生哭了：“校长，我错了，我砸的不是坏人，而是我的同学呀……”陶行知满意地笑了，他随即掏出第四块糖果递过去：“你已经认错了，再奖给你一块糖。我的糖发完了，我们的谈话也该结束了。”

如何与这样的室友相处？

小蔡，女，大二学生。主诉：有个室友比较争强好胜，刚开始大家相处得还可以，可接触久了才发现，她什么都很要强，容不得别人说她的不是。比如她上厕所后很多时候忘了冲水，忘记关灯。我已经帮她关过很多次灯了。有一次，她又没有关灯，我就随口说了句："你怎么总不关灯啊?"她就用很强硬的口吻说："每次？太夸张了吧？你还说我，你还不是一样！"我反驳说我都关了的，她继续又用不屑一顾的态度说："你自己心里清楚！"说实话，我记得我自己每次是关了的。我觉得很窝火，她总是觉得自己是对的。我不知道为什么我一说她，她就用那种态度和我说话，让我感觉很不舒服。

由于相互的习惯和个性不同，很容易导致人际摩擦和矛盾。交往的双方都应深刻反思自己的态度和行为，相处时多一份克制、多一份体谅，多一份换位思考，才能使人际关系更加和谐，生活更加愉快。

我错了吗？

小张，男，大一学生。主诉：自己性格较内向，从来没有住过校，进大学后与8名同学同住，在条件优越的环境中成长的他，觉得舍友们衣着土气，普通话不标准，文化水平低，不讲究个人卫生，还爱拿他的东西用。为此，他心里很不舒服，认为他们和自己根本不在一个平台上，觉得和他们在一起会影响自己的生活质量。总之，看谁都不顺眼。由于内向的他本来就不擅长与人沟通，再加之看不起那些同学，于是，就以独来独往来减少与同学们的交往。慢慢地，他发现宿舍同学之间有说有笑，似乎视他不存在，他开始感到失落了。他回宿舍时总觉得同学们都在议论他，对他评头品足，还窃窃私语，一副嘲笑、鄙视的模样，他觉得受不了。为了不和他们交往，他很少回宿舍，常常是晚自习结束的铃声响过多时，他才最后一个回到宿舍。常常在宿舍门外听到舍友们有说有笑，可当他迈进宿舍，大家就都不说话了。他十分不解，总以为人们在一起议论他。一次他忍不住向一位舍友质疑："我一回来你们就不说话了，是不是总在议论我?"舍友惊讶地说："哪儿的事呀，你学习那么刻苦，每天早出晚归，挺不容易的，大家都想照顾你早点儿休息，所以才不说话呀！""可我哪里是在学习，我孤独，我苦恼，没有人倾诉，学习成绩一塌糊涂。"

人格平等是基本的待人态度，每个人都有被人尊重的需要。想融入一个群体，就应该放下自己的架子，与他人平等相处，甚至需要适当的妥协。如果总是一副高高在上、目中无人、惟我独尊的样子，是不可能被他人接纳的。

心理训练

1. 对着镜子说："我是一个讨人喜欢的人"、"别人愿意与我交往，只要我对他们说第一句话"……增强自信心。
2. 写出自己的10～20条优点，把优点读给自己听，体会其中的感受。
3. 写出自己对人际关系问题的认识偏见，再用剪刀将它们剪开，丢掉这些偏见。
4. 列举人际交往的价值。

① 和谐的人际交往能提高大学生心理相容度，保持愉快的情绪。

② 和谐的人际交往能提高大学生行为有效性，获得事业的成功。
③ 和谐的人际交往能解决大学生的人际冲突，减少心理发病率。
④ ______________________________。
⑤ ______________________________。
⑥ ______________________________。

思考与练习

1. 讨论“助人”、“求助”中碰到的问题和尴尬，交流妥善处理的方法。

2. 写出一位好朋友的10～20条优点，在适当的时候讲给好朋友听，并观察对方的心理反应。

3. 根据你所在宿舍的实际，起草制定一份可行的“宿舍公约”，并说服宿舍同学一起修改，完善后执行。

4. 心理测验：人际关系行为困扰诊断量表（见附录）。

第六章　性成熟与性心理健康

学习目标：①知识目标。了解性的基本知识，大学生常见的性心理困扰，性心理障碍与治疗，性疾病的预防，维护自身性心理健康。②能力目标。建立科学的性观念，培养健康的性心理和成熟的人格，在两性关系中学会自觉承担责任。③素质目标。掌握与异性交往尺度，勇敢应对性骚扰。

学习重点：认识性的本质、掌握与异性交往尺度。

学习难点：性心理健康维护。

阿强和阿芸因参加同一社团而互相认识。交往不久阿强就主动牵阿芸的手，阿芸没有拒绝。一天晚上，阿强送阿芸回女生宿舍，分别时忽然将阿芸抱在怀里。当时阿芸挣扎了一下，却也没加以拒绝。后来牵手、拥抱就成了常事。过了一段时间，阿强请阿芸去他在校外新租的房子参观。他们一起看电视、吃东西、聊天，彼此越靠近，阿强越忍不住抚弄阿芸的身体。阿芸觉得很不自在，说："这样不好吧！"阿强兴致正高，没停下来。一直到阿强准备脱阿芸的衣服时，她才发现危险，大声说："我不喜欢这样，请你停下来！"这时，阿强终于清醒过来，知道阿芸是真的不想要。气氛很尴尬，沉默了一会，阿强还是赶紧跟阿芸道歉，阿芸也说："没关系，不是我不喜欢你，只是我还没有准备好接受这么亲密的接触……"

根据人本主义心理学家马斯洛的需要层次论，性既是生理需要，又是爱与归属的需要，也是尊重的需要，这些需要得到较好的满足，人就会产生安全感，否则就不会产生安全感。可见，性还是安全的需要。上述 4 种需要得到较好的满足，性需要会上升到高一级需要，如性认识需要、性审美需要等。大学生正处于价值观、人生观、意志力形成的关键时期，此时，以人格教育为基础的健康的性教育（包括性生理知识教育、性心理知识教育、性伦理道德教育、性法律知识教育等），能培养年轻一代的人格力量，使他们能以负责任的态度面对性问题，明确个人的责任和社会责任。否则，缺乏性教育或不正确的性教育，会导致年轻一代人格坠落。在西方国家盛行一时的"性解放"、"性自由"就是一个很好的例子。极端的个人主义价值观和及时行乐享乐主义行为，使人格变得自私、利己、冷漠、不关心他人；性自由引发的性泛滥、性行为偏离等导致离婚率上升、家庭解体、儿童遭遗弃、缺少温暖与亲情，影响人格的完善与发展，性病、艾滋病流行更是摧残个人身心。对大学生施行以人格教育为基础的性纯洁教育，就是教育大学生不要有婚前性行为，学会自律、学会自我约束性行为，对自己、对他人、对社会负责任，促进健全的人格成长。

第一节　大学生性成熟

一、性本质

性，人皆有之。每个人都是性塑造的生命；每个人都伴随着性的发展而成长；性是人类生命中的重要组成部分。当代大学生要建立科学的性观念，掌握全面的性知识。性心理的发展，既受性生理发育的制约，也受相应时期性文化的影响。人对性的需要并不仅仅是为了繁衍种系，还是构成人类生活的基本内容之一。因此，人类的性活动，既有生物性的本能，也有社会性的特征。从人的生物性而言，性生理的发育及成熟的最终完成年龄是所有动物中最晚的。从人的社会性而言，人必须以社会规范去约束性行为，在社会力量的约束下，人的性能力的实现受到了推迟，人的性心理的发展也受到了生物性及社会性的双重影响。

1. 性的自然属性

性的自然属性是指男女在生理结构上的差异和人与生俱来性的欲望和本能。第一性征是指两性在生殖结构方面的差异，例如男性的主要性器官为睾丸，女性的主要性器官是卵巢，它们能分别产生精子和卵子，分泌雄性激素和雌性激素。第一性征是男性和女性的基本标志。第二性征单指显示两性差异的生殖器官以外的男女身体的外形区别，例如女性的乳房、男性的胡须等。从生物的本能看，性包括人的性欲和性活动。人的性欲来源于性激素的作用，在性欲支配下，经过两性器官的性活动，完成种族繁衍的作用。

2. 性的社会属性

性的社会属性是性的本质体现，也是人区别于一般动物的根本特征。人的各种性需求，不仅包括生理需要，更重要的也包括社会性需要。例如，选择异性伴侣时，不仅要考虑个人审美的需要，也要考虑对方的文化、经济、职业、家庭等社会因素。人的性行为必须通过婚姻、经济、伦理、道德、法律关系的规范才能实现。现代社会中爱情在婚姻关系中的比重越来越突出，以生育为主要目的的婚姻关系已逐渐退出历史舞台，人们更多地把夫妻之间的相互尊重、相互关爱、彼此沟通、心理相融的高度和谐的性生活，看成是崇高的精神享受。

3. 性是人的自然属性与社会属性的统一

性是人的自然属性和社会属性的统一体，说明了性既要受人体发展的生物规律、自然规律的支配，又要受人类社会文化发展条件和各种社会需要的制约。二者有机联系，密不可分。性的自然属性是人类生存和繁衍后代的基础，性的社会属性是人类文明进步发展的本质。

二、性心理

（一）性心理的含义

性学研究到十九世纪后期有了突破性的成就，其标志是1886年奥地利精神病学家克拉夫特·埃宾所著《性精神病态》的问世，这本著作被视为现代性心理学的奠基之作。德国性学家伊凡·布洛赫在1912年主编了《性学手册大全》，首先提出“性科学”术语，使性的研究登上了大雅之堂，成了一门独立的科学。

《性心理学辞典》中是这样定义的：性心理是指与男女两性活动中相伴随的个体的一系列心理现象的总称，是个体对异性魅力所产生的一种主观能动反映。它包括个体在与异性交往中所涉及的性欲望、性感知、性记忆、性想象（性幻想）、性思维、性情绪（性情感）、
自制力、性动机、性气质、性兴趣、性能力、性行为等。它是个体心理活动中最为重要
成部分。

《应用心理学词典》在阐释性心理的定义中指出：“性心理是医学心理学等学科
之一。狭义指在性情景刺激下的男女交媾过程中各种心理反应；广义指所有涉及
念或意识。性心理形成与性成熟有关，也受社会环境、文化因素、个人经历和
响。其内容大致有：性生理心理、性生育心理、性临床心理、性病理心理、性
社会心理、性卫生心理、性犯罪心理、性教育心理等。另可具体划分为三种

心理。即男女两性在遗传、解剖、生理特征及演变过程中产生的心理类型，如性差心理、青年性心理、老年性心理等。②性个体心理。即男女两性在具体性情景刺激下各种心理体验，如兴奋、满足、愉快或忧郁、沮丧、焦虑、恐惧等。③性角色心理。即男女两性在有关性的社会位置中表现出的各种性行为形式，如求偶、恋爱、婚姻、家庭等方面的性心理。”

性心理可具体表现为性认知、性思维、性情感及性意志等。他们相互联系、相互制约，共同体现在与性有关的言行之中。

1. 性认知

性认知是性心理的基础过程。性机能的成熟，使主体对性刺激的反应特别敏感，这时来自异性的刺激，如俊秀的容貌、柔和的声音、优美的动作等，都有可能引起主体的性冲动。主体对这些由视、听、嗅和触觉所引起的性冲动的反应就叫性认知。性认知包括三个方面的内容，即性意识、性知识和性经验。

性意识是指性未成熟的个体在发育过程中产生的，自我对性的感觉、作用和地位的认识。它是性心理的基础，分为性别意识和性欲意识两部分。

性知识是指从各种渠道获取的与性相关的理性认识。它是性思维和性情感的活动基础。性心理的正常、和谐，取决于性知识的结构完整性；而性知识的贫乏、错误，容易导致性神秘和性愚昧的产生，不利于正常的性心理、性行为和性关系的产生和保持。

性经验是人们对性生活的心理体验。它可以使性知识得到充实。鉴于所受的教育和所处的环境的不同，不同的成年人其性心理的差异是很大的，只有健康的、卫生的、合乎道德的性经验才会对正常性心理的形成、发展产生积极地影响。

2. 性思维

性思维是性心理的核心过程。随着生理机能的逐渐成熟和性认知的不断积累，主体就会自觉或不自觉地经常思考一些有关性的问题，从而对这些问题有所认识。如青年想象异性对象，考虑如何追求异性对象等；又如一些大学生考虑如何处理恋爱和学习的关系问题时，这种主体对有关性的问题的思考就叫性思维。

3. 性情感

在性感知和性思维以及日常与异性的接触中，主体逐渐地认识了两性的差别及关系，对异性开始抱有一定的态度，如对异性的好感、思慕、爱情等，这些心理体验就是性情感。性情感是在性认识的基础上，个体与异性交往过程中形成的一种心理体验，是相互吸引的异性之间稳定而持久的、热烈而激荡的态度，是性心理中的动力成分。性情感的表露在两性之间[illegible]异，女性多表现为含情脉脉，男性则较为狂热。此外，不同的人，性情感的内涵和表[illegible]的；同一个人，在不同对象面前表现出的性情感也是不同的。还有所谓的精神[illegible]情感代替性行为的。被异性激起的性情感也有积极和消极两种性质：积[illegible]创造性，它使性心理富有动态，可以激发人们对知识的渴求，推动主[illegible]动，从而成为不断推动个体前进的动力；而消极的性情感有时具有较[illegible]体的身心健康，重则危及他人和社会。

[illegible]

[illegible]调节性行为的能力，它是以性认知情感为基础、在与异性交往[illegible]动和性欲意识的控制支配，它在很大程度上表现为性自制力。[illegible]指标，是构成个体性道德的心理要素。研究表明，女性的性意志

力尤其是自制力强于男性。

（二）性心理的表现

由于性生理的成熟和性心理的发展，青年阶段的性心理活动内容丰富多样，它总是通过各种方式的外显行为表现出来。

1. 性欲望的产生

由于身体的发育成熟，青年男女在青春期都会出现性欲望与冲动。这是青年发育中的正常生理和心理现象。青年的性欲望是依赖于生理与心理因素的，性激素是性欲望产生的生理动因，与性有关的感知、记忆、联想等是引起性欲望的心理因素。

2. 对性知识的追求

由于性生理的成熟，青年产生了对性知识的兴趣，这是青年性意识发展的必然产物和正常表现。随着第二性征的出现，青年男女对性知识的兴趣明显增加，希望了解有关性方面的知识。比如，爱看有关性方面知识的书，同性在一起常谈论有关性方面的问题；大多数女青年喜欢看爱情小说和有关家庭生活方面的小说。

3. 对异性的爱慕

随着心理发育基本完成，男女青年就会从内心深处感到异性的存在。因而总是以直接的或间接的方式接近异性，探视异性的秘密。或者以各种方式引起异性的注意，对异性表示好感，希望得到异性的爱。由于男女情感特点不同，男女在追求异性的方式上和爱情的表露上的特点也有差别。男子的追求和表露方式，一般比较主动、外露和热烈；而女性则是显得比较含蓄、深沉和羞涩。

三、大学生性成熟

（一）大学生性成熟

大学生年龄大多在18～23岁之间，身体已经经历了两次生长发育的高峰而进入了青年期——生长稳定期。这一时期的大学生，身高、体重、骨骼、肌肉、心率、血压、呼吸频率、肺活量等都已达到成人水平，身体发育已趋于成熟。同时，大脑皮层的兴奋和抑制过程逐渐平衡，抽象和概括能力大大提高。内分泌系统也迅速发展，性激素分泌增多，性机能基本成熟，出现正常的性欲望和性冲动。从男女不同的性别来看大学生性生理的发育，按照一般规律，女性生殖系统进入青春期后，在性激素的作用下，内外生殖器迅速发育进入成熟阶段。具体表现为，子宫长度增加一倍，宫体明显增大，宫颈相对变短，阴道变长变宽，颜色变为灰色，有大量酸性分泌物排出，子宫内膜呈周期性改变，并出现月经。外生殖器的改变表现为阴阜隆起，阴毛形成，大阴唇变厚，小阴唇变大及色素沉着。作为第二性征的乳房发育达到成年期状态，具有光滑的圆形轮廓。男性生殖系统进入青春期后，在雄激素的作用下，迅速发育。睾丸容积增大，输精管道也增粗增长。精囊增大形成囊状并分泌精囊液；前列腺在雄激素作用下迅速增大呈栗子状；尿道球腺分泌微碱性液体，与精子混合成黏稠的乳白色精液。阴茎增大，阴毛、腋毛及胡须长出，形成男性成人面貌。因此，处于青春后期或青年期的大学生，在性生理上发育已趋于完成，并在体态上、运动素质上呈现出明显的性别差异，无论是男性还是女性均具有了成熟的性功能。

青少年性心理的发展主要分为三个阶段：①异性疏远期。青春期开始时，生理上的一系列变化，使少年男女意识到两性差别与两性关系，对性的差别特别敏感，在心理上的体验表现为羞涩与反感交织在一起，对异性采取疏远、冷漠态度。②异性接近期。青年初、中期。

男女青年情窦初开，有了相互接近的内在需要。③两性恋爱期。青年中、晚期。男、女之间的友情集中寄于某一钟情的异性身上，一般化的性意识发展到明确的恋爱。

（二）大学生性心理的发展

人的性心理伴随生理成长而发展变化，性心理的发展对于人格的形成以及整个心理健康状态都有着非常重要的意义。弗洛伊德认为，心理发展的动力来自性本能，追求性欲的满足是心理发展的内驱力；这种与生存本能相联系的、可推动机体性需要的心理能量叫力比多；人在不同的发展时期，力比多投放或聚集的部位不同，其所表现出来的性需求及其满足形式也就不同。弗洛伊德据此将性心理发展历程划分为几个阶段：口腔期（1岁以内），肛门期（1～3岁），性器官期（3～5岁），潜伏期（6～12岁），生殖期（12～20岁）。性心理的发展与人的社会化紧密相连，性心理发展的每一个阶段都有其特定的社会化任务，如果社会化过程出现障碍，将可能导致人格发育障碍，成为神经症等心理疾患的内在病根。大学生尤其是大学新生的性心理处于生殖期，此期是一个经济尚未独立，社会生活等多方面尚需依赖家庭而又期待自主的既依赖又想独立的时期，充满了矛盾及冲突。这些矛盾可归纳为以下几点。

1. 性器官和性生理的迅速发育与性心理发展尚未完全成熟或尚未稳定之间的矛盾

青春期的大学生生理发育已经基本完成，可完成性交、受孕、生育等生殖任务，但是性心理却相对地不够成熟，表现在对性器官和性活动过程充满好奇感与紧张恐惧感；对异性的爱慕还具有生理的本能性及朦胧性；对性冲动的自制性较差；对性审美、性情趣、性爱技巧等多方面存在许多知识的盲区。

2. 对恋爱的渴望与对异性心理了解不深之间的矛盾

大学新生解除了高考压力及离开了父母的监控，导致与异性交往的热情增高，频率增加，恋爱成了较普遍的并呈现低年级化的现象。但是，由于对异性心理了解不深，难以理解对方的心理需求，常常感到“相爱容易相处难”，不易磨合，双方经常争吵、生气，甚至发生轻生、杀人等恶性事件。

3. 性的身心需求与社会规范和道德责任之间的矛盾

人类满足性欲的渴望虽然是一种本能需求，但中国文化背景下的社会舆论和大众习俗并不赞成大学生的婚前性行为，这样就出现了需求与满足、个人和社会、身心需求和社会规范之间的矛盾冲突，这些冲突在恋爱中的大学生发生爱抚、接吻或性交等行为时，可因与他们所接受的传统教育及道德责任相违背而引发道德焦虑。

4. 情感依赖较重与心理承受能力薄弱之间的矛盾

现代青年多数在日常生活中习惯了父母的呵护和关爱，因此在恋爱中常常显示出依赖心理，同时对对方的要求较多，为对方着想较少，这种需求多而给予少、依赖重而承受差的矛盾使双方难以互相满足而屡屡产生情感挫折。

5. 观念的开放与行为的文饰之间的矛盾

随着对外开放政策的实施及互联网的普及，国外关于“性开放”、“试婚”等观念对大学生产生了不可忽视的影响，观念逐渐开放使得传统性道德观念不再具有很强的行为约束。然而，既有的文化背景和原先的传统教育却使他们对情感和行为不可避免地进行着文饰，表现为拘谨、羞涩、矜持、故作严肃，等等。这种观念和行为之间的矛盾使大学生经常处于理智与感情冲突的旋涡中难以自拔。

6. 注重恋爱过程与轻视恋爱结果之间的矛盾

目前大学生的恋爱中，恋爱动机和目的多种多样，相当一部分人只是寻求陪伴，或为了证明自己的魅力，或出于从众心理，并不以婚姻为目的，在恋爱时没有全身心的投入，有的甚至抱着游戏心态对待爱情，只注重恋爱的感觉而轻视恋爱的结果，只寻求精神刺激，不追求心灵沟通，这种对恋爱过程和结果的矛盾态度，极易造成某些大学生强调爱的权利而否定爱的责任的自私观念和行为。上述矛盾，构成了大学生性心理的特点，若能较好地解决这些矛盾，便能顺利地完成性心理的发展，拥有健康的性心理而走向成熟。

性心理由幼稚走向成熟一般经历以下四阶段：疏远异性的性否定期；向往年长异性的牛犊恋期；积极接近异性的狂热期；浪漫的恋爱期。大学生已经进入浪漫的恋爱期。此时他们萌生性的烦恼，产生与异性交往、恋爱乃至结婚的渴求是自然的。但是，并非所有大学生同时进入恋爱期，因为性心理的发展既因个体性生理发育状况和性文化的接受程度而异，也因个人整体心理发展水平的不同而异。

（三）男女生性心理的差异

男女两性的性心理有着诸多层面的不同，而多数大学生对异性性心理知之甚少甚至完全不知道，而婚前对异性心理的了解不足正是导致婚后家庭冲突的主要原因之一。可见，了解两性性心理的差异，对于恋爱和婚姻不可或缺。就中国的主流文化而言，男女的性心理差异有以下几种。

1. 需求心理的差异

男女相比较而言，男性被人信任、接受、感激、赞赏、肯定的需要更大，更需要体现自己在人群中的价值；而女性被人关心、了解、尊重、认同和追求的需要更大，更需要体现自己在异性心里的价值，希望异性对其忠诚。这种需求的差异导致了行为的差异，例如，女人生病时爱呻吟，表现得特别痛苦和脆弱，因为她期待被照顾及问候；而男人生病时则喜欢隐瞒病情或淡化疾病的事实和程度，表现得坚强，因为他希望证明自己勇敢。

2. 思维的差异

男性的思维特点：较擅长逻辑推理和论证，常用综合的方法研究事情，喜欢对事物的本质进行抽象概括，注重事物的稳定和运行的规则，爱发号施令，控制他人，遇事不张扬而喜欢沉默思考。女性的思维特点：较擅长形象思维，常凭感觉、直觉判断事情，动辄喜欢分析、编织故事，善变，注重具体事物，喜欢依赖他人，较为顺从众人意见，遇事因不知所措而需要更多地表达。

3. 情感和个性的差异

男性在情感上较为粗心、外显和热烈，个性偏向务实，较为豁达、勇敢、果断、刚毅、更能忍让，不易妥协，但易于冲动，态度比较粗暴；女性在情感上较为细腻、羞涩和局促，个性偏向勤奋、有恒心和耐心、相对柔弱顺从，爱唠叨，多愁善感，易于哭泣，生气时希望得到男人的呵护。

4. 生活习惯的差异

生活方式和习惯是一个人心理需求与个性特征的反映。男性在生活上随意性较大，较注重舒适而不太关注形象，在抽烟、喝酒、交友应酬上的消费较多。而女性在生活上计划性较强，较有秩序，较注重整洁漂亮，在时装、美容上的消费较多。

5. 恋爱行为的差异

男性追求他喜欢的女性，往往直接果断而大胆，不怕艰难挫折，较为勇敢执著；而女性对心仪的男性则往往因害羞不敢表达，矜持，感情较为隐秘，表达较为晦涩。

（四）青春期性成熟的心理卫生

1. 青春期男大学生性成熟的心理卫生

青春期的男大学生，由于性器官的成熟和第二性征的发育所带来的新奇感，使他们把更多的注意力集中到性的方面。此时的性兴趣不在婚姻家庭、生儿育女方面，而是在性器官、性生活本身，他们被有关性的强烈的念头占去很多时间，很少考虑性生活会对个人的人格产生怎样的影响。男生对性的渴望和关注主要表现为：深入探究自己的身体，甚至在镜中观察自己的裸体；自慰比较普遍；注意比较自己与同性朋友的生理状况；搜集观看有关性的书刊、影视作品，渴求从中获取满足；查看性的专业书籍以更多地了解性知识等。这些表现是伴随着性成熟而产生的现象，此时应该利用各种渠道以及恰当的方式加以引导，帮助其了解性方面的知识和规范，使其逐渐适应这些变化，正确对待性的问题，安全渡过性的危机期，对大学以后的身心发展带来积极的影响。

2. 青春期女大学生性成熟的心理卫生

青春期的女大学生，常常对月经的来潮感到紧张，此时，应注意对由于女性生理原因造成的周期性情绪波动进行自我调节控制的指导。使其了解随着月经的周期性来临，人的饮食、情绪、感觉、记忆等方面都可以发生不同程度的改变。有的人在刚入学的时候，由于环境的变化，月经周期会紊乱并伴随思念家乡、思念亲人的忧伤情绪；有的在经期或月经前后产生烦闷、焦虑、易怒、过度敏感或低沉、消极、抑郁等不良情绪。此时应该加以控制和调节，可以采取以下措施：记住自己的生理周期以对情绪的反应有充分的心理准备；告诉同学近来情绪不佳，可能是生理原因导致，以期得到理解，避免人际关系的紧张；调节生活节奏，不要在情绪不稳定时做重要的、难度大的工作或采取重大决定；尽量增加休息娱乐时间，让生活轻松一些。

四、性心理异常

性心理异常是指性心理活动过程中出现的各种情绪失调和行为紊乱。大学生中常见的性心理异常有异性恐惧症、性变态等。这些性心理异常不同程度地影响了大学生的学习、生活和发展成熟，因此必须认识性心理异常的原因与表现，进行科学的自我调适和心理咨询。

1. 性偏好障碍：自身偏好扭曲

性偏好障碍者的性心理和性行为常带有儿童性活动的特点。例如裸露生殖器或偷看裸体异性等。主要常见的有异装癖、露阴癖、窥阴癖，还有施虐癖与受虐癖。

异装癖又称异性装扮癖，是以穿戴异性服饰来激起性兴奋、获得性满足的一种变态心理。露阴癖指在不适当的情况下通过裸露自己的生殖器或全部身体而引起异性紧张情绪反应，从而使自己获得性满足的一种性心理障碍。窥阴癖指由于窥视异性的裸体和他人的性活动而获得性兴奋和性满足。这三种性心理障碍者多以男性为主。施虐癖是指通过折磨异性或配偶的肉体和精神，使对方痛楚和屈辱来满足性欲的一种心理异常。受虐癖刚好相反。施虐癖大都是男性，受虐者以女性为多。严重的施虐行为会构成暴力犯罪。

2. 性身份障碍：易性癖

性身份障碍指从心理上否定自己的生理性别和服饰，强烈希望转换成异性，即异性癖，又称异性认同症、异性转换症或性别转换症。

异性癖者大多在幼年时就出现朦胧的否定自己生理性别的倾向，表现在对服装、玩具、游戏的选择偏好上。到青春期后，对自己的第二性征发育严重反感和厌恶，出现强烈的变性愿望。他们往往都有严重的性压抑心理，严重者可能产生自杀心理倾向。

性心理扭曲和障碍的产生与遗传基因和性激素有关，也与个人的认知、社会环境、教育等因素有关，其中，家庭教养方式和社会环境起着重要作用。儿童性角色观念的形成、性心理的成熟，首先是向父母学习模仿的过程，父母对性知识的无知及教育行为的不当都会给孩子的性心理造成伤害，为日后的性心理变态埋下恶种。社会环境的影响主要在于：色情文化泛滥，特别是淫秽书刊影视，诱使一些青少年形成性越轨和性变态；网络技术普及，导致色情文化更隐秘、更便捷地侵蚀、扭曲着青少年的心理和灵魂；成人的性侵犯，使受害儿童在成年后可能发展为性变态者；性挫折、性压抑和家庭婚恋中的不幸遭遇也是形成变态心理的重要因素之一。

性心理障碍者的性心理和性行为尽管偏离了正常的轨道，但不属于道德败坏，对此应有正确的认识。但是，性心理障碍给个人和社会带来的损害都是很严重的，因此应该接受矫治。由于个人的经历及家庭社会的影响，大学生中有少数人存在着较严重的性心理障碍。上述任何一种症状，都会严重影响到大学生正常的生活和学习，影响今后的发展，应当及时向有关专业人员进行咨询，予以治疗。

第二节　大学生性心理健康

一、性心理健康的维护

大学生由于性生理发育特点，性欲旺和性意识都很强烈。性在他们的生活中占有很大比重，性问题是大学生中的一个突出问题。传统的教育让我们谈性色变，由于缺乏正规的性教育，对性知识的无知，使许多大学生在封建的“性禁锢”和西方的“性解放”面前，对性产生迷茫、不知所措。有的产生“性肮脏”、“性丑陋”、“性恐惧”等心理，导致性心理、性功能障碍；有的产生“性解放”、“性自由”心理，行为上性放纵，严重的导致性病、艾滋病等，损害大学生身心健康。如果不能对性有一个正确的认识和把握，便会不可避免地遭受其负面影响。性教育为大学生提供了性生理知识、心理知识、伦理道德知识、法律知识等，使大学生对自身有了全面的了解和认识，破除错误的性观念，正确看待性、恰当处理性问题，有利于保持身心健康。

（一）健康的性心理

一般而言，健康的性心理有 7 项标准。

（1）认同与悦纳自己的生理性别。健康的人应该是能够高兴地接受自己的生理性别，并具有与之相应的性别意识，无性别认同紊乱，不怨恨自己的性别。

（2）为异性吸引（血亲除外）并能与异性和谐相处。性爱指向对象如何是衡量性心理正常与否的重要指标。一般人的性爱指向对象是人类相应年龄的非血亲异性，如果指向其他生物或物品，反复以其作为性对象甚至是唯一的性对象，即违背了这一准则。

（3）有与年龄一致的性欲和性反应，并能理智地实现与控制情感。人类的性生理随着年龄的增长而变化，健康的人在年轻力壮、性冲动频繁而强烈时，懂得如何在不违法的前提下有理智地满足性欲，而不是一味地压抑性冲动或随意地满足一己私欲。而在年龄渐长性欲和性功能下降时，也能坦然接受这种变化而不沮丧。

（4）具有社会责任感，能承担性行为带来的一切后果。性行为可能带来怀孕、流产或关于名誉、法律、道德等一系列问题。成熟具有健康性心理的人，应该能充分考虑由于性行为带来的一切后果，并能按社会责任承担和处理这些问题，尤其是男性应该负起保护女性权益的责任。

（5）性生活符合男女双方自愿、平等、科学、卫生的原则。具有健康性心理的人，其性爱方式的表达是文明、科学和卫生的。成熟的性行为应该发生在婚姻的前提下，而且经双方自愿而进行。卫生、科学、和谐的性爱方式可使双方都愉悦并得到平等的性享受，性行为及其频率不会有损于身心健康。

（6）性动机合情、合理、合法。合理的性动机是：性对象合法、性需求适度、性欲合情；性行为建立在爱情的基础上，相互愉悦和相互忠诚，符合社会道德，不伤害他人；不涉及任何权益交换。

（7）健康的性心理和性行为是排他的。这是指性爱在精神上和行为上的专一性或排他性，不应有多个性伴侣和不洁性行为。此外，在性行为发生的环境上也应注重隐秘性，忌被人打搅和窥视。滥交、被窥视癖则违背了这一原则。

（二）科学地掌握性知识

性科学是一门综合性的学问。包括性生理学、性心理学、性社会学、性伦理学、性美学等。性生理学从生理解剖和遗传学上揭示了两性在生理构造上的区别、性器官的功能、性本能的产生，揭示了性的产生发展和成熟的规律，能够帮助人们解除性禁忌，减少性神秘，降低性压抑。性心理学包括性欲和性爱心理、性别角色心理、恋爱婚姻心理及性变态心理等，能够帮助人们了解自己性心理的发展，学会承担自己的性别角色，正确调控自己的性心理。性社会学揭示了性行为的社会属性，强调人要对自身生物的性进行控制，使其符合社会规范，以促进个人身心健康发展和社会安定繁荣。性美学可以使人们了解如何使个人的性行为符合审美需要。因此大学生应当学习和掌握性科学知识、避免性无知。

1. 合理的控制与宣泄

性冲动是一种本能。青年的性冲动并不一定强烈到要用性行为来解决，通过适当的方法它们能够得到合理的控制。

① 恰当的作息制度和紧张的生活节奏能降低对性问题的注意，同时，参加适度的体育活动则能使性能量转移并宣泄。比如，有的男生通过体育活动使性能量转移并宣泄，有的男生还能通过体育活动来表现自己的男性魅力，这无疑有利于性同一性的发展，另外也有助于提高个人的自信心。

② 加强异性交往。如果没有正常的异性交往，禁欲主义的态度便会在性发展过程中产生不利影响。研究表明，正常的异性交往和进一步发展成恋爱关系对大学生来说是最佳的释放性能量的途径。同时正常的异性交往，有助于提高性的同一性，减缓性焦虑。

③ 合理运用性发泄手段。人与动物在性方面的一个显著不同就是：人能够通过特定的替代形式来满足性冲动。例如可以通过幻想与某异性相会来满足冲动。性幻想对某些大学生来说是普遍现象。几乎没有一个大学生不以议论性问题或谈论异性来宣泄一部分能量，最常见的就是大学宿舍熄灯后的卧谈离不开异性……这些都大大缓解了青年的性紧张。

2. 性自慰不是一种恶习

性自慰是性机能发育成熟后满足性欲、缓解性冲动、消除性饥渴和行烦恼的一种有效的正常的手段。那些认为性自慰会伤元气的说法没有科学根据。实际上对青年有害的并不是性自慰本身，而是对性自慰的错误认识和由此造成的心理压力。美国精神病科学家阿瑞蒂认为"手淫是标准的性行为的一种，只不过人在手淫时常伴有一种罪恶感和心理焦虑，才造成了种种后果。”当然，性自慰过度也会造成身体不适。

一些调查显示，到了大学高年级，95%的男生有过性自慰经验，女生也有60%有过性自慰行为。事实证明，性自慰既不会导致生理上的适应不良，也不会引起心理危机，只要认识性自慰的普遍性及其原因，性自慰就不会对健康构成危害。

如何正确对待性自慰？不要把注意力过多地集中到性问题上。要培养自己广泛的兴趣，多参加各种有益活动，多注意锻炼身体。最重要的是一旦发生性自慰，不要过于关注和焦虑，把它看成同吃饭、喝水一样的正常行为。这样才能卸掉思想负担，身体放松、精神愉快，工作和学习更有效率。

3. 性梦不是堕落

性梦是青春期男女在发育过程最正常不过的事，如果从无性梦倒是有问题了。性梦、遗精、月经标志着男女性发育成熟了，不必为此感到羞愧、恐惧、自责和困惑。

性梦是不以人的意志为转移的，它与实际生活中想干什么没有联系。那些平时一本正经、心无杂念、目不斜视的人，做的性梦并不必别人少，内容也差不多。这并不是说他们是伪君子，而性梦本身绝不是说你想有就有，想压抑就能消灭的。

有过性梦的青年男女，不要把性梦错当成思想道德品质问题，尤其做过“乱伦梦”的人，完全没有必要觉得自己下流无耻。应顺其自然，把主要精力放在学习和工作上，避免过多地接受各种性信息和性干扰。

4. 端正性态度

今天大学生的性态度与十多年前相比已经有了很大改变，禁欲主义日益消弱，性态度开放日渐增多，其主要表现就是婚前性行为增多。婚前性行为本身并不会造成心理紧张，但对于许多心理还不够成熟，不能妥善处理由于婚前性行为造成不良后果的人，引起各种矛盾和各种心理冲突危害身心健康是必然结果。

性态度开放到极端就是性解放。在我国的大学生中，宣扬性解放的只是极少数，而且有些人不见得真正持有这样的性态度。他们可能为其他的原因而宣扬它，例如，为了表现自己的独特性；还有的为了反抗父母、学校和社会等。这些人的性解放还仅仅停留在表层行为上。尽管如此，对于正处于性发展的动荡期的大学生，尤其是低年级学生，其认识水平、分辨是非的能力等都不成熟，容易在性的认识和态度上分不清楚好坏、荣辱。对于一些“性自由”的理论观点并不理解而盲目效仿。加之这个年龄情绪不够稳定，意志力薄弱，动机欲望强烈，容易受社会不良刺激影响，所以应加强性教育，提高自身对性情绪冲动的认识和自我控制能力。同时要加强法制教育，自觉用法制来约束自己的情绪行为，以免发生无法挽回的后果。

二、掌握与异性交往尺度

（一）文明地进行异性交往，把握两性交往分寸

大学生在与异性交往时，除了遵守人际交往的一般原则外，还应注意以下几点：第一，摆正心态，要敢于交往、坦然交往。两性交往在个体社会化过程中十分普遍，不应该受到什么避讳，应树立男女平等思想，在交往过程中互相尊重，互相学习，不要把性别作为取舍朋友的前提；坦然面对异性，就事论事，不掺杂个人特殊感情色彩；注意自身的言谈举止，做到得体大方，掌握交往之行为规范和接触分寸，无论是熟悉的还是不熟悉的异性，相处时都不要乱开玩笑，更不能开那些低级趣味的玩笑。第二，了解并接受男女两性的生理与心理差别，不以己心度他人之意，接受并理解对方的思维方式和处事方式。第三，对于异性朋友提

出的性爱交往和要求，如果自己不能接受，要大胆、果断地说“不”，不要拖泥带水，有过多的担心，其实男生更喜欢那些不失温柔而又独立、有主见的女生。第四，保持适当的礼仪，在异性交往中也是必要的。与异性见面时，一般应是女方先伸手，男方才能与之握手，且相互握手不必过于用力或时间过长；在一起研究问题或交谈时，即不能太拘谨，又要使言谈举止得体适度；尤其是在说话时，男性严禁使用一些侮辱女性的字眼，即使没恶意而只是出于不良习惯，也是对女性的不尊重；如果一起参加活动，进出起坐应是男方让女方优先。千万别小看这一类的日常礼仪，若能做到必将有助于我们建立良好的友谊。第五，注意把握好异性交往的频率和深度，选择交往的事宜方式。交往不要过于平凡，不要选择私密的场合，要控制相互了解的深度，保持一定的距离等，异性的交往要特别注意友谊与爱情的界限。

（二）婚前性行为观念解析

在我国，婚前性行为是被社会舆论、道德所反对的，尤其是大学生，是不允许的，据国内心理学者对大学生性心理调查表明，婚前性行为的主动者多是男性，但直接受害者却是女性。所以女大学生在恋爱过程中要理智相爱，尽快走出爱情的误区。

1. 追求“新”的恋爱方式

有些大学生错误地认为，新时代的恋爱方式就是发生性关系。真正的爱应该是爱他，什么都可以给他。在追新潮的心理支配下，他们很快从初恋进入到热恋，由边缘性性行为迅速上升到核心性性行为。如痴如醉地拥抱、亲吻、爱抚激发起性生理本能的强烈冲动，使理智难以抵制。按我国性道德规范，男女恋爱期的性行为，最亲密的形式也只能是接吻、依偎、爱抚，只有在婚姻关系得到法律保护的条件下，才能发生性行为。随心所欲的“新潮”行为是缺乏责任感的表现。

2. 崇尚性自由观念

西方文化思潮的涌入及我国性文化的泛滥，冲击着有很深文化积淀的传统性道德。有些大学生盲目崇尚西方的种种性自由观念，想冲破所谓传统性道德观念的自我意识非常强烈，她们认为“既然已经成熟了，那么满足自己的欲望是生理需要”，“只要自己爱的快乐就行”，等等。观念变化，行为随之变化，当他们的爱情还处于不知道如何理智地驾驭生活之舟时，就被欲火烧得不攻自破，发生了不该过早发生的性关系。有的与男友周期性地发生关系，有的虽已预感到两人不可能最终结婚，但特殊的关系一如既往。扭曲的性观念使性行为一发不可收拾，结下了“不负责任的恶果”。

3. 满足对“性”的好奇与探秘心理

在当今文化环境中，性已经渐渐撕去了遮遮掩掩的面纱。对于当代大学生来说，已不再“谈性色变”，羞于启齿。许多书籍刊物偏重于性的介绍，而性心理、性道德教育贫乏，加之影视作品中有关性的审美镜头的增多，这种文化氛围使少男少女对性的朦胧意识和好奇心理更加深化和现实化，由原来的对性生理比较无知发展到已经不满足于书刊的介绍以及影视屏幕的目睹，而是要亲自去尝试、探秘，以至于在恋爱期间，主动好奇地提出或不拒绝对方提出的性要求。

4. 感激男友对自己的倾慕爱恋之情

大学生尽管懂得女子贞操十分重要，不应该轻易奉献，但在男友倾慕爱恋之情的不断激荡下，坚守不住防线。有的大学生因男友对自己殷勤倍加，在学习、生活上给自己以极大的帮助，或因男友为自己的家庭解决许多困难和难题而感到于心不忍，感激之情油然而生，为此做出很大的牺牲，在男友提出性要求时，担心拒绝会伤害他的心，于是，把满足男友的性要求当作感激他深情厚谊的回报。

5. 消除男友对自己不放心的担忧

有的女大学生感到男友符合自己的择偶条件，是理想中的白马王子，一见钟情，为了表示自己的真诚，便急匆匆以身相许，有的为了不被男友抛弃，也采取了这种所谓“能拴住男友心”、“以性锁情”的不成熟、不明智之举。

6. 使恋爱关系升级

许多大学生把“性”作为衡量爱情的尺码，认为只有性方能维持爱情、发展爱情。有大学生错误认为，婚前性行为是恋爱程序化要求，必经之路，提早发生，可以早日确定关系，使爱情升级、深化，加固感情。在这种性观念的支配下，他们过早地献出了自己的全部。

7. 维持婚约关系

有调查研究表明，婚前发生性行为的青年男女中，90.7%有明确婚约关系，但因种种原因，因无住房、经济困难、工作不在一起而迟迟不能结婚，为了维持这种婚约关系，双方经常发生性行为。

8. 抗拒环境阻力

这是爱情心理发展过程的反向效应。恋爱中的青年男女，当经过一番了解确定恋爱关系之后，总希望得到周围环境中人特别是父母亲友的支持和赞许。但如果遭到他人干扰、父母竭力反对和百般阻挠，他们不但不会终止恋爱关系，反而更热情、更密切，以“生米煮成熟饭”的既成事实来抗拒这些阻力，促使恋爱成功。

（三）婚前性行为的危害

大学生在发生性行为后，普遍会产生一定程度的心理困扰。一方面，传统的贞操观念冒了出来，自责、顾及名声、担心怀孕等，理智上告诉自己不能再犯错了，另一方面，因已经冲破了防线，对性的需求变得难以自控。于是大学生会因自己的失控而懊恼不已，但又非常渴望偷吃禁果的欢愉，而形成强烈的内心冲突与困扰。

大学生婚前性行为不符合我国传统的道德观念，也违反了学校的管理制度，因此，在校外租房同居的学生必定要受到来自社会、家庭、学校和同学的压力，加之担心怀孕以及随之而来的人流等一系列问题，会使双方焦虑不安，进而相互埋怨、责怪，使感情破裂。特别是男生一旦移情别恋，更可能会产生灾难性后果。它的危害也是可想而知的，主要表现在以下几个方面。

（1）违反国家有关政策法律和学校纪律。目前，教育行政主管部门严格禁止大学生同居，学校明文规定学生公寓不准留宿异性，更不用说校外同居。婚前性行为可能导致早婚早育，违犯国家有关政策法律。

（2）婚前同居的男女不会产生配偶权，也无法律上的权利和义务关系，一旦关系破裂，这种关系得不到社会和法律的保障，受伤害的大多数是女生，有的女生因婚前性行为多次做人工流产，给身心都带来无可挽救的创伤。有的手术后引起炎症，导致输卵管堵塞；有的人多次人流手术后，可能会导致终身不育；过早性生活和流产还易致宫颈癌发病率提高。

（3）婚前同居对婚姻关系有一定的破坏作用。有些大学生同居后发现对方并不理想，也只好将错就错，一味地迁就下去。国外一份《关于年轻人应了解婚前同居关系的实情》报告指出：一是尚无任何证据表明同居关系会带来牢固的婚姻，相反会更容易导致婚后离婚。二是认为从同居关系中可以学到良好的婚姻调适经验，那是不合实际的幻想。三是同居关系越长，不结婚可能性越大。四是同居关系的破裂率比离婚率要高得多。

(4) 许多当代男性对性行为持双重标准。男性对自己开放，对妻子要求贞洁。一旦女性曾与他人发生过性行为的事实被新婚丈夫发觉后，将严重影响婚后感情，危及婚姻的稳定。

(5) 心理负担重至影响学习。男女生发生性行为后，难以摆脱内心的恐惧、焦虑和负罪感，害怕同学、老师、父母知道自己的秘密，害怕怀孕，整日忧心忡忡，精神不能集中，严重影响学习。

(6) 易给双方造成身心伤害。因双方在冲动中匆忙偷吃禁果，谈不上理想和谐，更谈不上卫生，很可能导致女性的伤害，如泌尿及生殖系统感染等，严重的会致终身不孕，给女性身心造成莫大损失，这无疑会影响女生的学业、前途和婚后幸福。男生也可能导致婚后的阳痿、早泄和心因性性功能障碍。

(7) 现代医学研究证明，青春少女患子宫颈癌与性生活不洁有密切关系，并发现性生活年龄愈小、性伴侣越多、性交愈频繁，其发病率也愈高。这是因为：①少女的宫颈组织细胞尚未发育成熟，比较嫩弱，对外界致癌和促癌物质敏感，若性伴侣是一个癌细胞的携带者，就很容易通过性交将癌细胞种植在少女尚未成熟的宫颈组织上。②精子进入阴道后产生一种精子抗体，此抗体一般要在4个月左右方能消失。若性伴侣愈多，性交过频，那么，则会产生多种抗体（异性蛋白），故而易罹患宫颈癌。③近年来研究发现，宫颈癌发病与疱疹Ⅱ病毒感染有关，如性伴侣是此病毒的携带者，会通过性交感染而患宫颈癌。④男性包皮垢中多种致病的细菌、病毒（尤其是致尖锐湿疣的人乳瘤病毒）过早过多地反复刺激年轻女子的下生殖道及子宫颈上皮，导致慢性子宫颈炎，最终转化为子宫颈癌。

资料显示：20岁以前结婚（发生性行为）的女性，子宫颈癌的发病率为1.58%，21岁以后结婚（发生性行为）的女性，子宫颈癌的发病率下降到0.37%，两者相差4倍。西方早在140余年前就观察到，修道院的修女其子宫颈的发病率大大低于已婚妇女。这从另一角度说明了子宫颈癌与性生活的关系。

专家告诫说，过早发生性行为和性伴侣过多，是近年来女性子宫颈癌的发病人群出现年轻化趋势的罪魁祸首。因此，为了健康和有效地防范性乱所致性病乃至子宫颈癌，广大女性不要过早地发生性行为，更不能同多个性伴侣发生关系；婚后也应有节制地过性生活，并注意性卫生，坚决杜绝一切婚前性行为。

因此，对于尚无经济基础、心理尚未完全成熟、学业任务繁重、就业压力巨大的大学生来说，婚前同居是有百害而无一利，千万不可草率从事。

三、性疾病预防

1. 预防性病

1975年世界卫生组织（WHO）决定用性传播疾病（sexually transmitted disease）这一概念来取代过去的性病一词。把凡是通过性行为，包括生殖器的性行为和类似的行为接触而发生的传染疾病称为性传播疾病。我们习惯将之称为性病。它包括：淋病、软下疳，尖锐湿疣、生殖器疱疹、梅毒、非淋菌性尿道炎和滴虫病等。

2. 预防艾滋病

艾滋病全称为“获得免疫缺陷综合征”（AIDS）。这种病主要损害人体免疫系统，破坏人体抵抗力，最后导致人死亡。艾滋病在不到20年的时间里就吞噬了1170万人的生命，是当代对人类威胁最严重的一种性传播疾病。

艾滋病的潜伏期一般为6个月至10年。艾滋病的主要传播途径有：①性接触传播；②血液和器械传播；③母婴垂直传播；④皮肤或黏膜损伤口受感染等其他传播途径。

其中，性接触传播是艾滋病传播的主要途径。性接触传播是在没有采取任何安全措施的情况下，与艾滋病病毒感染者直接进行性交（包括阴道、肛门、口腔）。美国的艾滋病病人有94%来自于性接触，其中90%是男性，而66%是男性同性恋。在欧美艾滋病人中以同性恋者居多，但在非洲、拉丁美洲和亚洲则是以异性接触感染为主，且男女比例大体相同。这些人群中，妓女是传播艾滋病病毒的重要来源，在滥交性伴侣中感染的机会较高。非洲异性传播率最高，它几乎占艾滋病病毒感染的75%。

我国自1985年发现第一例艾滋病人以来，艾滋病病毒感染一直呈上升趋势，蔓延态势十分严峻，它已经向我们发起了严重的挑战。到目前为止，对艾滋病还没有特效药，怎样才能最终遏制艾滋病的流行，一位美国学者在回顾美国20多年同艾滋病斗争的痛苦经历后深深感受到，人类最后遏制艾滋病流行的有效途径既不可能是特效药和疫苗，更不可能是避孕套，而是人格教育和建立健康的家庭。因为艾滋病是性自由、道德堕落、家庭解体等引起诸多社会弊端的一部分。吸毒、卖淫（嫖娼）、滥交、堕胎等早已成了西方社会难以治理的顽症。伴随着我国经济改革开放，西方资产阶级的价值观及个人的享乐主义的生活方式涌进国门，一些年轻人受西方性观念影响，放纵自己的性行为。据华东师范大学心理系对2000名男女大学生的调查看，25%以上的大学生已有婚前性行为。不检点、不洁净的性生活，会加大艾滋病的传播，影响人的身心健康。而健康文明的性态度和性行为方式，不仅可以有效预防艾滋病的传播，而且能够让人享受到真正的性爱。

四、勇敢应对性骚扰

性骚扰这一用语最早在美国等西方国家流行，性骚扰给受害人造成极大的心理压力，还可能引起生理伤害和疾病。这一普遍性的社会问题引起世界各国关注。根据近年来妇女儿童心理咨询热线披露，某些企业、公司招聘的打工妹、女秘书遭受性骚扰的事件日益增多。男上司多采用物质引诱、冒昧求爱、污言秽语、动手动脚、以解雇威胁等手段向女下属进攻、迫其就范。

（一）性骚扰定义

性骚扰原指男上司或男雇员用淫秽的语言或者下流的动作挑逗、侵扰女雇员，甚至强行要求与其发生性关系的行为，后引申为社会上以各种非礼的性信息侮辱异性（主要是女性）或向异性提出性要求的行为。

（二）性骚扰方式

（1）口头性骚扰　以下流语言讲述个人性经历或色情文艺。

（2）行为性骚扰　故意碰撞或触摸异性敏感部位；诱导或强迫异性看黄色录像带或刊物、照片等。

（3）环境性骚扰　在工作环境设计淫秽图片、广告等。

这些行为都对受害者造成性心理上的不适感。

（三）性骚扰的类型

1. 补偿型性骚扰

大多数性骚扰者属于这类男性，由于长期性匮乏或性饥渴导致的一时冲动使他们对女性做出非礼的冒犯举动。此类人的骚扰行径多是处于不同程度的亏损心理，骚扰的目的与其说是想占有女人不如说是想占便宜。

2. 游戏型性骚扰

性骚扰者多是有性经验的男人，懂得女性的弱点，把女性视做玩物，对女人的非礼和不敬出于有意的游戏心态。这类男人一般是“猎物能手”或花花公子。骚扰的目的是为了猎奇，也为了证实自己的男性“势能”和“本事”。

3. 权力型性骚扰

多发生在老板对雇员或上司对下属，被骚扰者尤以女秘书居多。骚扰者大都受过较好的教育，骚扰时虽然也多出于游戏心态，却比一般游戏者的表现要“高级”且“彬彬有礼”。此类骚扰者大都把女性视为“消费品”，且因为明显的利益关系，甚至认为女人喜欢这种骚扰，并把这种骚扰当做自己的“专利”。

4. 攻击型性骚扰

此类男人多半在早年和女性有过不愉快的关系史，对女性怀有较大的恶感和仇恨，把女人视为低等动物或敌人。他们的骚扰有蓄意的伤害性或攻击性，骚扰者并不想占有女性，不过是满足和平衡他对女性的蔑视和仇恨。

5. 病理型性骚扰

这是带有明显病态表现的性骚扰，如所谓的窥阴癖和露阴癖。此类男性骚扰者大都是真正的性功能失调者。骚扰本身能给他们带来强烈的性冲动和性幻想，却无法“治愈”他们，反而会加重其病症。

6. 冲动型性骚扰

多指处于青春期的青年由于年轻、好奇或文化素质低，不懂得尊重女性，不具备应有的自制力。他们对女性的骚扰多半起始于性冲动，以发生在熟人间的骚扰居多，往往从游戏和玩笑开始。

（四）应对性骚扰的对策

常见性骚扰及应对策略例举如下。

1. 在公共场所被他人用暧昧的眼光上下打量或予以性方面的评价

处理技巧：可以的话立刻抽身离开；如果不行，首先要稳住，用眼神表达你的不满；若对方表现得过分，可直截了当地说“你看什么”，也可以找人协助，如警察等。

2. 在公共汽车内遭遇故意抚摸或擦撞

处理技巧：千万不要退缩或不好意思，应大声叫“请你将你的手拿开”以引起公众的注意，使侵犯者知难而退；情况严重时，应告诉司机协助报警。

3. 遭遇露体狂

处理技巧：应该视而不见，冷静避开。尖叫和惊慌失措只会令骚扰者感到兴奋。

4. 电话性骚扰

处理技巧：最好不要用激烈的言辞反唇相讥，因为这可能会引起对方的兴奋。应该用严正的语气说：“你打错了电话！”若对方是个经常骚扰的陌生人，只要他打进电话，不妨拿个哨子对着话筒突然猛吹，相信他不会再打电话。

5. 别人赠送与性有关的礼物或展示色情刊物

处理技巧：不要畏缩或偷偷将其处理掉，应用坚定的语气向对方说：“你的行为实在无聊，若你不收回，我便会投诉。”并将事情转告其他相识的人，留下物品作为证据。

6. 上司利用职权向女下属提出无理要求

处理技巧：对于非工作范围内或无理的要求，你可直接拒绝，即使对方是上司。表示你的不满要加上怒气或微笑，否则骚扰者可能会恼羞成怒或强词自辩。

7. 男老师利用职权表示对女同学的“关心”和“照顾”

处理技巧：应该明确地表明你不喜欢他的言行，并提出警告。若事情没有好转或对方威胁，便应该向其他老师、家长或校长寻求帮助。

8. 女士在男同事面前做出具有性暗示的动作

处理技巧：直接表达你的感受，应该有礼貌但坚决地说：“请自重，你这样做令我感到不舒服。”

知识要点

1. 人类的性活动，既有生物性的本能，也有社会性的特征；性是人的自然属性与社会属性的统一。

2. 性心理是指与男女两性活动中相伴随的个体的一系列性心理现象的总称，是个体对异性魅力所产生的一种主观能动反映。性心理可具体为性认知、性思维、性情感及性意志等。性心理的表现：性欲望的产生、对性知识的追求、对异性的爱慕。

3. 男女生性心理的差异包括需求心理、思维、情感和个性、生活习惯、恋爱行为上等差异。

4. 性心理异常类型包括性偏好障碍（自身偏好扭曲）、性身份障碍（易性癖）。

5. 科学地掌握性知识：合理的控制与宣泄、性自慰不是一种恶习、性梦不是堕落、端正性态度。

阅读材料

大学生如何更好地利用异性效应

1. 利用“异性效应”取长补短、丰富完善个性

进入青春期以后，少男少女心理上的差异越来越明显。男孩子往往性格开朗，勇敢刚强，果断机智，不拘泥于细枝末节，不计较点滴得失，好问、好动、好想。当然也有的男孩粗暴骄横，逞强好胜。女孩往往文静怯懦，优柔寡断，感情细腻丰富、举止文雅、灵活委婉，有较多的被动意识。男女大学生相互交往，相互吸引，往往易于发现对方的长处和自己的不足，以利于相互学习、取长补短，丰富完善自己的个性。

2. 利用“异性效应”提高学习与活动效率

男生在思维方法上偏重于抽象化，概括能力强。女生在思维方法上多倾向于形象化，观察细腻，富有想象力。男女同学在一起学习就可能相互启发，使思路更加宽阔，思维更加活跃，思想观点相互启迪，往往能触发智慧的火花。在活动中男女同学相互交往，心理交融，也易取得明显效果。如一位辅导员发现班级集体唱歌时，精神不振作，有的女生不唱，有的男生油腔滑调，总是唱不好。于是就建议团支部组织了一次“革命歌曲演唱”主题班会，由男女生干部共同主持，男女生分坐教室两边，一个一个分别来唱，加上掌声赞许声，群情激昂，最后又来了一个男女生二部合唱，非常成功，收到了从来没有过的效果。

3. 利用“异性效应”提高自我评价能力

青春期的男女同学由于性意识的发展，往往非常留心异性同学（特别是自己喜欢的异性学生）的一笑一颦、一举一动，喜欢对异性学生评头论足，同时男女同学又都很重

视异性对自己的评价。如某班的宿舍卫生总是搞不好，不少学生不叠被子、床铺乱七八糟，宿管员想了个办法，每个学生都在自己的床上贴上名字，检查卫生时，男学生检查女宿舍，女学生检查男宿舍。由于谁也不想在异性面前丢丑，因此宿舍卫生大为改观。男女同学在评价对方的同时，当然也一定会注意规范自己，塑造自己，完善自己，从而在评价别人中学会评价自己，使自己自我评价的能力得到了提高。

4. 利用“异性效应”激励自己奋发向上

由于“异性效应”，青春期的男女学生都希望引起异性的关注，都希望能以自己某些特点或特长受到异性的青睐。如某班外出野餐，第一次男女分席，男孩子你争我抢，狼吞虎咽，一桌菜吃了个精光。女孩子在嬉笑打闹中，把一桌菜也很快报销了，杯盘狼藉。第二次男女合席，情景大为改观，男孩子你谦我让，大有君子之风度，女孩子温文尔雅，大有淑女之风范。由于“异性效应”，男孩子往往为此激励自己，成绩优异，谈吐文明礼貌，举止潇洒自如，服饰整洁大方，富于勇敢探索精神，具有豁达的胸怀和男子汉的气质。女孩子也不知不觉地对自己提出了要求，学习刻苦努力，举止优美大方，待人温文尔雅，言谈风趣，富有修养。这种相互激励就成为男女同学发展的动力和“促进剂”。

当然，男女大学生在交往中既要无拘无束，坦诚相待，相互激励，共同进步，又要注意男女有别，适当把握异性之间交往的“度”，才能使异性交往顺利、健康、顺畅地进行。

如何拒绝男友提出的性要求

1. 别的恋人之间都是这样做的，我们那么相爱，就试试吧。——别人是别人，我是我，我相信好多人都不会这样做，包括我在内。

2. 如果你真的爱我，就应该理解我的感情，我真的非常想和你做爱。——我不跟你做爱，不等于我不爱你，爱我就等我。

3. 我们大家都彼此那么爱着对方，还有什么不可以做的呢？——但是，我们还没有足够的准备，我还要好好想一想。

4. 来啦，我们都是大人了，都已经成熟了，还等什么？——成熟的人做什么事都会想得清清楚楚，并会考虑后果。不如我们先讨论一下做过之后，会有什么样的后果和责任，你说好不好？

5. 我们上次不是都已经试过了吗，感觉也不错，这次你怎么又不愿意了？——我们上次归上次，现在我要再想想清楚。我想你是不会逼我的，是不是？

6. 有性要求是正常的，而且性行为会带来快感，你不想试试吗？——你付出那么多就是为了试试看？那你就别搂着我了。

7. 总之我太爱你了，有些控制不住，现在就想要。——你太冲动了！如果你爱我，你应该估计我的感受。

8. 我知道你其实同我一样很想试试，为什么不试试呢？——其实你都不知道我想要什么，证明你不了解我。我要的是真正关心我，并尊重我的人。

9. 拥抱使我兴奋，如果你真的爱我，就证明给我看。——Sorry，我不想的，爱不是这样证明的吧！不如我们冷静一下，好不好？

10. 如果你不肯，就说明你并不真正爱我，那我就找别人了。——我觉得你并不尊重我，你真的爱我？如果你真是这样想的，我倒要好好想想你是否真正值得我爱。

心理训练

性别互赏

无论男女，其性别都有独特之处，二者应该是彼此欣赏、彼此尊重的。把每 5～6 个男女同学混合编成若干小组，完成填句子的活动，男女各填写 10 句。

要求：

(1) 小组内每人先完成句子填写，再朗读所写句子并互相交流感受；

(2) 每个小组推选一名代表发言（包括本组最佳句子及感受小结）；

(3) 教师小结。

男生完成：

做男生很好，因为：

① ______

② ______

③ ______

④ ______

⑤ ______

女生很不错，因为：

① ______

② ______

③ ______

④ ______

⑤ ______

女生完成：

做女生很好，因为：

① ______

② ______

③ ______

④ ______

⑤ ______

男生很不错，因为：

① ______

② ______

③ ______

④ ______

⑤ ______

思考与练习

1. 如何理解性教育是人格的教育、生命的教育、人际关系的教育？
2. 大学生常见的性心理问题有哪些？其原因是什么？
3. 你赞成大学生婚前性行为吗？请从道德、社会、心理、生理四方面谈谈看法。
4. 请将你自己理解的属于男性和女性的词汇写在下面

男生：

女生：

这些词汇反映的是你自己的性别图式，你对此怎样理解？

5. 从下面词汇中找出你认为与性有关的词汇

(1) 快乐	(2) 好玩	(3) 污秽	(4) 生育	(5) 恐惧
(6) 爱	(7) 美妙	(8) 信任	(9) 羞耻	(10) 不满足
(11) 委身	(12) 忠贞	(13) 尴尬	(14) 压力	(15) 例行公事
(16) 表现	(17) 欢乐	(18) 实验	(19) 释放	(20) 难为情
(21) 舒服	(22) 无奈	(23) 罪	(24) 厌恶	(25) 内疚
(26) 无助	(27) 享受	(28) 压抑	(29) 乏味	(30) 满足
(31) 美丽	(32) 征服	(33) 沟通	(34) 禁忌	(35) 亲密
(36) 融洽	(37) 遗憾	(38) 自卑	(39) 自信	(40) 和谐

讨论：学生分5～6人一组，每人在小组中交流。

(1) 你选择了哪些词汇？

(2) 为什么这些词与性有关？

(3) 你的感觉是以负面为主还是正面为主？

第七章　爱情心理与爱的能力

学习目标：①知识目标。了解爱情本质、爱的能力、爱情心理学理论、爱情意义，探索自己的爱情价值观。②能力目标。盘点自身具备的恋爱资格，衡量自己是否做好恋爱心理准备。③素质目标。学会恰当地表达爱的艺术和处理爱情纠葛的艺术，学会处理恋爱问题以及友谊与爱情、恋爱和学业、恋爱与个人发展等关系，提高自己爱的能力。

学习重点：学习处理恋爱心理问题的具体方法，组装自己爱的能力。

学习难点：学会主动培养爱的能力。

苏联教育家苏霍姆林斯基《论爱情》：什么是爱情？……当上帝创造世界的时候，他把一切动物散布到大地上，教会他们传宗接代。上帝划给男人和女人土地，教会他们建造窝棚，交给男人一把锹，交给女人一把种子。“你们一起过日子吧，生儿育女吧，我回去忙家务活，一年后再来看你们的日子过得怎样。”上帝对他们说。刚好一年以后，一天的早上，太阳从东方升起，上帝同大天使加里尔夫一起来到人间。他看到窝棚旁边坐着一对男女，前面的庄稼已经成熟，他们身边放着一个摇篮，摇篮里躺着一个婴儿，男女二人一会儿仰望蓝天，一会儿两人对视，当他们两人目光相遇的一刹那，上帝看到了一种意想不到的美和一种奇特的力量，这种美胜过蓝天和太阳，胜过大地和田野，胜过了上帝创造的一切。上帝为之惊讶：“这是什么？”大天使说：“是爱情。”

法国作家雨果也曾说，人有两次出生：头一次是开始生活的那一天；第二次是萌发爱情的那一天。

爱情是人类最永恒的美和力量，爱情是人类勃勃生机、代代相传的最坚实的纽带。遨游于知识海洋中的大学生，也要面临这样一个亘古常新的课题——爱情，它悄悄潜入大学生的心扉，撞击着大学生的心灵。然而，爱情既是醇美佳酿，给人以莫大的幸福与快乐，也是苦水涩果，给人带来无穷的痛苦与烦恼。懂得爱情，把握恋爱，培养爱的能力，已经成为当代大学生的迫切需要。

第一节　爱情心理

一、爱情是什么

1. 爱是什么

爱是什么？英国首相本杰明·迪斯雷利说过：“我们都是因为爱而出生。”“爱”包括了男女之爱、亲子之爱、手足之爱、朋友之爱等。美国心理学家威廉·舒茨指出，人类有三种基本的人际需求：爱、归属和控制。其中“爱”居第一位，“爱”是人类第一个最基本的人际需求。

美国心理学家弗洛姆《爱的艺术》一书认为，“爱”有四项特征：①奉献。一个人愿意为其所爱的人工作并付出所有。②责任。一个人不断地考虑他的行为可能对对方产生怎样的后果，当他所爱的人有困难时，愿意立即予以帮助。③尊敬。一个人要抑制自己利用他人的冲动，避免害人利己。④了解。一个人尝试推己及人，设身处地为对方着想。所有人际关系中的爱都应该同时具备以上四项特质，爱情亦如此，只有男女双方在互相了解的基础上，尊重对方，愿意承担责任，并甘愿不计回报的奉献，那才是真正的爱情。

2. 爱情是什么

爱情是一对男女基于性需要基础、一定的物质条件和共同的生活理想，在各自内心形成对对方的最真挚的倾心爱慕，并渴望对方成为自己终身伴侣的最强烈、最稳定、最专一的感情。

爱情有三个重要的要素：①依恋。卷入爱情的恋人在感到孤独时，会强烈地希望恋人的伴同和宽慰，别人是不能替代的。②关怀和奉献。恋人之间彼此会高度关怀对方的情感状态，“他开心时我也开心，他不开心时我也不愉快”，感到让对方快乐和幸福是自己的责任，并对对方的不足表现出高度宽容。“我愿意为他（她）做任何事情”。③亲密。爱情中的恋人，不仅对对方有高度信赖，并且有特殊的身体接触的需要。虽然这种身体接触最终会自然地卷入性的意味，但在恋爱的最初阶段，这种身体接触的需要趋向于泛化的高度依恋需要的反应。在一定意义上，它很像高度依恋母亲的幼儿对母亲爱抚的需要。

3. 名人说爱情

马克思说：“真正的爱情是表现恋人对他的偶像采取含蓄、谦恭甚至羞涩的态度，而绝不是表现在随意流露热情的过早的亲昵。如果你以人就是人以及人同世界的关系是一种充满人性的关系为先决条件，那你只能以爱去换取爱，以信任换取信任，如果你想欣赏艺术，你必须是一个有艺术修养的人，如果你想对他人施加影响，你必须是一个能促进和鼓舞他人的人。你同人及自然的每一种关系必须是你真正的个人生活的一种特定的、符合你的意志对象的体现，如果你在爱别人，但却没唤起他人的爱，也就是你的爱作为一种爱情并不能使对方产生爱情，如果作为一个正在爱的人你不能把自己变成一个被人爱的人，那么你的爱情是软弱无力的，是一种不幸。”

柏拉图在《斐德罗篇》中说，心灵像一驾马车，它由三部分组成：驭者与两匹马，驭者是理智，一匹是听话的好马，一匹是不驯的劣马。好马是意志的冲动，劣马是无度的纵欲。好马“能自治，知廉耻”，是正确见解的朋友，“用感情和言语说服”就行；劣马寡廉鲜耻又“耳聋”，“靠鞭打才能勉强驯服”，朝着肉欲而疾驰是劣马的目标。人强烈地希望亲吻、拥抱别人的身体，妄想永久地沉醉于享乐之中。可是驭者和那匹好马“难为情地反抗着”，因为他们希望中的爱情是纯洁的、高尚的、合乎理性的。

美国心理学家卡尔·罗杰斯说：“爱是深深的理解和接受。”

美国心理学家马斯洛认为：“爱的需要涉及给予和接受爱，我们必须懂得爱，必须能教会爱、创造爱、预测爱。”

美国心理学家海德说：“爱是深度的喜爱。”

德国心理学家弗洛姆认为：“爱是我们对所爱者生命与成长的主动关切，没有这种关切就没有爱。”

美国人类学家林菲尔德说：“爱是一种可以观察到的、两个异性之间的、偶尔是同性之间的关系，这种关系反映了一种有模式的、重复的、标准的行为和特别是态度及情感状态，这实际上包括潜在的性行为。”

二、爱情的生物性和社会性

爱情是哲学、宗教、心理学、美学、文学与社会学中激烈争论的话题。爱是什么？爱的动力源是什么？英国性学家霭理士认为：“爱情的动力和内在本质是男子与女子的性欲。”而马克思与恩格斯认为：“人类历史的第一个前提无疑是有生命的个体的存在，因此第一个需要确定的具体的事实就是这些个人的肉体组织，以及受肉体组织制约的他们与自然界的关系…… 生命的生产，无论是自己生命的生产（通过劳动），或他人生命的生产（通过生育），立即表现为双重关系：一方面是自然关系，另一方面是社会关系。”

1. 爱情的生物性

在远古时代，人们对一个人的性要求坦率、单纯而自然，甚至出现过生殖器崇拜，把它看成是永世长存的神赐，古代人在膜拜时并不面红耳赤。人的精神活动取决于他的器官的生理机能，两方面的健康是紧紧相连的。女性对男性及男性对女性的欲求本身不是内在本能的、简单的、初级的生命冲动。因为人的心理现象是一种复杂的、细腻的而又自相矛盾的东西，它具有相对的、内在的自我评价的性质。但是，性欲是一种强大的力量，如果失去控制，它就可能变成灾难；与此同时，不能把爱情的性欲基础绝对化，爱情中性的吸引力和精神的吸引力之间的关系有其内在的辩证法，爱情中的精神成分具有相对独立性。因此，爱情基于生物学基础，但人类在爱情中的精神基础占有绝对优势。

2. 爱情的社会性

人类的爱情之所以成为永恒的情结，是因为爱情的社会性，其内涵主要表现如下。

（1）爱情包含着理性而有目的的交往。动物身上只有条件反射，而人在社会关系中发展起来的意识，能有原则地权衡并调整自己的行为，这使复杂的性关系具有高尚的精神。人类的爱情是有意识的，表现为预见、认识和按一定目的调整自己的行动，表现为富有幻想和殷切地渴望获得幸福。爱情既是令人激动的回忆，又是明确的期待。

（2）爱情是同一社会结构中人的道德意识。爱情与人的善恶观和道德认知相联系。只有人能把道德带进两性关系，一旦爱上，人就承担了尊重这种亲昵的友谊，且看作是最大的幸福而珍惜它的义务。人体验到真正的爱情时，会表现出自我牺牲与巨大的道德力量。

（3）爱情作为在男女关系上的一种特殊的审美感而发展起来。爱情创造的美丽带着永恒性，我们所说的“情人眼里出西施”正是爱情特殊的审美趋向。在恋人眼中，对方身上所折射出的美丽是其他人无法理解和感受的，这种美不仅表现在外表的吸引，更是心灵深处一种深沉的对美的鉴赏力的持久的迷醉。

（4）爱情的力量包括生理力量与精神力量。爱情能引导一对男女去建立牢固的共同生活，去建立婚姻和家庭形式的关系。“参与爱情的只有两个人，要诞生新的生命”。爱情以生理力量为基础，但其精神力量才是永恒不竭的动力源，特别是当热恋激情消退为平淡生活时，真正的爱情是靠精神力量来维系和保鲜的。

（5）爱情的思想内容和社会-心理内容取决于社会发展的水平。男女之间的相互作用包括生物作用和精神作用。志同道合曾是革命年代崇高爱情的代名词。当历史进入 21 世纪时，爱情价值观的多元化与社会文化的多元化紧密相关，那种“不在乎天长地久，只在乎曾经拥有”，只注重了爱情的即时性而忽视其永恒性。

（6）爱情的社会成分也存在于选择性的欲求对象的过程中。选择和中意的标准不单是生物性的，而且是社会的，在选择对象时，不仅注意到由遗传决定的生物特点（眼睛、头发、体形、气质等），而且考虑其社会评价（社会地位、物质条件、教育程度、道德水准、志向等）。如果说爱情的最初的迷醉是从生物特点开始的话，那么持久的爱情靠的是社会评价。人类的爱情更多地依靠理性的选择，即在生物学基础上的更多的社会标准的审视。

（7）调节两性关系的手段是动物所不具备的羞耻感。与美感相对应的是，人类爱情的社会性有其特有的羞耻感，即表现在爱情表达方式与性行为的选择上，也表现在爱情受挫后引起的心理反应。特别是单相思与失恋，羞耻感经常是爱情的伴生物。

三、爱情产生的基础

爱情的产生与人的生理、心理、社会有关，年龄、阶级、职业不是爱情产生的必要条件。大学生的恋爱行为，性生理的发育成熟是根本的生理动因；生理发展所引发的心理巨大变化是心理动因；宽松的校园环境、浪漫的人文气氛及社会开放的文化渗透是环境动因。

（一）生理基础

爱情产生的生物学基础是性生理的成熟，性生理的发育水平决定性心理和性行为的发展水平。当代中国大学生年龄段为18～23岁，处于性生理发育的成熟期，有两个明显标志。①体征变化。如男性骨骼壮大，喉结突出等在内的生理变化、皮肤变化、声音变化，以及阴毛、鬓毛、腋毛和体毛的变化。②生殖系统功能变化。女性生殖系统为外阴、阴道、子宫、卵巢；男性生殖系统为阴茎、睾丸、前列腺与精囊。这些器官的发育导致了性成熟。女性成熟的基本征兆是月经，男性成熟的基本征兆是尿液中出现精子。在我国，女性月经初潮大多数在13～14岁，男性首次遗精大多数在14～16岁，绝大多数大学生在中学时代就完成了性成熟的关键一步。

大学生年龄阶段体格发育完全，性器官与性功能完全成熟，自然产生恋爱的生理需求。①内分泌代谢速度快且活跃，乐于参与校内外的活动结交朋友，特别乐于在异性面前表现自己。②体征的性别差异明显，对性别差异有明确的认知，大多数大学生渴望对异性加深了解。③生理机制逐步完善，造成生理困惑并导致心理困惑，引起大学生强烈的探索意识。④生殖系统发育成熟并在恋爱中产生性冲动，但大学生对性知识了解不多，从而导致恋爱过程中出现偏差并产生一系列问题。

可见，生理基础是大学生恋爱发生、发展的根本原因，也协调着大学生恋爱的变化及表现程度，进而影响着大学生恋爱的健康发展。

（二）心理基础

爱情产生的心理过程与人的心理系统有着必然的联系。认知活动是恋爱的感性基础，它对恋爱起着感应、唤起和导向作用；情绪则是对大学生恋爱心理体验起着活跃和扩展的作用，是造成大学生恋爱心理不稳定的主要因素；意志则把恋爱的建立和社会义务、责任、权利联系起来，制约着恋爱心理的发展。大学生恋爱心理发展主要表现为以下三方面。

(1) 自我意识进一步加强　恋爱是大学生强烈自我意识的重要表现途径，爱情是成长中重要的自我实现。恋爱时期，恋人评价占绝对优势，个体在恋人眼中成为最重要的“镜中我”，这将影响自我意识的完善与发展。自我意识发展水平较高的学生，有正确的自我评价，在爱情中能够把握自己，也容易把握爱情；而自我意识发展水平较低的学生，自我、自尊与自信的建立相当程度上依赖于恋人的评价，当拥有爱情时认为自己是世界上最幸福的人，当爱情远去时，容易自我怀疑、自我否定甚至自我抛弃。因此，自我意识是大学生心理发展的重要方面。

(2) 性意识进一步强化　与中学时代的朦胧相比，大学生对异性的好感变得清晰而直接，他们会使用多种策略与异性相处，特别是对于自己钟情的异性。在中国传统文化中，性意识的表达不被积极倡导，性的冲动与对异性渴慕的冲突不被重视。需指出的是，性意识的发展带来性驱力的增强，如何对其正确的引导、合理的抑制与适当的满足是个体心理发展的重要前提；如受不良社会文化的影响，大学生对性采取情感消费主义的态度，将对日后的爱情婚姻带来消极影响。

(3) 自我控制意志加强 自我控制能力是心理发展的重要指标。大学生抽象思维能力的空前发展与自我控制能力的提高，使他们在爱情面前能够克制自己的欲望和感情，正确分析个人的行为及其利弊，做出恰当的选择。在恋爱中，特别是面对爱情、考研、就业等多种选择时，绝大多数大学生能够根据自己的现实情况做出判断。

(三) 环境因素

为什么爱情在20世纪80年代之前还是人们忌讳莫深的话题，如今却在大学的象牙塔里普遍地被热议？这是社会大环境和大学小环境双重激活的结果。①大学校园里，少了父母、长辈的“束缚”和“监控”，大学生有了更大的自由和主见，尤其对自己的恋爱问题持有相对较大的主见。②同学中的恋爱现象相互影响，使得恋爱心理相互感染，活跃了大学生的恋爱心理。③大学浓厚的文化氛围，使学生可从报刊、影视、网络等渠道获得有关爱情的诸多信息，从而诱导了大学生恋爱心理活动的发生、发展，并影响、调适着大学生的恋爱心理。

因此，大学生的恋爱意识、恋爱行为是在生理、心理、社会三因素的共同作用下自然而然产生、发展的，爱情来临是人生的幸福，如何驾驭爱情才是大学生应该思考的问题。

四、爱情的理论

尽管人间爱情的历史很长，但若问及爱情的研究历史，答案则令人惊讶，因为在学术领域里研究爱情是近一百年的事，下面介绍几种主要的爱情理论。

(一) 爱情态度理论

美国心理学家鲁宾认为，爱情是对某一特定的他人所持有的一种态度。这种理论将爱情归为社会心理学的人际吸引，并能使用一般测量方法研究爱情。他假设爱情是可以被测量的独立概念，可视为一个人对特定他人的多面性态度，他从文艺著作、普通常识及人际吸引的文献资料中，寻找拟定叙述感情的题目，经过项目分析、信度、效度考验而建立爱情量表和喜欢量表，他发现爱情与喜欢有质的差别，爱情量表中包含三种成分：①依附感，亲和与依赖需求；②关怀感，帮助对方的倾向；③亲密感，排他性与独占性。

(二) 爱情观类型理论

加拿大社会学家约翰·李认为，爱情的三原色：激情、游戏、友谊，相互组合成爱情的六种类型。

(1) 情欲之爱（激情型） 它建立在理想化的外在美上，是罗曼蒂克、激情的爱情。其特点是一见钟情，以貌取人，缺少心灵沟通和热烈专一，靠激情维持。

(2) 游戏之爱（游戏型） 它视爱情为一场让异性青睐的游戏，并不会将真实的情感投入，常更换对象，且重视的是过程而非结果；不承担爱的责任，寻求刺激与新鲜感。

(3) 友谊之爱（友谊型） 它是青梅竹马的、细水长流的、稳定的爱。这种爱情以友谊为基础，在长久了解的基础上滋长着，能够协调一致解决分歧，是宁静、融洽、温馨和共同成长的爱情。

(4) 依附之爱（激情＋游戏） 它对情感的需求非常大，依附、占有、妒忌、猜疑、狂热，恋爱中情绪不稳定。这种想控制对方情感的欲望，将两人牢牢地捆在爱情绳索上。

(5) 现实之爱（游戏＋友谊） 它总会考虑对方的现实条件，以期让自己的酬赏增加且减少付出情感成本。这类爱情往往理性高于情感，抱着受市场调节的现实主义态度。

(6) 利他之爱（激情＋友谊） 它带有牺牲、奉献的态度，追求爱情且不求对方回报。

自我牺牲型爱情是无怨无悔的、纯洁高尚的。

（三）爱情三角理论

美国心理学家罗勃特·斯腾伯格的爱情理论是目前对爱情研究最完整的理论，他发展的“爱情三角理论”认为，“爱”有三个基本元素：亲密、激情、承诺，三个元素各属于三个不同的向度，可组合成八种不同类型的爱情（图 7-1）。

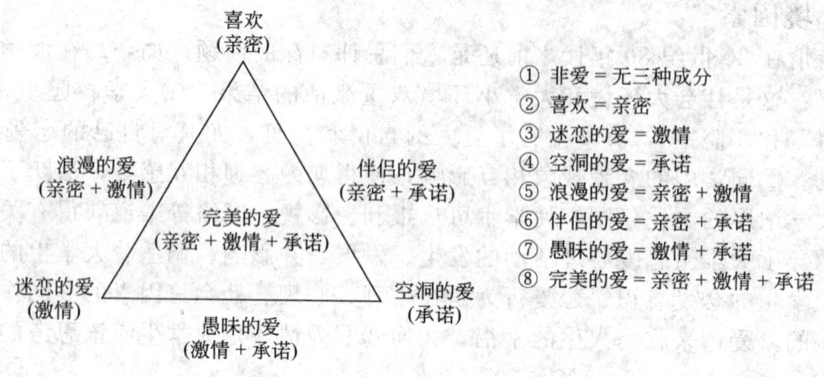

图 7-1 斯腾伯格爱情三角理论

（四）爱情阶段理论

美国心理学家伯纳德·穆尔斯腾提出 SVR 理论。认为亲密关系的发展分为刺激（stimulus）、价值（value）、角色（role）三个阶段。

（1）刺激阶段　通常双方第一次的接触即属于刺激阶段。在这个阶段中，双方彼此间互相吸引，主要建立在外在条件上，例如被对方的外貌或身材所吸引。

（2）价值阶段　一般而言，双方大约第二次至第七次的接触，便属于价值阶段。在这个阶段中，彼此情感上的依附，主要是建立在彼此价值观和信念上的相似。

（3）角色阶段　双方大约第八次以后的接触开始属于角色阶段。在此阶段，彼此对对方的承诺，主要建立在个体是否能成功地扮演好在此关系中对方对自己所要求的角色。

虽然穆尔斯腾认为亲密关系包含刺激、价值、角色三阶段，但在亲密关系的每个阶段中，这三种因素对关系都有影响；只是在每个阶段中，各有一个因素是最主要的影响因素。从整个关系的发展历程来看，刺激因素一开始占较高的比重，之后随着接触次数的增加而逐渐上升，但是所增加的幅度很小，最后会趋于一个平稳的水准；价值因素虽然一开始时的比重较低，但关系发展至价值阶段的时候，这个因素的比重会迅速提高，不过在角色阶段时，其比重也会趋于平稳，且最后平稳的水准所占的比重，也比稳定后刺激因素所占的比重高；同样的，角色因素一开始最低，到角色阶段则会超越其他两个因素，且随着关系的继续发展，其比重也会不断地往上提升。

（五）爱情投资模式理论

美国心理学家鲁斯布尔特修改了爱情阶段理论，提出了爱情投资模式理论。认为男女亲密关系中的承诺，是由满意度、替代性、投资量等因素共同决定的，其方程式为满意度－替代性＋投资量＝承诺。

满意度是个体在亲密关系中，评估其得到的报酬（包含伴侣分享其成功或分担其痛苦）与付出的成本之比，当报酬高于成本，或结果高于预期，则满意度高。

替代性是指如果放弃此亲密关系，或者发展另一段亲密关系，或者周旋在不同约会对象之间，或者选择单身等，可能结果好坏的判断。

投资量是指个体在亲密关系中投入或形成的资源。分为：①直接投资。如时间、情绪情感、隐私与幻想、为对方做出的牺牲等。②间接投资。如双方朋友、两人回忆、此关系中特有的活动或拥有物等。③长期亲密关系形成的认同感、默契、思想相似、互补记忆与信息等。特点：投资不能从关系中抽取；关系结束投资消失；因此投资越多越不愿意放弃关系（即增强承诺）。

承诺是指会使个体设法维持此关系的行为意向和情感依附倾向。当个体对一份亲密关系做出承诺后，他想维持并依附关系的倾向会促使个体做出种种有助于维持此关系的行为：例如与他人作一些适应性的社会比较，并选择性地加以解释；对于对个体具有吸引力而易破坏现有关系的替代对象，尽量拒绝与其接触或相处的机会；采取有效的方式，处理有关忌妒与第三者介入的问题；自愿为此关系做一些付出与牺牲；当对方做了某些糟糕或不合己意的事时，采取顺应而非报复的方式解决。

（六）爱情依恋风格理论

美国心理学家哈赞、谢弗、巴塞洛缪和霍洛威茨将爱情与童年依恋联系研究，提出了爱情依恋理论。他们认为，婴儿时期与人建立的依恋关系，会使个体形成一个持久且稳定的人格特质，这项特质在个体与异性建立亲密关系时自然流露出来。

哈赞和谢弗 1987 年将成人的爱情关系视为一种依恋的过程，分三种类型。

（1）安全依恋　与伴侣的关系良好、稳定，能彼此信任、互相支持。绝大多数人的爱情属于安全依恋。

（2）逃避依恋　害怕且逃避与伴侣的亲密。

（3）焦虑/矛盾依恋　时常具有情绪不稳、极端反应的现象，善于忌妒且希望跟伴侣的关系是互惠的。

哈赞和谢弗在研究中发现，三种不同的爱情依恋风格在成人中所占比例分别为：安全依附约占 56%，逃避依附约占 25%，而焦虑/矛盾依附约占 19%，与婴儿依附类型的调查比例相当接近。

巴塞洛缪和霍洛威茨 1991 年在上述理论基础上，以正向或负向的自我意象和正向或负向的他人意象两个不同的向度来分析，得出四种类型的爱情依恋风格。

（1）安全依恋　由正向自我意象和正向的他人意象所造成。

（2）焦虑依恋　由负向自我意象和正向的他人意象所造成。

（3）排除依恋　由正向自我意象和负向的他人意象所造成。

（4）逃避依恋　由负向自我意象和负向的他人意象所造成。

（七）爱情集束理论

美国学者戴维斯认为，爱情＝喜欢＋激情＋关怀。

①喜欢束。友谊中的喜欢可理解为 8 个主要元素：欢乐、互助、尊敬、无拘无束、接纳、信任、理解、交心。②激情束。包含为对方所迷恋、性的欲望、排他性等三种成分。③关怀束。即在各种争执中永远作为对方的拥护者或首席辩护者，极大限度地付出这两种成分。爱情是特别形式的友谊，爱情比友谊多了激情束和关怀束，爱情在情感深度上超过友谊。

戴维斯理论的现实意义。能让人觉察到什么时候友谊变为爱情，或爱情正降格为友谊。

（八）中国学者的爱情研究

华东师大心理学教授张耀翔在 1947 年《情绪心理》中论述了“爱的心理”：儿爱、母爱、父爱、孝、报恩、友爱、仁爱、性爱、本能的爱、恋爱、同情等。

心理学博士后、曲阜师大李朝旭等，让278名大学生对“爱情”进行自由联想，再基于亲疏程度聚类分析发现，当代中国大学生的内隐爱情理论包含五个方面：伦理与责任；浪漫体验；冲突及痛苦；理性；朋友式关爱。

心理学博士、中国政法大学刘萃侠对现代中国内地的夫妻关系进行研究时发现，不同的研究者对农村婚恋调查结论较为一致：经人介绍，父母和当事人同意的婚姻方式是最基本、最普遍的方式；择偶的主要条件是养家糊口的能力，爱情放在次要位置。

五、大学生的爱情

（一）大学生眼中的爱情

这是心理健康教育课中大学生理解的爱情：爱情，根本就没有搞懂它的可能。如果仅凭我们的智慧，面对它时，疑虑、期盼和恐慌都会无法掩饰地写在脸上，无论怎样坚强的心灵，都有脆弱的侧面，灵魂之中，无法逃避的是自己。罗马城堡的高墙是多么坚不可破，摧毁它的却是来自这个伟大国家的内部纷争。分崩离析，祸起于萧墙之内，内力胜于外力，无论是破坏或是建设，无论是爱情还是其他。有些人敬畏爱情，或许出于这个原因，也就是这个原因，爱情或能创造奇迹，或者酿出悲剧。

这是怀着理性态度的大学生心中的爱情：爱情是什么？对于罗密欧和朱丽叶而言，爱情是致命的毒药，爱情是嫉妒的匕首。而对于我，爱情又是什么？这是一个没有穷尽答案的问题。在人生的某些片段，我们会不自觉地去思考它。

这是正在思考爱情的大学生认识的爱情：爱情可以去理解、可以去解释、可以去研究……但爱情的美只能在感动中得以体会，那是一个充满了想象与超脱现实的生命经验。你永远无法理解为什么一个人可以那样地去爱另一个人，除非你也曾深深体会。

这是正在恋爱的大学生理解的爱情：有时候，爱情像个妖精，潜于黑夜阴影，隐藏在我们灵魂的那些软弱与彷徨的背面。你若不够坚强，她便悄然念动一些恶咒来使你更加痛苦，我们却无法使用惯常的逻辑和理智来抵抗，因为爱情是非理性的东西，如果你妄加分析，她会让你饱受挫折，并且丧失最后一点自信。比较好的方法是依靠忍耐、时间和自生的力量。你若不够坚定，她又在你耳边低声呢喃，吹气若兰，撩动你的发梢，轻拨你的心弦，使你陶醉，然后陷入激流中的漩涡。这样的情况，有些人曾经体会，于是便说：爱情无聊！是真的吗？好像从来没人给出此问题的绝对答案。爱情如此神秘，只因不了解的人不敢揭开她的面纱，而了解了的人却又沉默。爱情面前，语言成了多余；爱情面前，人人都是小孩；经验往往胜于才智，沉默却更让人领悟。

这是一位男大学生笔下的爱情：对于爱情，我想还是怀着一些敬意、一点理性的好。在任何时候，我们都不应对她表示轻视，但也不要靠得太近。虽然我同样渴望真挚的爱情，但是爱情需要太多东西支撑了，比如信任、理解、责任、担负、宽容。爱情看上去不像是物质的东西，事实上也的确不是。爱情好像花朵的美丽，美丽来自于花朵，花朵依赖土壤生存。一切那样自然，又是那样现实。无论爱情如何绚烂，都不该忘记她脚下的土壤，沙里种不出美丽的花朵，没有雨露滋润，野百合也会枯萎。若是给出一点空间，留住一份理智，爱情似乎更有价值。好像一名希望培育出名贵花朵的花匠，只有依循了客观规律，才能种出美丽，才不会在满地枯叶和干涸泥土中迷失心灵。有否见过，茶杯中升腾的氤氲？轻轻的一团，如果不去靠近她，她就在你的眼前，若要伸手触摸她，只抬了抬手，她便飘散开去，在空气中湮灭。爱情有时也是这样。关于这个问题，生活本身会给出答案的，有时答案就在我们心里。如果有一天，我突然对自己说：是时候了！便是时候了。关键在于，在这之前，我最好明确自身、我所需要的和我要面对的，然后在我允诺自己的时候，应该清楚地了解自己在干什么。认识了自己，才能了解爱情，在你伸手把握爱情的时候，他会使你更加坚定、勇敢、自信。

这是一位女大学生的爱情感悟：人人都在期待爱情，爱情却不会为每个人停留。谁不期盼一份真挚不变的爱情啊！可我终究没搞懂爱情是什么东西。爱情依旧是那样神秘，一如几千年来的一贯作风，而我依然深信不疑，还将继续追寻答案。找到答案之前，我只希望还在等待她的人儿，不要错过了她；已经得到了她的人儿，不要轻率地对待她；而蠢蠢欲动的人儿，先要审视自己的内心。

（二）大学生恋爱心理的发展阶段

为什么我就偏偏爱上了那个人？恋爱会是一种怎样奇妙的体验？这些问题连生物学家、心理学家、社会学家都不能解释清楚，奥地利心理学家弗洛伊德提出了“力比多”性动力概念，精神分析学派也试图用“恋父情结”与“恋母情结”来解决人们的恋爱选择方向问题，现代医学也证明人类爱情的产生与一种叫内啡肽的物质有关，但其的工作机制却也无法完全解释。张爱玲在《爱》里说：“于千万人之中遇见你所要遇见的人，于千万年之中，时间的无涯的荒野里，没有早一步，也没有晚一步，刚巧赶上了，没有别的话可说，惟有轻轻地问一声：‘噢，你也在这里？’”。大学生收到爱情的信息时，不必诧异也不用想为什么，微笑地说一句：“噢，你也在这里？”微笑后再思考是不是真爱？该不该去爱？怎么去爱？

1. 什么不是爱情

《大话西游》中有段经典的台词：“曾经有一份真实的爱情摆在我的面前，我没有珍惜，等它失去时我才追悔莫及，人世间最痛苦的事莫过于此。如果上天能够给我一个再来一次的机会，我一定要对你说‘我爱你’！如果非要在这份爱情加上一个期限，我希望是一万年！”这是大学生心中的理想爱情。但是，理想不等于现实，当理想之爱最终注定只能是空想时，这种爱就会化作烟雨，随风而逝，留给当事人的只能是无尽的遗憾、懊恼与失落。因此，大学生首先需要澄清什么不是爱情。

（1）偶像化的爱情　一个没有达到高度自我知觉的人，倾向于把自己所爱的人“神化”，将所爱的人当作一切爱情、光明与祝福的源泉而崇拜他。这一过程中，人失去了对自己力量的觉悟，在被爱者身上失去了自己，而不是找到自己。

（2）完美的爱情　这种爱情的本质只能存在于想象之中，而不是存在于同另一个人实实在在的结合之中，校园爱情被称为“真空爱情”或“玻璃爱情”，就是因为大学生扩大了爱情的完美性而忽视了其现实性。当真实的生活摆在面前，大学生的爱情显得脆弱不堪，因为完美本身拒绝缺点。

（3）爱的投射　当恋爱受挫或失败后，将注意力放到“所爱者”的错误和缺点上，对他人的细微错误的反应十分灵敏，而对自己的问题与弱点却不闻不问。他们考虑更多的是如何指责对方。

（4）爱情的非理性观念　大学生对于爱情的非理性观念主要有以下十类：①没有爱情的大学生活是失败的。②爱情是靠努力可以争取到，即付出总有回报。③爱不需要理由。④因为相爱而发生的性关系无可非议。⑤恋人是完美的，爱情是至高无上的。⑥爱是缘分也是感觉。⑦不在乎天长地久，只在乎曾经拥有。⑧爱情重在过程不在结果。⑨爱情能够改变对方。⑩失恋是人生的重大失败。受这些非理性观念的影响，有的大学生将恋爱置于其他重要人生任务比如学业之上，甚至为爱而荒废学业；有的大学生坚信付出情感总有回报，做爱情的守望者；有的大学生甚至采取极端举措。

（5）产生于孤独无助时的爱恋　特别是大学新生，来到陌生的城市，面对陌生的环境，显得无助与孤独。此时，可能一声问候、一束鲜花都会令孤独无助的你感动之极。要记住：

在孤独无助时，更需要广泛的社会支持如友情而不一定是爱情。

2. 大学生恋爱心理的一般过程

恋爱不能一蹴而就，恋爱过程与人际交往一样也有它发展的一般规律，违反规律也将迎接痛苦与失败，美国心理学家弗洛姆说：“一无所知的人什么都不爱，一无所能的人什么都不懂，而懂得很多的人，却能爱、有见识、有眼光……对一件事了解得越深，爱的程度也越深。”因此大学生在恋爱之前有必要了解恋爱的一般心理过程：理想对象建构、初恋、热恋、心理相撞调适、感情平静等几个阶段。

(1) 理想对象建构阶段　即爱的意识萌生阶段。大学生恋爱意识的准备阶段自中学时代开始。起初是恋爱意识的朦胧期，约始自初中三年级。高中为恋爱意识的探索期，高中生有了恋爱的意向和关于爱的思考，然而，背负高考重压，无暇顾及恋爱问题。进入大学之后，释去重负，便萌生恋爱意识。开始考虑心目中的“白马王子”或“娟美淑女”，建构自己理想中的对象的素质模型了。

(2) 初恋阶段　即现实对象的确定阶段。当大学生觉得自己已找到心中的他（她）时，初恋就开始了。有人把初恋的心理发展细分为成醉我、疑我、非我、化我四个阶段。“醉我”是指被追求对象迷住而陶醉。“疑我”是怀疑对方是否爱上了我，他（她）今天对我多说了三句话，是不是想表露和我的亲密？“非我”则进入了实质求爱，可以为对方抛弃自己的兴趣爱好等，一切以求适应对方。“化我”指恋爱初步固定，恋人把对方利益置于自身之上。由于初恋是情窦初开时的第一次对异性敞开的爱的体验，双方的内心往往都充满新奇的兴奋和激动。初恋具有单纯性、强烈性、持久性等特点。单纯性指初恋是第一次向异性敞开爱，恋情往往单一、纯真；强烈性指初恋是爱情积聚的爆发，常出现强烈的亲近欲；持久性指初恋的感情影响旷日持久，人们终生难忘初恋的记忆。

(3) 热恋阶段　也称激情热恋阶段。与初恋相比，初恋感受十分强烈，但表达方式较为含蓄，关系也不过于密切。而热恋阶段，求爱已经完成，便进入恋人朝夕相处，关系十分密切的阶段。这一阶段恋人依依不舍的眷恋之情常常使他们忘记了时间和空间，即要求相处的时间更长，空间距离更短。处在此阶段的青年男女，理智脆弱，感情几乎支配了一切，看不到对方的缺点，“情人眼里出西施”就是这一阶段的典型反映。处在此阶段，性冲动很容易导致越轨行为，对其后果难以冷静地做出理智的判断。

(4) 心理相撞调适阶段　热恋是甜蜜的，但过后随即进入心理相撞调适阶段。由于热恋中的朝夕相处，增进了相互了解，热恋过后，双方都想证实自己在求爱阶段对恋人的一些理想化看法，发现那些在求爱中并没有注意的优缺点。恋爱双方根据这些优缺点的综合印象作出判断，看这段感情值不值得延续下去。因此在这一阶段双方会发生争论、冲突、心理碰撞，感情也会起伏波动，时而达到最高峰，时而进入低谷甚至破裂。

(5) 感情平静阶段　如果在心理相撞调适阶段作出了肯定的判断，恋爱双方就进入感情平静阶段。在这一阶段，恋爱双方既爱慕对方的长处与优点，又能容忍对方的缺点与不足，彼此心平气和，心灵上达到了融为一体的境地。这样恋爱就可以慢慢发展到家庭角色扮演阶段。恋人从浪漫的迷雾返回现实，开始考虑柴米油盐，谋生途径。这种家庭角色扮演就为以后的婚姻生活打下了基础。反之，如果在心理相撞调适阶段作出了否定的判断，就会导致恋爱破裂，出现失恋。

（三）当今大学校园中的恋爱现象

大学生谈恋爱已经成为当今大学校园中的普遍现象，恋爱学生约占在校生的 1/3 甚至 1/2 以上。应该说，多数大学生的恋爱态度是严肃认真的，但不能否认部分学生恋爱中也明显存在种种不良倾向，不能不引起学校、家庭和社会的关注。

1. 恋爱起点低龄（年级）化

大学在校生的性生理和性心理正日趋成熟，男女同学经历一个较长时间的相交相知，产生爱情是正常现象。问题在于约有1/3的大学生崇尚自我感觉和一见钟情，他们恋爱前的交往时间已明显缩短，开始恋爱的年龄和年级也越来越低。

2. 恋爱追求时尚化

有的大学生谈恋爱是在“从众心理”的支配下追求时髦的结果。他们认为能谈到女（男）朋友是有本事，谈不到朋友就会被人瞧不起。在这种“压力”下，就自觉不自觉地开始“爱海泛舟”了，而且“相爱”的方式方法也是时下最为流行的。日益普及的校园恋爱趋势也对部分同学早涉爱情起了示范和催化作用。

3. 恋爱态度体验化

现在有不少大学生是抱着体验的态度在谈恋爱。他们往往并非寻觅终身伴侣，而仅仅是寻求两性情感生活上的即时满足和人生体验，真正以婚姻为主要目的而恋爱的不多。因此，“不求天长地久，只求曾经拥有”，“恋爱的结果不一定是婚姻”的流行爱情观在大学里得到了多数学生的认同。

4. 恋爱目的实用化

无论是利用恋爱来打发时光，还是用以满足虚荣心，亦或用于体验情感生活，都是爱情价值观日趋实用化的表现。这种实用化倾向还有一个更加危险的表现，就是用爱情作为交换条件来达到自己追求的特殊目标，如为了毕业留城、找好工作，恋爱对象可以“老少皆宜”、“美丑不分”；还有极少数学生为了课程考试及格或弄到考研信息等而“以情相许”，不惜“以身相许”，可谓“爱否不限”。

5. 恋爱过程快餐化

与大学生恋爱人数越来越多、恋爱进展越来越快形成鲜明对比的是，他们的恋爱过程越来越短，恋爱关系的稳固程度越来越低，恋爱成功率也越来越小，就像人们进入快餐店，进去就吃，吃了就走；这餐在这里吃，下一顿却换另一家。

6. 恋爱交往放纵化

大学生现在对恋爱中男女双方交往的尺度普遍采取一种宽松甚至放纵的态度。大多数学生认为大学生应该谈恋爱，并对婚前性行为表示支持或理解，近一半人认为多角恋爱是无可非议或不应干涉的，甚至有近1/4的人对一名女生与几名男生发生性关系受到开除学籍处分表示反对或异议，4/5的学生表示在热恋中可以接受爱抚行为，可以接受性行为的也占1/4，而承认自己发生过性行为的约有1/7～1/5。可见，大学生恋人之间的交往密度已越来越大，交往方式也更加开放。这一切都表明在部分大学生中没有恋爱道德意识，特别是责任意识和法纪意识弱化，甚至无视这种意识的倾向。

当今大学生恋爱现象中的不良倾向，损害大学生的身心健康和人身安全，危害校园氛围和社会风气。因此，对大学生恋爱进行正确的心理引导显得尤为重要。

第二节 学习爱的能力

我想要爱你，而不是抓住你

无怨的青春
在年轻的时候

感激你，而不评判
参与你，而不侵犯
接受你，而不要求
离开你，而不歉疚
规劝你，而不责备
而且帮助你，而不是同情
如果我也能从你身边得到相同的回报
那么，我们就真诚的相处
并且丰润了彼此
——维琴尼亚·萨提尔

如果你爱上一个人
请你，请你温柔地
对待他
若不得不分离，也要好好地
说声再见
长大以后你才会知道
在蓦然回首地刹那
没有怨恨的青春，才会了无遗憾
如山岗上那轮静静的满月
——席慕蓉

美国心理学家弗洛姆说："爱是一种能力，也是一种艺术，只有掌握了爱的艺术，具备了爱的能力，才会正确地面对和处理爱情。"所谓爱的能力是指男女双方对爱的表达方式、爱的承诺以及如何判断接受爱，它包括施爱的能力、受爱的能力与鉴别爱的对象的能力。大学生恋爱心理要有愉悦美好的感受，首先就具备爱的能力，还应把爱升华到一种艺术的境界，像精灵一样舞蹈爱的选择艺术、爱的表达艺术、爱情纠葛处理艺术。

一、学会爱自己

《圣经》里有一句话：当一个人爱他人之前，首先要学会爱自己。

美国心理学家弗洛姆也曾说："如果一个人有能力产生爱，他也就爱他自己，如果他仅爱其他人，他就根本不能爱。"

所以大学生在爱情来临之际，在爱情升温之际，在爱情褪去之际，都首先要爱自己，这样的爱情才会持久，这样的爱情才不会迷失方向，这样的爱情才不会变成伤人的利剑。

1. 爱自己首先需要正确的自我认知

特别是女性，更要积极关注恋爱中的自我，有人说"恋爱损伤女性的大脑，降低判断力"，事实上恋爱特别是热恋中的男女都会将恋人"理想化"，热恋中快乐与痛苦的心理感受都是放大了的。热恋时，认为自己是世界上最幸福的人，失恋后，又认为自己是世界上最痛苦的人。固然，恋爱双方强烈而丰富、敏感而不稳定的感情并非异常，但若陷入情感的幻想中，自我判断、自我评价与自我意识都会发生偏差，有的因为恋爱失去了自我，有的因为恋爱更加自恋，有的因为恋爱更加成熟，其中的差异在于个体对自我的认知。

2. 爱自己要学会珍惜和尊重自己的感情

当"新新人类"进入大学校园，以一种反传统、自我贬损、充分的自我张扬的方式凸现其个性时，如韩国剧《我的野蛮女友》，靠身体的对抗与争执赢得爱情，受到大学生的喜欢。时尚的未必是永恒的，也未必是正确的。大学生时期的感情纯洁、真诚，这也是将来幸福生活的基础。有的同学因恋爱而放纵自己的感情，甚至根本不是爱情，仅仅为了满足自己生理与心理甚至物质的需求，用青春与爱情赌明天，都不是珍惜感情的体现。

3. 爱自己要学会说"不"

热恋时，要控制爱情的温度，1994 年，美国青年发表了"真爱要等待"的宣言——本着真爱要等待的信念，我愿意对我自己，我的家庭，我的异性朋友，我未来的伴侣及我未来的子女，有一个誓约：保证我的贞洁，直到我进入婚约的那天为止。这昭示着美国青年个人生活更加严谨，这也是爱自己的重要方面。

4. 爱自己也包含对自己负责

恋爱不是为了让我们放弃自我，而是学会更加负责地生活。这当然也包括失恋后的自爱。一个人应该本着对自己高度负责的态度学习、生活，处理好恋爱中的自我与他人、现在与未来、学业与爱情等关系。爱不仅是情人节的玫瑰，也不只是每日的相守，更是守望的美丽与对彼此生命负责的人生态度。

二、学会爱别人

爱自己和爱他人是密不可分的。只有认识、了解对方才能尊重对方。我们只有用他人的目光看待他人，而把对自己的兴趣退居第二位，才能了解对方。爱他人不是无我状态，按照对方塑造自己，也不是将你爱的人塑造成你所喜欢的人。爱他人包括以下几个方面。

1. 尊重你爱的人

恋爱既是两人心灵的共鸣，又是自我成长，是使双方积极的潜能发挥而非按照某种愿望或标准塑造对方，使其成为你希望的那样。事实上，每一份爱情中，都包含着期待效应，对方都在向着彼此喜欢的方向发展。这就要求更加尊重你所爱的人，让对方在爱的港湾中自由发展，以他自己喜欢的方式发展自我。

2. 帮助对方积极发展自我

恋爱唤醒沉睡的心灵，积极的恋爱使个体潜在的心理能量得以释放，为所爱的人努力，爱也是积极向上的精神力量，催促着相爱的两个人向着更好的自我发展，更加努力地自我完善，而非自我束缚和放纵。重要的是将爱情引向积极的有利于人类发展的方向。

3. 共同创造美好未来

真正的爱是内在创造力的表现，包括关怀、尊重、责任心、了解等，爱不是消极的冲动，而是积极追求爱的发展和幸福。正如德国哲学家爱克哈特所说的："你若爱自己，那就会爱所有的人如同爱自己。"爱他人就是与你爱的人共创美好生活的能力。

三、学会爱的艺术

爱的选择需要艺术、爱的表达需要艺术、爱情纠葛处理也同样需要艺术。驾驭爱情的人只有像艺术家一样才能收获幸福。这也是大学生组装自己爱的能力的必修课。

（一）学习爱的选择艺术

一个好的开始是成功的一半，这样的哲理在爱情里同样适用，当决定要谈一场恋爱之前，我们必须首先要面对的就是选择恋爱对象，我们当然不能提供一个既定的标准指导大学生去筛选周围的异性，每个大学生心目中都有自己的择偶标准，但根据我国学者孙守成等人的研究表明，大学生择偶的目标取向把择偶标准分为三类。

第一类是精神满足型。这类大学生选择恋人以理想、信念、价值、事业、能力等标准来衡量对方的水平，或以气质、性格、兴趣的相投作为共处的基本条件。他们对外貌、金钱、家庭背景等并不在意，而是以达到高层次的精神满足为标准。虽然这种高尚的择偶标准在今天的大学生中占大多数（约占 80%），但注重精神不在乎社会地位、物质等的其他择偶条件还要经受社会现实的考验。当大学生情侣离开校园走向社会，担当家庭责任的现实问题直接摆在面前时，理想化的爱情能否维持还很难预测。

第二类是感官满足型。它是一种对"情欲之爱"的追求。择偶者着重注意恋爱对象的外表（身材、皮肤、相貌）和风度的吸引力。这类爱情很难长久维持。因为天长日久的相处会使外表失去新鲜感而降低吸引力。

第三类是注重现实型。它是以社会地位、经济条件等为择偶标准，实质是一种互换、互惠的理性考虑。现实的择偶标准分为物质、虚荣和利用三种类型。物质型指以经济条件为追求目标，为满足物质需要而恋爱；虚荣型则看重地位、职称等荣誉性的东西；利用型择偶更具指向性，往往是为了达到一明确目的，达到后则着手将恋爱对象抛弃。

三类择偶标准皆客观存在，纯粹持一种标准的人很少。请对照检查一下自己的择偶标准。

（二）学习爱的表达艺术

当确定白马王子（白雪公主）出现后，第二步就是爱的表达了，很多大学生因为单相思而苦恼，往往就是没有勇气或是不懂如何把自己的爱表达出来。怎样恰到好处地表达求爱呢？这就是爱的表达艺术。

一要选择最佳时机，即要选择对方和自己都好心情时，双方关系融洽，情绪轻松愉悦。

二要选择合适地点，应是能私下面谈的地点，不会给双方造成心理紧张和不适的地点。

三要选择恰当方式，即选择你自己最擅长，对方又最容易接受的表达方式。求爱的表达方式多种多样，同时在不同的恋爱期爱的表达方式也是不同的。

恋爱初期，当面表达、书信表达、电话表达、网聊表达、信物表达都可以选择。

恋爱达到一定程度，渴望用语言、行为，尤其是身体接触来表达自己的感情。性爱的行为主要有握手、挽臂、接吻、拥抱、爱抚、性交。但爱的表达有粗俗与高雅、放荡与含蓄、野蛮与文明之别。如果双方在性爱中过多地倾向肉体接触或屈从于性的生理诱惑，则是粗俗的表现。马克思曾说："在我看来，真正的爱情是表现在恋人对他的偶像采取含蓄、谦恭甚至羞涩的态度，而绝不是表现在随意流露热情和过早的亲昵。"含蓄文明的爱的表达，不仅符合社会道德要求，也有助于爱情的健康发展。距离产生美，过分亲昵的行为，粗俗甚至野蛮的示爱，反而会引起对方的反感，给纯洁的爱情蒙上阴影，造成恋爱挫折。

练习：如何表达爱情？

表达爱的方式多种多样，可以试用以下方式。

① 用你的眼睛传达爱。这是一种比较含蓄的方法，当对方注意到你的注视时，不要逃避，镇定坦然地凝望，把你的爱意表现在眼睛里。

② 以你的行动来关爱。用实际行动来表示对倾慕对象的关心、帮助和亲昵，如下雨天送雨伞，对方生病时前去看望，或者投其所好。

③ 用书信、字条、短信或微信等来传情。如果你无法用言语大胆地说出爱意，写下你爱的誓言也是很好的方法。

④ 送去代表相思之情的爱情信物。现代社会的年轻人的爱情信物越来越奢侈，但其实爱情信物胜不在价格，更应胜在心思和创意，能感动对方心灵的礼物就是最有价值的礼物。

请选择其中一种方式，或独创一种方式进行角色扮演，之后评论，交流。

（三）学习爱情纠葛处理艺术

大学生在谈恋爱过程中会碰到很多麻烦，如自己并不爱对方，对方却拼命地追缠；双方谈得很来，但又常常发生争吵；自己喜欢的异性却同时喜欢别人等。这些爱情纠葛如何处理呢？这里主要介绍学会拒绝、学会争吵、学会面对"多角恋爱"。

1. 学会拒绝

有很多时候我们很难说"不"，不好意思说"不"，担心拒绝会伤害对方，殊不知，不会拒绝才会给自己和他人造成伤害。初恋和追求开始时，发现对方并非所爱之人，如果不拒绝，会让对方误解而越陷越深；如果拒绝对方的方法简单而粗暴，也会伤害对方。恋爱以后，发现对方不适合自己时，不会拒绝只会使双方处在混乱中，如果拒绝的方法不对，也会使对方激动、生气，甚至恼羞成怒，产生报复或自毁行为。所以，爱要学会拒绝的艺术，是为了不伤害一颗颗善良的心，也是为了保护自己。

2. 学会争吵

亲密的人彼此在心理上的依赖程度很高，生活中的交集也很多，但毕竟是两个不同的人，很难对每一件事的看法都一样，很难所有的生活习惯都相同，很难所有的价值观排序都无差异。因为某些生活事情及价值观决定不同而意见不同，吵架也难免。如何吵一个具有建设意义的架，避免冲突恶化，也就成为进入亲密关系的人的必修课。

参考：如何吵一个具有建设意义的架?

① 内心应当确立这样的观念：人与人之间的矛盾、冲突可以依靠理智来调和、消除，不是无法解决的。

② 能够冷静地倾听对方、让对方充分地表达，并且能设身处地地理解对方的看法、情感与动机，那么你就掌握了主动。

③ 在争吵中，你可以既坚持自己正确的方面，又承认自己确实存在的局限与谬误之处。批评对方时有理有据、对事不对人。这样才可能创造出一种平等的、互相尊重的、不为争面子而为了真正解决问题的气氛，双方才能尽快地沟通、和解。

④ 要学会主动妥协。双方在经过一番争论之后，要提出可行的解决办法。这个办法应当最大限度地有利于双方、被双方所接纳。

⑤ 要注意保密。既然两人相爱，争吵又是在“二人世界”中进行的，争吵后就应注意保密。不要到同学朋友中去炫耀以满足自己的虚荣，这样容易引发对方的不满。

3. 学会面对“多角恋爱”

多角恋爱历来被认为是典型的爱情不专一，朝三暮四，视爱情为游戏，把自己的幸福建立在牺牲他人感情的基础上。不管从哪个角度来讲，多角恋爱为社会和道德所不容许，且可产生种种不良后果，如陷入争斗境地，带来众多的烦恼，耗费时间和精力，严重影响生活、学习和人际关系。我们认为，既不轻易说谈恋爱过程中的变化就是三角或多角恋爱，同时也鲜明地反对三角或多角恋爱。

那么，多角恋爱的当事人应当如何正确对待这个问题呢?

从被恋角色看，被恋者正处在多角恋爱的漩涡的正中，他（她）是否具备良好的心理品质和行为方式是至关重要的。有两个或以上的异性同时爱着你，或先后向你求爱，你是一个幸福者，有选择爱情的神圣权利，你应当从多方面对这些追求者进行了解、比较，并尽快地予以抉择。在抉择之前，对两个异性都保持不超过友谊的关系。如果你与一个异性相处已有一段时间，彼此已有了一定了解，建立了一定感情，此时在你的生活中又出现另一个人，对比之下，你才明白与前者之间有的不是爱情只有友谊。那么这时候你用不着被“喜新厌旧”的说法束缚，不要犹豫徘徊，你有权利做出选择。这时的良心自责、感情内疚都无济于事，长痛不如短痛，尽快做出抉择。关键的问题是要正面了却与其中一人的关系，待到他（她）感情的波澜较为平静之后，才方便与另一人发展恋爱关系。

从竞争者角色看，当发现自己站在危险的“多角区”的角上时，应当宽容地理解：一个好姑娘（棒小伙）有几个异性追求者，不足为怪，她（他）需要比较选择，也无可非议。若是她（他）对两个人都有了感情，一时难以取舍，不易定夺，自己则应当抓住机遇去“自由竞争”，去表现自己的思想、才能、气质、风度、自信和宽容大度，以争取她（他）下决心择优选择自己。如果自己竞争“赢”了，特别要小心地对待“失败者”，设身处地地多想想：若是自己处于失恋境地会有怎样的心里苦闷？因此对“输方”予以同情和理解，甚至可以高姿态地向“失败者”表示歉意，一定不要再加剧人家的心灵创伤。如果你是竞争的“输家”，你要正视现实：自己与对方无缘，不再强求，尊重所钟爱的人的选择、裁决，尽快从竞争中撤退。

四、恋爱心理调适

一些大学生的思想、心理和行为的特点，导致恋爱中诸多心理问题的存在，主要表现在以下方面。

（一）恋情至上

所谓恋情至上，是指把恋情放在人生最重要的位置，认为恋情就是生命的全部，一切以恋情为中心。有些大学生把恋情放在人生的第一位，认为“没有恋情，活着就无意义”，整天沉溺于“恋爱”。比如在大庭广众之下，旁若无人地拥抱接吻，做出一些不堪入目的边缘性行为，致使旁人不得不退避三舍。一旦失去这种“爱”，则消极伤感，悲观厌世。

其实恋爱犹如令人激动和陶醉的醇酒，但它无论多么醇香，饮起来必须有个限度，不可过量。如果把恋情放在人生的第一位，仅为恋爱而活，是恋情和人生的本末倒置。过分追求恋情必定降低人生价值。一些大学生恋爱不能很好地控制情感，恋人不在身边，就坐立不安、茶饭不思、夜不成眠甚至精神恍惚，影响健康和学习，把恋爱美酒酿成了苦酒。

（二）轻率恋和多角恋

陶行知先生说：爱之酒，甜而苦。两人喝，足甘露。三人喝，本如醋。随便喝，毒中毒。恋爱本严肃，来不得半点随便；恋爱本专一，来不得一丝游戏。可是一些大学生，自以为相貌标致、气质俱佳能赢得异性同学的吸引和爱慕，以“自由选择”为名，情不专一，朝三暮四，见异思迁，频繁更换恋爱对象，在其心中，没有忠贞恋情而只有寻欢作乐；有的大学生以追求自己的人多而感到自豪，以恋爱为游戏，玩弄他人的情感；有的大学生出于争强好胜、爱慕虚荣等心态，同时与几人相恋，扮演“多角恋”的角色。其结果，不但在同学之间造成了情感纷争，也极易由于争风吃醋，发生冲突，酿成悲剧。

（三）单恋

单恋有两种情况：一种是指异性关系中的一方不知不觉爱上了另一方，却得不到对方回报的单方面的爱情，实质是苦恋；另一种是爱情错觉，指在异性间的接触来往关系中，一方错误地认为对方对自己“有意”或者把双方正常的交往和友谊误认为是爱情的来临。单恋是恋爱心理的一种认知情感的失误，使学生常常陷入痛苦的境地，如果处理不好，将对学生的学习和生活甚至身心健康产生消极的影响。

单恋较多地出现在性格内向、敏感、富于幻想、自卑感强的人身上。首先是自己爱上了对方，于是也希望得到对方的爱，在这种弥散心理的作用下，就会把对方的亲切和蔼、热情大方当作是爱的表示并坚信不已，从而陷入单恋的深渊难以自拔。单恋者固然能体验到一种深刻的快乐，但更多体验到情感的压抑，因为他们无法正常地向自己所钟爱的异性倾诉柔情，更不能感受到对方爱意的温馨。

单恋发生时，大学生或周围的同学朋友都应该帮助其进行冷静的心理分析，学会克制情感，不至于让美好的爱情变成一种伤害。

（1）避免“恋爱错觉”。学会准确地观察和分析对方表情，用心明辨；要视其反复性，某种信息的经常出现可能意义很深，而仅一两次就不足为凭了；不要强化内心一见钟情式的浪漫爱情。一旦单恋发生，要鼓足勇气，克服羞怯心理，大胆地表达爱慕之情，如被接纳，爱的快乐就取代了单相思的痛苦；如果是“落花有意，流水无情”，则应该面对现实，勇敢地抛弃幻想，用理智主宰感情进行转移，通过感情的转换和升华来获取心理平衡。

（2）当向对方示爱遭到拒绝时，要用理智克制自己的情感，爱情一定是两心相悦的，强扭的瓜不甜，这种理性、客观、冷静的考虑也是自身未来幸福快乐的源泉。

(四) 失恋

据统计，大学生恋爱过程中，经历过失恋的约占谈恋爱学生的一半，因此，校园爱情往往是短暂的恋情。大学生中的失恋已是普遍现象，失恋带来的虚无、焦虑、忧郁、悲伤、痛苦、绝望等情绪致使当事人身心遭受极大伤害，造成严重的心理挫折。如不及时引导、化解失恋学生的消极情绪，会导致身心疾病，甚至带来不堪设想的严重后果。

多数大学生失恋者能正确对待和处理好这种恋爱受挫现象，愉快地走向新生活。然而，也有一些失恋者不能及时排解这种强烈的情绪，导致心理推移，性格反常。具体到不同的个体，常常出现以下几种消极心态。

（1）“从此无心爱良夜，任他明月下西楼”　失恋者羞愧难当，陷入自卑和迷惘，心灰意冷，走向怯懦封闭，甚至绝望、轻生，成为爱情的殉葬品。因失恋而自杀的人的推理是：连我最爱的人都抛弃了我，这个世界对我还有何意义？事实上，如能反向思维，既然爱情不再，感谢爱情助我成长，正是爱情启发了人生。恋爱是双方相互了解，为将来人生做准备的过程，如果在交往过程中发现彼此不合适，中止恋爱是明智的人生选择。

（2）“不见去年人，泪湿春衫袖”　失恋者对原恋人一往情深，对爱情生活充满了美好的回忆和幻想，自欺欺人，否认失恋的存在，从而陷入单相思的泥潭。也有人会出现一个特殊的感情矛盾——既爱又恨，不能自拔。这类人首先从心理上拒绝、否认，继而更加思念对方，认为失去的恋人是人生最好的，陷入单相思之中难以自拔。

（3）“阁道曲直，似我回肠恨怎平”　失恋者或因失恋而绝望暴怒，产生报复心理，造成毁坏性结局；或从此嫉俗厌世，怀疑一切，看什么都不顺眼，爱发牢骚；或从此玩世不恭，得过且过，求刺激，发泄心中不满。典型的心理反应是：我不幸福，你也别想幸福！这是一种扭曲的心理，因为个体在人生选择中，都有一个相互了解与学习的过程。

失恋的种种不良心态会严重影响大学生的身心健康，甚至会导致一系列社会问题。所以，因失恋而痛苦缠身的不幸者必须学会自我调整、自我拯救。提供方法如下。

（1）接受失恋的现实，抵制不合理的非理智观念　首先，应该认识到，失恋只是暂失爱情，并非丧失生活，更非丧失生命；其次，需要认识到，尽管失恋痛苦，但非绝对坏事，在某种意义上还是好事，这意味着这段恋情以后可能出现的更大痛苦的结束；再次，还应认识到，经验来自实践，人不可能天生就会谈恋爱，恋爱的经验和艺术同样来自谈恋爱实践；最后，提请注意，全日制大学生，从校门到校门，经历的人生挫折相对较少，通过失恋挫折，可能加快身心成熟的进程。总之，失恋后的关键第一步是要冷静和理智地分析失恋原因，客观全面地看待双方的差距，敢于正视和接受本次恋爱已经终止的事实。

（2）倾诉　失恋者精神遭受打击，被悔恨、遗憾、愤怒、惆怅、失望、孤独等不良情绪困扰，应主动找亲友倾诉，释放心理负荷，并倾听他们的劝慰和评说，这样心理会平静一些。也可以通过写日记或书信等方式，把自己的苦闷记录下来，或给自己看，或寄给朋友看，这样便能释放自己的苦恼，寻得心理安慰和寄托。

(3) 移情　及时适当地把情感转移到失恋对象以外的他人、事或物上。发展密切的朋友关系，交流思想，倾吐苦闷，陶冶性情；投身到大自然的博大胸怀中，从而得到抚慰。当然密切自己与其他异性的交往，也不失为一个合适的途径。

(4) 疏通　指的是借助理智来获得解脱，用理智的“我”来提醒、暗示和战胜感情的“我”。要想想，爱情以互爱为前提，不可一厢情愿强求对方，应该尊重对方选择爱人的权利。也可反向思维，多想对方的不足，分析自己的优势，鼓足勇气，迎接新的生活。还可以这样设想，失恋固然是失去了一次机会，却让你进入了另一个充满机会的世界。正如海伦·凯勒所言“一扇幸福之门对你关闭的同时，另一扇幸福之门却在你面前洞开了”。

(5) 立志　失恋者的积极态度会使“自我”得到更新和升华，全身心地投入到学习和工作中去，许多失恋者因此而创造出了辉煌的成就。像歌德、贝多芬、罗曼·罗兰、诺贝尔、居里夫人、牛顿等历史名人都曾饱受失恋的痛苦。他们是用奋斗的办法更新“自我”，积极转移失恋痛苦的楷模。

(6) 及时求助专业心理咨询机构　如果大学生自己真的不能从失恋中解脱出来，要及时向学校心理老师寻求专业帮助。坚决抑制和纠正极端的消极的心理倾向和行为，既不伤害对方，也不伤害自己。

(五) 终止恋爱关系

恋爱双方在交往中，随着交往频度的增加与卷入深度的加强，如果一方发现对方不是自己心中想找的人时，能够理智地分析恋爱走向，并提出分手。分手对双方都不是一件愉快的事，特别是确立恋爱关系时间较长的人。提出分手的一方，要注意以下几点：一是选择恰当的时机；二是使用策略；三是艺术地说明原因；四是不逃避责任；五是不拖泥带水。被动的一方，要注意控制自己的情绪，不可自暴自弃、死打硬缠，更不可意气用事、寻求报复。值得注意的是：终止恋爱关系不要给对方留有余地，比如“以兄妹相称”、“再处一段试试看”等，特别是两性恋爱关系终止后，需要一段时间认真冷静地面对这段感情。

某著名大学一名优秀的女硕士李某，在大学期间，与同在某一小城市读大学的张某确立了恋爱关系，在研究生考试中，恋人张某失利，而李某以专业第一的优异成绩考入某名牌大学深造，此时的张某决定孤注一掷，辞职来到北京考研，随着阅历的增加，李某感到与张某已缘分不再，却又羞于出口，自觉对不起张某，张某的第二次考研又以失败告终。为鼓励张某继续奋斗，两人又继续交往，后来，李某考虑应当终止恋爱关系，拖延并无好处。经历了两次考研失利打击的张某，无论如何也不能再承受失恋的打击，所以当李某提出终止恋爱关系时，张某选择了杀死李某再自杀的极端行为。

从这个案例我们可以看出：如果李某注意选择时机，运用策略，悲剧也许不会发生。在张某考研焦虑、无助甚至绝望的时候提出分手，对他的打击可想而知；而张某选择了极端的手段，选择剥夺他人生命的手段是非理性和残忍的。

五、爱与性

谈到爱情，不能不谈到性。

本书第六章已分析大学生性心理，这里特别要提醒同学们的是，在热恋中表达爱，要防止和抵制婚前性行为。婚前性行为对大学生恋爱有百害而无一利。一旦发生婚前性行为，它将使爱情的美好神秘感荡然无存；它会给爱情蒙上不洁的阴影，产生互相猜疑和不信任；它可能导致未婚先孕，其社会压力会使当事者感到自卑和羞辱；它还是不道德者玩弄女性的惯用伎俩，玩腻之后便会另寻新欢。总之，在中国这样的传统文化社会，婚前性行为是社会文明和校规校纪所不容许的，也会受到社会和家庭的指责。更重要的是一旦发生性行为，当事双方都会因此承受很大的心理压力、精神负担重，尤其是女方。因此，大学生要理智地恋爱，防止和抵制婚前性行为。热恋中的男大学生要以对恋人的高度负责感把握住婚前婚后的界限。女大学生要对自己负责，筑牢心理防线，要懂得保护自己，不要“奉献”得彻头彻尾，以便始终牢牢掌握爱情、婚姻的主动权。

知识要点

(1) 美国心理学家弗洛姆认为“爱”有四项特征：奉献、责任、尊敬、了解。

(2) 爱情的社会性主要表现在七个方面：①爱情包含着理性而有目的的交往。②爱情是同一社会结构中人的道德意识。③爱情是作为在男女关系上的一种特殊的审美感而发展起来的，爱情创造的美带着永恒性。④爱情的力量包括生理力量与精神力量。⑤爱情的思想内容和社会—心理内容取决于社会发展的水平。⑥爱情的社会成分也存在于选择性的欲求对象的过程中。⑦调节两性关系的手段是动物所不具备的羞耻感。

(3) 大学生产生爱情是自然的正常的。性生理的发育成熟是大学生恋爱的最根本的生理动因；生理发展所引发的心理巨大变化是大学生恋爱的心理动因；大学宽松的校园环境和浪漫的人文气氛，以及社会开放的文化渗透是大学生恋爱的环境动因。

(4) 爱情三角理论是目前对爱情研究最完整的理论。该理论认为，“爱”有三个基本元素：亲密、激情、承诺，三个元素各属于三个不同的向度，可组合成八种不同类型的爱情。

(5) 组装自己爱的能力。首先是学会爱自己，即有正确的自我认知、懂得珍惜和尊重自己的感情、学会对婚前性行为说不、对自己的爱负责；其次才能爱别人，爱他人包括尊重对方的人格、认可对方的自我而不是束缚、有共同的目标并共同为之努力。

(6) 处理爱情纠葛的艺术包括学会拒绝、学会争吵、学会面对多角恋爱。

(7) 失恋自我调适的方法包括：接受失恋的现实，抵制不合理的非理智观念、倾诉、移情、疏通、立志，如自我调适效果不佳则应及时求助专业心理咨询机构。

阅读材料

柏拉图与苏格拉底对话——爱情、婚姻、幸福、外遇、生活

一日，柏拉图问老师苏格拉底什么是爱情？老师让他先去麦地，摘一株最大最金黄的麦穗来，期间只能摘一次，并且只可往前走，不能走回头路。过了许久，柏拉图空着双手回来了。老师问他为啥不摘？“我以为后面会有更好的，可是最后却都不如之前的，于是我什么都没摘。”老师说，这就是爱情。老师让柏拉图再去摘一次。这一次他带回一株比较饱满的麦穗。老师问他怎么选的。柏拉图说，我看见旁边的麦田长势更好，就去挑了一穗。老师说，所谓爱情，就是在一定范围内求最大值，但是，你可以扩大自己的范围。柏拉图第三次走进麦地。这一次他带回来的麦穗明显很干瘪。苏格拉底问他怎么选的。柏拉图说，虽然她不饱满，但是我喜欢她在阳光下舞蹈的样子。苏格拉底说，所谓爱情，就是你的主观感觉，与别人的评论无关。柏拉图第四次走进麦地，他带回来一棒玉米。苏格拉底问他怎么选的，柏拉图说，我喜欢玉米。苏格拉底说，对，可是你有把握抵御众人的非议吗？

又有一天，柏拉图问老师什么是婚姻？老师叫他先去树林，砍一棵全树林最粗最茂盛的树，其间同样只能砍一次，以及只可往前走，不能走回头路。柏拉图去了。许久之后，他带回一棵并不算最粗壮却也不算差的树。老师问他怎么砍了这样一棵普通的树回来?他说:当走了大半路程还两手空空,看到几棵非常好的树,我吸取了上次摘麦穗的教训,就选了其中的这棵树,我怕又错过机会空手而归,尽管它并非我碰见的最棒的一棵。苏格拉底意味深长地说,这就是婚姻。

还有一次,柏拉图问老师什么是幸福?老师叫他穿越田野,去摘一朵最美丽的花,规则如前,不能走回头路,只能摘一次。许久之后,他手捧一朵比较美丽的花回来。老师问他:"这就是最美丽的花了?"柏拉图说:"当我穿越田野时,我看到了这朵美丽的花,我就摘下了它,并认定它是最美丽的,而且,当我后来又看见很多很美丽的花的时候,我依然坚持我这朵最美的信念而不动摇。"苏格拉底说,这就是幸福。

又有一天柏拉图问老师什么是外遇?老师还是叫他到树林走一次。可以来回走。在途中要取一支最好看的花。两小时后,他带回一支颜色艳丽却蔫蔫的花。老师问:"这就是最好的花吗?"柏拉图说:"我找了两小时,发觉这是最盛开最美丽的花,但我采下带回来的路上,它就逐渐枯萎下来了。"苏格拉底说,那就是外遇。

又有一天柏拉图问老师苏格拉底什么是生活?老师还是叫他到树林走一次。可以来回走。在途中要取一支最好看的花。过了三天三夜,柏拉图还没回来。老师只好走进树林去找他,最后发现柏拉图已在树林安营扎寨。老师问:"你找着最好看的花了么?"柏拉图指着边上的一朵花说:"这就是最好看的花。"老师问:"为什么不把它带出去呢?"柏拉图说:"我如果把它摘下来,它马上就枯萎。即使我不摘它,它也迟早枯萎。所以我就在它还盛开的时候,住在它边上。等它凋谢的时候,再找下一朵。这已经是我找着的第二朵最好看的花了。"苏格拉底说,你已经懂得生活的真谛了。

大学生恋爱调查

8月下旬,浙江大学宁波理工学院有一张迎新海报火了。这张海报中写道:"大学期间至少应该恋爱一次,无论成败。"其实,长久以来对于在大学里面该不该谈恋爱的讨论,从来没有停止过。正值入学季,这个问题再一次被摆在了大学新生们的面前。

为此,中国青年报社会调查中心对1503人进行的一项调查显示,67.9%的受访者大学时谈过恋爱,44.8%受访者认为大学恋爱有利于个人更好地应对未来的情感问题,37.6%的受访者赞同大学生将恋爱列入大学生活计划。

大学生恋爱受挫患抑郁症欲自杀　将跳楼时被拉回

深秋黄昏的大学校园,一个身影像一尊冷酷的雕像,伫立在男生宿舍楼楼顶,一动不动。突然,另一个身影以迅雷不及掩耳之势扑向"雕像"……在沈阳市精神卫生中心,这名被解救的男大学生躺在病床上,正在接受心理医生的全面治疗。

"心理气象员"救人

他叫小雷(化名),21岁,是沈阳某高校大三学生,念的是中文专业。他来自安徽农村,父母都是老实的农民。3年前,小雷以全县前三名的成绩考入大学,震惊十里八村。

进入大学后,依然成绩名列前茅的小雷渐渐发现,周围同学纷纷恋爱,唯独自己形单影只。一年前,他暗恋上一名女生,尽管做了种种努力,但对方依然没有回应。

升入大三后,学业、就业压力接踵而至。一周前,小雷终于鼓足勇气向心仪的女生进行了告白,不料却被拒绝了。面对如此结果,他无论如何接受不了。在内心苦苦挣扎的过程中,校园内发生了一起大学生跳楼事件,轻生大学生当场不治身亡。

黄昏，万念俱灰的小雷悄悄爬上男生宿舍楼楼顶，从而出现了本文开头的一幕。那么，小雷身后的黑影是谁？为什么会及时发现并阻止了一幕悲剧的发生？

“那是一名‘大学心理气象员’！”市精卫中心副院长、心理专家王秀珍告诉记者，随着“跳楼事件”发生，大学立即组织全校师生进行心理危机预防。各个院系重构心理安防网络，“心理气象员”在经过培训的大学生中诞生。

“话疗”问出心结

通过通宵的“话疗”，诊断小雷患上了抑郁症，并弄清楚了他轻生背后的深层心理问题：失恋只是一条“导火索”，真正的原因是人生观、世界观等方面的种种冲突。家境贫寒、父母文盲、城乡差距、就业压力……一连串“无解的方程”面前，他变得焦虑、厌学、彻夜失眠，最终导致小雷的精神全面崩溃。

“自杀者在自杀前一定是有征兆的，有没有被发现并得到帮助，对最后是否发生自杀有很大的影响。”王秀珍院长表示，如果这种迹象及时被同学、老师等人发现，及时进行危机干预，就可大大减少悲剧发生的几率。

大学生失恋自杀频现　专家称恋爱课程是生命教育

采访：朱砂

专家：张志刚　上海市青春期性教育专业委员会主任、上海师范大学教授。

日前，教育部发布了普通高校学生心理健康课程的基本要求，其中包括性心理、恋爱心理等心理健康课成为大学生的必修内容。这一消息引起了多方的关注。恋爱也需要在课堂上学习吗？学生们想听的和老师们会讲的，会不会有差距？

专家解答：情感问题是大学生自杀的重要诱因。

事实上，早在教育部的这个要求出台前，上海师范大学的张志刚教授就开出了“爱情心理学”的课程，并受到了很好的反馈。“每年在高校中都会发生学生自杀的事件，每次听到这样的消息，每年拿到统计的数据，都会让人忧心。我在教委工作的时候，看到过学校送上来的自杀的大学生的遗书，看着那些遗书，真的是手都会发抖的。”张志刚说，在这些自杀的大学生中，有超过三分之一的人做出极端的行为是和感情有关，感情受挫、失恋往往会成为直接或者诱发自杀行为的原因。

在高校工作时，张志刚主动请缨开出了“爱情心理学”，“很多年轻的男孩女孩热恋时信誓旦旦，可是真的冷静地坐下来分析，却可能发现‘爱错了’。心理学界对于爱情是如何发生的、要如何去处理两人的关系等都有非常专业的研究。让大学生了解这些，对他们的爱情婚姻是有益处的。”

专家解答：在课堂上“谈情说爱”也是生命教育。

在张志刚的课堂里，有的学生说，这是自己从小到大上过的最受触动的课，也有学生告诉张志刚，上过这门课后自己变得更阳光了。那么，这样的一门课到底都会讲些什么呢？张志刚说：“我在课堂上会讨论一些话题，比如，爱情是怎样发生的？爱情或者婚姻万一要终止了，怎么面对可以尽量减少伤害？要知道研究发现，爱情是有生物基础的，有种物质叫多巴胺，在男女热恋的阶段，如果抽血化验，往往能发现多巴胺，这种物质会让人产生爱的感觉。但多巴胺本身也有周期性，这个周期一般是三到五年。美国的研究数据显示，最易离婚或者发生婚外恋的，是在第三到四年，这其实是和多巴胺的周期有关。”这些新鲜的知识，让大学生们兴趣盎然，也让他们对爱情有了新的认识，对失恋等情感挫折多了一些思考的角度。“有的学生觉得，我的课似乎是在讲性，但又似乎不在讲性。这门课，同时也是生命教育、健康教育。”

心理训练

我心目中的白马王子（白雪公主）

爱是我们生命中的重要课题。无论你已经拥有了爱情，或是即将拥抱爱情，都需要对自己所选择爱人的条件进行认识。下面，请你用形容词、词组或句子的形式写出自己选择心目中的白马王子（白雪公主）的五条标准。使自己的爱更理性化。

第一条：________________

第二条：________________

第三条：________________

第四条：________________

第五条：________________

寻找失恋的十大好处

列举失恋后的好处，以下面的句型为模板，写成十句话。找出最合理、最可行的建议，以此作为自己的情感自卫盾牌，积极面对失恋，顺利渡过失恋挫折期。

因为我失恋了，所以我获得了________________。

思考与练习

1. 爱情是如何产生的？
2. 大学生在爱情方面有哪些心理困惑？
3. 如何看待大学生恋爱问题？请结合你的理解谈谈什么才是真正的爱情。
4. 培养爱的能力对大学生的人生发展有什么意义，怎样才能培养爱的能力？
5. 结合自己的亲身经历或身边同学朋友的经历谈谈如何正确应对情感上的挫折。
6. 心理测试：恋爱态度测试（见附录）。

第八章　学习心理与学习能力

学习目标：①知识目标。了解学习心理、学习概念和大学生的学习特点。②能力目标。掌握学习的一般规律，学习心理问题的调适方法。③素质目标。培养学习兴趣，增强学习动机，积极主动学习，提高学习能力。

学习重点：大学生学习特点，大学生学习与心理健康的关系，大学生学习能力的培养，学习心理问题的自我调适。

学习难点：学习心理问题的自我调适。

从小到大无时不在学习，什么是学习？我们现在懂得如何学习了吗？我们碰到过学习的困惑吗？让我们重新认识学习，学会学习吧。

第一节　学习心理与学习能力的培养

有研究表明，现代社会里，一个人的知识只有10%是靠学校教育给予的，90%是在以后的工作实践和学习中获得的。可见，在科学技术高速发展的时代，大学生毕业后还有很多知识要学，如若想在工作中有所建树，就必须在工作中不断学习。这就要求在大学期间树立终身学习观念，培养一定的学习能力，才能适应时代发展。

一、学习概述

（一）学习定义

中国古代就有“学习”一词。2000多年前，孔子说过：“学而时习之，不亦乐乎？”那么，这句人人皆知的古语，其意义究竟是什么呢？

心理学认为学习是人和动物共有的活动。学习有广义与狭义之分。广义的学习是指人和动物在生活过程中，通过活动、练习获得行为经验的过程。狭义的学习专指人的学习。人的学习是在人的整个生命过程中，在社会传递下，通过有机体练习，自觉地、积极主动地掌握社会的和个体的经验的过程，引起的行为或行为潜能的变化相对持久和稳定。

（二）学习分类

心理学界有人把学习分成三种类型。

（1）接受学习　包括机械地接受学习和积极地接受学习。前者类似于吃现成饭，全盘接受一个现成的定论或确定的形式，以便在必要时给予再现和利用，缺乏对知识的辨别和批判能力。后者对知识有一个消化和组织、鉴别和批判的过程，它不是被动过程，而是有一个主动整合信息，将新知识与旧知识交互作用的过程。

（2）发现学习　指由学习者自己发现问题和解决问题的一种方式。

（3）创新学习　是认为问题的解决本身比被动接受更重要，他们在更大的社会环境的整合中获得价值和意义。

（三）大学生的学习特点

从高中进入大学，学习仍然是大学生的主要任务。那么大学与中学的培养方式、学习内涵有什么不同，如何科学安排大学的学习生活呢？美国著名学者怀海特一语道破中学与大学学习方式的显著区别：“在中学里，他伏案学习；在大学里，他应该站起来四面瞭望。”大学绝不是“后中学时代”，大学必须突破中学阶段的狭隘视野，应该从更多的层面与角度来理解世界，要对传统与未来深入探索。大学生的学习主要有下列特点。

1. 专业化程度高，职业定向性强

中学主要是传授基础科学、文化知识，本质上是一种中等水平的普通教育，为广大学生的继续深造和就业做一般性的基础文化知识准备，基本上没有考虑未来职业的具体要求。而大多数大学生在报考大学的时候，就选择了自己的专业，他们进入大学以后也是在相应的院系学习某个专业。大学生在高等学校里，不仅要学习政治理论课程、品德与修养课程、外语、计算机技能以及公共基础课程，还要学习相应专业的学科基础课程和专业课程。另外，要在自己专业范围内选修一定学分的任意选修课。这样才能在对本专业知识有较深入了解与掌握的同时，广泛涉猎各学科领域，扩大自己的知识面，提高综合素质，更好地适应社会对人才的需求。

2. 学习内容具有高层次性和争议性

大学生学习的内容起点高、视野宽，很多内容已经处于学科领导的前沿，有的内容在学术界还是众说纷纭，没有标准答案，将这些有争议的内容和各家之说介绍给学生，有利于启发他们的思维，激发他们的学习积极性和创造性。这与中小学时代向学生传输的、已经定论的知识不同，要求大学生的学习方式逐渐从中小学时代的死记硬背、正确再现教学内容，向集众家之长、确立个人见解的方向转变。

3. 学习的自主性和独立性提高

大学生的很多学习活动是由学生凭借自己的力量独立完成的，体现出学习的独立性。大学生在学习过程中更能发挥主观能动的作用。其自主性主要表现在时间把握、内容选择和方法选择等三个方面。大学生的课程安排较中学阶段松、课余时间较中学阶段多，与之相适应的，是在课堂上高校教师往往受讲课时间的限制，常提供大量的参考书和布置思考题，要求学生课外阅读，查阅资料，做课程设计（论文）、毕业设计（论文）等，需要学生自己设计研究方案、独立撰写研究报告。除了专业教学计划规定的必修课外，大学生可以根据自己的需要、兴趣、特长选择适合自己的选修课程。这就需要大学生具有高度的学习自觉性。

4. 学习的多元性

大学生的学习途径多种多样，课堂教学虽然仍是大学生学习的主要途径，但并非是惟一途径。一方面可以通过学术报告、知识讲座、专题讨论、社会调查、参观考察、实验实习、社会实践、社团活动等渠道来获得知识和技能。另一方面可以通过发展自己的兴趣，按自己的兴趣意愿有选择地选修跨学科课程和学习人文知识。可以说，大学生学习的多元性特点是对专业化程度、职业定向的必要补充，是适应社会发展的最佳方法。

5. 学习的探索性

大学生学习是在继承掌握前人积累的专业理论的基础上，从事探索活动、发展创造能力、获得科学方法和创新精神的过程。学生在系统学习知识、掌握专业技能的过程中，学习能力将有较大的发展和提高。学术上的新观点、新理论、新成果激发同学们的创造欲，以致渐渐形成一种希望自己能重组已有知识或从崭新角度分析和解决问题的内在动机。在大学的教学活动中，教师常常留下问题，不下结论，诱导学生在基本思路的方向上查阅有关资料、分析思考、自己提出答案，这有益于学生探索精神的养成。

上述大学生学习的五个特点是相互联系的。自主性是大学生学习的基本要求，多元性是大学生学习活动的扩展，探索性是大学生学习活动的深入。正是这些特点相互交融，才使得整个学习过程充满了活力，各阶段学习更显得丰富多彩。

(四) 大学生的学习心理

大学生学习心理指学习过程中受各种内在与外在的、智力与非智力因素的影响或刺激而形成的各种心理反应。由于当今知识时代的学习价值和态度、学习内容和方式、学习目的和手段、学习评估等的根本性变革对大学生学习的挑战和压力，再加上当前在校大学生绝大多数属于青年期向成年期过渡的“边缘人”，因此大学生学习心理呈现出如下特点。①学习意识基本成熟；②学习动机发展达到核心层；③学习智力和能力发展达到最佳；④学习自我评定能力日益增强。

二、大学生学习与心理健康的关系

学习是人得以生存和发展的必要条件，大学生的学习促进了大学生身心的全面发展，是大学生心理健康的保证。而学习又是一个非常复杂的心理现象，大学生的心理健康状况、心理发展水平也会对大学生的学习产生直接的影响，可见，大学生的学习与其心理健康的关系是相互影响、相互制约的。

(一) 大学生学习对心理健康的影响

1. 大学生学习对心理健康的积极影响

(1) 学习能够开发大学生的智力和潜能　人们常说“刀越磨越快，脑子越用越活”，这话有一定的道理。每个人都有与生俱来的智力和潜能，这些智能只有通过学习，才能得到开发和利用，同样，大学生的观察力、注意力、记忆力、思维力以及想像力只有在实际学习过程中，才能得到开发、利用和提高。如果不学习，先天素质再好的大学生，其智能也得不到开发和利用。

(2) 学习能够提高大学生的各种能力　能力是人顺利地完成某种活动所必须具备的心理特征，它总是在一定的活动中表现出来，并且在活动中获得和加强。随着社会的发展，社会对大学生的能力要求越来越高，总体来说这些能力包括自学能力、操作能力、创造能力、表达能力、管理能力等，而这些能力都是通过学习活动习得而提高的。因此，大学生要具备社会需要的各种能力，就必须加强学习。只有通过学习，能力才能不断提高。

(3) 学习能够促进正向情绪情感的产生　一个善于学习、乐于工作的人，常把学习和工作当作自己所爱，能从中找到幸福和愉快。大学生通过努力学习，完成一项学习任务或取得一定成绩后，就会感到成功的喜悦和快乐。同时自己会发现，一分耕耘，会有一分收获，真正体会到自己的价值和自尊。当遇到不如意的事情时，大学生若能专注于学习，也会冲淡或忘掉烦恼。以学习为乐，可以调节大学生的情绪情感，促进正向积极情绪感的产生，提高大学生的心理健康状态。

(4) 学习能够促进自我意识的发展　古人说“学然后知不足，如不足然后能反也”。只有多学习，才能提高自身的理论水平，从而提高认识问题、分析问题的能力，掌握科学的认知方法，这样才能更好地发现自身的不足，才能正确认识和评价自己和他人，才能不断根据社会需要进行自我调节，以便更好地适应社会。

(5) 学习能力使心理健康水平不断提高　心理健康是一个循序渐进的过程，它需要不断地学习和实践。而在这一过程中，掌握必要的心理学知识和理论，无疑对提高大学生的身心发展水平有一定的帮助。只有通过不断加强学习，大学生才能获得必要的知识，才能提高自己的心理健康状态。

2. 大学生学习对心理健康的消极影响

学习是艰苦的脑力劳动，需要消耗大量的身心能量，难免带来一些消极影响。

(1) 学习强度高会造成心理压力　如果学习负担过重，会给学生带来一定的心理压力，引起精神高度紧张，出现学习焦虑现象。如果学生不能很好地调节，采取适当的劳逸结合的方法，过度疲劳，容易对身体健康造成危害，进而影响心理健康。

(2) 学习内容不健康会造成心理污染　由于大学生在学习内容和学习时间的支配上具有高度的自主性，因此在完成专业教学计划指定的课程外，有足够的时间去学习其他知识。如果大学生选择的学习内容不健康，就容易造成心理污染，使一些辨别能力差、抵抗力弱的大学生受到伤害。另外学习内容难度过大，也容易使大学生产生畏难情绪，甚至失去学习信心。

(3) 学习方法不当会引起自卑　如果学习方法不当，就易造成所下工夫与所得成绩不成正比的现象，即很努力学习却总也不见成效，学习成绩长期得不到提高。长此以往，会使学生出现自卑心理，甚至自暴自弃，导致恶性循环，影响其心理健康。

(二) 心理健康对大学生学习的影响

学习优劣受许多条件与因素的支配。

(1) 从个体发展条件看　影响个人学习的条件有个体遗传因素、个体生理因素、个体心理因素、环境因素等。就大学生而言，由于我国现行的高考选拔制度，按照常规入学的大学生，其学习基础相差不大，他们在同一高校、同一班级、同一教师授课，成绩却有明显的好坏之分，造成成绩差距的主要因素是个体心理因素。

(2) 从个体心理因素看　影响学习优劣的因素又可以分为智力因素和非智力因素。①学习中的智力因素。指个人凭借感觉、知觉、注意、记忆、想像和思维活动来分析问题和解决问题的能力，而个人分析问题与解决问题所赖以进行的观察力、注意力、记忆力、想像力和思维力构成了智力因素。②学习中的非智力因素。指除智力以外的全部个体心理特征，主要有兴趣、态度、意志、情感、性格等。这些因素是影响成绩优劣的关键。试想一个智商很高，却有厌学情绪，学习不肯努力的大学生，是很难取得好成绩的。因此，为了提高学生的学习效率和质量，在充分发挥学生潜能、调动学生智力因素的基础上，还要充分激发学生的非智力因素。大学生心理健康状况良好，可以激发积极学习动机的产生，形成良好的情绪情感，坚定意志，促进积极个性的形成，进而对学习产生促进作用。如大学生有学习兴趣后，可以促进他们刻苦钻研，向着更高目标迈进。反之，心理状况不良，甚至产生心理疾病，则会不同程度地影响非智力因素，妨碍大学生学习，阻碍大学生潜能的发挥，严重者甚至无法学习。

三、大学生学习能力的培养

学习能力是指“会学习”，表现在学会自主学习、学会高效学习、学会学以致用。应从以下几方面培养大学生的学习能力。

(一) 树立自主学习观念

中国进入了“学习型社会阶段”，在学习型社会生存的口号就是学会学习。是否能自主学习，利用已有信息学习，将成为一个人生存能力的重要组成部分。自主学习是学习主体主导自己的学习，是在学习目标、过程及效果方面进行自我设计、自我管理、自我调节、自我检测、自我评价和自我转化的主动建构过程。

1. 自我设计学习目标和计划

明确、合理的学习目标和计划是大学生学习获得成功的基础。要求大学生能够根据自己的基础条件，准确把握自己的学习兴趣、发展方向，制定出符合自身条件、切合实际、有可能实现的学习目标和计划。若学习目标和计划缺乏科学性极易造成大学生心理问题，如学习动机过强或不足、学习焦虑等问题，影响学习效果。

2. 自我管理学习过程和自我调节学习节奏

大学生学习要有一定的毅力和耐心，不能随意变动学习计划，不要轻易给自己找借口、一遇挫折就放弃，应将学习计划列成表格或画成图形，贴在自己常能看到的地方，时时提醒和约束自己。若学习过程中感觉疲劳，可适当地运动、放松，进行自我调适，缓解疲劳。使自己能够根据学习目标和计划，保证必要的学习时间，完成学习任务，对学习过程进行有效的自我管理，对学习节奏进行合理的调节和安排。

3. 自我检测和评价学习效果

大学生能够客观地评价其在每一个阶段的学习效果和学习效率，分析成功与失败的主要原因，胜不骄傲，败不气馁，发扬优点，克服缺点，情绪稳定，增强自信，鼓舞自己再接再厉，树立努力取胜的信心，勇往直前。

4. 自我转化所学知识

大学生要了解其在大学中所学课程之间的逻辑关系，了解基础课程、专业基础课程、专业课程和技能训练课程在专业知识体系中的顺序，所学课程之间的地位和作用，在学习过程中，自觉地按照这种课程之间的逻辑，进行循序渐进的学习；按照课程之间的地位和作用，能够把所学到的各种知识融会贯通，并转化到与其学习目标相一致的方向上来。

（二）掌握科学的学习方法

现代社会中，科学文化知识真可谓浩如烟海，要想获得更多的知识，光靠刻苦、努力、勤奋是不够的，还要掌握科学的学习方法，学习才可能事半功倍。

1. 读书分类，要求有异法

清初学者陆世仪说："凡读书须识货，方不错用功夫，凡读书分类，不惟有益，兼且省心目。"他认为有的书要终身诵读，有的书要一一寻究得其要领，有的书只须观其大意；如欲一一记诵，便是玩物丧志。这说明：读书第一要加以选择，第二切忌平均使用工夫。如果读书不加以选择，每本书只浏览大意，结果是浮而不深，浅而繁杂，达不到读书目的。大学生应根据自己的理想兴趣、专业要求和学习目标，确定需读的书目及内容，并且选择不同的泛读、通读、精读、熟读、背诵层次范围，体现出循序渐进、博以返约的内在规律。通过主动交叉、精细熟读、合并同类、博采群尖的方式获取自己所需的知识和经验。

2. 分析综合法

分析是把事物分解为各个属性、部分或类别，综合是把事物的各个属性、部分或类别合成起来，两者相辅相成，就能深研事物本质，掌握事物发展规律。如考古学家苏秉琦 1975 年首次提出"考古学文化区系类型的理论"，分析了各地考古文化渊源、特征与发展序列的差异，把中国分为东方、南方、西南、北方、中原和东南等六大区系，再综合这六大区系的共性证明华夏各地在古文化中存在着共同的基础结构，以及中国国家、中华民族的起源、形成和早期发展道路的理论。这种学习方法要求我们在学习过程中，不能只接受信息，还会学会动作自己的大脑去思考；不能仅仅被动地接受书本上的知识，还应该在认真汲取和消化的基础上，针对一个具体的目标，对知识、信息进行准确的、合乎目的的选择和取舍，并将他们有机地整合起来，把这些知识、信息当成尚需探索的东西去研究。

3. 多向思维法

包括纵向、横向、顺向、反向等多层次的思维方式。数学家华罗庚说："我的主张：弄斧必到班门，下棋必找高手。"就是对传统成规的"切忌班门弄斧"、"不要到关老爷面前耍大刀"等说法的反向思维，往往反向思维就是创新的开始。大学生在学习和解决问题的过程中，要不拘泥于前人的经验和常识，必须开辟新的道路、寻找新的突破点，打破常规，换角度去思考。这种多向思维法能够引起变化、更新、改组和形成一系列问题的学习，适用于开放环境和系统以及宽广的范围。多向思维法就是要学生敢于除旧，敢于布新，敢于用多种思维方式探讨所学的东西，也是培养学生的创造性思维的重要途径。

4. 触类旁通法

瓦特发明蒸汽机是从看到茶壶中沸腾水的蒸汽把茶壶盖顶起的现象联想开始；牛顿从苹果自由落地的现象联想研究出牛顿三定律。这说明学习中往往事物相异，但其理一则，要善于总结归纳。例如古代书法、诗词、绘画、园林建筑等，都讲究神形兼备。如果善于由此及彼的思索联想，就能收到触类旁通，启发实多，举一反三的学习效果。

读书分类、要求有异法是学习的最基本方法，其余学习方法能促进大学生快速掌握知识，或者发现问题、研究问题、深化知识。所以每位大学生的学习方法应是多种学习方法的组合。由于大学生的个体情况差异，如有的知识点须背诵，有的知识点须会通，有人善于晚上学习，有人善于起早读书，有人理解能力强，有人记忆力好等，每位大学生在学习方法上也不可能完全相同。大学生应根据个人条件、学习内容及学习目标汲取、摸索、确定适合自己的最佳学习方法，做一个专业技能学习的日程，做一个每天的学习生活日程表，做好每一天的时间管理。

（三）培养观察能力

观察是一种有目的、有计划的持久的知觉活动。观察能力是一种有目的、有计划、有系统发现客观事物变化规律的能力。观察能力是人类认识事物必备的能力，是认识事物的起点。观察力是一种高度自觉的习惯行为，与个性、历练等都有密切的关系，因此大学生应逐步养成良好的观察习惯，这样才能更准确地认识事物。培养良好习惯可从以下几方面进行。

1. 培养客观的观察行为

任何事物都存在两面性，并且与其他事物紧密联系；同时事物也不是静止的，而是变化的。要了解事物的特性，在观察事物时就应该本着客观公正的原则。所以，大学生在平常观察事物时，要努力做到客观、全面、公正，不能以先入为主的心理定势来观察事物，否则会对事物产生偏见，容易扭曲事实，不利于认知的进一步进行。

2. 培养观察兴趣

人们往往对于无兴趣的事物置之不理，更不会用心去观察。只有对事物观察有兴趣的人才会注意周边事物，才能用心去观察事物，才能把单调乏味的重复观察过程变成有趣的事来做，把"要我观察"变为"我要观察"。从而在学习中主动观察事物，并能克服干扰，保证观察的准确性和完整性，进而促进知识的获取。所以，大学生应通过各种途径培养观察的直接兴趣和间接兴趣。

3. 培养细心耐心的观察态度

事物不仅具有外部特征，而也具有内部和微观特性，通过认真细致的观察，可以从直观的材料中获得比常人更多的知识。要使观察效果达到全面、精确、细微的程度，就应该具备实事求是、严肃认真的态度和一丝不苟的精神。大学生在日常学习生活中，应注意培养自己细心耐心的观察态度和严紧的工作作风，观察结果才可能具有可靠性和时效性，这样才能从细微处发现更多知识。

（四）培养想象能力

想象指在头脑中改造记忆的表象而创造新形象的过程。想象能力是一种形象的思维能力，它是在已有经验知识的基础上，在头脑中创造或再现出新形象的过程。从观察中获得的表象、客观信息通过想象可以给其赋予生命。任何创造活动都离不开想象。

学生的想象是从低年级的模仿性、再现性的不随意想象，逐渐向高年级的创造性随意想象发展；想象的形式是从笼统、模糊、不完整的状态，随着观察力、生活体验能力的提高，逐渐向具体、清晰、完整的形式发展；另外就想象性质来说，都是从一定实践要求和需要出发，由幻想到向理智的创造性想象发展。在形象的结构上，往往是由不合理逐渐向合理的方向发展。

大学生在日常学习和生活中，一是要善于观察、捕捉新的、清晰全面的深刻的形象，做好表象积累和储备；二是应培养广泛的兴趣爱好、好奇心和丰富的情感，养成积极的想象，如诗人、作家、画家、演员等就是在饱满而热烈的情感下充分发挥想象力，创造出一个个动人的艺术形象。大学生有了积极的想象，才能将所学知识与日常的观察联系起来，进行想象，发现新的知识。同时大学生还要注意培养自己的言语思维能力，以促进想象能力的发展，认识自己想象中的不合理部分，从而在改正错误过程中，提高想象能力。

（五）培养思维能力

思维是人脑对客观现实概括的、间接的反映。思维能力就是人脑间接地、概括地反映客观事物及其规律性的能力，包括分析能力、综合能力、比较能力、抽象能力和概括能力。思维能力是利用比较、分析和综合，抽象、概括与具体化，以及分类和系统化等思维过程，获得正确的科学概念及判断、推理、证明和反驳的能力。

大学生的思维是以知识经验为基础，借助于课堂和课外学习，通过交际不断发展起来的，因此在学习中通过作业、讨论、争辩等，培养自己的思维能力。

低年级大学生主要是直观形象的具体思维，通过语词的一般表象，或再造想象、创造性想象，以及幻想的形象等，在头脑中进行分析研究并纳入相应的知识系统。事物的变化规律被理解了，抽象思维得到了锻炼和提高，思维能力即得到发展。

思维能力在学习中起到重要作用，如在学习中提出问题，需要思维；要能深刻理解问题，离不开思维；要将所学知识加以巩固，更需要思维的参与。可见，学习知识离不开思维，大学生要培养良好的学习能力，必须培养自己的思维能力。

第二节　大学生常见的学习心理问题的自我调适

美国人才资源研究学者、心理学家赫伯特·乔耶指出：“未来的文盲将不是那些不会阅读的人，而是没有学会怎样学习的人。”而学习的实质就是要形成良好的学习心理。当代大学生生活在由计划经济向市场经济转型的年代，受到来自社会、家庭和自身等方方面面的影响较多，在学习中经常出现这样或那样的心理问题，致使学生的学习质量下降，学习效率降低，学习任务不能圆满完成。因此，心理辅导在学习方面的作用就显得异常重要。

一、当前大学生不良学习心理表现

1. 学习态度不端正，目的不明确

大部分研究文献认为相当一部分大学生学习态度不端正，对学习冷漠、畏缩，逃避学习。表现在：随便迟到、旷课；课堂上看小说、杂志，或戴着耳机听音乐，或干脆睡大觉混日子，老师布置作业不认真完成；课后沉迷于网络游戏、网络聊天或宿舍玩牌下棋之中；过分追求眼前的利益，成天忙于社会性工作。有项调查研究显示：54.4%的学生“决心学好”，“60 分万岁”和“学好学不好无所谓”这两项之和为 40.6%，“不感兴趣的课干脆不上”和“人到了心不在课堂”这两项之和高达 55.7%。

2. 学习动机短视

当前大学生学习动机更倾向近期性、工具性和实用性。如：有的单纯追求社交能力而忽略知识学习；有的片面追求分数而忽略能力锻炼；有的花大量精力搞兼职而忽略自身素质培养；有的为了找个“好”工作就只图混个文凭。学习动机功利化，学习内容迎合短期社会需求，并且表现出重技术轻人文的心理趋向。计算机、外语、经济类等专业受到越来越多大学生的关注，而哲学、历史等人文专业却受到冷落。

3. 学习意志力不够

具体表现在：学习不勤奋，怕吃苦，学习注意力差，缺乏孜孜不倦的求学精神。

二、影响大学生学习心理形成的因素

文献研究认为目前我国大学生学习心理问题影响因素如下。

1. 社会的一些不良现象、浮躁风气的影响

社会某些不公平现象、文化界腐败、考试作弊、拜金主义、享乐主义等，使大学生在心理上表现出急进、狂躁和盲目。

2. 学校教育机制改革进程中的不适应问题

高等学校的思想教育、学生心理辅导做得不够到位；专业设置上不够完善，教材内容老化，知识更新慢；教育的手段和教育方式不能适应大学生的思想变化和心理特点；考试观念和考试方法滞后。同时高校不良的校风、学风也给大学生的学习带来一定负面影响。

3. 家庭培养方式的影响

如对学生的独立性培养不够，学生的自主自觉学习能力差；对学生专业学习干涉较多，结果是学生对专业不感兴趣，造成学习困难。还有的家长教育方法不当，方式粗暴，不能以身作则，也直接影响学生的学习习惯。

4. 学生自身特质的影响

部分学生中小学时期的学习基础不扎实，到了大学，不能很快地调整和适应，学习效果差；部分学生自制力差，学习上缺乏主动性、自觉性，遇到困难和挫折缺乏应对能力，从而在学习上不够积极，丧失了学习信心。

三、大学生常见的学习心理问题的自我调适

(一) 学习动机不当的自我调适

动机是由某种需要所引起的有意识的行动倾向。它是直接推动一个人进行行为活动的内部动力。学习动机就是激发个体进行学习活动，推动已引起的学习活动，并使行为朝向一定学习目标的一种内在的心理过程或内部心理状态。它有三种功能：一是激活功能，即学习动机会促使人产生某种学习活动，激发个体产生某种学习行为，如大学生在学习动机的激发下到学校来求学；二是指向功能，即在学习动机的作用下，使个体的学习指向某一目标，如在学习动机的支配下，大学生上课会认真听课，下课会到图书馆看书等；三是强化功能，即当学习活动产生以后，动机可以维持和调整学习活动，使学习行为维持一定的时间，并调节其强度、时间和方向。当个体活动指向既定目标，个体相应的学习动机便得到强化，因而学习活动就会持续下去；相反，当活动背离既定目标时，个体相应的学习动机得不到强化，个体继续活动的积极性就会降低，甚至会导致活动的完全停止。

学习动机在大学生学习过程中具有重要作用，它一方面唤起了大学生对学习的准备状态，促进一些非智力因素如集中注意力、坚持不懈以及挫折的忍受性等意志和情感方面品质形成和提高，间接地促进了学习；另一方面，学习动机又可以作为一种学习结果，强化学习行为本身，促进“学习——动机——学习”的良性循环。耶尔克斯—道德森定律告诉我们：动机强度与学习效果之间的关系可以用一条倒 U 形曲线来描述，即中等程度的动机激起水平最有利于学习效果的提高。同时，该定律还指出最佳的动机激起水平与任务难度密切相关，任务越容易，最佳激起水平较高；任务难度中等，最佳动机激起水平也适中；任务越困难，最佳激起水平越低。因此，动机缺乏和动机过强，都会影响学习效果，带来一系列的心理问题。

这是两位大学生的来信。

例一：我是一位来自山区，家庭经济困难的大学生，学业成绩一直非常优异。上大学后，忽然感到心中茫然，学习没有动力，生活没有目标，有时候想到辍学在家的妹妹和年迈的父母我也恨自己不争气，可我的确找不到奋斗的目标与学习的动力，学习上得过且过，生活上马马虎虎，盲无目的，上课打不起精神，我不是因为喜欢上网而荒废了学业，而是因为实在没劲才去上网聊天打游戏，我如何才能摆脱这种状态？

例二：我今年已经大三了，一直优秀的我一向对自己要求很高，当然这也与家庭的期望有关，父母都是具有高级职称的知识分子，在他们的言传身教下，我从小就知道努力与奋斗。在大学，我进行了认真细致的学习生涯设计，一步一个脚印向前走，成绩要拔尖，英语二年级通过国家六级和托福考试，为将来出国留学做好准备；三年级入党，使自己的政治生命有所皈依；与此同时锻炼自己在各方面的能力。于是，在大学我像一只陀螺飞速运转着，珍惜大学的分分秒秒，因为我相信：付出总有回报。但是，我却发现自己离目标越来越远，我忽然怀疑起自己的学习能力，我感到自己在学习上的优势在失去，甚至多年积累的自信也受到挑战，对未来，我忽然担心起来，我该如何办？

从上面两封学生来信可以看出：他们二人都因为学习动机不当产生心理上的困惑，不同的是前者是因为学习动机不足，后来是由于成就动机过强造成的。是什么原因造成大学生的学习动机不当呢？

1. 学习动机不足的原因

(1) 社会原因 我国当前处于由计划经济向市场经济转型的时期，伴随着经济形态的转型，在社会价值观念领域中也出现了一系列新观念、新思想，其中虽有促进大学生学习的新观念，但也有很多不利于他们学习的观念，如拜金主义、分配不公、就业不公、读书无用、知识贬值等。大学生对这些观念缺乏正确的认识，将影响他们对知识的看法，导致学习动机不足。

(2) 学校原因 学校的硬件条件如校园环境、师资力量、教学设施、学风、校风、校规校纪、校园文化氛围等，都会影响学生的学习动机。若学校的环境不良、设备陈旧将通过影响大学生的情绪而影响其学习动机；若师资水平不高，教学方式陈旧，教学内容落后，将不能激起大学生的学习兴趣，最终影响大学生的学习动机。

(3) 家庭原因 大学生家庭的经济条件、父母的文化程度和对子女的期望程度及教养方式等情况对大学生的学习动机都会产生不同程度的影响。

(4) 个体原因 上大学是大学生独立人生的开始，学生本人的情绪、意志、态度、兴趣、经历、价值观及健康状态等都会对学习动机产生影响，如大学生社会责任感不强、学习态度不端正、学习毅力不强、对专业不感兴趣、对自我的学业期望不足、学业自我效能感低等都会造成学习动机不足。

2. 学习动机过强的原因

(1) 学习目标设置过高 合适的学习目标能够激发学生的学习热情，但是，学习目标定得太高，超越了自身的条件和现实状况，如个体学业期望过高，自尊心强，对自己的学习能力缺乏恰当的估计，因而造成学业自我效能感下降，心理压力大，目标实现的概率在可能的范围之外，导致对自己过于严格、过于苛刻，就可能造成学习动机过强。

(2) 不恰当的认知模式 努力学习是取得成功的必要条件之一，但是，有的大学生把努力学习看成是取得成功的惟一条件，错误地认为“只要我努力，我就能获得成功”。这种认知模式就是大学生产生动机过强的基础，容易使他们在现实学习生活中，不顾自身及现实的客观条件，为了一个不太可能实现的目标盲目努力，却始终尝不到成功的喜悦，对身心造成一定的伤害。任何成功都与自身能力和环境因素有关，努力是成功的必要条件，但不是惟一条件。正确的认知模式应该是：“只有努力才有可能成功”，或者“努力＋能力＋环境＝成功”。

(3) 他人不适当的强化 我国的社会文化倾向于赞扬那些发奋者。几千年来的封建意识强调苦读终能成大器，大多数人会更支持那些动机过强者，称赞他们学习劲头足、刻苦、有志向，并期望他们做得更好。而大学生也渴望学业成功而又担心学业失败，受表面的学业动机的驱使，渴望外在的奖励与肯定，特别是由于学业优秀带来的心理满足使学生更看重自己的学业优势。这样就让学习动机过强的大学生很容易受到来自家庭、学校、社会的肯定和支持，他们被进行了不适当的强化，使他们看不到动机过强的危害，反而使他们对自己要求更严，引起心理疲劳，等到造成身心障碍时，已陷得过深，难于自拔。

(4) 个体原因 具有做事过于认真、追求完美、好强固执等性格特征的大学生就极易形成过强的学习动机。

3. 学习动机不当的自我调节

(1) 学习动机不足的自我调整 ①正确认识学习价值与规划大学目标，确定合适的学习目标。②培养与保持对所学专业的学习兴趣，保持积极学习的态度。③以积极心态对待学习，用意志战胜学习中的挫折与困难。④改进学习方法，提高学习效率与学业自我效能感，提高学业的自我价值与社会价值。⑤加强自制力训练，增强学习的自觉性和主动性。

(2) 学习动机过强的自我调节　①正确认识自己的潜质，制订恰当的学业目标，调整成就动机，脚踏实地，循序渐进，不好高骛远。②转换表面学习动机为深层学习动机，淡化外在奖励特别是学业成就的诱因，正确对待荣誉与学业成绩。③端正学习态度，树立远大理想，保持旺盛的学习热情，坚持不懈，便会取得预期效果。

(二) 学习焦虑的自我调适

学习焦虑是人的一种情绪状态，是个体由于不能达到预期学习目标或不能克服学习上的困难而使自信心受到挫伤，或者使失败和内疚感增加而形成的一种紧张不安、带有恐惧的情绪状态。在心理上常表现为忧虑、紧张、恐惧、坐立不安、慌乱，在学习上注意力涣散、思维混乱、记忆力减退、考试怯场、烦躁、易怒、缺乏自信心、独立性差等，严重的还伴有头晕、头痛、睡眠不良等身体症状。人的焦虑情绪有高中低程度的不同，焦虑过度或过低都对学习有不利影响，只有适中的焦虑，才有利于提高学习效率。可见，焦虑程度对学习效率的影响与学习动机程度对学习效率的影响相似，即呈现为倒 U 型曲线。最佳焦虑水平取决于学习任务的难易，对于容易的学习任务，最佳焦虑水平偏高；随着学习任务难度的增加，最佳焦虑水平有逐渐下降的趋势。

1. 学习焦虑的原因

(1) 学业压力　大学的学习科目、内容较中学有了很大的增加，学习的难度加大，速度加快，学习方式方法不同。这就要求大学生及时适应大学校园生活，适应大学的教学理念、教学方式，及时调整自己的学习方法，合理地安排学习时间，跟上教师的教学步伐，完成学业。否则，没有掌握的知识不断积累，学习压力增大，就会出现焦虑情绪。

(2) 考试压力　一是部分大学生知识经验储备不足，记忆提取困难，难以应对考试，对取得好成绩没有信心时就会焦躁万分；二是大学生对考试的意义估价过高，把某次考试与自己在同学中的形象和自己的终身前途联系在一起，认为考试成绩不好，影响个人在班级的威信，影响老师对自己的看法与信任，影响毕业时的择业。所以害怕考试失败，产生考试焦虑，增长学习焦虑情绪。

(3) 周围环境压力　一是家长压力，家长“望子成龙，望女成凤”的压力；二是教师压力，教师对学生要求过高，对没有达到要求的学生批评严厉，使学生产生对任课老师的恐惧感；三是学校压力，学校对学生提出一些毕业前拿到双证的要求，使学生对相应考试产生恐惧；四是同学间的竞争压力；五是社会压力，如就业压力，迫使大学生要取得好成绩，以增强日后择业竞争实力。这些来自大学生周围环境的学习压力，都会引起大学生的学习焦虑。

(4) 个体原因　一是大学生身患疾病、体质虚弱、经常失眠，影响学习；二是大学生自信心不足、成就动机过强、兴趣爱好过于单一、性格内向、自我封闭等个性心理状况。这些个体因素也会引起学习焦虑。

2. 学习焦虑的自我调适

(1) 找出学习焦虑的原因　大学生要正视自己焦躁的情绪，冷静分析造成学习焦虑的主观原因和客观原因，针对原因找出缓解焦虑的方法，若自己无法找出原因则应到心理咨询机构去寻求专业的帮助。绝不能采取回避现实的态度，放任焦虑发展。

(2) 客观认识和评价自我　确定切合自身实际的学习目标，不能把学习名次看得过重。要知道，自我接纳、自我尊重，不断从自身的努力中看到力量，从点滴的进步中看到希望，不断超越自我，不断进步，也是一种成功，那么学习焦虑程度就会得到控制。

（3）调整自己的学习方法　提高学习效率，平时努力学习，做好考前准备，增强自信心，有意识克服考试“怯场”的现象。

（4）正确认识考试的意义　对考试成绩的期望值要符合个人实际，正视自己学习的失败。勇敢地面对失败，承认失败，从积极的角度认识失败的原因，从失败中吸取教训，发现不足，明确今后努力的方向。

（5）合理调节情绪　平时加强自我修养，培养处变不惊的良好心理素质，以冷静、理智、乐观的态度对待周围发生的事情，保持健康的情绪状态，就可缓解学习焦虑。

（三）学习疲劳的自我调适

学习疲劳是指学习者由于学习过度或学习方法不当而产生的学习效率逐渐降低，并伴有渴望停止学习活动的生理和心理现象。在心理上常表现为学习精力不集中，听课走神，思维缓慢，反应迟钝，情绪易躁动，忧郁，学习失误率增高，学习效率降低；在生理上常表现为头脑发胀，腰酸背痛，视力减弱，打瞌睡，肌肉麻等症状。长期处于疲劳状态，不仅使学习效率降低，而且还会危害身体健康，严重影响大学生的学习。

1. 学习疲劳的原因

（1）学习负责担过重　比如，作业量大，学习内容过深，考试要求过高，持续学习时间过长，使学习活动过于紧张，并需要高度的注意、积极的思维、努力的记忆，容易造成学习疲劳。

（2）作息时间紊乱　学习计划性不强，作息时间无计划，致使学习生活毫无规律，人体生物节律受到破坏，终日昏昏沉沉，精神恍惚，造成学习疲劳。

（3）不注意劳逸结合　如某大学三年级学生自入学以来求知若渴、废寝忘食、惜时如金，除吃饭和睡觉外，其余时间都用在学习上，课余文体活动一概不参加，连课间休息都用来看书，做作业，后来感到疲劳，连拿笔的手都感到僵硬不灵活了，常感心慌，食欲差，无论自己怎样努力也听不进课，看书时注意力不集中、记忆差，甚至对原来很感兴趣的学习资料也感到厌恶，同时还伴有不同程度的消极情绪出现，如郁闷、烦躁等。

（4）学习环境不良　光线过暗或过亮、噪声过大、空气污浊和不流通、周围环境脏乱差等，容易使人的心情烦躁，分散注意力，压抑、不安，容易引起疲劳。

（5）家庭经济困难，思想负担过重。

2. 学习疲劳的自我调适

（1）寻找适合自己的最佳学习方法　大学生的学习方法因大学学习专业性、自主性、探索性强等特点而有别于中学的学习方法，大学生应根据自身的个性特征和学科专业方向，采取合适的学习方法，养成良好的生活习惯，合理安排用脑时间，科学用脑，做到学习时专心致志，提高学习效率，休息时大脑放松，安心休养，晚上按时睡眠，保证睡眠充足。由于大脑有左右两半球，左半球主要与抽象思维活动有关，右半球主要与形象思维活动有关，而大脑的各个半球又可以分成若干个区域，不同的区域分别管着不同的人体功能，因此我们应该使大脑皮质兴奋与抵制区域不断轮换，轮流休息，动静结合，这样有利于大脑皮质保持较长时间的学习功能，防止用脑过度和疲劳过度。

（2）创设良好的学习情境　学习情境对人的心境有很大影响，有研究表明，良好的学习情境可以减少不良生理反应，消除各种引起学习疲劳的环境诱因。优雅整洁、宁静的学习环境，使人心情舒畅，不易疲劳，学习效率高。处在嘈杂、脏乱、空气污染、光线暗淡的学习环境，可能引起心烦意乱，焦躁不安，头目晕眩，使人疲倦。因此大学生在学习时应尽可能为自己创造一个良好的学习情境，避免身心疲劳发生。

（3）适当运动，劳逸结合　学习过程中，当感到大脑疲惫、精力分散、昏昏欲睡时，应暂时放下书本，到室外呼吸新鲜空气，做放松训练或到户外做适当运动，将能起到转移大脑兴奋中心、缓解大脑疲劳程度的作用。在平时要注意加强体育锻炼，使脑力劳动和体力劳动交替进行，可以改善血液循环，有利于消除大脑和肌体的疲劳。

（四）注意力不集中的自我调适

注意是心理活动对一定对象的指向，具有指向性、选择性和集中性。例如，学生上课时专心致志地听老师讲课而不听其他声音，聚精会神地看黑板而不看别的东西，这就是注意的指向和集中。注意是一切心理过程的开端，并伴随心理过程的始终，它使心理活动处于积极状态，保持较高的效率。注意是人类学习的前提，没有注意，就没有大学生的学习。注意在大学生学习中具有极其重要的意义。

注意力不集中主要表现为：一是上课不能专心听讲，容易走神，想一些与学习无关的事情，与学习无关的动作增多，自己不能控制思维飘逸；二是易受环境的干扰，教室外的小小动静都能引起注意力的转移，而且长时间不能静心。注意力不集中的学生易出现阶段学习效率低下、学习成绩不良的现象。

1. 注意力不集中的主要原因

（1）学习动机不足，学习焦虑过低，缺少压力与紧迫感。

（2）对所学专业不感兴趣。学习处于被动状态，形成过得去就行的心态，自然学习的注意力难以集中。

（3）学习生活事件导致心理应激。如考试失败、家庭生活发生重大变故、经济困难、评优失败、失恋、宿舍关系失和、担心学习成绩不好、别人如何评价自己等造成的思想负担重，精力分散。

（4）学习环境差。如学习时周边噪声过强，学习环境杂乱、污浊，极易使注意力分散。

2. 注意力不集中的自我调适

（1）适当强化学习动机。明确学习目标，制订详细学习计划和具体的学习任务，保持适当的学习压力与学习焦虑，并进行积极的自我激励与自我暗示。

（2）激发学习兴趣。通过专业介绍、社会调查及网络查询，了解所学专业的前景、发展方向，从自己最了解或最感兴趣的专业知识点去拓展，提高对专业的兴趣，促使注意力集中到学习上来。

（3）学会注意力转移。当遇到生活应激事件与挫折时，能够尽快从中解脱出来，将注意力转移到学习上来。

（4）养成良好的学习习惯与生活习惯，科学安排作息时间，适当进行体育活动，保持旺盛的精力和愉快的心境。

（5）选择理想的学习环境，尽量避免外界环境干扰，减少与学习无关的活动，并进行适当的自我监控。

（6）学会思维阻断法。注意力不集中的学生在学习时常会胡思乱想，应及时阻止，如可听一些柔和的音乐，使大脑放松，或者把眼睛闭上，反复握拳、松开，使肌肉收缩，并同时对自己说“停”，如此反复数次，有助于集中注意力。

（五）记忆力差的自我调适

记忆是过去的经验在人脑中的反映，它包括识记、保持和再现三个基本过程。记忆作为一种基本的心理过程对保证人的正常生活起着重要的作用。如果没有记忆，就不能把其感知的一切保留下来，不能积累知识和经验，不能形成概念进行判断和推理，也就不能适应不断变化着的环境。良好的记忆力应具有四个品质，即识记的敏捷性、保持的持久性、记忆的精确性和信息提取的及时性。记忆力差就是因为这四个品质中的一个或几个表现差，带来了记忆问题，影响到学习。

记忆力差主要表现为：一是识记速度慢，学习时经过多次重复仍感到难以记住学习内容；二是保持时间短，识记的东西保持不久，容易忘记；三是记忆不精确，凡事只记住一个大概，只有模糊的印象，经常似是而非，出现错漏；四是信息提取有障碍，在需要运用知识的时候，不能顺利地从记忆系统中提取信息，不能使自己保持的信息运用于实际。

1. 记忆力差的原因

（1）病理性原因

① 脑退化或损伤，如随着年龄增大，脑细胞活动减退，使记忆力慢慢衰退。中枢神经系统受到感染或中毒、脑部受到重击等都会导致记忆障碍。由这类原因引起的记忆力差很难好转。

② 神经衰弱，表现为精神容易兴奋和精神容易疲劳两者相结合的症状，如联想和回忆增多，难以自控，注意力分散，感觉过于敏感，怕吵闹，畏强光等。记忆力差也是神经衰弱的重要症状。

（2）非病理性原因

① 记忆动机不强。大学生学习目的不明确、学习动机不纯、学习兴趣不浓厚、对学习缺乏积极主动性，使大脑皮层不活跃，甚至处于抑制状态，从而导致记忆力差。

② 记忆方法不当。满足于死记硬背、被动学习，没有一套适合自己而又行之有效的记忆方法。

③ 过度疲劳，情绪紧张。长时间单调地学习使人脑相应功能区域处于疲劳状态和抑制失衡，产生保护性抑制，从而降低记忆效率。情绪过分紧张、焦虑导致大脑皮层机能失调，降低记忆能力。有的大学生临考时记忆困难，甚至头脑中一片空白，越急越想不出来，而出了考场又记起来了，这主要是情绪紧张所引起的记忆提取困难。

2. 记忆力差的自我调适

对于病理性原因造成的记忆力差，则需到医院诊断；在这里我们只讨论非病理性原因造成的记忆力差的自我调适。

（1）明确学习目标　激发学习动机，增强记忆动机。

（2）增强记忆信心　相信自己是有能力记住所学知识的。

（3）掌握记忆技巧

① 记忆材料要系统化。在识记过程中，要尽量地将记忆材料系统化。要有发现材料之间相互关系的能力，对内容相似的材料采取比较记忆，对于内容有联系的材料采取整体记忆，而不要把这些材料分开记忆，因为支离破碎的材料在记忆中不容易储存。

② 在理解的基础上记忆。在记忆时，对于有意义的材料，一定要在理解的基础上记忆，避免死记硬背。否则，即便记住了，运用时也难从记忆中提取。而对于识记内容没有什么意义联系时，如出生年月、电话号码、人名等，则要机械识记。

③ 运用科学的回忆策略，促进知识的回忆。

第一，主动复述“过电影”。在某些线索的提示下，尽力再现所学知识。这样不仅能激活大脑中已经储存的信息并加深印象，还能从总体上对知识的保持贮存状态做出检验，起到查漏补缺的作用。如果只是一遍遍看书、看笔记、看做过的题，而不去回忆，就会产生“打开书本什么都懂，合上书本什么也想不起来”的现象。

第二，主动向他人讲述。经常将自己识记的知识讲给别人听，就是激活自己贮存在脑中的某部分信息并使之再现出来的过程，如果自己能脱离书本将所识记、保持的东西用自己的话清晰地加以阐明，就表明自己的确理解、巩固了所学的知识；如果不能阐明，或阐明有误，或遗漏要点，这表明自己没有能够理解巩固，需要再花精力加以复习。因此，大学生在学习知识的时候，不仅要将知识全部地理解，还要善于把理解记住的知识讲给别人听，在此基础上再加练习，这是理解和巩固知识的有效策略。

第三，主动再现有关知识。运用知识点间的网络关系，从多种角度主动地编制各种类型的试题并予以解答，这样不仅有利于各种知识的激活巩固，而且有利于对各种题型解法的总结归纳，以便掌握规律性的东西，促进知识迁移，充分理解知识间的各种联系，做到融会贯通。

④ 科学用脑。人的大脑具有一定的节律，有一个强弱波动变化的周期，而且每个人的波动周期不一定完全相同。因此，大学生要善于发现自己大脑的兴奋期，并在这段时间内安排较复杂的学习内容，这时的记忆效果最好；当大脑活动处于低潮时，可从事一些简单有趣的学习，或者做一些日常事务，使大脑得到休息。通常认为人脑一天有四个记忆高潮时期，分别是：清晨起床后，上午 8—10 点，下午 6—8 点，临睡前一个小时。

⑤ 灵活运用记忆方法。

第一，联想法，即通过建立事物间的联系进行记忆。

第二，形象法，对抽象材料赋予一定形象而进行记忆。

第三，口诀法，将记忆的材料编成韵律的口诀来记。

第四，谐音法，利用谐音把毫无意义的材料变为意义生动的材料，从而帮助记忆。

第五，听觉法，通过反复聆听自己所需的材料来记忆。

第六，视觉法，通过看书面文字、图片、录影带及观察所需识记的材料，从而帮助记忆。

第七，操作法，通过实验、实习、角色扮演、材料运用、即兴演出、做游戏以及参与研讨方式，将可以学到并记忆更多的信息。

当前关于记忆方面的书籍很多，提出了很多记忆的方法，大学生可以通过阅读，结合自身特点，总结出适合自己的记忆术，以加强记忆的品质，提高记忆力。

知识要点

(1) 大学学习特点。专业化程度高，职业定向性强；学习内容具有高层次性和争议性；学习的自主性提高；学习的多元性；学习的探索性。

(2) 大学生学习能力的培养。树立自主学习观念；掌握科学的学习方法；培养观察能力、想像能力、思维能力。

(3) 常见学习心理问题的自我调适。学习动机不当的自我调适；学习焦虑的自我调适；学习疲劳的自我调适；注意力不集中的自我调适；记忆力差的自我调适。

大学生要领会要我学、我要学、我会学、我学会、我好学、我成才的大学生学习规律，排除对学习的种种干扰，掌握学习的主动权，进行自主学习，就能在学习上获得发展。

阅读材料

忽视有效的学习方法

某大一学生，入学第三个月因学习问题感到焦虑、自卑，伴有入睡困难。

个人陈述：开学后发现高等数学这门课很难学，做题效率不高，为了学好高等数学，放弃了竞选学生会干事的机会，同学叫去打球也不参加，平时的活动很少参与，几乎把所有的时间都花在了看书和做题上，可是成绩没有起色，看到舍友在宿舍玩游戏，用在学习上的时间比自己少，而学习成绩比自己好，很郁闷。于是产生了不论自己怎么努力，都学不好的想法，对自己的学习能力产生了怀疑，感到越来越焦虑和自卑。上高等数学课的时候总是无法集中注意力，有时完全听不懂老师讲课的内容，下课后呼吸沉重，全身乏力，上其他课程则无这些症状，特别是最近遇到不会做的题目时非常烦躁，担心期末考试挂科。近一个月偶尔会有入睡困难，没有其他身体不适现象。

成长历程：该生来自农民家庭，自小身体健康，未患过重大疾病，家庭成员无精神病史，家有哥姐，父母健在，但父母对其学习要求很高，他是家里唯一的大学生，父母都以他为荣，在家不用他干家务和农活；中学阶段其成绩名列班上前几名，数学成绩中上水平，学习较用功，经常得到老师和周围人的夸奖，但其性格内向，很少与人交流，上大学后与舍友和其他同学交流不多，喜欢独立思考问题，没有特殊的业余爱好。

反应情况：面容有点疲累，衣装整齐，与人交谈语速较慢，说话声音不大，感知正常，动作协调，思维逻辑清晰，无异常举动，但其情绪有些低落。

评估诊断：经该同学同意进行了焦虑自评量表测量和抑郁自评量表测量，其测量结果分别为57分、59分，测量结果轻度偏高。认为该同学思维清晰、自知力完整，是因以往的学习方法适应不了高等数学的学习而遭遇了学习上的挫折，加上对这一事件评价存在偏差，认为无论自己再怎么努力，都学不好，因此产生焦虑、自卑等负面情绪行为问题，出现学习心理障碍。

原因分析：该生身体健康，不存在生理原因，应从社会原因和心理原因进行分析。

① 社会原因。家人对其学习较为关注，对他的学习要求很高，过去在家的时候独立解决问题的能力不强；随着上大学环境的改变，运用原来的学习方法不能很好地适应大学的学习，与周边同学缺少交流，缺乏有效的学习方法支持。

② 心理原因。该同学存在以偏概全、绝对化的认知偏差，如认为自己不论怎么努力，都学不好，努力了都没有提高是自己能力有问题；面对新的学习环境，缺乏有效的学习方法和技巧；个性内向，缺乏主动交流。

调适方向：运用合理情绪疗法，矫正该同学不合理的核心信念；帮助他学会放松技巧，缓解焦虑情绪；引导他发现自己存在的认知偏差和学习方法上的问题，设法扭转他的认识偏差，学习新的方法主动适应大学环境。

调适措施：如下。

① 让其思考减轻学习压力有哪些活动，并努力尝试。如去操场跑步。

② 进行行为放松训练。即以舒适的姿势靠在沙发或躺在椅子上，首先闭上眼睛，将注意力集中在头部，把牙关咬紧，使两边面颊感到紧张，然后将牙关放开，咬牙的肌肉会产生松弛；其次将头部各处骨头和肌肉一一放松，接着把注意力转移到颈部，紧缩脖子，尽量使脖子的肌肉紧张，感到酸痛，然后使脖子的肌肉全部放松，觉得轻松为止；第三步是把注意力集中到两手上，将两手用力握紧，直至发麻、酸痛，两手开始放松，然后放置在舒服位置，并保持松软无力状态。这样反复类推，将注意力集中于头部、腹

部、腿部，先让这些部位的肌肉紧张，然后逐一放松，体会放松后身体轻松温暖的感觉。要坚持每天早晚做两次行为放松训练，每次20分钟，并在遇到焦虑紧张的情绪时及时使用这一方法进行放松。

③ 扭转认识偏差，改善人际关系，学会与人交流，寻找适应大学学习的有效方法。

调适结果：如下。

① 该生最终发现自己的学习方法比较封闭。经常一个人独立思考去完成，而宿舍的其他同学经常一起自习讨论，交流做题心得、学习方法，此外自己记忆公式死板，而室友们很灵活地记忆和使用参考书，考试前也很会抓重点突击复习，甚至能猜中老师出的考试题目，他感觉到自己与身边同学的学习方法差异大。

② 该生的内向性格得到改善。他主动与同学交流，特别与宿舍同学的关系融洽，认识其他同学的活动也渐渐多了起来，有时还会和他们一起去上自习交流不懂的问题以及好的学习方法。平时看书时也没那么焦躁了，对今后的学习担忧少了，并表示乐观地接受期末考试结果，顺其自然，完全意识到自己性格缺少理性分析和独立解决困境的能力，今后要不断提高自己独立解决问题的能力。

这个案例告诉我们：实现目标的因素很多，除了努力、能力以外，还有方法，如果光靠努力而不讲究方法，可能出现“揠苗助长”的结果。

心理训练

学会学习

活动目的：通过与学习成功的教师或同学的交流，获取学习动力，明确学习的目标，获得学习方法的启发，从而学会学习。

活动时间：一节课

活动准备：

1. 邀请嘉宾。对邀请者进行必要的选择，最好来自不同专业、表达能力强、男女生人数均等，并曾有成功经历。
2. 布置教室。包括擦黑板、摆放桌椅等，尽量能营造出向成功者祝贺及取经的意境。

活动步骤：

1. 主持人先根据平时收集的大学生存在的学习心理问题，向每位嘉宾提出一个问题。
2. 由学生自由向嘉宾提问。
3. 主持人小结，并布置学生写心得体会。

思考与练习

1. 你到大学最想学什么？
2. 目前你学习上最大的困难是什么？
3. 试分析大学生应如何调适自己的学习心理？
4. 试分析总结出适合自己的科学的学习方法。
5. 心理测试：大学生学习动力自我诊断量表，焦虑自评量表（SAS），抑郁自评量表（SDS）（见附录）。

第九章　生涯规划与适应发展

学习目标：①知识目标。通过研究生涯与人生，了解生涯规划的基本含义。②能力目标。能够科学设计自我职业生涯规划，掌握适应社会发展的自我调适方法。③素质目标。努力完善自我，发挥自己的特长，在为社会发展贡献自己的才华和力量的同时实现自己的人生价值。

学习重点：生涯规划的基本含义，自己未来职业生涯规划；大学生适应发展中存在的问题，适应社会发展的自我调适。

学习难点：适应社会发展的自我调适。

《培根论人生》中说："无可否认，外界偶然发生的事件常常很大程度上带来了幸运，如恩宠、机遇、别人的过世、生逢其时的环境。但是，多数情况下，幸运还是在人自己手里握着的。"

每个人都是自己幸运的设计师，人生的每一步都需要好好地去把握、去规划、去适应。

第一节　生涯规划

莎士比亚说过："人生就是一部作品。谁有生活理想和实现的计划，谁就有好的情节和结尾，谁便能写得十分精彩和引人注目。"

一、生涯与生涯规划

（一）生涯

生涯就是生活，生涯就是每日点点滴滴的累积。由于每个人的生活环境、志向与知识背景不同，对生活的理解也不同。人的生命有两个端点：出生与死亡，生涯就是使我们的人生更富有意义。美国学者舒伯认为：生涯就是终其一生，不同时期不同角色的组合。

生涯具有以下特征。①终身性。生涯发展是一生中连续不断的过程，需要终身学习、终身发展。②独特性。生涯是个人依据其人生规划与人生目标，为自我实现而开展的独特的生命历程，不同的个体具有不同的生涯历程。③发展性。生涯是动态变化与发展着的，不同发展阶段有着不同的生涯规划与生涯发展任务。④综合性。生涯以个体发展为中心，包含了各个层面的社会角色。

职业生涯占据了人生较大比例。职业生涯伴随着人的成长和人的心理发展。舒伯认为人的职业发展分为成长、探索、建立、维持和衰退五个阶段。

1. 成长阶段（出生至14岁）

这一阶段主要根据儿童自我概念形成的特点，发展儿童的自我形象，发展他们对工作意义的认识以及对工作的正确态度。分为幻想期、兴趣期、能力期。幻想期（4～10岁），以"需要"为主要因素，在幻想中的角色扮演起着重要作用；兴趣期（11～12岁），对某一职业的兴趣是个体抱负和活动的主要决定因素；能力期（13～14岁），以"能力"为主要因素，个体能力逐渐成为儿童活动的推动力。

2. 探索阶段（15～24 岁）

这一阶段青少年通过学校生活和社会实践，对自我能力及角色、职业进行探索。这个阶段可划分为试探期、过渡期和承诺期三个时期。试探期（15～17 岁）考虑需要、兴趣、能力和机会，可能会做暂时决定，并在幻想、讨论、学业和工作中尝试；过渡期（18～21 岁），开始就业或进行专业训练，更重视现实，并力图实现自我观念，将一般性职业选择变为特定的选择；承诺期（22～24 岁），青年进行生涯初步确定并验证其成为长期职业的可能性，如果不合适则重复各时期进行调整。

3. 建立阶段（25～44 岁）

这一阶段的任务是根据人们的职业实践，协助进行自我与职业的统合，促进职业的稳定，即通过调整、稳固并力求上进。大致分为两个时期：承诺稳定期（25～30 岁），个体开始寻找安定的工作，如果工作不满意则力求调整；建立期（31～44 岁），个体致力于工作上的稳固，大部分人处于富有创造性的时期。

4. 维持阶段（45～65 岁）

这一阶段的任务是帮助人们维持现有的成就和地位。

5. 衰退阶段（65 岁以上）

这一阶段的任务是根据个体心理与生理机能的日益衰老，逐渐离开工作岗位，协助个体发展新的角色，寻求新的生活方式替代和满足个人发展的需求。

（二）生涯规划

生涯规划是指个人在生涯发展历程中，对个人各种特质或职业与教育环境资料进行生涯探索，在面对各种生涯选择情境时，对各种资料和机会进行评估，以形成生涯选择或生涯决定，进而为自己确立生涯发展方向和目标，制定教育和发展计划，采取生涯行动，实现个体的全面最优发展，获得生涯适应，达到自我实现。生涯规划的内涵包含自我评估、环境评估、明确志向、目标设定。

生涯规划不只是协助个人按照自己的资历条件找一份工作，更重要的是尽可能规划未来职业发展历程，考虑个人愿望、知识技能、兴趣、价值观以及阻力与助力，评估社会需求、所处环境的优势与限制，设计合理可行的职业发展方向。

二、个性心理与职业

（一）气质与职业的联系

气质是指人们心理活动的速度、强度、稳定性和灵活性等方面的心理特征，是神经类型特征在人的行为上的表现。所以，认清自己的气质对择业至关重要，是选择职业时的重要因素。一般来说，气质分为胆汁质、多血质、黏液质和抑郁质四种类型。每一种气质都有它的积极方面和消极方面。气质对个体的职业和效率有一定的影响。不同气质的人适合从事不同类型的职业，这会有助于职业选择的成功。

胆汁质的人精力旺盛，热情直率，激动暴躁，情绪体验强烈，神经活动具有很强的兴奋性，反应速度快却不灵活。他们能以极大的热情去工作，克服工作中的困难，但若对工作失去信心，情绪即会低沉下来。此类人适宜竞争激烈、冒险性、风险意识强的职业，如探险、地质勘探、登山、体育运动等。

多血质的人活泼好动，性情活跃，反应敏捷，易适应环境，善于交际。这类人工作能力较强、情绪丰富且易兴奋，但注意力不稳定，兴趣易转移；对职业有较广的选择范围和机会，适合从事要求迅速灵活反应的工作，如导游、外交、公安、军官等，但不适宜从事单调机械的工作和要求细致的工作。

黏液质的人情绪兴奋性低，安静沉稳；内倾明显，外部表现少，反应速度慢，但稳定性强，偏固执、冷漠；比较刻板，有较强的自我克制能力，能埋头苦干，态度稳重，不易分心，对新职业适应慢，善于忍耐。这类人适合从事要求稳定、细致、持久性的活动，如会计、法官、管理人员、外科医生等，但不适宜从事具有冒险性的工作。

抑郁质的人敏感，行动缓慢，情感体验深刻，观察力敏锐，易感觉到别人不易觉察的细小事物，易疲倦、孤僻，工作耐受性差，做事审慎小心，易产生惊慌失措的情绪，往往是多愁善感的人。他们适合于要求精细、敏锐的工作，如哲学、理论研究、应用科学、机关秘书等。

事实上，大多数人总是以某种气质为主，又附有其他气质。所以，大学生在职业选择中，一定要“量质选择”，找到适合自己气质类型的工作。

（二）性格与职业的选择

性格是个人对现实的稳定态度和与之相适应的习惯化了的行为方式中表现出来的个性心理特征。从广义讲，性格是人的自然追求和精神欲求的追求体系，是行为方式、心理方式、情感方式的总和，集中反映了一个人的心理面貌。在求职中，性格是构成相识和吸引的重要因素，与职业选择的关系极为密切，既彼此制约，又相互促进。

性格中的意志特征与职业的选择有密切的关系，缺乏坚强意志的人常常不能顺利地选择职业，今后也难以胜任工作，往往一事无成或成就平平。由于意志薄弱，一遇挫折、困难就产生被动、退缩，因而失去许多成功的机会。缺乏坚韧性的人无法从事要求耐力很强的工作，如科研人员、外科医生等，而缺乏自制、任性、怯懦的人也不适宜去做管理和社会工作。

一般说来，开朗、活泼、热情、温和的性格，比较适合从事外贸、涉外、文体、教育、服务等方面的工作以及其他同人交往的职业；多疑、好问、倔强的性格，比较适合从事科研、治学方面的工作；深沉、严谨、认真的性格，比较适合做人事、行政、党务工作；勇敢、沉着、果断与坚定是新型企业家和管理者不可缺少的性格。

性格就类型而言，可以分为外向型和内向型。就求职而言，在面对面的交谈中，一般是外向性格为好。一项调查显示，在求职面试时，性格外向的人其求职成功率高于性格内向的人。在求职过程中，有时其他条件皆占优势的个性内向者，却竞争不过其他条件不如他的性格外向者。这是因为性格外向的人更善于把自己展示给对方，特别是把自己的长处展示出来。性格内向的人即使有真才实学，但由于不善于展示自己，人家也就无法通过感性印象认识他。求职面试中的感性印象，对于用人单位的招聘者来说有着不可忽视的作用。所以说，求职者的性格是影响其求职成败的重要因素。

约翰·霍兰德是美国约翰·霍普金斯大学心理学教授，美国著名的职业指导专家。他于1959年提出了具有广泛社会影响的职业兴趣理论。认为人的人格类型、兴趣与职业密切相关，兴趣是人们活动的巨大动力，凡是具有职业兴趣的职业，都可以提高人们的积极性，促使人们积极地、愉快地从事该职业，且职业兴趣与人格之间存在很高的相关性。霍兰德认为人格可分为现实型、研究型、艺术型、社会型、企业型和常规型六种类型。

（1）现实型R　他们通常喜欢有规则的具体劳动和需要基本技术的工作，这类人擅长技能性职业、技术性职业，但往往缺乏社交能力。他们粗犷、强壮和务实，情绪稳定，有吃苦精神，生活上求平安、幸福、不激进，倾向于用简单的观点看待事物和世界。适合职业主要有需要用手工工具或机器进行工作的手工工作和技术工作。

(2) 研究型Ｉ　他们喜欢智力的、抽象的、分析的、推理的、独立的定向任务。这类人喜欢独立，不愿受人督促，对自己的学识与能力充满自信；擅长解决抽象问题，尊重客观事实而不愿毫无疑问地接受传统。具有创造精神，不喜欢做重复工作，但往往缺乏领导能力，这类人擅长科学研究和实验工作。

(3) 艺术型Ａ　他们喜欢通过艺术作品来表达自己的思考和情意，爱想象，感情丰富，不顺从，有创造力，习惯于自省，擅长于艺术、文学方面的工作，但往往缺乏办事员的能力。适合职业主要指艺术创作工作（包括音乐、摄影、绘画、文字、表演等)。

(4) 社会型Ｓ　喜欢社会交往，喜欢有组织的工作，喜欢能让他们发挥社会作用的工作。喜欢讨论人生观、世界观、人生态度等问题。关心他人利益，关心社会问题，愿为团体活动工作，对教育活动感兴趣，往往缺乏机械能力。社会型的职业主要指为大众做事的工作（包括教师、医生、服务员、社团等工作者)。

(5) 企业型Ｅ　他们喜欢竞争，乐于使他们的言行对团体行为产生影响；自信心强，善于说服别人，喜欢加入各种社会团体，喜欢权力、地位和财富，性格外倾，爱冒险，喜欢担任领导角色，具有支配和使用语言的技能，但缺乏耐心和科研能力，擅长管理、销售等工作。

(6) 常规型Ｃ　他们喜欢有系统、有条理的工作，具有安分守己、务实、友善和服从的特点，此类人适宜从事办公室职员、办事员、文件档案管理员、出纳员、会计、秘书等工作。

霍兰德所划分的六大类型，并非是并列的、有着明晰的边界的。他以六边形标示出六大类型的关系（图 9-1)。

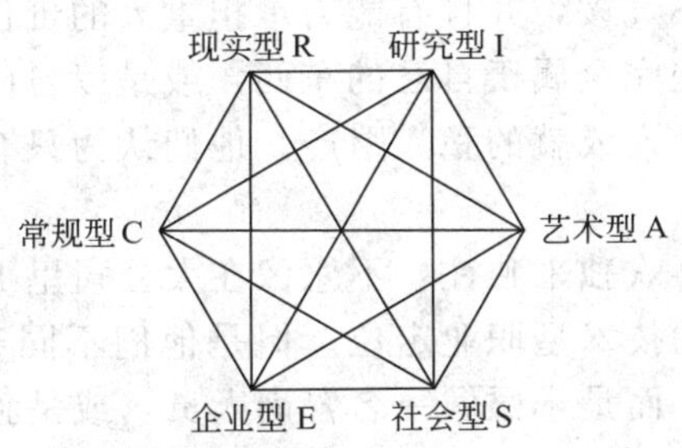

图 9-1　六大类型的关系

(1) 相邻关系　如 RI、IR、IA、AI、AS、SA、SE、ES、EC、CE、RC 及 CR。属于这种关系的两种类型的个体之间共同点较多，现实型Ｒ、研究型Ｉ的人就都不太偏好人际交往，这两种职业环境中也都较少有机会与人接触。

(2) 相隔关系　如 RA、RE、IC、IS、AR、AE、SI、SC、EA、ER、CI 及 CS，属于这种关系的两种类型个体之间共同点较相邻关系少。

(3) 相对关系　在六边形上处于对角位置的类型之间即为相对关系，如 RS、IE、AC、SR、EI 及 CA 即是，相对关系的人格类型共同点少，因此，一个人同时对处于相对关系的两种职业环境都兴趣很浓的情况较为少见。

霍兰德的职业兴趣理论还提出，兴趣是描述人格的另一种方法，是职业选择中一个更为普遍的概念。在霍兰德的理论中，人格被看作是兴趣、价值、需求、技巧、信仰、态度和学习个性的综合体。就职业选择而言，兴趣是个体和职业匹配的过程中最重要的因素，直至目前，霍兰德职业兴趣理论是最具影响力的职业发展理论和职业分类体系。

一般而言，具有六种典型的职业个性的人是极少数的，多数人的职业个性具有多重性，是这六种典型个性的交叉，我们可以通过“霍兰德职业爱好问卷”测试自己的职业兴趣。

职业兴趣是职业选择中最重要的因素，是一种强大的精神力量，职业兴趣测验可以帮助个体明确自己的主观性向，从而能得到最适宜的活动情境并给予最大的能力投入。根据霍兰德的理论，个体的职业兴趣可以影响其对职业的满意程度，当个体所从事的职业和他的职业兴趣类型匹配时，个体的潜在能力可以得到最彻底的发挥，工作业绩也更加显著。在职业兴趣测试的帮助下，个体可以清晰地了解自己的职业兴趣类型和在职业选择中的主观倾向，从而在纷繁的职业机会中找寻到最适合自己的职业，避免职业选择中的盲目行为。尤其是对于大学生和缺乏职业经验的人，霍兰德的职业兴趣理论可以帮助其做好职业选择和职业设计，成功地进行职业调整，从整体上认识和发展自己的职业能力，职业兴趣也是职业成功的重要因素。

（三）职业定位的分类

美国麻省理工学院的相关研究人员指出，职业定位可以分为以下五类。

技术型：这类人出于自身个性与爱好的考虑，往往不愿从事管理工作，更愿意在自己所处的专业技术领域发展。

管理型：这类人有强烈的愿望去从事管理，同时经验也告诉他们自己有能力达到高层领导职位，因此他们将职业目标定为有相当大职责的管理岗位。成为高层经理需要的能力包括三方面：一是分析能力，在信息不充分或情况不确定时，判断、分析、解决问题的能力；二是人际能力，影响、监督、领导、应对与控制各级人员的能力；三是情绪控制力，有能力在面对危急事件时，不沮丧、不气馁，并且有能力承担重大的责任，而不被其压垮。

创造型：这类人需要建立完全属于自己的东西，或是以自己名字命名的产品或工艺，或是自己的公司，或是能反映个人成就的私人财产。他们认为只有这些实实在在的事物才能体现自己的才干。

自由独立型：有些人更喜欢独来独往，不愿像在大公司里那样彼此依赖，很多有这种职业定位的人同时也有相当高的技术型职业定位。但是他们不同于那些简单技术型定位的人，他们并不愿意在组织中发展，而是宁愿做一名咨询人员，或是独立从业，或是与他人合伙开业。自由独立型的人往往会成为自由撰稿人，或是开一家小的零售店。

安全型：有些人最关心的是职业的长期稳定性与安全性，他们为了安定的工作，可观的收入，优越的福利与养老制度等付出努力。目前我国绝大多数的人都选择这种职业定位，很多情况下，这是由于社会发展水平决定的，而并不完全是本人的意愿。

三、大学生的生涯规划

心理学家 Marcia 的研究结果说明，生涯确定是青年期主要而关键的发展任务之一；生涯决定的明确与否不但可能阻碍个人长期的发展，更影响其当前的生活调适，大学生进入大学后应该制定大学生涯规划，拟定生涯目标。

大学生的生涯规划分为大学生涯规划和职业生涯规划两个阶段。大学期间的大学生涯规划为初级阶段，大学毕业后的职业生涯规划是创造财富、体现人生价值的重要人生阶段。大学期间的学习生活，正是为其后的职业生涯打好基础的阶段。因此，科学规划大学生涯就显得十分重要。

（一）大学生涯规划

1. 大学生涯规划的含义

由于大学生活与中学生活有着天壤之别，就业焦虑取代了高考焦虑，学习需要自己主动、有计划地安排，经济上需要自主支配。如果没有明确的目标和切合实际的计划，不可能有一个充实的大学生活。

大学生涯规划是根据学校的教学计划和自己的专业特长、知识结构以及对未来要从事的职业的认知，在对个人职业生涯的主观条件和客观条件进行确定、分析、总结的基础上，对自己的兴趣、爱好、能力、特点进行综合分析与权衡，制定出大学期间在学习、思想、择业、就业等方面的知识、素质、能力等培养的总目标和阶段性目标，并通过逐步实施、考核、反馈、调整等行动方案，顺利、充实地度过大学生涯，为实现最终职业目标、为人生的持续发展奠定坚实基础的过程。大学生涯规划也是大学生为自己的成才和发展订立的心理契约，是自己对未来美好的承诺。

2. 大学生涯规划的困惑与对策

大学生涯规划会产生以下困惑。

（1）对“准职业人”角色的认识不到位　刚进校的大一学生认为求职就业是毕业生的事，与已无关，特别是有的学生在高中时常常听老师讲：“你现在好好读书，等考上大学就可以轻松了。”仿佛上大学就是进了人间天堂。部分学生思想松懈，不但不考虑大学生涯规划，甚至连好好学习的份内事都做不到，经常逃课、上课不认真听课，期末考试挂科。

（2）职业价值观尚在探索　大学生的职业价值观容易受到外界环境的干扰，让他们在确定未来职业时感到困惑、迷茫。

（3）专业与兴趣不符　由于高考填报自愿时对专业不了解，大学生选择专业具有很大的盲目性，进入大学后感觉到所学专业与自己的兴趣极不相符，于是产生消极学习心理。

（4）缺乏专业认同感　对所学专业认识不足，特别是对专业优势和就业前景认识不足，不能客观地分析自身和外界因素，没有奋斗目标，产生厌学情绪。

大学生涯规划的对策如下。

（1）转换角色　大学生迈出校门就进入职场，实际上大学生就是一位“准职业人”，这就要求大学生从大一开始就要了解角色、准备角色、体验角色，到毕业时实现学生到职员的角色转变，从而消除求职就业是毕业生的事的错误思想。

（2）理清职业价值观　要客观地分析自身的性格特征、具有的能力，根据自己的条件，结合职业环境，考虑清楚自己到底追求什么，自己又能胜任什么，最后选择适合自己的未来职业方向。

（3）协调兴趣与职业思想　兴趣和爱好是职业规划的重要依据，但不是全部依据，只有把他们建立在一定能力的基础上，与社会需要环境相结合，兴趣和爱好才能获得现实基础，才能得以实现。

（4）客观理性分析专业，提高专业认同感　许多学生不喜欢自己目前所学的专业的原因是对专业及专业前景认识不足，而大学期间专业的学习和训练是大学生从业的优势所在，而且每个专业都有其培养目标和就业方向，为大学生的未来职业生涯规划提供了基本依据，在进行未来职业生涯规划时，要根据所学专业择业，学以致用，使自己的专业知识积累得到充分发挥，较快、较好地适应工作岗位，有利于未来职业规划的成功。

3. 大学生涯规划的进程

大学生涯规划立足于对未来职业的定位和展望，以大学后的人生阶段为主要参照系和落脚点，以大学后的职业生涯为向度、为载体，从整体上来安排自己的整个大学学习和生活，达到提高自己的综合素质、为未来的职业发展做好知识和能力准备的目标。

作为职业生涯规划的前奏，大学生涯规划包括认识自我、职业分析、社会环境分析、确定大学生涯发展目标、制定行动计划并实施步骤。

大学生涯规划从大学一年级开始，分阶段、分任务进行，使生涯规划贯穿于整个大学学习和生活过程。

大一学生主要是自我探索。理解生涯规划的重要性，了解所学专业前景和就业前景，了解职业内容，了解自我性格、兴趣、爱好、职业价值观、职业兴趣与职业能力。

大二学生主要是拓展职业生涯视野。了解社会的需求情况，了解就业岗位对求职者的教育和培训要求，需具备的基本素质，利用多渠道收集与就业相关的信息，初步明确自己的发展目标。

大三、大四学生主要是缩小职业选择范围。确定就业与升学方向，进行未来职业生涯规划，学习求职技巧，初步完成从学生到职业者的角色转换。

（二）职业生涯规划

职业生涯是指一个人一生连续担负的工作职业和工作职务的发展道路。职业生涯设计要求大学生根据自身的兴趣、特点，将自己定位在一个最能发挥自己长处的位置，可以最大限度地实现自我价值。一个职业目标与生活目标相一致的人是幸福的，职业生涯设计实质上是追求最佳职业生涯的过程。

1. 职业生涯规划的意义

小刚的目标

18 岁，高中毕业典礼上，小刚发誓要当李嘉诚第二、中国首富！

20 岁，春节老同学团聚会上小刚想创立自己的公司，30 岁时拥有资产 2000 万。

23 岁，在某工厂当技术员，第二职业是炒股，那时的小刚正在为离开这家工厂而奋斗，“在这里工作太没前途了。我将全力炒股，3 年内用 5 万炒到 300 万元。”小刚再下决心。

25 岁，炒股失意而情场得意，开始准备结婚：小刚希望一年后能有 10 万元，可以风风光光地结婚。

26 岁，不太风光的结婚典礼上：小刚的理想是生一个胖小子，不久的将来当个车间主任，别的不多想。

28 岁，所在的工厂效益下滑，偏偏正是妻子怀胎十月的时候：小刚希望这次下岗名单里千万不要有自己的名字。

这则小故事可以看出，小刚当初对自己的职业并没有一个合理的规划，开始当技术员，他没有细心研究技术，去炒股，想赚 300 万，炒股失败又想当车间主任，最后技术不精通，担心下岗名单中不要有他的名字。

这是现在很多人的生活写照。没有合理规划的人生，显然是很容易失败的。

要想在未来职业生涯中获得成功，首先必须确定一个切合实际的职业定位和目标，再把目标分解，设计出合理的职业生涯规划，并且付诸行动。这个典型案例很能说明职业规划的重要性。

做好职业生涯规划，可以分析自我，以既有的成就为基础，确立人生的方向，提供奋斗的策略。通过职业生涯规划一是可以准确评价个人特点和强项，在职业竞争中发挥个人优势，准确定位职业方向；二是可以评估个人目标和现状的差距，提供前进的动力；三是可以自我评估，知道自己的优缺点，然后通过反思和学习，不断完善自己使个人价值增值；四是可以全面了解自己，增强职业竞争力，发现新的职业机遇，重新安排自己的职业生涯，突破生活的格线，塑造充实的自我。

职业生涯规划通常建立在个体的人生规划上，因此，做好职业生涯规划将个人生活、事业与家庭联系起来，让生活充实而有条理。

2. 职业生涯规划的基本原则

（1）择世所需　社会的需求不断演化着，旧的需求不断消失，新的需求不断产生。新的职业也不断产生。所以在设计自己的职业生涯时，一定要分析社会需求，择世所需。最重要的是目光要长远，能够准确预测未来行业或者职业发展方向，再做出选择。不仅仅是有社会需求，并且这个需求要长久。

（2）择己所爱　从事一项你所喜欢的工作，工作本身就能给你一种满足感，你的职业生涯也会从此变得妙趣横生。兴趣是最好的老师，是成功之母。调查表明：兴趣与成功机率有着明显的正相关性。在设计自己的职业生涯时，务必注意：考虑自己的特点，珍惜自己的兴趣，择己所爱，选择自己所喜欢的职业。

（3）择己所长　任何职业都要求从业者掌握一定的技能，具备一定的能力条件。而一个人一生中不能将所有技能全部掌握，所以必须在进行职业选择时择己所长，从而有利于发挥自己的优势。运用比较优势原理充分分析别人与自己，尽量选择冲突较少的优势行业。

（4）择己所利　职业是个人谋生的手段，其目的在于追求个人幸福。所以你在择业时，首先考虑的是自己的预期收益——个人幸福最大化。明智的选择是在由收入、社会地位、成就感和工作付出等变量组成的函数中找出一个最大值，这就是选择职业生涯中的收益最大化原则。

3. 职业生涯规划的步骤

职业生涯定向的核心环节是探索自我，探索工作，职业决策，确定目标和制定行动目标，职业决策的再评估。职业生涯规划的步骤如下。

（1）自我评估　一个有效的职业生涯设计，必须是在充分且正确地认识自身的条件与相关环境的基础上进行。对自我及环境的了解越透彻，越能做好职业生涯设计。你需要审视自己、认识自己、了解自己，并做自我评估。自我评估包括自己的兴趣、特长、性格、学识、技能、智商、情商、思维方式、思维方法、道德水准以及社会中的自我等内容。

① 首先问自己，我是什么样的人？这是自我分析过程。分析的内容包括个人的兴趣爱好、性格倾向、身体状况、教育背景、专长、过往经历和思维能力。这样对自己有个全面的了解。

② 我想要什么？这是目标展望过程。包括职业目标、收入目标、学习目标、名望期望和成就感。特别要注意的是学习目标，只有不断确立学习目标，才能不被激烈的竞争淘汰，才能不断超越自我，登上更高的职业高峰。

③ 我能做什么？自己专业技能何在？最好能学以致用，发挥自己的专长，在学习过程中积累自己的专业相关知识技能。同时个人工作经历也是一个重要的经验积累，帮助判断你能做什么。

④ 什么是我的职业支撑点？我具有哪些职业竞争能力？我的各种资源和社会关系如何？也许都能够影响你的职业选择。

⑤ 什么是最适合我的？行业和职位众多，哪个才是适合我的呢？待遇、名望、成就感和工作压力及劳累程度都不一样，看个人的选择了。选择最好的并不是合适的，选择合适的才是最好的。这要根据前四个问题来回答这个问题。

⑥ 我能够选择什么？通过前面的过程，我就能做出一个简单的职业生涯规划了。机会偏爱有准备的人，做好了职业生涯规划，为未来职业做了准备，就比没做准备的人机会更多。

（2）环境评估　环境评估主要是评估各种环境因素对自己目标职业发展的影响。每一个人都处在一定的环境之中，离开了这个环境，便无法生存与成长。所以，在制定个人的职业生涯规划时，要分析环境条件的特点、环境的发展变化情况、自己与环境的关系、自己在这个环境中的地位、环境对自己提出的要求以及环境对自己有利的与不利的条件等。只有对这些环境因素有了充分的了解，才能做到在复杂的环境中避害趋利，设计出自己的合理且可行的职业生涯发展方向，使生涯规划具有实际意义。

（3）确定目标　如果你不知道你要到哪儿去，那通常你哪儿也去不了。每个人眼前都有一个目标。这个目标至少在你本人看来是伟大的。没有切实可行的目标作驱动力，人们是很容易对现状妥协的。制定自己的职业目标并没有想象的那么难，只要考虑一下你希望在多少年之内达到什么目标，然后一步一步往回算就可以了。目标的设定要以自己的最佳才能、最优性格、最大兴趣、最有利的环境等信息为依据。通常目标分短期目标、中期目标、长期目标和人生目标。

确立目标是制定职业生涯规划的关键，有效的生涯设计需要切实可行的目标，以便排除不必要的犹豫和干扰，全心致力于目标的实现。

（4）制订行动方案　有效的生涯设计需要有相应的行动计划来实现它们，把目标转化成具体的方案和措施，分阶段进行，帮助你一步一步走向成功，实现目标。

通过以上的简单步骤和原则，个人就可以设计职业生涯规划了。由于影响职业生涯规划的因素诸多，有的变化因素是可以预测的，而有的变化因素难以预测。要使职业生涯规划行之有效，就须不断地对职业生涯规划进行评估、修正生涯目标，考虑生涯策略、方案是否恰当，以能适应环境的改变，同时可以作为下轮生涯设计的参考依据。所以应根据不同的情况，制定一个整体生涯规划，作为纲领性长期规划；或者制定一个3～5年的生涯规划，作为一种发展的中期规划；或者制定一个1年的生涯规划，作为一个可操作性强、变化较小的短期规划。有了规划生活就有了目标。不会迷失前进的方向。尤其要注意的是，职业生涯规划是人生规划的主体部分，是同个人、家庭和社会生活结合在一起的，是和个人追求幸福生活密不可分的。

成功的职业生涯设计需要时时审视内外环境的变化，并且调整自己的前进步伐。所以制定职业生涯规划，要和个人人生目标结合起来，要把职业生涯和家庭、社会生活结合起来，目标的存在为你的前进指示一个方向，你可以在不同时间不同环境下更改它，让它更符合你的理想。

第二节　大学生适应发展的自我调适

一、适应与发展

人在社会生活中，要不断处理自己与自然的关系，自己与他人、与社会的关系，自己与自己的关系。适应与发展是心理健康的重要标志，是大学生适应现代社会的必备素质。

（一）适应的含义

适应是个人通过身心调整，在现实环境中维持一种良好有效的生存状态的过程，也是自我与环境和谐统一的一种良好的生存状态。

人生活在环境中，总要与环境相适应，保持相互平衡的状态。这样人才能满足自己生存的需要、安全的需要、归属的需要，从而实现自我的成功发展。从总体上来说，人与环境的适应通过两种途径来实现：一种是人自身做出改变，一种是环境改变。通常情况下，人们选择环境、改变环境有一定的局限性，大多数时候，要求人做出调节，适应既定的环境。对大学生而言，调整自己、适应现实的环境是个人在大学期间获得发展的最有效的办法。

（二）发展的含义

发展是个体的身心机能及其品质在时间上的积极变化过程。个人心理发展是伴随着人的身体发育成熟，人的认识、情感、能力和社会性等方面而获得完善成长的过程，它是一个人整个一生中行为和心理的发展过程。

人的发展与生存的环境和人身的主动是分不开的。人是社会的人，人在社会中生存、生活和发展。人的个性在一定程度上受着社会环境的影响和塑造，对人的发展有着巨大的影响。但是，人不同于动物，人的发展不都被动地取决于环境，人的心理活动、人对自我的认识、人的个性特点、人的积极主动精神，对人的发展具有重要作用。

二、大学生适应发展中存在的问题

（一）大学生适应大学校园出现的问题

大学生都是通过严格的高考选拔进入高校的，但刚进入大学就会觉得大学的学习生活和心中想象的有很大差距。大学生能否尽快适应环境，将自己的角色重新定位，重新点燃热情和信心，对他们今后的学习生活具有很深的影响，而能否利用这种机会锻炼自己的适应能力则会影响到大学生毕业后的发展。

大学生适应大学校园问题主要表现在以下几个方面。

1. 学习上不适应

很多同学在入学一段时间后发现大学学习并非中学老师所说的那么轻松，例如学期内学习的课程门数多，而且每次课学习内容多，老师授课进度快，这在中学是不可想象的。大多数同学开学初仍采用中学的学习方法，希望通过老师反复灌输掌握知识，不会合理安排时间，不会科学地、充分地利用图书馆的教学资源来学习。有些同学及早警醒，有些同学到了考试才发现问题。因此，大一上学期挂科的同学比较多。

2. 学习目标不明确

在中学时多数同学把通过高考进理想大学作为唯一目标。当进入大学校门后，原有的目标已成过去，新的目标还未形成，失去了奋斗目标。思想放松，做事不主动，学习不努力，有的同学沉迷于网络游戏，荒废学业。

3. 角色转换不适应

许多新生在中学时是优秀学生、班干部，平时深得家长、老师、同学的关注，通常是生活中的中心人物，进入大学后接触面广了，大多数同学是中学时期的优秀生，但在大学只有少数同学能保持原有的中心地位和重要角色，大多数学生发现自己不再拥有上述优势，好像河流汇入大海一样，从而产生心理失衡。

4. 生活方式上不适应

许多同学在高中是走读生，即便是寄读生，家长每周带物品到学校去看几次，上大学前“以我为中心”，生活很随意。进入大学寄宿学生宿舍，远离父母，一个宿舍住数名同学，而每个同学都有各自的生活方式、作息习惯，文明卫生意识也高低不一。如果有的同学社会公德意识弱，不讲文明礼貌、不讲究个人卫生，极易引起别人不满，造成同学间矛盾。

5. 人际关系上的不适应

大学生来自于全国各地，进校时人际关系一切都很陌生，那些性格偏内向的学生会觉得人与人之间沟通比较困难，产生不安、孤独心理。

（二）大学生职业生涯选择中的心理误区

心理误区是指人在心理上特别是认识和人格上陷入无出路而又不能自拔，且自己对此又缺乏意识的状态。青年大学生由于涉世不深、经验不足、自我调节能力较弱及自我期望值过高等特点，面对日益激烈的市场竞争与复杂的择业环境，不可避免地会产生因心理矛盾的扭曲、沉积而表现出困惑和不适应，从而导致心理误区。主要表现为以下几点。

1. 职业需求模糊

一个大学生，经过十余年学校生活后走向社会，找工作时一是看哪个单位的牌子大，再有就是哪个单位的地方好，第三就是哪家单位待遇高，而并没有考虑到自身的发展问题。事实上，大学生很难一毕业就明确干什么，因为刚踏入社会，很多想法都与社会现实有相当距离。必须经历现实生活的磨练，才能正确地看待自己、看待别人、看待社会，这时候定位才有意义和价值。

2. 职业期望过高

大学生只是潜人才，是毛坯，要培养成适销对路的产品还需要时间的磨练。大学生普遍存在这样的误区：对自己的估计过高而对用人单位估计过低。比如，大学生经常会问用人单位：“你们提供什么样的待遇给我?”“你们单位是否有利于我的发展?”“能为我提供什么样的发展平台?”“收入如何?”很少有学生会讲我能为你们做些什么，事实上一个单位选择大学生主要是考虑你能为单位创造什么样的效益。

如果职业期望太高，不仅对择业不利，就是将来工作了，也会有很强的失落感，职业满意度会下降。每个大学生拥有的家庭资源、个人资源、个人潜能、职业理想等不尽相同，这就要求个性化地考虑自己的职业期望。比如有的同学缺乏个人资源，家庭又寄托很高的期望，而你又只顾自己奋斗比如考研，考不取不就业再考，此时你就应当考虑自己的家庭背景，不能一味强调自己的未来。

3. 职业起点偏高

很多大学生认为：一个人的起点非常重要，如果毕业时站位不合适，那么将来调整起来就非常困难。有的大学生强调即使不就业，再考研也要追求高起点，高起点包括：地域优势、收入优势、专业优势，总之一个都不能少。当然，一个人如果站在凹地里，他要走到平川都在付出巨大的代价，如果一直处于劣势中，可能会变成井底之蛙，这便是鸡头与凤尾的关系，学生宁做凤尾不做鸡头。这也是一对矛盾：大城市潜藏着巨大的机遇，你有多大的能力就可以有多大的平台，这也并非说明在大城市一定是一件好事。因为大城市竞争压力、生存压力、发展压力都非常巨大，这就要求每位大学生根据自己的情况适度考虑，不要盲目、盲从、盲行，要审时度势，根据自身的情况去考虑，构成世界的既需要山的伟岸也需要小草的点缀，有时候“背靠大树好乘凉”，但也有“大树底下不长草”。

（三）大学生择业心理上出现的障碍

择业是个有计划、有目的的心理过程。大学生择业中出现的矛盾心理和心理误区，如不能及时疏导宣泄，则可能演变成影响择业的心理障碍。大学生择业常出现下列心理障碍。

1. 焦虑心理

焦虑是由心理冲突或挫折而引起的，是紧张、不安、焦急、忧虑、恐惧等感受交织成的情绪状态。绝大多数大学生在择业过程中，都会或多或少地出现焦虑。优秀学生焦虑的问题是能否找到实现人生价值的理想单位；学业成绩不理想的学生焦虑没有单位选中自己怎么办；来自边远地区的同学为不想回本地区而焦虑；恋人们为不能继续在一起而焦虑；女同学为用人单位“只要男性”而焦虑；还有一些大学生优柔寡断，竟因不知自己毕业后向何处去而焦虑。

大学生的上述焦虑状态一般并不会对未来职业生涯产生影响。一般来说，适度的焦虑会使学生产生压力，这种压力可以增强人的进取心，从而产生奋发有为的精神。但是，如果焦虑不能得到及时的缓解，就有可能向病态发展，表现出情绪紧张、心情紊乱、注意力不能集中、身心疲倦、头昏目眩、心悸、失眠等症状。这种焦虑，使大学生毕业时精神上负担沉重、紧张烦躁、心神不宁、萎靡不振；学习上得过且过、穷于应付、反应迟钝；生活中意志消沉、长吁短叹、食不安味，卧不安席。有些学生在屡遭挫折之后，甚至产生了恐惧感，一提择业就心理紧张。此时，焦虑不但干扰了大学生的正常的生活、学习和娱乐，还成为择业的绊脚石。

2. 自负心理

自负心理是过高地估计个人的能力，失去自知之明。一部分学生自认为是“天之骄子”，什么都懂，什么都会，应得到优待，于是在择业过程中，总是抱有洋洋自得、自负自傲的心理。面试时，夸夸其谈，海阔天空，给用人单位留下浮躁、不踏实的印象，用人单位难以接受。在自负心理的支配下，部分大学生的择业观念不正确，心理定位偏高，只看到自己的优点，看不到自己的弱点，表现出非常强的优越感，往往不切实际地追求高工资、高名利的单位，而对一般的工作单位百般挑剔，甚至提出过高的要求。由于自负的大学生不能审时度势地认清自己，缺乏自知之明，其结果必然会高不成低不就，迟迟不能落实单位。看到别人签了约，就牢骚满腹、怨天尤人，对社会、学校和他人都可能怀有不满情绪，但有时也会向相反方向发展，出现比较严重的自卑心理，从而不敢应聘求职。

3. 自卑心理

自卑心理表现为对自己的能力评价过低，看不起自己。这一消极有害的心理在不少大学生身上存在，严重影响他们的就业。一些性格比较内向，不善言辞，成绩平平的学生，面对择业市场，常常产生自卑心理，不敢大胆推荐自己，认为自己竞争力不够。有些大学生不能客观地认识自己，在择业中他们缺乏自信心，勇气不足，例如认为自己相貌不好，怕用人单位以貌取人，更害怕用人单位拒绝而无地自容。自卑心理源于他人对自己的不客观评价和自己对自己的消极暗示。反复地消极暗示可能导致认知功能的丧失，尤其是对于一些自我意识发展不健全的大学生、部分择业困难的大学生以及性格内向或有生理缺陷的大学生来说，强烈的自卑心理会成为他们择业乃至生活的最大障碍。而且，自卑会使大学生在求职时怯于出头、羞于表现、依赖性强，其结果是不能很好地向求职单位展示自己的才华，坐失良机，求职成功率不高。

4. 怯懦心理

怯懦者害怕面对冲突，害怕别人不高兴，害怕丢面子。所以在择业时，因怯懦，他们常常退避三尺，缩手缩脚，不敢自荐。在用人单位面前他们唯唯诺诺，不是语无伦次，就是面红耳赤、张口结舌。他们谨小慎微，生怕说错话，害怕回答问题不好而影响自己在用人单位代表心目中的形象。在公平的竞争机遇面前，由于怯懦，他们常常不能充分发挥自己的才能，以至于败下阵来，错失良机，于是产生悲观失望的情绪，导致自我评价和自信心的下降。

5. 依赖心理

在择业中，有的大学生对自己缺乏清醒的认识，择业信心不足，犹豫观望，择业依赖父母，依赖社会关系，依赖学校和老师。在人才市场上，父母代替子女、朋友代替自己与用人单位洽谈的场面屡见不鲜，好像不是大学生自己求职，而是父母亲属在求职。这些大学生缺乏自我选择决断能力，不能积极主动地去竞争，去推销自己。

6. 从众心理

从众心理是在社会或群体的压力下，个人放弃自己的意见而采取顺从行为的心理倾向。从众心理重的人容易接受暗示，无主见、依赖性大、不能独立思考、迷信名人和权威，往往说违心的话办违心的事。择业从众心理的突出表现是向往大城市、机关的工作。其实到大城市、机关工作并不一定是你的最佳选择。

7. 盲目心理

大学生求职中的盲目心理主要表现在：一是不顾自己的专业、特长等实际情况，一味追求社会热点，跟着感觉走；二是所要选择的单位缺乏清楚和全面的了解，甚至连单位的性质、现状和前景都不清楚，仅仅通过一两次的人才交流和网上宣传，就与用人单位盲目签约；三是到了毕业前夕，看到别人都已经签约，于是心理着急也随便找个单位签约。近几年，毕业生违约现象增多，说明了当初签约的盲目性。

8. 问题行为

问题行为即违背社会行为规范的适应不良行为。毕业前一些大学生因某些主体需要不能满足或强度较大的挫折感，加之平日缺乏应有的品德与个性修养，可能发生各种各样的问题行为。常见的有逃课、损坏东西、对抗、报复、迁怒于人、不良交往、过度消费、嗜烟酗酒等。问题行为的存在，不仅影响顺利择业，还可能导致违纪与违法。

从以上种种反应可以看出，大学生在求职择业中产生的心理障碍，具有适应性障碍的特征。主要是大学生面对求职环境的应对不良而引起，故有的焦虑急躁，有的自卑怯懦，有的从众，有的目空一切，有的行为过激，严重情况下会导致某些躯体化症状，如头痛、头昏、血压不正常、消化紊乱、背痛、肌肉酸痛、口干、心慌、尿频、饮食障碍或睡眠障碍等。这都说明，他们对求职环境缺乏一种良好的适应。但这种现象只属于发展过程中的适应不良，只要大学生主动适应就业环境，各方面引导得法，这些心理障碍就会随着时间的推移而逐渐消失，大多数不会形成心理疾患。

（四）大学生进入社会出现的问题

大学毕业，跨出校门，迈向社会，走向工作岗位，这无疑是人生道路上的重大转折。据调查分析，大学毕业生工作后较容易出现以下问题：一是心理承受能力差，受不了严格管理，批评教训。二是劳动强度大，工作节奏快，讲究效率，加班加点，吃不消。三是刚开始新鲜，逐渐觉得简单重复、枯燥无味，受不了。这些问题主要是由于大学生的综合素质与社会要求不相适应，具体表现在以下几个方面。

1. 思想观念与社会发展的不适应

社会主义市场经济要求强化大学生的独立、自主观念和拼搏精神。但部分大学生对此没有足够的认识，并无紧迫感和危机感，在生活上缺乏自理能力，在心理上存在依赖性、盲目性和脆弱性，从而不能正确认识自己、评价自己、把握自己，就较难在未来的经济生活和社会生活中找到自己的位置，发挥自己的潜能，实现人生的最大价值。

2. 能力与社会竞争机制不相适应

市场经济意味着激烈的竞争，优胜劣汰是必然的法则。社会要求知识广、有竞争力和创新精神的人才，现在用人单位更注重大学生的综合素质。在专业对口情况下，更看重思维敏捷、应变迅速、性格开朗、兴趣广泛、有"一技之长"的毕业生，甚至是否当过学生干部、是否获各类技能竞赛奖，也成为用人单位选择人才的条件之一。因此，那些高分低能的人，很可能被用人单位拒之门外。

3. 思想道德素质不适应社会发展需求

有些大学毕业生功利意识强，过分的表现自己，单纯追求满足，甚至为达到目的而不择手段，出现思想道德偏差。

4. 心理素质与社会需求不适应

大学生心理问题的发生率呈上升趋势，厌学、情感纠葛、意志消除、记忆力下降、孤僻、自卑、人际关系困惑等现象，使他们的正常学习和生活受到影响，这必然危害大学生的身心健康，直接影响大学毕业生的思想觉悟、认识水平和智能的发展。

三、大学生适应发展的自我调适

一粒种子的信念

有一个女孩，高中毕业后没考上大学，被安排在本村的小学教书。结果，上课不到一周，由于讲不清数学题，被学生哄下台，灰头土脸地回了家。母亲为她擦眼泪，安慰地说："满肚子的东西，有的人倒得出来，有的人倒不出来，没必要为这个伤心，找找别的事，也许有更适合的事情等待你去做。"

后来，她又随本村的伙伴一起出外打工。不幸的是，她又被老板哄了回来，原因是裁剪衣服的时候，手脚太慢，别人一天可以裁制出六七件，她仅能做出两件，而且质量也不过关。母亲又对女儿说："手脚总是有快有慢的，别人已经干了好多年了，而你一直在念书，怎么快得了?"说完为女儿打点行装，准备让她到另一个地方试试。

女儿先后当过纺织工，干过市场管理员，做过会计，但是无一例外都半途而止了。然后每次女儿失败而又沮丧地回到家，母亲都是安慰她，从来没有抱怨的话。

30 多岁的时候，女儿凭着一点语言的天赋，做了聋哑学校的一位辅导员。后来，她又开办残疾人用品连锁点，是一个拥有几千万元资产的老板了。

有一天，功成名就的女儿向已经年迈的母亲问到："妈，那些年我连连失败，自己都觉得前途非常渺茫，可您为何对我那么有信心呢?"母亲的回答朴素而简单："一块地，不适合种麦子，可以试试种豆子；豆子也长不好的话，可以种瓜果；瓜果也种不好的好，撒上些荞麦种子也许能开花，因为一块地，总会有一粒种适合它，也总会有属于它的一片收成……"

听完母亲的话后，女儿落了泪，她明白了，实际上母亲恒久不绝的信念和爱，就是最坚韧的一粒种子，她的奇迹，就是这粒种子执著生长的奇迹。

大学生适应发展应从以下方面进行自我调适。

（一）正确控制自我

1. 建立理性的认知方式

正确的认知是适应发展的前提和基础。人对生活的不适应，大部分来源于人们对现实的不合理认知方式。例如，对自己、对别人的绝对化要求，对自己对别人的以偏概全的过分概括化，对自己行为“糟糕至极”的悲观预测等。因此，大学生要培养自己的辩证思维方式，改变自己对自我、对他人、对环境的不恰当的认识。

2. 适应角色要求

大学生来到了新的环境中，面临着多方面的变化，如何适应环境、主动发展呢？

首先要正确地认识这个社会，不要用书本上的哲学理论来衡量，毕竟社会很现实。其实，寻找一些积累社会经验的机会，随时了解和关注社会，了解社会的动态，才能使自己能够经常融入在社会之中。

其次要了解客观实际对自己的要求，只有使他人的“角色期望”和自己的“角色选择”一致，才能有助于他人去控制或改变自己的态度与行为，以达到改善人际关系，提高学习、工作效率的目的，使现在的自己不断向理想的自己靠近。例如：大学毕业生在择业时，要充分意识到自己的优势在哪，自己的劣势在哪，从社会和他人的角度全面认识自己在择业中的角色，不能自高自大，也不要自暴自弃，这样才能更好地适应社会，发挥自己的才能。

3. 正确控制情绪

大学生面对社会的巨大变革、环境和角色的改变，难免会产生不良情绪，若不及时疏导、控制和调试，轻者会陷入情绪或淡漠之中，重则会产生恐惧、焦虑、烦躁等情感障碍，会影响人际关系，影响学习和工作，影响个人的适应发展。大学生应当使自己有积极、乐观、稳定的情绪。例如：刚步入大学学习生活，大学生必须从中心角色向普通角色转变，适当地降低对自己的希望值，接受“不完美”的自己，放松捆绑自己精神的绳索，这样才能以开朗的心情投入大学生活，从而得到丰富多彩的人生。

（二）合理规划目标

当人们没有目标时，会感到迷茫和空虚；目标过低时，就会缺乏动力；目标过高时，又会因为达不到理想而失望。很多适应困难与目标确定不当有关。要使自己能够成功地发展，必须根据社会发展、自我发展的需要，从你自身的实际和客观的实际出发，为自己确立一个合乎实际的目标，就会有行动方向和动力，人生就充满信心与活力。例如：大学生在入学时对自己的将来进行规划，根据学校情况，个人实际，为自己做短期的学习、发展规划，逐步发现自己的兴趣爱好所在，树立奋斗目标，就可避免学习无目标而出现学习不主动，造成荒废学业的后果。又如：大学毕业生必须根据自己的实际情况，学会在择业中不断调整自己的期望值，做应该而能够做的事，从我做起，从小事做起，把远大的理想落实到现实的努力之中，一步一个脚印地做好本职工作，如果能够做的事不去做，不能够做的事老在做，一辈子下来辛辛苦苦，累得要死却一事无成。

（三）良好择业心理

当代大学生的择业心理处于传统与现代、理想与现实的矛盾交织之中，处理不当就难以保持良好的心理状态，会出现轻度心理障碍。因此，建立良好的择业心理，才能克服择业的焦虑心理、自负心理、自卑心理、怯懦心理、从众心理、依赖心理、盲目心理，避免出现问题行为和躯体症状，对其一生都至关重要。

1. 树立正确的择业观

择业观是大学生对于择业目标和意义比较稳定的根本的看法和态度，树立正确择业观的核心是坚持立足于社会的择业取向，坚持四个符合的择业原则，即符合社会需要原则，符合发挥个人素质优势原则，符合积极主动选择原则，符合有利成才发展原则。同时要正视现实、正视自身，所以，大学生要从实际出发，更新择业观念，面对人才市场，必须勇于竞争，以便被社会承认和接受。正视社会现实，还需要大学生认清社会需求，根据社会需要选择适合自己的工作，而不应好高骛远、脱离实际。大学生如果脱离社会需求，则很难被社会接纳，甚至难以生存下去。那种一味追求个人名利，满足自己的愿望的择业观是不可取的。大学毕业生的职业选择是职业发展计划中的第一步，树立正确的择业观，并能正确地认识和掌握择业原则，不仅有助于个人找到合适的职业岗位，而且有利于个人的成长、成才和职业理想的实现。

2. 正确对待挫折

大学生在求职过程中应有积极进取的态度，理智地看待竞争，冷静地分析形势，坦然对待各种困难，乐观地消除障碍。遇到挫折，不要消极退缩，要认真分析失败的原因，是主观努力不够，还是客观要求太高，是主观条件不具备，还是客观条件太苛刻，经过认真分析，才能心中有数，调节好心态。有的同学一次落聘就灰心丧气、一蹶不振，落聘虽失去一次选择职业的机会，但并不等于择业无望，事业无成。因此，遇到挫折，要敢于向挫折挑战，知难而进，百折不挠。因为通向成功的道路不会是平坦的，只有坚强不屈，顽强拼搏，才能达到光辉的顶点，而那些一遇挫折就偃旗息鼓的人，只能半途而废，永远不可能成功。对待挫折不是被动适应和一时忍耐，而是要放弃等待机遇、怨天尤人、牢骚满腹的挫折心理，藐视困难，增强信心，修订目标，客观分析，积极进取，创造新生活。

3. 增强择业自信心

自信心是一个人前进的动力，是成功的第一要诀，他体现了求职者的精神面貌，同时也直接影响到招聘单位对求职者的第一印象，进而决定了择业能否成功。试想，一个人精神萎靡、畏首畏尾、迟疑不决、缺乏自信，又如何能打动别人赢得成功？当然自信要以坚实的基础、良好的素质、雄厚的实力作保证，不是盲目地自负。所以，大学生要不断地按照社会的需要充实和提高自己，以增强择业的自信心，顺利实现就业。

(四) 培养自立能力

生活的实质就在于独立，世界上大凡有成就的人，没有一个人是不自立的。每个人都有一个独立的头脑，应该具有独立思考和独立处理问题的能力，而人们在社会生活中的各种矛盾，复杂的人际关系，都需要每个人独立面对，人不可能永远依赖于父母和他人。社会要求大学生对自己的行为完全负责，因此，培养个人的自立能力是十分重要的。

1. 培养独立生活能力

人们独立处理问题和矛盾的能力不是天生的，主要靠在生活的实践中去培养、去锻炼，必须从日常小事开始，训练自己独立处理问题，发展各种基本生活技能，摆脱家庭的关怀呵护，学会自立。

2. 培养适应工作能力

要注重培养适应工作能力，最大限度地发挥自己的创造性，而不是等待别人的安排和指导，要学会顺应环境、改变环境。

3. 使思想和心理走向独立

在思想上的独立，就是在思想上要意识到作为大学生，要走自己的路，要有自己的独立见解，不断完善自己的思想体系；而心理上的独立，最重要的就是要对自己有信心，无论成功与否，身在顺境和逆境都能坦然面对，相信自己，做到自尊、自爱、自信、自强。

（五）增强人际交往

人对环境的适应，主要是对人际关系的适应。有了良好人际关系，人才有支持力量，有了归属感和安全感，心情才能愉快。人际关系的建立既有认识问题也有技巧问题。每个人都不能只是埋怨别人，埋怨周围环境，而应该首先主动关心别人，主动为别人做一些事情。人总是会“投之以桃，报之以李”的，主动关心别人的人总会得到别人的喜欢。其次，人应主动开放自己。如果关闭自己的心窗，又担心别人不向你吐露心声是永远找不到朋友的。须知，感情的交流是相互的，对别人开放越多，别人从你那儿获得的安全感越多，才会向你开放越多。只有付出真诚，才会得到真诚。第三，人际交往要心理相容。每个人的长处短处各不相同，本着“求大同存小异”的原则，学习别人的优点，包容别人的缺点，就会得到很多的朋友。尽管社会竞争激烈，利益冲突增多，但是，无论什么时候，那些不过分计较自己，多为别人着想的人，总会得到大家的尊重。

要建立良好的人际关系，既要拥有自尊自信的自我认识，又要有正确的认知方式，还要学会必要的人际沟通的技巧和方法。

（六）采取积极行动

积极行动可以摆脱由于环境不适应带来的孤独、苦闷、烦躁、恐惧和空虚。当对环境不熟悉、不满意时，只要积极行动，为集体为他人做一些事情，就会逐渐熟悉了解环境，别人也从你的行动中了解你，你就会逐渐融入到新的环境中。行动会使人获得充实和愉快。当人们全身心地投入到工作中去的时候，就不会像往日那样去琢磨自己的心境。要知道，很多烦恼都来自于自己的“冥想”。那些专心干自己事业的人们，那些辛勤劳动的人们，是没有时间去“空虚”和“烦恼”的。为活着太累而烦恼的人，赶快积极行动起来，行动会带给你价值，行动会带给你心理的健康与欢乐。

积极行动意味着要积极投入到学习和社会工作中去，在这些活动中，人们可以提高自我选择、自我决断、自我管理能力，也可以提高处理各种复杂事物的工作能力，同时，也会提升自己的自信完善的人格。

知识要点

1. 生涯规划是个人根据各方面综合分析，确立生涯发展方向和目标，制定计划并实施，达到自我实现。生涯规划的内涵包含自我评估、环境评估、明确志向、目标设定。

2. 大学生的生涯规划可分为大学生涯规划和职业生涯规划两个阶段。

3. 大学生涯规划的基本步骤：认识自我、职业分析、社会环境分析、确定大学生涯发展目标、制定行动计划并实施。

4. 职业生涯规划的基本原则是择己所爱、择己所长、择世所需、择己所利。

5. 大学生适应发展自我调适方法：正确控制自我、合理规划目标、良好择业心理、培养自立能力、增强人际交往、采取积极行动。

阅读材料

毕业生的教训和体会

一位毕业生入厂后，以知识渊博自居，终日足不出室，闭门造车。一天正绘一机械图，一位师傅默然审视良久，说："这图的某部位似不对。"他一听火了："我学过。我是书本学来的！"师傅说："我没上大学，可这机器我摸了几十年，我觉得……"他反讥道："那你怎么没考上大学？"此事传出，全厂哗然。从此，再无人给他"提意见"，一年后，他郁郁不得志地调出厂。

有几名毕业生一起分配到同一单位工作。工作之前，他们就计划着如何在单位大干一番。一到单位就提出一个设计方案送给领导。但时过好久不见回音。为此，他们便认为领导不重视知识分子，原来的冲天干劲化为乌有。过了一年时间，他们回头再看这个设计方案，几个人都笑了。他们说："想法太幼稚了，初入社会没有什么值得骄傲的资本，只能虚心学习。"

一位毕业生在给学校老师写信时说："有些刚毕业的大学生以为自己是个人才，可以大干一番事业，总希望有位明智的领导能起用他，否则便会责怪领导不重视人才。干不了几天便灰心丧气，有的便从此一蹶不振。应该让同学们了解，上至中央机关，下至私企，要毕业生，首先不是考虑他那里缺少一个当官的人来接班，一旦招聘来一位大学生、研究生，领导首先考虑的是我们单位来了一位学××专业、干××工作的人。所以评价这位大学生的标准，首先是他的本职工作干得如何，是否是一个好的职员。如果在实际工作中，确实发现他在某方面有很强的能力，其他方面的表现也不错，便有可能给他一个能胜任的职务。"

这个案例告诉我们：大学毕业，读了十五六年书，确实有不少的书本知识，但是书毕竟是书，生活中的很多道理并不在书上。从知识的获取，到能力的培养，到经验的取得，需要一个实践的过程，一个不断总结提高的过程。因此，毕业生走上工作岗位以后，一定要踏踏实实，从头开始，从小事做起，虚心向老同志学习，不断积累经验，切忌急于求成。一年只能收获小麦、玉米，十年才能收获参天大树！

我的大学生涯规划

1. 引言

步入大学生活，我第一次感到了迷茫，不知该往哪里走。直到接触了大学生涯规划，我才重新找回方向。通过对自己兴趣及能力的了解，我确定了现实性的奋斗目标，从此我将有目标地生活，有目标地学习，使我的每一天都能有意义。

2. 自我分析

我对研究型和社会型工作都比较感兴趣，对富有创造性的、分析的定向任务性质的职业比较感兴趣，这一点也在霍兰德职业兴趣测量中得以证实。我的社交水平一般，但有一定水平的分析能力，创造能力较强。我比较安静，在同一时间内一般只专注于一件事情，重感情，忠于自己的价值观。但有时候会过于追求完美和固执，容易走极端，做一些不切实际的事。有时也很敏感，因为太在乎别人的看法及感受而改变自己的行为和看法。

3. 未来职业发展目标

我的专业是计算机技术，根据自己的兴趣和所学专业，在未来我希望向管理和技术两个方面发展，最终能成为技术型的管理者。

(1) 毕业后5年内：在技术型岗位上努力工作，加强沟通，虚心求教，使自己成为业务精湛的技术骨干，积累管理经验。

（2）毕业后5～8年：大胆工作，敢于创新，充分发挥自身技术优势，注意管理方法的总结和提高，能在技术管理的岗位上有所成就。

（3）毕业后10年：顺利实现转型，成为技术型管理者。

（4）毕业后10～20年：在技术和管理上同时完善自我，达到事业的顶峰。

4. 大学期间的发展目标

为了成为技术型管理者，我在大学期间需要做到以下几点。

（1）在政治思想及道德素质方面，树立正确的人生观、价值观和道德观，坚持正确的人生价值取向。积极向党组织靠拢，定期递交对党的章程的学习、认识及实践体会，以及自己言行感受的材料，积极参加党团活动，争取早日加入中国共产党。

（2）在学业方面，上课不迟到，绝对不旷课，注意预习和复习，保证学习听课的时间和质量，安心、专注地攻读职业方向类、专业类书籍。毕业之前通过计算机三级考试和英语四级考试。

（3）在技能培训方面，积极参加多种社会实践活动，锻炼自己的人际交往能力、辅修管理和经济类课程，扩大知识面，提高管理能力。关注计算机科学领域的更多新知识，考取微软认证的部分证书。

（4）在身心发展方面，积极参加校内外的各项活动，锻炼自己的胆量和能力，积极参加体育锻炼，保持良好的身心素质。

5. 大学期间的行动计划

（1）一年级：每天抽出1小时来提高英语的听、说能力，每天背诵20个单词，增加词汇量。每周一至五上晚自习，完成当天的作业并预习第二天的功课，确保每门功课的期末考试平均分达到85分以上，争取获得一等奖学金。参加学生会竞选，提升自己的服务意识，锻炼自己的能力。参加兴趣协会，尝试开展科技创新。

（2）二年级：确保上学期顺利通过英语应用能力B级考试，之后学习和练习，争取下学期通过英语四级考试。如果失败，确保在三年级上学期通过英语四级考试。开始辅修经济学和管理学课程。积极准备，力争通过计算机三级考试。不放松专业课程的学习，保证成绩在80分以上。参加数学建模大赛和电子科技大赛，培养自己的合作精神和创新能力。

（3）三年级：考取部分微软认证的资格证书，为将来求职增加砝码。积极参加社会实践和实习。广泛了解招聘信息，掌握求职技巧，积极参加招聘会，力争尽早获得工作岗位。保持优异的专业成绩，完成毕业设计或毕业论文，顺利通过答辩，获取毕业证书。

6. 结束语

任何目标，只说不做到头来都只是一场空。我愿意向着自己的理想和目标努力奋斗，不怕困难和失败，为自己的大学生涯交上令自己和所有关爱我的人满意的答卷。

心理训练

适应环境

活动目的：通过指出就读的大学与高中的异同处、理想中的大学生活和现实中的大学生活的差异，引导学生适应大学校园学习生活环境。

活动准备：给每位学生准备好心理训练试题

活动步骤：

1. 由学生按题目要求实事求是地写出就读的大学与高中的异同处，理想中的大学生活和现实中的大学生活的差异，其中哪些差异是好的，哪些差异不能接受。

2. 请 3 位学生各自说出就读的大学与高中的异同处，理想中的大学生活和现实中的大学生活的差异，其中哪些差异是好的，哪些差异不能接受，自己如何去适应大学生活？

3. 主持人小结，并要求每位学生写出自己如何去适应大学生活。

思考与练习

1. 结合所学专业，拟定你的大学生涯规划。
2. 谈谈你在适应发展上有哪些成功经验，常用哪些方法解决自己在适应发展中的困扰。
3. 如何调整心态，确立正确的择业心理？
4. 心理测试：事业成功指数测试（见附录）。

第十章　心理问题与咨询治疗

学习目标：①知识目标。懂得鉴别心理问题，了解心理咨询和心理治疗的基本常识。②能力目标。掌握心理调适的基本方法，提高维护心理健康的能力。③素质目标。懂得心理疾病的危害，树立科学的健康观念。

学习重点：心理问题的类型和特征，心理咨询的概念和作用，预防心理问题与增进心理健康的方法。

学习难点：心理治疗方法。

古罗马哲学家西塞罗（公元前106—公元前43）："心理疾病比起生理疾病为数更多，为害更烈。"

俄国心理学家巴甫洛夫（1849—1936）："忧愁、顾虑和悲观可以使人得病；积极愉快、坚强的意志和乐观的情绪可以战胜疾病，更可以使人强壮和长寿。"

美国哲学家欧文·拉兹洛（1932—　）："健康是富人的幸福，穷人的财富"。

世界卫生组织第三任总干事哈夫丹·马勒："必须让人们认识到，健康并不代表一切，但失去了健康，便失去了一切。"

第一节　心理问题

一、心理问题概述

人的心理健康是身心健康的组成部分。根据心理平衡理论，人的一种天然心理习惯是保持自己对世界（包括他本人）的认识的一致性。这种认识如果前后一致，即表现出连贯性，人就感到舒适、和谐，这种状态称为心理平衡。人如果发现世界与自己的认识或预见不相符，就会感到不舒适。这种心理不舒适如果长期得不到缓解，就容易发生心理失衡和行为失控，轻则发生心理障碍，重则引发心理疾病，对生活、学习、就业、工作等带来不利的影响，甚至会给社会带来危害。北京大学心理专家经调查研究认为，从大学生心理健康的总体水平看，在校生有30%～40%出现心理障碍倾向，而严重心理障碍者约占大学生总体的10%，一般心理障碍通过专业干预大多能完成学业，因严重心理障碍中止学业、休学或退学者约占在校大学生的2%。

（一）心理问题的等级

心理问题分为4个等级状态：心理健康、心理困扰、心理障碍和心理疾病。

1. 心理健康

它可以从本人评价、他人评价和社会功能状况三方面简单分析。①本人不觉得痛苦。即在一段时间里（如一周、一月、一季或一年）愉快感大于痛苦感；②他人不感到异常。即心理活动与周围环境协调，不出现与周围环境格格不入的现象；③社会功能良好。即能胜任家庭和社会角色，能在一般社会环境下充分发挥自身能力，利用现有条件（或创造条件）实现自我价值。

2. 心理困扰

也叫心理亚健康，它是介于心理健康与心理障碍之间的状态。它是由于个人心理素质（如过于好胜、孤僻、敏感等）、生活事件（如压力大、事业失利、婚恋挫折等）、身体不良（如过度劳累、身体伤病）等因素所引起。主要表现：焦虑、烦躁、妒忌、恐惧、迟钝、抑郁、强迫症状、记忆力下降、缺乏安全感、竞争意识退化等。其特点如下。①时间短暂。一般能在一周内得到缓解。②损害轻微。对生活、学习和工作影响较小，只是愉快感小于痛苦感。③能自我调整。面对现实接受现实，调整心态控制情绪，了解自我悦纳自我，协调人际善与人处，注意休息均衡营养，热爱生活运动娱乐。大部分人通过自我调整能改善心理，少部分人若长时间得不到缓解应当求助心理咨询，避免演变为心理障碍。

3. 心理障碍

也叫轻性心理障碍，它是由于生理、心理或社会原因而导致个人心理状态的某一方面（或几方面）的超前、停滞、延迟、退缩或偏离。其特点如下。①不协调性。心理表现与其生理年龄极不相称或与常人极不相同。如儿童出现成人行为（不均衡的超前发展）；成人表现幼稚状态（停滞、延迟、退缩）；对外界刺激的反应方式异常（偏离）等。②针对性。对障碍对象（如敏感的事物、环境等）有强烈的心理反应（包括思维、行为），而对非障碍对象可能表现很正常。如，旷野恐惧症者只对旷野环境感到恐惧，在其他情景中则很正常。③损害较大。对本人社会功能影响较大，不能按常人标准完成某项或某几项社会功能。如：社交恐惧者不能完成社交活动，锐器恐惧者不敢使用刀剪，性心理障碍者难与异性正常交往。④需心理医生的指导。心理障碍者难以通过自我调整和非专业人员的帮助而解决根本问题，必须有心理医生的指导。

4. 心理疾病

也叫严重心理障碍，它是由于个人及外界因素引起个体强烈的心理（思维、情感、行为、意志）反应并伴有明显的躯体不适感，是大脑功能失调的外在表现。其特点如下。①强烈的心理反应。如思维判断失误，思维敏捷性和记忆力下降，头脑黏滞感和空白感，强烈自卑感和痛苦感，情绪忧郁，紧张焦虑，意志减退，行为失常等。②明显的躯体不适。中枢神经系统功能失调引起所控制的人体各系统功能失调。如消化系统的食欲不振、腹部胀满、便秘或腹泻等；心血管系统的心慌、胸闷、头晕等；内分泌系统的女性月经周期改变、男性性功能障碍等。③损害大。不能完成或勉强完成其社会功能，缺乏轻松愉快的体验，痛苦感极为强烈，“哪里都不舒服”、“活着不如死了好”是他们的内心体验。④需要心理医生的治疗。心理疾病患者不能通过自我调整和非精神科专业医生的治疗而康复。精神科医生一般采用心理治疗和药物治疗相结合的手段。治疗早期通过情绪调节药物快速调整情绪，中后期结合心理治疗解除心理障碍并通过心理训练达到社会功能的恢复，并提高其心理健康水平。

（二）心理问题的关系

心理障碍与心理疾病的区别：心理障碍者通常承认自己存在困惑，会积极寻求帮助去解决问题；而心理疾病者不承认自己有病，表现为抵制治疗。心理障碍宜采用心理治疗模式，前提是患者提出要求，不强制、不用药；而心理疾病则结合医学治疗模式，必须用药物治疗。

心理问题的等级状态之间没有严格界限，会相互转化。心理困扰长时间不解决，会形成心理障碍，心理障碍仍然解决不了，会转化为心理疾病。

（三）心理问题的原因

心理疾病和躯体疾病一样，有其发生、发展的原因和规律，只是由于人的心理活动太复杂，目前的科技水平还远远不能对其进行完满的解释而已。下面根据现有的国内外科研材料，简要分析心理障碍和心理疾病的成因。

1. 生物遗传因素

心理障碍和心理疾病会否遗传？环境决定论认为，人的心理活动不会遗传，它主要由后天的社会环境影响，在社会活动过程中形成。遗传决定论则认为，人的心理疾病由遗传决定。两种理论争论了两千多年，至今未见分晓。但研究资料和临床实践表明，心理障碍和心理疾病的形成过程中，生物遗传因素不容忽视。

家庭调查发现：人的身心与生物遗传因素十分密切。尤其是人的形体、气质和神经结构的特点，性格和能力的某些成分，受遗传因素的直接影响；心理疾病患者的亲属患心理疾病的可能性比正常人的亲属高 6 倍；心理障碍的发生率与血缘关系呈正比，血缘关系越近，发生率越高；同卵孪生子比异卵孪生子在心理障碍方面的一致率更高，远离亲生父母的被收养子女与其亲生父母在心理障碍方面的一致率高。

临床实践表明：人从胚胎时起，子宫内外的生物性致病因素，如孕妇患癫痫、风疹、尿毒、梅毒、艾滋病等，酗酒、吸食毒品、依赖安眠药物，严重营养不良、贫血、缺氧，分娩时胎儿颅脑损伤、早产、新生儿窒息等，都可能引起胎儿畸形或导致严重发育障碍、人格发展异常和心理疾病。婴儿的营养缺乏，脑膜炎、白喉、百日咳、猩红热、病毒性脑炎等感染，药物、食品、煤气等中毒，颅脑损伤等，也都可能引起心理发育迟滞、人格发展异常与心理疾病。

2. 生理心理因素

人体机能状态。指个体发生心理疾病时所处的身体状态。人体机能状态本身不是发病原因，但是不良的机能状态可能诱发疾病。①机能削弱。如饥饿、长途跋涉、日夜工作、分娩难产、酗酒、药物依赖，都会削弱机能状态，从而诱发心理疾病。②机能变化。儿童期大脑发育尚未成熟，青春期身心功能剧变，女性经期、妊娠期、分娩期身心改变，更年期性腺功能衰退、植物神经功能不稳定，老年期躯体机能、防御与代谢机能减弱等，都可能诱发潜在的心理障碍。如儿童神经症、青年期癔症、经前期紧张与月经周期性精神病、产褥期精神病、更年期神经症与精神病、老年性精神病等。③机能受损。脑震荡、脑挫伤等中枢神经受伤，可能直接导致遗忘症、语言障碍和人格改变等心理障碍。

人格特征。世界上没有完全相同的两个人。这不仅指人的外表，更主要指每个人都有独特的人格特征。人格对人的心理健康有着明显影响，是造成心理障碍和心理疾病的重要因素。研究资料表明，各种心理障碍，特别是神经症往往都有相应的特殊人格特征成为发病基础。例如，与强迫性神经症相应的是强迫性人格，其具体表现是谨小慎微、求全求美、自我克制、优柔寡断、墨守成规、拘谨呆板、敏感多疑、心胸狭窄、事后易后悔、责任心过重和苛求自己等。

3. 社会环境因素

社会环境因素是形成心理障碍和心理疾病的外因，但却是很重要的原因，有时甚至是主要原因。

（1）家庭因素　家庭是个人走向社会的起点，家庭环境是影响个体心理健康的极重要因素。亲子关系和教养方式，对子女以后的人际关系和社会适应有着很大影响。①从亲子关系看，儿少时期父母与子女关系亲密，对子女成长起积极作用，反之，则可能导致子女心理病态发展。②从教养方式看，中国医科大学医学心理学教研室岳冬梅等人经调查发现，神经症者的父母的教养方式大多为冷漠型、严厉型、过分保护型，在此教养方式下成长的孩子，其人格特征和人际关系都存在较多问题，当面对复杂的社会环境时，常表现出较少的情感温暖，较多的拒绝态度，或较多的过度保护。

(2) 生活事件　日常遇到的使人紧张的生活事件会影响个体的心理健康。关于生活事件与心理紧张量之间的关系有两种说法。①两者是叠加关系。生活事件是独立的，每个事件所产生的心理紧张量是一定的。多个事件所产生的心理紧张量等于每个事件所引起的心理紧张量之和，当总和超出个体心理承受力，就会产生心理疾病，即“压垮骆驼的最后一根稻草”。②两者是幂函数关系。即生活事件所引起的心理紧张可能存在一个最高点，当生活事件增加到一定程度后，再发生生活事件也不会引起心理紧张量的增加，即“死猪不怕开水烫”。但是，生活经验和研究结果证明，引发身心紧张的生活事件，如果时间持续或数量增加，确实会破坏个体的身心健康。如生理上易发高血压、冠心病、糖尿病、类风湿性关节炎、胃肠溃疡、癌症等，心理上易致心理困扰、心理障碍等，学习工作上易发生事故、运动损伤、成绩下降等。

(3) 社会环境　和谐的社会是避免精神破裂的屏障，恶劣的社会风气则影响个体尤其是儿童、少年、青年的身心健康；持续的严重的精神打击（如压力挫折、错案冤案、隔离禁闭等）会显著影响人格。调查资料显示，心理障碍和心理疾病，在某些机构如监狱、福利部门中的发生率相对较高，在社会经济最低阶层的发生率较最高阶层的发生率大 3 倍，在社会秩序混乱地区的发生率较安全地区的发生率大 3 倍。又如，改革开放引起社会结构、生活方式、思维方式、价值观念、行为模式等的变革，导致竞争日益激烈、就业择业不易、生活节奏加快、人际关系疏离、环境显著变化、生存发展艰难等，给个体带来心理冲突。那些心理欠佳、适应不良者，就会感到失望、迷茫、焦虑、恐惧、危机等，导致各种精神症状，如暴躁、攻击、凶杀、自杀。

(4) 灾难事件　地震（1976 年的唐山地震造成 24 万多人死亡、2008 年的汶川地震造成 8.7 万人死亡）、海啸（2004 年 12 月 26 日的印度洋海啸造成近 30 万人死亡）、洪水（1931 年长江大洪水淹死 14.5 万人，1998 年长江大洪水死亡 1562 人）、流行疾病（2003 的非典型性肺炎）等自然灾害；经济危机（2007 年爆发的全球性金融危机）、政治动乱、民族冲突、国家战争、刑事犯罪、环境破坏、交通事故、火车颠覆、轮船倾覆、飞机失事等社会灾难；都可能给人造成严重的心理创伤。

总之，心理障碍和心理疾病的形成有多方面原因，它们可能综合地起着作用，只是在不同个体中所占地位的主次或比重不同。

二、心理障碍类型

常见的心理障碍类型如下：一是神经症。主要有：神经衰弱、焦虑症、强迫症、抑郁症、恐惧症、疑病症、癔病症以及其他未确定的神经症。二是人格障碍。主要有：偏执型人格、分裂型人格、强迫型人格、表演型人格、自恋型人格、依赖型人格、回避型人格、悖德型人格、攻击型人格、被动攻击型人格等。三是性心理障碍。主要有：性身份障碍，性取向障碍，性偏好障碍等。四是创伤性心理障碍（PTSD）。主要有：战争、恐怖袭击、灾害、事故、犯罪被害等创伤。

（一）神经症

1. 神经症的含义

神经症全称神经官能症，是指由于各种精神因素引起高级神经活动的过度紧张，致使大脑机能活动暂时失调而造成的一种心理障碍的总称。

基本特点：①没有任何可查明的器质性改变，但确有心理异常表现；②心理冲突，精神痛苦；③自知能力良好，常常主动求医；④生活自理能力、社会适应能力和工作能力基本没有缺损；⑤病程至少持续三个月。神经症的诊断是严肃的，只能由专科医生确诊，切不可自己随意认定。

2. 神经症的主要类型

（1）神经衰弱　这是最为常见的神经症。基本特点：精神易兴奋和脑力易疲倦，常伴有各种躯体不适感和睡眠障碍，但无器质性病变。主要症状：头昏、头痛、眼花、耳鸣、心悸、气短、易兴奋、易激怒、入睡困难、焦虑和抑郁，有的男性出现阳痿早泄，有的女性出现月经紊乱。医学调查显示，女性神经衰弱多于男性。原因可能是：女性生理特殊期间（月经、妊娠、围产、绝经等）发生性激素失衡，致使神经体液变化，从而引起神经症状和躯体症状；传统文化熏陶，决定了女性的神经类型弱而不均衡者多，性格内向者多，情感丰富、细腻、敏锐者多，从而构成神经衰弱的易感因素。大学生神经衰弱的主要原因：学习负担过重，专业思想不稳定，思虑人生过多，恋爱犹豫徘徊，自我调节失灵等。所有这些，在患者头脑中产生强烈的思想冲突，使得神经活动强烈而持久地处于紧张状态，超出神经系统的张力所能忍受的限度，引起崩溃和失调。神经衰弱者，合理安排作息，适当文娱体育，并进行必要的心理治疗，一般能收到良好效果。

（2）焦虑症　基本特点：①除了呈现广泛性焦虑（慢性焦虑症）和发作性惊恐（急性焦虑症）外，同时伴有头晕、胸闷、心悸、恶心、口干、尿频、多汗、震颤、呼吸困难、手脚发凉和运动性不安等生理症状。②发作持续时间很长，如不进行积极有效的治疗，几周、几月甚至迁延难愈。③它是无缘无故的、没有明确对象和内容的焦急、紧张和恐惧。④它是指向未来的，似乎某些威胁即将来临，但是患者说不出究竟存在何种威胁或危险。⑤患者过分关心周围事物，注意力难以集中，从而使学习和工作效率明显下降。大学生患焦虑症的主要原因在于期望过高，压力过大，不善调整，时间一长，极可能产生考试焦虑、社交焦虑、恋爱焦虑、就业焦虑等症状。对焦虑症，可进行心理训练（如自我松弛、气功、瑜伽、生物反馈疗法等），也可同时予以药物治疗。

（3）强迫症　基本特点：反复出现强迫观念、强迫意向和强迫动作。主要症状：①强迫观念。强迫联想（反复联想一系列不幸事件会发生），强迫回忆（反复回忆曾经做过的无关紧要的事），强迫疑虑（如离家后疑虑门窗是否关好），强迫性穷思竭虑（如反复思考房子为何朝南不朝北），强迫对立思维（如想到拥护即出现反对，说到好人即想到坏蛋）。②强迫意向。常为某种与正常心理相反的意向所纠缠（如走到高楼窗前，突然想跳楼，虽无相应行动，但却十分紧张）。③强迫动作。强迫洗涤（反复洗手或洗物件，仍感到脏），强迫计数（如数台阶、电线杆），强迫检查（常与强迫疑虑共存，如反复检查已锁好的门窗，反复核对已写好的文稿）。④强迫情绪。恐惧自我情绪会失控（如害怕自己会发疯，会违法犯罪）。强迫症患者，明知某种观念或行为不合理，但却无法摆脱，因而非常痛苦；强迫症状大多与以往生活经历、精神创伤或幼年遭遇有一定联系；性格具有缺乏自信、过分谨慎、优柔寡断、完美主义、深思熟虑、严肃古板、缺乏灵活性和适宜性等特点；脑力劳动的居多，心情烦躁、用脑过度时症状加剧，心情舒畅、体力劳动时症状较轻。根治强迫症比较困难，行为疗法对强迫动作有一定效果，向患者解释精神生活的知识以增强他们的自信心也可缓解症状。

（4）抑郁症 主要症状：①心理上情绪低落，思维迟缓，运动抑制，意志减退，自我评价降低，把外界都看成“灰暗色”。②生理上心悸胸闷、胃肠不适、体重减轻、饮食睡眠差、性功能减退等。③症状有昼重夜轻的节律变化，严重时出现自杀倾向（据研究，抑郁症患者的自杀率比一般人群高20倍）。《红楼梦》中的林黛玉是典型的抑郁症。

大学生患抑郁症比例较高。主要原因：①成长因素。大学生需求强烈，极想展现才能，但对社会复杂性缺乏认识，对自身实践能力了解不深，加上人生观价值观尚未稳固，挫折承受力不成熟，心理防卫机能不完善等。②病前因素。生活中的不幸遭遇，学习中的挫折困难，社交中的自尊伤害等。③性格因素。性格内向、多愁善感、依赖性强、自卑心强，在挫折打击下，易致抑郁症。克服抑郁症的方法：一是学会宣泄。如倾诉、日记、哭泣等，可减少心理负荷。二是学会交往。尝试多角度看问题，开阔视野。三是参加活动。如文体活动、旅游等，从苦恼中解脱出来。

（5）恐惧症 基本特点：①强烈恐惧某些事物或处境，恐惧程度与实际危险极不相称；②本人也知道恐惧不应该或不合理，但无法控制；③身体常伴有植物性神经系统功能障碍；④有反复或持续的回避行为。主要类型：①场所恐惧。如对人群拥挤的商店、剧场、车厢或机舱等感到恐惧，或者害怕狂野、离家、独自在家等。②社交恐惧。如害怕需要讲话或被人观看的情景，见人时脸红、对视时颤抖。③特定恐惧。对特殊物体或情境不合理焦虑。如高处、某种动物、雷雨、黑暗、出血、密集物等。

（6）疑病症 对自身感觉或征象作出不切实际的病态解释，致使身心被由此产生的疑虑、烦恼、恐惧所占据。主要特点：过分关心自身健康，坚持成见难以消除。患者怀疑自己患了某种事实上并不存在的疾病，虽经医生的反复解释和客观检查也不能打消其顾虑。患者男多于女，文化落后地区多于发达地区。

（7）癔病症 也叫歇斯底里。患者易受暗示，感情用事，富于幻想和好表现自己。常由于精神因素如激动、惊吓、委屈、悲伤等而突然起病，出现各种躯体症状或精神障碍，如精神忧郁、烦躁不宁、悲忧善哭、喜怒无常等。

（二）人格障碍

1. 人格障碍的含义

人格障碍，也称病态人格、变态人格、人格异常。它是指人格特征显著偏离正常，使患者形成特有的行为模式，对环境适应不良，常影响其社会功能，甚至与社会发生冲突，给自己或社会造成恶果。

人格障碍常始于幼年期，定型于青年期，持续至成年期或者终生。但儿童少年的行为异常或成年人的人格特征偏离尚不影响其社会功能时，暂不诊断为人格障碍。

人格障碍有时与精神疾病有相似之处或易于发生精神疾病，但其本身尚非病态。那些由严重躯体疾病、伤残、脑器质性疾病、精神疾病、灾难性生活体验后发生的人格特征偏离，应列入相应疾病的人格改变，而非这里所说的人格障碍。

2. 人格障碍的主要类型

（1）偏执型人格障碍 也称妄想型人格障碍。主要特点：猜疑和偏执。主要表现：①普遍猜疑，不信任他人，过分警惕与防卫；②过分自尊，将周围发生的事件解释为“阴谋”；③过分自负，认为自己正确，将挫折和失败归咎于他人；④容易产生病理性嫉妒；⑤特别敏感挫折和拒绝，不能谅解别人，长期耿耿于怀，常与人发生争执或沉湎于诉讼，人际关系不良。

（2）分裂型人格障碍　主要特点：观念、外貌和行为奇特，人际关系有明显缺陷和情感冷淡。主要表现：对喜事缺乏愉快感，对人冷淡，缺乏生活热情和兴趣，孤独怪僻，缺少知音，我行我素，很少与人来往，因此也少与人发生冲突。

（3）强迫型人格障碍　主要特点：谨小慎微、严格要求、完美主义和不安全感。主要表现：①遵循自己熟悉的常规，做事循规蹈矩，确保万无一失，无法适应新变化；②过分严格要求自己，过分拘谨刻板，没有业余爱好，缺少友谊交往，缺乏愉快和满足，较易内疚和悔恨；③对工作和事物要求完美，拘泥细节，沉溺工作职责和道德规范，事先反复计划，事后反复检查，难以自拔；④不合理要求别人严格服从自己或按自己的方式做事，否则感到极不愉快；⑤优柔寡断，不会利用时机，往往避免或推迟作出决定；⑥过分疑虑、焦虑和顾虑，不怕一万就怕万一，总担心意外变故。

（4）表演型人格障碍　主要特点：以过分感情用事或夸张言行吸引他人注意。中国心理学界将其特征定义为：①表情夸张像演戏一样，装腔作势，情感体验肤浅；②暗示性高，很容易受他人的影响；③自我中心，强求别人符合他的需求或意志，不如意就给别人难堪或强烈不满；④经常渴望表扬和同情，感情易波动；⑤寻求刺激，过多地参加各种社交活动；⑥需别人经常注意，为了引起注意，不惜哗众取宠、危言耸听，或者在外貌和行为方面表现得过分吸引他人；⑦情感反应强烈易变，完全按个人的情感判断好坏；⑧说话夸大其词，掺杂幻想情节，缺乏具体的真实细节，难以核对。如果有其中 3 项以上，就可能患有表演型人格障碍。

（5）自恋型人格障碍　主要特点：对自我价值感的夸大和缺乏对他人的公感性。目前尚无权威性诊断标准，一般认为其特征如下：①对批评的反应是愤怒、羞愧或感到耻辱（尽管不一定当即表露出来）；②喜欢指使他人，要他人为自己服务；③过分自高自大，对自己的才能夸大其辞，希望受人特别关注；④坚信他关注的问题是世上独有的，不能被某些特殊的人物了解；⑤对无限的成功、权力、荣誉、美丽或理想爱情有非份的幻想；⑥认为自己应享有他人没有的特权；⑦渴望持久的关注与赞美；⑧缺乏同情心；⑨有很强的嫉妒心。如果有其中 5 项以上，就可能为自恋型人格。

（6）依赖型人格障碍　主要特点：缺乏自信心、独立性、自主性和创造性，经常感到自己无助、无能和缺乏精力，宁愿把自己置于从属地位，一切悉听他人决定。美国《精神障碍的诊断与统计手册》将其特征定义为：①深感自己软弱无助，总是感觉“我真可怜”。当需要自己拿主意时，便感到一筹莫展；②在没有从他人处得到大量的建议和保证之前，不能对日常事务做出决策；③让他人为自己做大多数的重要决定，如在何处生活，该选择什么职业等；④无意识地倾向于以别人的看法来评价自己；⑤理所当然地认为别人比自己优秀，比自己有吸引力，比自己能干；⑥缺乏独立性，很难单独展开计划；⑦过度容忍，为讨好他人甘愿做低下的或自己不愿做的事；⑧害怕被他人忽视，明知他人的错误也随声附和；⑨很容易因为没有得到赞许或遭到批评而受到伤害；⑩经常被遭人遗弃的念头所折磨；⑪当亲密的关系中止时感到无助或崩溃；⑫独处时有不适和无助感，或竭尽全力以逃避孤独。如果有其中的 7 项，就可能患有依赖型人格障碍。

（7）回避型人格障碍　也称焦虑型人格障碍。主要特点：强迫自己长期和全面脱离社会关系。如遁入空门者、隐居者。美国《精神障碍的诊断与统计手册》将其特征定义为：①很容易因他人的批评或不赞同而受到伤害；②除了至亲外没有好朋友或知心人（或仅有一个）；③除非确信受欢迎，一般不愿卷入他人事务之中；④行为退缩，对需要人际交往的社会活动或工作总是尽量逃避；⑤心理自卑，在社交场合总是缄默无语，怕惹人笑话，怕回答不出问题；⑥敏感羞涩，害怕在别人面前露出窘态；⑦在做那些普通的但不在自己常规之中的事时，总是夸大潜在的困难、危险或可能的冒险。只要满足其中的 4 项，一般可诊断为回避型人格。

(8) 悖德型人格障碍　也称反社会型人格障碍。主要特点：行为不符合社会规范，缺乏自我控制能力。患者在儿童少年期（15 岁以前）即见端倪，成人（18 岁以后）出现不负责任的或违反社会规范的行为。①对人感情冷淡，缺乏同情，漠不关心，缺乏正常的人与人之间的关爱；②易激惹，常发生冲动性行为；③即使给别人造成痛苦，也少感内疚，缺乏羞惭感和罪恶感；④因此常发生不负责任行为，甚至违法乱纪行为，虽屡受惩罚，也不易接受教训，屡教不改。

(9) 攻击型人格障碍　也称冲动型人格障碍。主要特点：行为和情绪具有明显的冲动性。通常还有以下特点：①情绪急躁易怒，存在无法自控的冲动和驱动力；②性格上常表现出向外攻击、鲁莽和盲动性；③冲动的动机形成可以是有意识的，亦可以是无意识的；④行动反复无常，可以是有计划的，亦可以是无计划的。行动之前有强烈的紧张感，行动之后感到愉快、满足或放松；⑤心理发育不健全和不成熟，经常导致心理不平衡；⑥容易产生不良行为和犯罪倾向；⑦发作过后能认识到不对，间歇期一般表现正常。

(10) 被动攻击型人格障碍　主要特点：以被动方式表现其强烈攻击倾向。患者性格固执，内心充满愤怒和不满，但又不直接将负面情绪表现出来，而是表面服从，暗地敷衍拖延、不予以合作，常私下抱怨，却又相当依赖权威。在强烈的依从和敌意冲突中，难以取得平衡。

（三）性心理障碍

1. 性心理障碍的含义

也称性变态、性歪曲。是以异常行为作为满足个人性要求的一种心理障碍。主要特征：对常人不引起性兴奋的某些物体或情境对患者都有强烈的性兴奋作用，而在不同程度上干扰了正常的性行为方式。有些性心理障碍（如性偏好障碍等）付诸行动易导致违法违纪，一般有完全责任能力或限定责任能力。

2. 性心理障碍的主要类型

(1) 性身份障碍　也称易性癖。是指心理上否定自己的性别，认为自己的性别与生殖器的性别相反，而求助于医学手段变换生物性别特征。此种心理障碍以男性居多，男女比例约为 3∶1。

(2) 性取向障碍　也称同性恋。性取向就是正常的异性相互吸引、相互爱慕。性取向障碍，则是对同性具有性爱吸引力并持续保持性爱倾向，可伴有或不伴有性行为，同时对异性毫无性爱倾向、或者减弱性爱倾向。同性恋西方国家多于东方国家，现代口语常用“同志”等称之。假性同性恋，本身并没有喜欢或热衷此行为，只是条件限制下的境遇性行为，主要见于长期与异性隔绝的特殊环境，如监狱、集中营、修道院、远洋舰船等。

(3) 性偏好障碍　性偏好是普遍存在的正常现象，正因为有了性偏好，大家在追求异性时才不会追求同一个人。性偏好障碍包括性对象异常和性满足异常。主要特点：行为不符合社会认可的正常标准；行为可能对自己或他人造成伤害；追求满足的异常行为频繁而持久。主要类型如下。

① 恋物癖。患者多为男性，特征是迷恋异性穿戴过的贴身内衣物。一些患者儿少时习惯抱着母亲的衣物睡觉，如不及时纠正，长大后易成恋物癖。对恋物癖尚无特效药，但可施予心理治疗，配合环境教育与约束。对恋物癖的防治要从幼教开始，重视环境对幼儿人格的影响。对不同年龄段的儿童少年进行必要的性教育，引导他们认识两性身心差异，消除对异

性的神秘感。对成年男子，如能异性恋爱，有助于治疗。

② 异装癖。通过穿着异性服装而得到性满足。多见于男性，女性虽少见但也存在，只是女性着男装易被世人接受，而男性着女装通常遭到世人鄙夷。这和人类发展过程中男性社会角色有关，通常男性被赋予家族、家庭重大责任与义务。女性着男装通常会被认为“个性、女汉子”，反而容易得到认可。

③ 窥阴癖。反复发生或持续存在窥视异性下身和裸体、他人性活动和性隐私行为，以引起性兴奋，常伴有当场性自慰或事后回忆窥视景象时性自慰。几乎仅见于男性。观看淫秽音像获得性满足，不属于本诊断。

④ 露阴癖。反复在陌生异性面前故意暴露其性器官，通过引起异性情绪紧张来获取性快感，但无进一步实行暴力的企图。露阴癖患者多在发育方面存在幼稚性，在社会生活中缺乏与异性交往的机会与能力，露阴冲动是对自己性格的强烈逆反。

⑤ 挨擦癖。患者习惯性和癖好性通过触摸或摩擦异性身体而获得性快感。挨擦癖患者主要为男性，被挨擦者通常是陌生女性。患者通常在拥挤场合伺机挨擦，故也称挤恋。

⑥ 恋童癖。患者以儿童少年作为性行为对象，而对成年异性则相对或完全缺乏性兴趣。恋童癖患者大多为男性，极少女性。受害者有女孩也有男孩，年龄多在10～15岁之间，也有小至3岁以下的。

⑦ 恋老癖。指青年人或成年人感到只有老年异性对自身有性吸引，对成熟青年异性没有性欲望，年轻男子娶老妇，年轻女子嫁老翁，没有政治、经济、文化等因素左右他们的恋情。恋老癖者，可能性爱方面遭受太多挫折，可能自幼丧父或母，可能心理发育缺陷，与老人相处，有依托感和安全感。此外，这一现象与世俗的“忘年恋”、“隔代恋”在行为上类似，大众只注意年龄差异而不注意心理原因。一般来说，社会认可青年女性与中老年男性的结合，并归因于性别歧视、财富对性的特权、青年人对财富和权势的“追求”。

⑧ 施虐癖与受虐癖。以肉体虐待取代正常的性行为，在摧残对方或体验痛楚中获得性满足，这两种人往往结成伴侣，一个愿打一个愿挨，有些患者还交替充当这两种角色。施虐癖患者多为男性，可能是受过挫折或欺凌、异性的拒绝或侮辱、自卑感的过度补偿，以此反常行为作为性欲发泄和表现男性优越感；而受虐癖患者多为女性，可能是害怕遗弃的恐惧心理的变态表现、内疚感或罪恶感之自责自罚的表现。

⑨ 性窒息。指独自一人在隐秘处，用绳索、长袜、围巾、领带、皮带、头巾等缢颈，或用橡皮囊、塑料口袋、面罩等罩住口鼻，在窒息、缺氧、碱中毒状态下增强性自慰的性快感。患者多为男性。性窒息容易死亡。性窒息死亡属意外死亡。性窒息多为年轻的老实人，要注意早发现、早预防、早治疗。

⑩ 性洁癖。其产生有复杂的社会原因，许多人认为性器官和性行为本质上是肮脏的、可耻的，凡事都能讲，唯独性例外。这是视性为禁区，缺少性知识正面宣传的结果。许多少女从小被告知月经是脏的，从而将对自己的洁癖发展为对任何男性的洁癖，婚后又延伸到对丈夫的性洁癖。有些文化层次较高的女性，误把精神型性洁癖当成情操高尚而刻意追求，虽碰壁而不悔。男性性洁癖者，则受男尊女卑的影响，认为自己的性器官干净，女性的却很脏。

（四）创伤性心理障碍

1. 创伤性心理障碍的含义

创伤性心理障碍，英语缩写PTSD。是指由极其严重的威胁性或灾难性心理创伤导致延迟出现和长期持续的精神障碍。主要特点：①重复创伤体验（如反复的回忆、印象、思想、梦境、错觉、闪回发作、身临事件其境的感觉）；②持续的警觉性增高（如难于入睡、易激惹、注意力不集中、过度惊跳反应、运动性静坐不能）；③持续的回避与创伤性事件有关的迹象（如与事件有关的地点、人物、活动）；④全部症状持续时间超过 1 个月，而且心理障碍引起临床意义的痛苦，或造成社会、工作、或其他重要功能的损害。

2. 创伤性心理障碍的应激源

包括：亲历了危及自身生命、或重伤、或躯体受损的事件；或是目击了他人死亡、重伤、躯体受损的事件；或是意外地获悉家人或挚友的死亡、重伤、躯体受损、危及生命的事件，而且这些事件使个体感受到了强烈的害怕、孤立无援或恐慌，并且个体表现出一系列具有特征性的症状的发生和发展。其中，亲身经历的创伤性事件包括：战争、暴力攻击（性攻击、躯体攻击、暴力抢劫）、被绑架掳为人质、恐怖袭击、施以酷刑、集中营生活、天灾人祸、交通事故、被诊断为威胁生命的疾病。当应激源是人为造成时（如：酷刑、强暴），PTSD 可能特别严重或持续更长时间。随着应激源强度和当事人接近应激源程度的增加，PTSD 发生的危险性越高。

3. 创伤性心理障碍的发生率

PTSD 的发生率取决于创伤事件的严重程度、持续时间以及当事人的暴露程度。如龙卷风受害者 PTSD 的发生率为 59%；地震、飓风受害者 PTSD 的发生率超过 30%；交通事故受害者 1 个月后 PTSD 的发生率为 30%，6 个月时 PTSD 的发生率为 21.65%。美军官兵，越战战死 6 万左右，战后自杀则达 10 万；伊拉克战争后患 PTSD 达 16.67%；在阿富汗战场患 PTSD 达 11%。“9.11”恐怖事件后，76%的美国学生经常回忆电视画面中世贸大楼倒塌的情形。

第一次世界大战后，PTSD 研究不仅引起心理学家的重视，而且成为国际军事心理学的研究热点。研究重点：脑组织形态学和神经化学改变带来的心理变化，认知、情绪、行为的改变，PTSD 的预防。中国军人防治 PTSD 原则：加强适应性训练，提高心理承受力；加强科学化管理，尽可能减少应激源；充分发挥社会支持系统，如领导、战友、亲友对创伤后应激者的心理支持，以避免发生或减轻症状；药物治疗，主要使用抗抑郁和抗焦虑药。

4. 创伤性心理障碍的易感因素

心理专家调查显示：①种群。PTSD 患病率，白人女性为 6.2%，白人男性为 4.7%，黑人男性为 3.8%，黑人女性为 1.5%。②性别。PTSD 患病率，女性是男性的 2 倍。③罪错。PTSD 患病率，犯罪青少年是普通青少年的 4 倍。④受教育程度低者，儿童时期有行为问题者，具有神经质倾向者，内向性格者，有精神障碍或物质滥用的家族史。⑤其他公认的危险因素。如有创伤暴露史、创伤前后有其他负面生活事件、家境不好、身体状态欠佳等。⑥生理素质和心理素质较低者。

5. 创伤性心理障碍的防治因素

①是否具备足够的安全感；②是否脱离创伤情境；③干预措施是否及时；④是否有足够的家庭和社会支持；⑤是否具备有效的应对策略。

三、心理疾病类型

（一）神经病、神经症、精神病的区分

1. 神经病

属于生理范畴，指神经系统发生器质性病变。按神经所在的位置和功能不同，神经系统

分为中枢神经系统和周围神经系统；按神经所支配的对象不同，神经系统分为躯体神经和内脏神经。如：头外伤引起脑震荡或脑挫裂伤，细菌、真菌、病毒感染造成脑炎或脑膜炎，先天性或遗传性疾病引起儿童脑发育迟缓，高血压脑动脉硬化造成脑溢血等。神经病症状概括起来有：①刺激症状，如疼痛、麻木；②破坏症状，如失语、偏瘫、大小便失禁等；③释放症状，表现对低级神经控制减弱；④休克症状，如脑休克、脊髓休克等。神经病患者，应到综合医院的神经科看病。

2. 神经症

属于心理范畴，指轻度心理障碍。基本都是主观感觉不良，没有相应的器质性损害；当事人社会适应能力保持正常或影响不大；有良好的自知力，对自己的不适有充分的感受，一般能主动求治。神经症患者，通过心理医生咨询、精神科医生治疗。

3. 精神病

属于心理范畴，指重度心理障碍。患者的认识、情感、意志、动作行为等心理活动均出现持久的明显的异常；不能正常的生活、学习、工作；动作行为难以被一般人理解，显得古怪，与众不同；在病态心理的支配下，有自杀或攻击、伤害他人的动作行为；有程度不等的自制力缺陷，患者往往对自己的精神症状丧失判断力，认为自己的心理与行为是正常的，拒绝治疗。精神病患者，到专门的心理医院或综合医院的精神科诊治。

（二）常见心理疾病分类

1. 精神分裂症

是一种与现实脱节的障碍。主要特征：慢性阶段以思维贫乏、情感淡漠、意志缺乏、无话可说、社会技能差为主；急性阶段以幻觉（幻听、幻视、幻嗅、幻味、幻触、内脏幻觉等）、妄想（抑郁妄想、夸大妄想、疑病妄想、钟情妄想、罪恶妄想、被害妄想、被控制妄想等）为主。精神分裂症是精神病中最多见的疾病，在精神科诊治的该病患者约占就诊人数的 2/3。它是高度遗传的大脑疾病，易感个体受环境刺激的激发而出现或者恶化。患者多在青壮年缓慢或亚急性起病，病程多冗长，从数月至数十年。如不及时治疗会反复发作或迁延不愈。该病把原本年富力强的黄金时代夺去了，除了患者健康受损外，还给家庭、单位带来精力及经济负担，所以该病一旦发现应及时治疗。

2. 躁狂抑郁症

也称情感性精神病，是以显著而持久的情感高涨或低落为主要特征，伴有相应的思维和行为等改变。间歇期精神活动基本正常。如果每次发作皆躁狂或皆抑郁，称为单相发作；如果躁狂、抑郁在同一患者身上交替发作，则称为双相循环。单相发作比较常见。初发病多在 16～30 岁，女性多于男性。①躁狂发作。病前：好交际，热情活泼，精力旺盛。发病时：情感高涨，欢快喜悦，但易被激惹而发怒；思想奔逸，话语太多，随境转移；精神运动性兴奋，不感疲倦，难以安静；食欲增加，性欲亢进。此外，在情绪高涨的背景上，可出现夸大妄想，遇挫时可出现被害妄想。②抑郁发作。病前：安静，有节制，易悲观。发病时：情感低落，丧失兴趣，郁郁寡欢；思想迟钝，沉默寡言，联想困难；精神运动性抑制，失眠乏力，甚至呈木僵状态；食欲、体重及性欲明显减退。此外，在情感低落的背景上，可出现自责、自罪妄想，迫害、疑病妄想，严重的有自杀观念及行动。

3. 反应性精神病

是由外部事件诱发的一组精神病，发病与外部事件有病因学的因果联系。这些外部事件有个人损失、居丧、凌辱、自然灾害等。这类精神病大多数为期短暂，常随诱发因素的消退而缓解。本病有两种类型：①急性反应性精神病。在突然和剧烈精神刺激后24小时内发病，表现为反应性意识模糊状态，反应性兴奋，反应性木僵。②持续性反应性精神病。多由长期持续的精神因素所引起，病程历时较长，主要为反应性抑郁症；反应性偏执症等。本病临床表现的主要内容与精神创伤密切相关，并伴有相应的情感体验，容易被人所理解。致病因素一旦消除或环境改变，并经适当的治疗，精神状态即可恢复正常。所以，反应性精神病的预后良好，一般不再复发。

（三）心理医生与精神科医生的区分

心理医生，一般指心理咨询师（即心理问题工作者）。轻度心理问题可到心理咨询科通过“话疗”解决。而重度心理问题，仅仅通过咨询，可能延误病情，此时应当到精神科门诊，通过药物和精神医学干预治疗才能有效。

心理咨询师与精神科医师的主要区别。①服务范围不同。心理科主要面向心理困扰者和轻度心理障碍者；而精神科主要面向精神分裂症、躁狂抑郁症、偏执性精神病、双向情感障碍、脑器质性精神障碍及酒药依赖等重度心理障碍者。②对来访对象的称呼不同。心理科将客户称为“来访者”或“求助者”；而精神科则将客户称为“患者”或“病人”。③对来访对象的就诊不同。心理科的来访者一般对自己的心理问题感到困扰并有改变动机，多为主动求治；而精神科的患者大多由家属送来，患者本人常不承认有病需要治疗。④专业人员的培训背景不同。心理咨询师主要为心理学、教育学、社会工作等人文专业背景，没有处方权；精神科医师均为生物医学背景，具有处方权，擅长疾病诊治。精神科医师，经过人文专业训练，取得卫生部“心理治疗师”资格，就能从事心理学和精神医学两个专业工作。同样，心理咨询师，经过长期严格的医学专业训练，获得处方权，才能从事精神医学工作。

解决心理问题的社会服务体系，是由精神科医师、心理咨询师、家长、教师、社会工作者、志愿者组成的体系。在我国，心理诊所或心理咨询中心是心理咨询机构，心理医院是适应现代医学由单纯生物医学模式向生物—心理—社会医学模式转变的新型医院，心理医院一般分设心理科（心理咨询治疗）、精神科（精神医学的诊断治疗）、司法鉴定科（精神疾病的司法鉴定）。

四、大学生心理急症

1. 大学生犯罪

据中国犯罪学研究会会长、北京大学法学教授康树华所作的调查显示，中国大学生犯罪比例，20世纪五六十年代约占青少年犯罪的1%；“文革”期间约占青少年犯罪的2.5%；近几年约占青少年犯罪的17%，占高校总人数的1.26%，其中，盗窃抢劫等财物犯罪约占大学生犯罪总数的50%，打架斗殴、伤害杀人等人身伤害犯罪则列第二大类案件。

大学生犯罪心理如下。①追求享乐。这类学生的家庭经济并不贫困，但难满足高消费。女生犯罪虽极少数，但卖淫和盗窃却占女生罪错的70%，主要原因就是享乐。②打击报复。打架斗殴、伤害杀人案的30%是报复他人造成的。如复旦大学林森浩投毒案。③寻求刺激。大学生的强烈求知欲若变为寻求刺激则可能犯罪。南京某高校一女生苦心设计作案手段实施盗窃，又将盗来物品销毁和遗弃，被捕后：“我模仿警匪片中的情节，每次作案都有成就感，特别刺激。”④自我为中心。清华大学刘海洋伤熊和天津医科大马晓明杀害亲人事件的一个共同原因就是自我中心观。⑤自我意识混乱。或过高评价自我（自负），或过低评价自我（自卑）。当面对重大挫折时，自卑者易致凶杀（如云南大学马加爵）或自杀；自负者易致苦闷、放弃，也可能引发过激行为和反社会行为。如上海某高校计算机专业大四学生陈慎，因寝室盗窃走进铁窗，他坦言，作案是为了让自己失败得更彻底。刚进高校时，自认能当“领导”、“伟人”，当受挫于学业与班干竞选后，厌恶学习，经常逃课，成了全系最差生，于是以犯罪方式宣泄苦闷。中国心理卫生协会王建中教授指出，这暴露如今大学生普遍存在的心理问题：“自我定位不准，挫折承受力较差，一旦遇到较大压力，容易产生过激行为。”

2. 大学生自杀

自杀是指有意识地自愿结束自己生命的行为。自杀者既有正常人，也有有心理障碍、心理疾病的人，自杀是生物、遗传、心理、社会、经济、文化等诸多因素相互作用的结果。

世界卫生组织和“国际预防自杀协会”2012年9月10日第十个“世界防止自杀日”前称，全球每年有100万人死于自杀（平均32秒1人），多于战争和凶杀致死人数的总和。2007年北京心理危机研究与干预中心发布《我国自杀状况及其对策》报告，中国每年自杀身亡达28.7万人（平均2分钟1人）。西方发达国家男性自杀率是女性的3倍，而我国女性自杀率是男性的3倍。西方自杀致死者95%患有心理障碍，我国自杀致死者中大部分属于冲动自杀。

美国自杀学协会主席希尼亚·帕佛说：“防止自杀最好的办法不是注意自杀本身，而是应当更广泛地注意是什么因素导致了自杀的发生。”心理专家研究，大学生自杀的内因是心理障碍、生理疾病，外因是恋爱情感、经济生活、学习就业、人际关系等的挫折压力，以及家庭变故、媒体诱导、生活环境影响等。互联网登载2001—2005年我国大学生自杀原因分析见表10-1。

表10-1 大学生自杀原因

自杀原因	男生	女生	自杀原因	男生	女生
恋爱失败	18.5%	34.6%	就业挫折	7.3%	4.7%
学习困难	27.4%	16.8%	人际冲突	4.8%	5.6%
心理疾病	7.3%	11.2%			

大学生自杀主要原因如下。①恋爱失败。清华大学教授樊富珉指出，失恋是大学生自杀的重要原因。“大学生恋爱多为初恋，感情过分专注的人，一旦失恋便会体验到深切的痛苦。”“当他们感到难以忍受这种精神上的打击时，便会由怨恨引起轻生的念头。其中女同学较为多见。”②学习困难。因学习压力而轻生是大学生自杀事件中最常见原因。尤其是重点大学，这类情况更为多见。③心理疾病。大学生自杀，部分源于心理疾病，病根多在儿少时期形成，但入学体检并无心理疾病检测。④家庭因素、经济压力。这两个因素可相提并论，经济压力往往来自家庭，家境不好易产生经济压力。家庭因素还包括父母离异造成家庭创伤，并且父母离异后往往减少关怀子女，造成儿女心理偏差。再就是父母对子女过分干预，将自我意愿强加给子女，造成他们心灵创伤。⑤媒体诱导、环境影响等。⑥性格内向。自杀者大多性格内向，羞与外界交流，难以引起关注。

预防大学生自杀可以从以下几方面着手：①重视校园社会生态环境，建设和谐校园；②充分运用大学生集体住宿的优点，提高心理关怀和人际支持的程度；③加强心理健康教育工作，全面提升学生心理素质水平；④重视对学生心理障碍和心理疾病的诊断治疗，着力建设大学心理咨询中心；⑤加强对自杀高危人群的评定和监测，重视建立危机干预机制；⑥加强家校沟通，共同维护学生心理健康。

第二节 心理咨询治疗

一、心理咨询

（一）心理咨询概述

1. 心理咨询的定义

关于心理咨询的定义，至今理论界尚无统一界定。

“咨”和“询”在中国古代是两个词。咨是商量，询是询问。后来逐渐形成复合词，具有商量、磋商、询问、谋划等意思。

心理咨询的英文为“psychological counseling”，是指在心理方面给咨询对象以帮助、劝告、教导的过程。

1984年国际心理学联合会编辑的《心理学百科全书》确定了心理咨询的两种定义模式，即教育模式和发展模式：“咨询心理学始终遵循着教育的而不是临床的、治疗的或医学的模式。咨询对象（不是患者）被认为是在应付日常生活中的压力和任务方面需要帮助的正常人。咨询心理学家的任务就是教会他们模仿某些策略和新的行为，从而能够最大程度地发挥其已经存在的能力，或者形成更为适当的应变能力……咨询心理学强调发展的模式，它试图帮助咨询对象得到充分的发展，扫除其正常成长过程的障碍。”

中国心理学家对心理咨询定义的探讨。张人俊教授等：“心理咨询是通过语言、文字等媒介，给咨询对象以帮助、启发和教育的过程。通过心理咨询，可以使咨询对象在认识、情感和态度上有所变化，解决其在学习、工作、生活、疾病和康复等方面出现的心理问题，从而更好地适应环境，保持身心健康。”台湾师范大学张兴春教授：“咨询一词在功能上兼有心理辅导和心理治疗两种涵义，当以遭遇心理困惑之一般人为对象时，咨询具有辅导的意义；当以心理异常者为对象时，咨询就具有心理治疗的意义。”

根据上述定义，结合我国心理咨询的实际，可以这样来认识心理咨询。

第一，从心理咨询的性质看，心理咨询是帮助人们解决心理问题、提供心理帮助的一种服务。提供服务的应该是受过专业培训的社会心理学、医学心理学、临床心理学和精神病学等的工作者，我们称之为咨询者（帮助者）。在学校，咨询者主要是心理学教育工作者，我们称之为咨询老师。前来寻求心理帮助的人员，我们称之为来访者（求助者）。

第二，从心理咨询的目标看，心理咨询是为了培养来访者解决问题和适应环境的能力，促进其心理健康发展。心理咨询以来访者的主观需求为基础。学生心理咨询的主要问题是心理发展，学校心理咨询的目标以促进学生心理发展为主。而心理医院的求助者的心理障碍问题比较多，其心理咨询有更多心理治疗的意义。

第三，从心理咨询的理论和方法看，心理咨询以心理学理论与心理学方法为基础，采取个别咨询、团体咨询等方式，着重解决人的心理问题。心理咨询中不使用药物治疗，但咨询者应该清楚在什么情况下药物治疗比心理治疗更重要、更有效。对患心理疾病的来访者，尤其对有自杀或凶杀念头的心理疾病患者，应及时推荐到心理医院去诊治。

综上所述，可将心理咨询定义为：由经过专门训练的心理咨询工作者，运用心理学的理论和方法，通过与来访者协商、交谈、启发和指导的过程，解答来访者的质疑、化解来访者的心理危机、消除来访者的心理不适症状、改善来访者的社会适应情况和生存质量、促进来访者的心理成长。

2. 心理咨询与心理安慰的关系

个体在生活或工作中遇到挫折困苦，找亲朋好友倾诉一番或痛哭一场，得到宽心话和心理安慰，变得开心一些。但开心过后又是什么？这是心理咨询所要解决的问题。心理咨询不同于心理安慰：①心理咨询不仅要使人开心，更要使来访者认清问题的本质，知道怎么去做，即所谓的心灵成长；②心理咨询不单劝说来访者忘记过去，而是积极总结挫折带来的经验教训；③心理咨询要避免来访者依赖他人，要促进其独立和自立。

3. 心理咨询与心理治疗的关系

心理咨询与心理治疗的区别如下。①服务对象不同。心理咨询的对象主要是人格健全者，着重处理心理困扰或心理冲突，解决意识问题；而心理治疗的对象主要是人格异常（很多无意识）者，帮助患者消除精神病症、改变病态行为并重整人格。②工作任务不同。心理咨询是促进来访者的成长发展，排除心理健康障碍；而心理治疗是弥补患者的精神损害，解决和改变心理结构障碍。③工作者不同。心理咨询主要由心理咨询师和社会工作者承担，属于心理健康教育领域；而心理治疗主要由临床心理医生、精神病医生承担，属于精神医学领域。④工作时间不同。心理咨询用时较短，一般为一次到几次；而心理治疗费时较长，由几次到几十次不等。

心理咨询与心理治疗具有共同点。理论方法通常一致，终极目标都是人的心理健康，都认为建立帮助者与求助者之间的良好人际关系是促使求助者改变和成长的必要条件。

（二）学校心理咨询概述

1. 学校心理咨询的对象

学校心理咨询的对象，是心理健康的人群、有心理困扰或轻度心理障碍的人群。

当出现下列情况时，应当想到心理咨询。

① 当在择业时需要准确判断自己的适应性时；

② 当某些事引起你强烈的心理冲突，自己难以解决时；

③ 当你心情烦闷，难以自拔时，常见的有神经衰弱、过度抑郁、对某些事过度焦虑等；

④ 当你人际关系中出现了问题，常与他人发生冲突时；

⑤ 当你总觉得睡眠不好如失眠、做噩梦或者梦游时；

⑥ 当你恋爱中出现难以解决的问题时；

⑦ 当你有明显不平常的感觉和行为时，如，总感觉有人在说自己坏话；总听到一个声音指挥、控制你等；

⑧ 当你常会害怕一些并不可怕的事物，如害怕花、害怕水、害怕笔、害怕看人等。再如，脑子里总不停地想一些无意义的小问题，或者不停地洗手等；

⑨ 当你有一些古怪的性问题时，或对月经、遗精等问题有困惑时；

⑩ 当你希望进一步改善自己性格时。

另外，当发现你周围的同学、朋友、家人出现下列情况时，也要提醒他们去心理咨询。

① 生活中遇有重大选择犹豫不定时；

② 学习压力大，无力承受但又不能自行调节时；

③ 初涉世事，对新环境适应困难时；

④ 经受挫折之后，精神一蹶不振时；

⑤ 过分自卑，经常感到心情压抑者；

⑥ 自感社会交往有障碍（如怯懦、自我封闭）者；

⑦ 失恋、失去亲人等情况后，心灵创伤无法自愈者；

⑧ 婚姻及家庭关系不和睦，渴望通过指导改善者；

⑨ 性格变化很大或出现奇怪行为者（如暑天长时间不洗澡、无故长时间缺课等）；

⑩ 患有某种身体疾病，对此产生心理压力者；

⑪ 时常厌食或暴食者或感觉有睡眠障碍者；

⑫ 轻度性心理障碍者。

2. 学校心理咨询的内容

（1）心理发展问题的咨询　主要有：帮助学生和家长解决心理挫折导致的心理危机问题；青春期的性心理卫生、异性交往等性心理问题；学生与同学、教师、家长的人际关系问题；家庭、社会和群体（包括班集体及其他小群体）对学生身心发展的影响问题；不同时期的心理健康问题；学生的人格发展问题；不适应行为、不良习惯及问题行为的矫治问题；重大事件或应激源对学生的影响问题等。大学生心理发展咨询的重点内容：自学能力、表达能力、自我教育能力、社会适应能力、审美能力、组织管理能力、创造能力。

（2）教育与学习的咨询　主要有：学生的学习动机问题；教学内容、教学方式及教学环境对学生认知过程的影响问题；培养学生良好学习习惯和纠正不良学习习惯问题；各种学习障碍的治疗与预后问题；学习方法的自我检查与调整；智力发展与品德教育的关系问题；学习困难及适应不良问题；思想教育的方法及措施的有效性问题；特殊学生（如超常学生）的教育教学问题等。

（3）升学与就业的咨询　主要有：学生能力（一般能力与特殊能力）、气质、性格与职业兴趣的测量；专业选择问题；职业选择或职业走向问题；就业前的心理适应问题；升学与就业信息咨询等。

（4）心理与行为障碍的咨询　主要有：学生常见的心理与行为异常或障碍的预防、诊断、治疗及预后处理等。以及为了保证有明显心理疾病者的安全，及时建议到专门机构进行诊治。

3. 学校心理咨询的方式

心理咨询有各种方式。从咨询对象的数量来划分，主要有个别咨询、团体咨询；从咨询的途径来划分，主要有门诊咨询、电话咨询、网络咨询、专栏咨询、书信咨询、宣传咨询和现场咨询等。学校心理咨询的主要方式是个别咨询和团体咨询。

（1）个别心理咨询　它是来访者向咨询机构提出咨询要求，由咨询者出面解答、劝导和帮助的一种方式。个别心理咨询旨在帮助学生全面认识那些影响其正常学习、正常生活的内、外因素，增强克服困难的信心和提高自助能力。个别心理咨询的次数、时间由双方约定，一旦约定，就有约束力，双方应共同遵守。个别咨询的最大优点是咨询者和来访者有机会建立相互信任关系，使来访者有安全感，降低心理防卫机制，袒露内心世界。个别心理咨询若以电话、网络、书信等途径进行，能进一步减少来访者的顾虑。

（2）团体心理咨询　由帮助者根据求助者提出的问题，将求助者分成课题小组进行讨论、引导、指导、解决问题，或由求助者自愿按相同的心理障碍组成小组进行咨询。团体咨询旨在利用集体的智慧力量来帮助学生共同克服困难解决问题。团体咨询相比个别咨询有下述优点：成员之间的多向交流，有利于产生同感；成员可以观察和了解到他人也有与自己类似的苦恼，从而有助于认识自我和稳定情绪；成员之间存在问题的相似性，会促使彼此理解、积极讨论，集思广益；成员之间解决问题的迫切性，会促使彼此尊重、相互支持、相互帮助；团体咨询对于孤僻、害羞等社交障碍者更起重要作用，因为团体本身就给求助者提供社交机会，通过示范、模仿、练习等方法，可以逐渐克服交往障碍。团体咨询也有难以弥补的下述缺陷：求助者不愿暴露实质性并具隐私性的东西，有些求助者要个别对待，有些咨询内容不宜在众人面前公布，等等。

4. 学校心理咨询的程序

课外，参观学校心理咨询室。

预约，填写心理咨询记录卡。

咨询开始时，先由来访者陈述要求咨询的主要问题。咨询者根据陈述把问题性质弄清楚，并根据情况进行必要的心理测试，作出初步诊断。

如果诊断明确，问题简单，则可提出咨询意见；若问题比较复杂，需要进行系统性心理辅导者，则宜分阶段进行。

5. 学校心理咨询的原则

心理咨询是一项复杂工作。心理咨询者必须用客观的、联系的、发展的、系统的、整体的、具体问题具体分析的观点和方法，去分析和解决来访者提出的各种问题，取得全面而正确的认识。心理咨询者应具有高尚的职业道德、全面的知识结构和优秀的心理品质。同时，心理咨询必须遵循以下基本原则。

（1）来访自愿原则　即每次咨询都以来访者愿意使自己有所改变为前提，咨询者不能以任何形式强迫来访者接受或维持心理咨询。本原则也叫“来者不拒，去者不追”原则，“咨询者不主动”原则。

思考：要接待被迫来接受心理咨询的来访者吗？澄清：有些来访者迫于他人的要求前来咨询。对此，咨询者不能以来访者缺乏意愿而予以拒绝。原因在于，来访者的意愿虽不充分，但毕竟是自己来到咨询室，反映了他一定的意愿。拒绝其求助，也违背了来访者的意愿。当然，面对此类来访者，咨询者要付出更多精力调动其求助动机，打破其自我封闭倾向和被动抵触心态。

思考：要接待替代他人来咨询的来访者吗？澄清：替代他人咨询的情况经常存在，如替代子女、亲朋好友等咨询。对此，咨询师也不能予以拒绝。这是因为，部分替代者本身就是问题的一部分，也需要帮助。另一些替代者本身没有问题，但需要在如何适应和帮助潜在当事人方面获得帮助。这两种情况都使替代者成了当事人。有些替代者不属于以上两种情况，咨询者可以从发展与适应的角度给潜在当事人提供一般性的指导和意见，但应该明确告诉替代者，要提供针对性的帮助切实解决问题，需要“事主”现身。若“事主”因对咨询有错误理解而拒绝前来，咨询者可作解释和说明，或介绍正确说明咨询的书籍。

（2）价值中立原则　指在咨询过程中，咨询者要尊重来访者的价值观体系，不要以自己的价值观为准则，对来访者的行为准则任意进行价值判断。尽管人们对这一原则的理解不太一致，但心理学家都一致同意尊重来访者的价值准则，咨询者不能以任何方式向来访者强行灌输某一价值准则，或强迫来访者接受自己的观点、态度。

（3）信息保密原则　指未经来访者同意，咨询者不能以任何方式向任何人或机构透露来访者的一切咨询信息。信息保密原则是心理咨询中最重要的原则，有的甚至称它为心理咨询的“生命原则”，有违这一原则，咨询工作将毁于一旦。

（4）方案守法原则　指在咨询过程中，咨询者和来访者共同制定的咨询方案不能包括直接或间接损害他人或社会的利益的内容。

（5）其他　交友性原则，教育性原则，疏导性原则，尊重信任与细心询问相结合的原则，明确与委婉相结合的原则，整体性原则，咨询与治疗相结合的原则，一般与特殊相结合的原则，预防性原则等。

二、心理治疗

（一）心理治疗的含义

心理治疗，又称精神治疗。广义的心理治疗泛指一切影响人的心理状态、改变理解行为的方式和方法。如父母与子女之间、夫妻之间、同学同事之间、邻里之间、亲友之间的解释、说明、指导等，都具有一定的心理影响和心理治疗作用。狭义的心理治疗，则是由经过专门训练的治疗者运用心理治疗的理论和技术，在建立良好的医患关系的基础上，影响或改变患者的感受、认识、情绪及行为，调整个体与环境之间的平衡。心理治疗目标：诊断并对心理障碍归类，提出病因，估计干预后的病程变化，确定方案并实施治疗，提供心理支持，激发患者潜能，近期目标是减轻或解除患者病症，远期目标是促进患者人格成熟。

（二）心理治疗的方法

心理治疗的种类及实施方式众多。按照心理学理论与治疗要点，可分为精神分析疗法、行为疗法、以人为中心疗法、认知疗法、格式塔疗法、现实疗法、理性情绪疗法、催眠暗示疗法、交互分析疗法、积极心理治疗、森田疗法、危机干预、性心理治疗、眼动治疗、漂浮疗法、沙游戏治疗、叙事治疗、艺术治疗、内观疗法、中医心理疗法等诸多种类。按照心理治疗的实施方式，又可分为个人心理治疗、家庭治疗（包括夫妻治疗）、团体治疗（包括心理剧疗法）等。按照心理治疗的时间长短，则可分为长期心理治疗、短期心理治疗与限期心理治疗等。

下面简述几种心理治疗方法。

1. 精神分析疗法

又称心理分析疗法，是心理治疗界第一个系统的治疗方法，由弗洛伊德创立。该方法旨在破除来访者的心理阻抗，把压抑在意识中的冲突诱发出来，使来访者明了症状的实质，从而使症状失去存在的意义而消失。一般有四种方法：①自由联想。即让来访者在安静、舒适的环境中，无顾虑地倾诉内心之苦，使潜意识中的症结上升到意识中。②梦的分析。分析来访者梦境的真实意义与个人愿望的关系。③阐释。帮助来访者分析各种心理活动，释其疑、宽其心。④移情。让来访者将对亲人的感情转移到咨询者身上，取得信任，从而解除其痛苦。

（1）主要心理学家　奥地利的弗洛伊德（1856—1939），奥地利的阿德勒（1870—1937），瑞士的荣格（1875—1961）等。

（2）主要观点　驱力理论（人的行为的基本动力来源于生物本能或性的驱动力），潜意识理论（潜意识、前意识、意识）；人格结构理论（本我、自我、超我，三者平衡）；性心理的发展理论（个体性心理发展经历五个阶段：口欲期、肛欲期、性器期、潜伏期、性生殖期）；心理防卫机制（精神病性的防卫机制，不成熟的防卫机制，神经症性的防卫机制，成熟的防卫机制）。

（3）基本技术　自由联想，梦的分析，阐释，移情。

（4）适应证　各类神经症，各种严重的、长久的心理挫折。

（5）作用评估　主要贡献是建立了潜意识心理学体系；开创了人格动力学的新领域；奠定了现代心理治疗的基础。主要局限是生物决定论和泛性论，忽视人的理性价值和社会文化力量。

2. 行为疗法

又称行为矫正疗法，是心理治疗界第二大学派。这是一种通过学习和训练来矫正来访者异常行为的方法。该方法是根据巴甫洛夫的经典性条件反射原理、斯金纳的操作性条件反射原理、班杜拉的模仿学习理论（认知行为理论）而发展起来的心理治疗技术。它认为变态行为是学习得来的不良习惯或对不同情景的异常反应，因此，可以用学习原理来矫正。

（1）主要心理学家　经典性条件反射原理：苏联的巴甫洛夫（1849—1836），美国的华生（1878—1958），美国的赫尔（1884—1952），英国的艾森克（1916—1997），南非的沃尔帕（1915—1997）。操作性条件反射原理：美国的斯金纳（1904—1990）。认知行为理论：美国的班杜拉（1925—），贝克（1921—），艾利斯（1931—），梅琴鲍姆（1940—），阿诺德·拉扎勒斯（1932—）。

（2）主要观点　经典条件作用（刺激与反应的联结，如恐惧的产生、系统脱敏）；操作条件作用（对反应强化，如行为矫正）；模仿学习原理（观察榜样习得行为），认知行为学习。

（3）基本技术　放松训练，系统脱敏疗法，冲击疗法（满灌疗法），厌恶疗法（外罚消除疗法），条件操作法（奖励强化法），矛盾意向法，模仿法（示范法），角色扮演法，塑造法，自我管理法（行为限制法），自信训练（决断训练），行为技能训练等。

（4）适应证　发育障碍，心理障碍和心理疾病，教育和特殊教育，康复治疗等。

（5）作用评估　主要贡献：可操作性和明确性，改善行为效果明显。主要局限：忽视人的动机、态度与信念，难以解决深层次心理问题，比较机械。

3. 以人为中心疗法

又称来访者中心疗法、人本主义疗法。是心理治疗界第三大学派。理论基础是人本主义心理学。它是一种使求助者改善“自知”或自我意识，使其认识到自我的潜在能力和价值，并创造良好环境，在与别人的正常交流中，充分发挥积极向上的、自我肯定的、无限的成长和自我实现的潜力，改变自己适应不良行为，矫正自身心理问题的治疗方式。

（1）主要心理学家　美国的卡尔·罗杰斯（1902—1987）。

（2）主要观点　积极的人性观；自我概念与积极关注需要；心理失调的原因。

（3）基本技术　①治疗条件。面对问题，真诚透明，无条件积极关注，共情理解。②治疗策略。创造氛围：不追求特殊的策略和技术，而注重良好的咨询关系。两种形式：个别治疗；“交朋友”会心小组的团体治疗。③常用技巧。倾听、询问、情感反映、澄清、简洁具体、同感、接纳、对质、尊重、了解、分享、释意、鼓励、自我表露。④治疗过程。来访者主动求助，咨询师鼓励来访者自由表达情感；咨询师接受、认识、澄清来访者的负面情感，促进来访者成长；咨询师肯定来访者的正面情感，使来访者认识真实自我；咨询师帮助来访者澄清可能的决定及应采取的行动，使来访者全面成长。⑤治疗结果。实际（使当事人对自己有较实际的看法和积极的评价），自主（使当事人增加自信心和自主能力），接纳（使当事人对自己和他人都能较为接纳），应对（使当事人较少对自己的经验做出压抑，较能克服压力），适应（使当事人行为表现较成熟，适应能力增强）。

（4）适应证　心理正常者或心理障碍者，个体治疗和团体治疗。现代还应用于以人为中心的教育教学、亲子关系、人际关系、国际关系等的研究，还特别适用于危机处理的初始阶段、行政管理和企业管理、多元文化环境下的人际关系化等。

（5）作用评估　主要贡献：不仅适用于心理咨询，而且适用于人际关系研究；不仅适用于多元文化人种的心理咨询，而且适用于跨文化沟通和降低种族冲突、政治紧张形势的研究。主要局限：重情轻理；个人主义趋向；只给予当事人支持，不能挑战他们的问题；以当事人为中心，咨询师显得过于消极；排斥诊断或评估，忽视具体策略与技术的应用。

4. 认知疗法

又称认识领悟疗法。认知心理学认为，人的心理行为受人的认知所支配，某些个人心理问题主要是在错误前提下对现实曲解的结果，心理治疗的关键在于对求治者的言语、行为进行正确的指导，使其改变不正确的认知观点和行为。认知疗法不同于一般的教育、批评、促膝谈心，而有特殊的方法、技术和程序。①找到靶症状。即要消灭的不良症状。②分析导致靶症状的认知。这种认知既然是引起症状的原因，那它就是不恰当的或错误的。③重构认知。通过说理、解释等方法，帮助求治者重构功能性的、健康的新认知，通过新认知产生健康的心理与适应性的行为。当然，重建新认知，主要是改变思维方法，很难一下子改变世界观、人生观、价值观。

(1) 主要心理学家　美国的阿伦·贝克（1921—）。

(2) 主要观点　个体对已、对人、对事的看法及观念，都直接或间接地影响其情绪和行为。其非适应性或非功能性的心理与行为，常由错误的或扭曲的认知而产生，如果更改或修正这些错误或扭曲的认知，则可改善其心理和行为。所以，治疗的重点在于矫正求治者对人、对事的错误或扭曲的认知。

(3) 基本技术　①改变求治者的现实评价。帮助求治者解释以下问题：对现实的感知，不同于现实本身，最多是接近现实，因为感觉器官的功能有限，不可能完全反映现实，在病态的情况下尤其如此；对感知的解释依赖于认知过程，如分析、综合、比较、抽象、概括和概念、判断、推理等思维过程容易出错，任何生理、心理问题都会影响认知过程。②改变求治者的信条。人们主要根据自己的信条（价值观念）来调节自己的生活方式和人际关系，解释和评价自我、他人、外界事物。如果信条太绝对或使用不当，就会产生适应不良，导致焦虑、抑郁、恐怖、强迫等症状。③帮助求治者：明确自己的认知，判断是这些认知使自己痛苦，懂得人的能力有局限性，不可能十全十美，事事成功；正确认识失败，失败并不意味以后永远不会成功；给自己留"后路"，不能事事都"背水一战"；降低自己的目标和期望，增加对失败的耐受性。

(4) 适应证　抑郁症、焦虑症、强迫症、恐怖症、情绪障碍、行为障碍、人格障碍、性心理障碍、偏头痛、慢性结肠炎等身心疾病。

(5) 作用评估　主要贡献：吸收整合了精神分析疗法、行为疗法、人本主义疗法、理性情绪疗法等理论的精华，以积极的态度看待当事人的内心世界，对个人经验进行科学探讨。主要局限：过于强调正面思考，对患者过去的经验不够重视；过于技术导向，忽视情感与动机；只针对减少症状，对造成心理疾病的原因探索不够。总之，是一个充满希望但尚未充足检验的治疗方法。

5. 森田疗法

森田疗法由日本精神病学家森田正马于 1920 年在日本创立。这种疗法的基本要求是"顺其自然，为所当为"，即放弃一切，从现在开始，通过行动，让现实生活充满活力，以促进精神能量指向外界，在成功的体验中去重新适应环境，适应社会，从而恢复社会功能。

(1) 主要心理学家　日本慈惠医科大学森田正马教授（1874—1938）。

(2) 基本思想　顺其自然，为所当为。

(3) 理论特点　①不问过去，注重现在。告诉患者不追究过去的生活经历，引导患者把注意力放在当前，鼓励患者从现在开始，让现实生活充满活力。②不问症状，重视行动。患者的症状不过是情绪变化的一种表现形式，是主观感受。引导患者去积极行动，"行动转变性格"、"照健康人那样行动，就能成为健康人"。③生活中指导，生活中改变。治疗不使用任何器具和特殊设施，主张在实际生活中像正常人一样生活，同时改变患者不良的行为模式和认知。④陶冶性格，扬长避短。性格不是固定不变的，也不是随着主观意志而改变的。任何性格都有积极面和消极面。神经质性格也有许多长处，如经常反省、做事认真、踏实勤奋、责任感强；但却有许多不足，如过于细心谨慎、追求完美、自卑、夸大自己的弱点等。应该通过积极的社会生活磨炼，发挥性格中的优点，抑制性格中的缺点。

（4）适应证　神经症，尤其是神经衰弱、焦虑症、强迫症、恐怖症、疑病症、抑郁症。

（5）作用评估　主要贡献：问世80多年治愈和改善了大量的神经症患者，对普通人的心理健康也有帮助。主要局限：过于简单，个体差异多。

6. 中医心理疗法

中医心理疗法有广义和狭义之分。狭义特指利用语言治疗疾病；广义泛指通过各种方法和途径影响患者心理而促进身心健康。具体疗法有：顺志从欲疗法，情志相胜疗法，暗示疗法，精神内守法，气功引导法，中国民乐疗法，中药和针灸疗法等。下面择要简述三种疗法。

（1）顺志从欲疗法　即通过满足人的正当意愿、感情、生理需要，达到祛除心理障碍的方法。如“食色性也”，饥饿欲食，寒冷欲衣，男大当婚，女大当嫁，恶死乐生，一个人的生存需要、安全需要、感情需要得不到满足，就难有好心境，就会出现身心疾病。明代李渔说：“医无定格，救得命活，即是良医，医得病愈，便是良药。”所以一事一物均可为医。

（2）情志相胜疗法　所谓情志，即人的喜、怒、忧、思、悲、恐、惊等七情和其中的喜、怒、忧、思、恐等五志的统称，实际上就是基本情绪状态。所谓相胜，就是用中医五行学说的相克规律来加以制约和调整。

① 怒疗：思伤脾，怒胜思。《后汉书》：某地太守，思虑成病，久治无效。后请华佗医治，华佗诊知病情，收取太守许多珍宝后不辞而别，留下一信讥讽太守。太守闻讯勃然大怒，命人追杀华佗，华佗早已远遁。太守愈加愤怒，竟气得吐出许多黑血，不料黑血一吐，沉痼顽疾随之痊愈。

② 思疗：恐伤肾，思胜恐。《儒门事亲·内伤形》：卫德新之妻，夜宿旅店楼上，遇到盗贼烧房，惊堕床下，自后每闻响声，即惊昏不省人事，家人皆蹑足而行，莫敢有声，岁余不痊。名医戴人命二侍女执其两手按高椅上，在其面前置一小几。戴人曰：娘子当视此。用木突击之，其妇大惊。戴人曰：我以木击几，你为何惊？一会又击之，惊缓。如此连击三、五次。又以杖击门，还暗遣人击背后之窗，妇人慢慢惊定而笑曰：你这是何治法？然日后闪电打雷，该妇照样能睡，不再惊恐。

③ 恐疗：喜伤心，恐胜喜。《儒林外史》：范进中举大喜过望突病，邻居请他惧怕的岳父打他一耳光，说了几句恐吓话而治愈。

④ 喜疗：忧伤肺，喜胜忧。元代名医朱丹溪，遇一青年秀才，新婚不久亡妻，终日悲泣成疾，长久医治无效，朱诊脉后断言：“你有喜脉已数月。”秀才捧腹大笑：“什么名医，男女不分，庸医也!”此后，想起此事，自然发笑，亦常将此事作为奇谈笑料与人分享。月余，秀才食欲增加，心情开朗，病态消除。

⑤ 悲疗：怒伤肝，悲胜怒。某29岁大学男教师，26岁结婚，妻子品貌气质俱佳，丈夫才智不及妻子，自愧弗如。婚后疑妻另有所爱，醋怒不平而致阳痿，婚后3年不育。经心理医生调解，夫妻和好。无独有偶，妻子雨天骑车上班，不慎滑倒致上肢骨折，丈夫悲怜而怒气全消。妻伤愈出院后，夫妻感情融洽，不久妻子受孕。

（3）暗示疗法　暗示疗法是利用言语、动作或其他方式，使患者在不知不觉中受到积极暗示的影响，从而接受心理医生的某种观点、信念、态度或指令，解除心理上的压力和负担，消除疾病症状。临床常用的有言语暗示、药物暗示、手术暗示、情境暗示等。此外，心理医生对患者的鼓励、安慰、解释、保证等也有暗示成分。汉应劭《风俗通义・怪神》杯弓蛇影：某县令郴，夏至请主簿宣喝酒。北壁上悬挂弓弩，照于杯中，其形如蛇。宣畏恶之，然不敢不饮。饮后胸腹痛切，妨损饮食，体渐羸弱。后郴因事到宣家，见状问其故，宣云蛇入腹中。郴思惟良久，命随从抬轿载宣至原处设酒，杯中见蛇影，郴谓宣："此乃壁上弓弩影"。宣疑虑消失，沈疴顿愈。

7. 艺术疗法

艺术疗法是通过音乐、舞蹈、文学、书法、绘画等艺术活动来陶冶性情、调节心境以控制和矫正心理异常的治疗方式。

艺术疗法主要有：音乐疗法（通过聆听、歌唱、乐器演奏、音乐创作等活动，应用音乐的人际/社会作用、生理/物理作用、心理情绪作用来达到心理治疗效果）；舞蹈疗法（患者伴随音乐在近乎潜意识状态下用肢体语言宣泄感情和冲突，从而达到缓解心理压力的目的）；文学疗法（通过阅读故事、格言来启发当事人领悟）；书法疗法（古来书法就与气血理论相通，书法是人之气质、性格、意志、情趣、感情变化的投射，长期练某种书法对人格有潜移默化的作用）；绘画疗法（成年和儿童都可以通过绘画创作过程，宣泄潜意识的感情与冲突，并从中获得满足，从而达到诊治效果）。

适应证：神经症，某些身心障碍和身心疾病。

8. 团体治疗

（1）美国创立的方法　把心理异常的求助者结合在一起，利用团体成员间的相互诱导、相互影响和相互帮助，促进各成员对自己所存在的问题有所领悟和自我认识，从而解决自身心理冲突、有效地控制消极情绪、矫正不良行为和消除精神症状。

（2）英国创立的方法　将含有丰富感觉信息的游戏活动中产生的各种刺激，经大脑加工整合统一，达到功能上协同活动而组成完整的系统，从而形成协调反应并使各种外部和内部感觉协调发展。

（3）主要心理学家　美国的普拉特，团体心理治疗创始人；英国的伯莱因，以行为学习理论为基础的游戏唤醒理论。

（4）治疗类型　团体情感支持、相互学习、正性体验等治疗，团体精神分析治疗，感觉统合训练治疗，心理剧治疗，游戏治疗，婚姻治疗，家庭治疗等。

（5）适应证　美国创立的方法更适合于某些神经症、人格障碍、心身疾病、青少年心理和行为障碍等；英国创立的方法更适合于儿童感觉统合失调症、孤独症（自闭症）、精神发育迟缓等。

（6）作用评估　主要贡献：助人自助，预防和治疗，现被推广应用于教育教学、心理咨询、职业指导、身心康复等领域。主要局限：有待于深入研究针对个人心理治疗。

三、自我心理应对策略

（一）自我心理测验

心理测验也叫心理测量、心理测试。心理测验是用来借以判定个体心理属性及其差异的工具，也是使心理现象数量化的方法。心理测验是心理状况评估的依据，是心理咨询治疗的基础。所以，要科学地认识自己与他人，离不开心理测验。

1. 心理测验概述

1869 年英国心理学家高尔顿首次使用测验法测验人的心理才能，至今已被广泛运用于临床、人事、教育、军事、刑侦、工商等各领域。

一个标准化测验必须具备四个条件。

一是常模。它是用来比较的标准，也是测验者解释测验结果的依据。测验结果只有与常模作比较，才能显示出它所代表的意义。例如只有将某人的行为反应与同一类人的行为反应作比较，才能判别其行为是否有异常表现。这种同一类人的行为表现就是常模。常模是经过大量的代表性取样，经过提炼后获得的（通常留下75%能通过的样本项目或求出所有被试者的平均成绩）。常模可因标准化时所选取样本的不同而有不同的种类。较常见的有年龄常模、年级常模、地区常模、全国常模。测验使用何种常模应视测验目的而定。

二是信度。所谓信度是指一个测验所得分数的稳定性与可靠性，也是一个人在同一测验上先后数次测量结果的一致性。例如某位学生在某种心理测验中第一次测得85分，第二次测得84分，这证明这种测验的性度很高。如果两次测验结果相差很大，便说明此测验不稳定、不可靠，不是标准化测验。

三是效度。是指某项测验的准确性与有效性。一个测验的效度越高，则表示它所测量的结果越能代表所欲测量的行为的真正特征。例如测验的目的是气质，代表气质而不是其他。这说明该测验的效度高，符合标准化测验要求。

四是实施程序与计分方法。在进行测验时必须要有一定的程序与计分方法。要有统一的指示语、内容、标准答案、计分方法。换言之，就是无论什么人在什么时候使用同一测验时，都必须做同样的事，说同样的话。标准化的心理测验往往都配有相应测验手册，严格按照手册要求实施测验。

因此，要科学准确地了解自己的心理特点，必须使用标准化心理测验。有些网络上、杂志上的心理测验题，若不符合标准化测验要求，其结果是不可信的。

2. 心理测验种类

（1）按照测验目的划分　可分为以下六类。①智力测验。如比纳-西蒙儿童智力量表，韦克斯勒（简称韦氏）成人智力量表等。②人格测验。如艾森克人格问卷（EPQ），明尼苏达多项人格调查表（MMPI），加尼福利亚人格量表（CPI）等。③成就测验。测验人的实际能力，包括学业成就测验与职业成就测验，普通成就测验与分科成就测验等。④性向测验。测验人的潜在能力。包括学术性向测验与职业性向测验，普通性向测验与特殊性向测验等。⑤特殊技能测验。如绘画、音乐、辨色、数学、阅读作文、手艺等方面的能力测验。⑥诊断测验。用于临床诊断心理疾病。如多伦多述情障碍量表（TAS）、贝克（Beck）抑郁问卷、汉密顿焦虑量表（HAMA）、神经心理测验（L-RB，L-NB）等。

（2）按照测验材料性质划分　可分为以下三类。①文字测验。测验项目及其回答均以文字进行。如问卷法。②非文字测验。测验项目用图案、线条、实物操作等非文字的方式表达。适用于文盲测验、想象力测验、思维力测验。③文字与非文字兼有测验。如一些智力测验项目，以便全面了解被试者的智能。

（3）按照测验方法划分　可分为以下五类。①自陈问卷测验。这是被试者对自己的心理特征予以自我评价的方法。②评定测验。通过社会效果和外人评价来测验个体的心理特点。如数字评测（给被试者行为定一个级别，然后进行评判）；描述评测（用顺序性文字，如优良中差进行评判）；标准评测（事先提供不同人的类型行为，然后要求评定人指出该人属于哪一类）；检选测验（提出由众多词汇组成的一览表，由人挑出评价的词，并用来描述被评者）。③逻辑作业测验。通过操作某些逻辑作业来甄别个体的心智特点。如拼图测验、算子测验等。④情境作业测验。如让无领导的5人组去完成某项任务，让其自然产生领导者的情境测验。⑤投射测验。用模棱两可的材料，如模糊人形、墨迹图、主题不明朗的图片，要被试者按所看材料说故事，由此折射其心理。如罗夏墨迹测验、主题统觉测验、句子完成测验等。

(4) 按照测验方式划分　可分为以下两类：①个体测验。主试者与被试者一对一地进行测验。②团体测验。同一时间内同时测验多名被试者，如以学生班级为单位同时测验。

3. 心理健康自我测验

目前心理测验中有许多量表属于自我评定问卷测验。实施这种测验，被试者必须具有较高的文化程度，有迫切了解自己心理的主观愿望。心理自测有方便、保密、与自我成长密切相关等优点。通过心理自测，可以初步了解自己的个性特点与心理健康状况。

大学生进行心理自测时，要仔细看清楚题目、指示语及测试要求，要保持良好的心态，要实事求是地测试，这样才能得出较为准确的心理测试结果。

常用的心理自评量表有：①症状自评量表（SCL-90），②大学生身心健康状况问卷（UPI），③焦虑自评量表（SAS），④抑郁自评量表（SDS），⑤艾森克人格问卷（EPQ），⑥卡特尔十六项人格因素问卷（16PF），⑦陈会昌气质类型测试，⑧心理承受力自测问卷等。

(二) 自我心理调适

主动学习心理素质教育知识，正确认识心理健康和心理问题，掌握一些心理问题的鉴别方法和常用心理调适方法。

积极参加实践活动，丰富生活体验，增加社会阅历，从而不断增进人际关系，提高挫折承受力和社会适应力。

以科学、理智的态度对待心理问题，发现心理困扰时，主动及时地到心理咨询机构进行心理咨询；被医疗机构确诊出心理障碍或心理疾病时，求得家长的支持，及时心理治疗。

知识要点

1. 心理问题。①心理问题的等级状态。心理健康、心理困扰、心理障碍和心理疾病，这4个等级状态之间没有严格界限，会相互转化。如心理困扰长时间不解决，会形成心理障碍，心理障碍仍然解决不了，会转化为心理疾病。②心理问题形成的原因。生物遗传因素，如亲生父母心理疾病的遗传，母亲怀孕和分娩中伤病、中毒、感染等；生理心理因素，如躯体受损，人格特征及其变化等；社会环境因素，包括家庭因素、生活事件、社会环境、灾难事件等。

2. 心理障碍。常见的心理障碍类型如下。①神经症。主要有：神经衰弱、焦虑症、强迫症、抑郁症、恐惧症、疑病症、癔病症，以及其他未确定的神经症。②人格障碍。主要有：偏执型人格、分裂型人格、强迫型人格、表演型人格、自恋型人格、依赖型人格、回避型人格、悖德型人格、攻击型人格、被动攻击型人格等。③性心理障碍。主要有：性身份障碍，性取向障碍，性偏好障碍等。④创伤性心理障碍。主要有：战争、恐怖袭击、灾害、事故、犯罪被害等创伤。

3. 心理疾病。常见的心理疾病类型如下。①精神分裂症。慢性阶段以思维贫乏、情感淡漠、意志缺乏、无话可说、社会技能差为主；急性阶段以幻觉、妄想为主。②躁狂抑郁症。有单相发作，即躁狂发作、抑郁发作。有双相循环，即躁狂和抑郁交替发作。③反应性精神病。有急性发作、持续性发作。

大学生心理急症。主要有：大学生犯罪和大学生自杀。

4. 心理咨询和心理治疗。非医学类的高职高专学生，作为知识了解即可。

5. 学校心理咨询。①学校心理咨询的对象。是心理健康的人群、有心理困扰的人群、有轻度心理障碍的人群。②学校心理咨询的内容。主要有心理发展问题的咨询，教育与学习的咨询，升学与就业的咨询，心理与行为障碍的咨询。③学校心理咨询的方式。从咨询对象的数量来划分，主要有个别咨询、团体咨询；从咨询的途径来划分，主要有门诊咨询、电话咨询、网络咨询、专栏咨询、书信咨询、宣传咨询和现场咨询等。④学校心理咨询的原则。基本原则有来访自愿原则、价值中立原则、信息保密原则、方案守法原则。其他原则还有交友性原则、教育性原则、疏导性原则、尊重信任与细心询问相结合的原则、明确与委婉相结合的原则、整体性原则、咨询与治疗相结合的原则、一般与特殊相结合的原则、预防性原则等。

6. 大学生个人心理应对策略。①自我心理测验。心理自测时，要仔细看清楚题目、指示语及测试要求，要保持良好的心态，要实事求是地测试，这样才能得出较为准确的心理测试结果。②自我心理调适。学习掌握心理素质教育知识，积极参加社会实践磨炼，科学理智地对待心理问题，心理困扰时应主动及时地求得心理咨询，被医疗机构确诊为心理障碍时要求得到家长支持进行心理治疗。

阅读材料

心理咨询的六个不等式

① 心理困扰≠精神病

心理困扰是日常生活中常见的，就心理困扰求助于心理咨询并不意味不正常或有见不得人的隐私，相反，表明个体具有较高的生活目标，希望通过心理咨询更好地自我完善。有人认为精神病就是疯子，其实他们所说的精神病是指重性精神病，它与心理困扰和轻度心理障碍有很大区别。精神病患者对自己的疾病没有自知力，更不会主动求医。

② 心理学≠窥见内心

两个久未谋面的老同学在路上不期而遇，其中一人知道对方是心理治疗师，就让他猜猜自己现在心中想什么。许多来访者也有类似的心态，他们不愿或羞于吐露自己的心理活动，认为只要简单说几句，治疗师就能猜出他心中的想法，要不就表明治疗师水平不高。其实心理治疗师并无窥见他人内心的特异功能，他们只是运用心理学的理论和方法，对来访者提供的信息进行讨论和分析，进行咨询与辅导。因此，来访者需详尽地提供有关情况，才能帮助医患双方共同找到问题的症结，有利于治疗师作出正确的诊断和恰当的治疗。

③ 心理咨询≠无所不能

有的来访者将心理咨询神化，似乎咨询师无所不会、无所不能，就像一个“开锁匠”，什么样的心结都能一下打开。所以常常来诊一两次，没达到希求的“豁然开明”的心境，就大失所望，再也不来了。实际上，心理咨询是一个连续的、艰难的改变过程。心理问题常与来访者的个性和经历有关，就像积封已久的一座冰山，没有强烈的求助动机，恒久的改变决心，是难以冰消雪融的，所以来访者需有打“持久战”的心理准备。

④ 心理医生≠救世主

有的来访者把心理医生当作“救世主”，将心理包袱全丢给医生，以为医生有能耐把它们一一解开，而自己无须思考、无须努力、无须承担责任。多年来传统的生物医学模式就是，病人看病，医生诊疗，医生说了算。因此来访者把这种生物医学模式带进心理咨询。然而，心理咨询治疗是新的生物—心理—社会医学模式的产物，心理医生只能起到分析、引导、启发、支持、促进来访者改变和人格成长的作用，他无权把自己的价值观和愿望强加给来访者，更不能替来访者去改变或作决定。来访者需认识到，“救世主”只能是自己。只有改变自我，战胜自我，才能最终超越自我，达到理想目标。倘若把自己完全交给医生，消极被动，推卸责任，就会一事无成。

⑤ 心理咨询≠思想工作

有的来访者认为心理咨询无用，无非是讲些道理，因而忽视心理障碍是需要咨询治疗的。一青年因强迫症痛苦异常欲心理诊疗，家人反对并干涉：“你就是钻牛角尖，想开点就会好了。”患者得不到家人的理解支持，内心绝望。心理咨询治疗作为自然科学，有着严谨的理论基础和诊疗程序，它与思想工作有着本质区别。思想工作的目的是说服对方服从、遵循社会规范、道德标准和集体意志，而心理咨询治疗则是运用专门的理论和方法寻找心理障碍的症结予以诊治，咨询者持客观、中立的态度，而不是对来访者进行批评教育。另外，某些心理障碍具有神经生化改变的基础，需要结合药物治疗，这更是思想工作不能取代的。

⑥ 心理咨询≠游戏活动

有的来访者认为心理咨询就是搞游戏活动。其实，心理咨询的主要方式是谈话（“话疗”）。虽然在咨询过程中，咨询师可以有选择地采用心理测验、小组讨论、游戏（含沙盘游戏）、心理剧、艺术活动等方法，但这些都是辅助性的，最基本最主要的方法还是咨询师与来访者之间的交谈。

心理训练

认识自我

盘点一下自身可能存在的心理问题，并试着寻找解决的方法，写在自己的笔记本上。

思考与练习

1. 心理问题分为哪几个等级？当你遇到心理问题时你会采取哪些求助方式？如果发现同学中有人心理异常该怎么办？
2. 常见的心理障碍有哪些？
3. 常见的心理疾病有哪些？
4. 常用的心理疗法有哪些？
5. 标准化的心理测验必须具备哪些条件？
6. 大学生如何进行准确的心理自我测验？

第十一章　生命意义与学会感恩

学习目标：①知识目标。理解生命的意义和价值，理解不同的人生价值取向的含义，了解感恩的内涵。②能力目标。明确自己的人生价值观，寻找适合自我提升生命价值的方式；理解感恩对于个体的意义，学会用恰当的方式实现自己对他人、对社会、对世界的感恩。③素质目标。寻找自己生命中的重要支点，学会用目标导向的方式帮助自己寻找、确立人生定位；了解自己的人生价值观，认识自己所看重的是什么，学会选择和放弃；培养感恩意识，学会积极看待成长过程中的所有经历，用感恩的心态面对自己的生活。

学习重点：生命的意义，人生价值的几个维度，如何实现生命的价值？人为什么要感恩？我们该对谁感恩？我们该怎样感恩？

学习难点：如何提升生命的价值？我们该怎样感恩？

生命是什么？

有人说，生命是初生的无知，少年的纯真，青年的朝气，中年的稳健，老年的愤世嫉俗。

有人说，生命是母亲的慈爱，父亲的严厉，爱人的柔情，朋友的关切，是一切感情的组合体。

有人说，生命是夕阳衬落日，青松立峭壁，万里平沙落秋雁，三月阳春和白雪，是宝刀快马，金貂美酒，是孤月冷歌的漂泊。

到底，何谓生命？我们该如何完成自己的生命旅程？

第一节　生命意义

一、诠释生命

生命是什么？一位西方哲人说："所谓生命，就在于记忆和延续。"

生命的定义，应该从生命诞生的过程中来诠释。地球是46亿年之前由星际气体和尘埃凝结而成的。大概40亿年之前，在原始地球的湖海里，就有了生命。人类是世界的一种生命体，人生只是生命历程中的一个表现形式，人生只是宇宙万物生命中的一个缩影。

人类对于生命的认识依各个群体生存的文化环境、宗教传统甚至意识形态的不同而各异。生命是个神秘的谜题，自古以来，能够解答这个谜团的人皆非佛即神。《圣经》似乎对于生命的产生早有定论，佛教也早有自己的解释。无论这解释给我们什么样的答案，有一点是共同的：人的生命都是在自己的哭声中开始，在别人的哭声中结束。意大利科学家伽利略曾经说过："人类只有三件事，这就是诞生、存在、死亡。"所以说生命，是一个逐渐支出时间的过程。

人的生命，是一段不足3万天且不可重复的单向旅程。这个旅程，在喜怒哀乐中旅行，扩张最大的极限，来欣赏每一段刻骨铭心的风景。这风景中让经历的人尝试了初生的无知、少年的天真、青年的成熟、中年的练达、老年的沧桑。人的这个旅程，不过数十春秋，伴着哭声而来，又在哭声中化进泥土，虽然有太多的神秘，但她毕竟由生命主宰。生命又由自己主宰，每个生命都有这样的机会，关键的却是自己能否好好把握它，让它在茫茫宇宙中划出灿烂的一笔。

生命很难用某种理论所解释，就像历史不是人写的，而是时间写的一样。人们所能做的，就是揭开生命神秘面纱的一角，去探索属于自己的那一部分。在这生命的杆秤上，每个人都有属于自己的生命重量。

二、生命的意义

“我为什么活着？”很多人都曾这样问自己，人为什么要活着呢？又为什么在这个险恶的世界苦苦挣扎呢？这个世界有太多的人被生活的重担压得透不过气来，忙来忙去就是些柴米油盐、吃喝拉撒的事，这样的生活痛苦吗？有些人生来富贵，不愁吃穿，过着奢侈放荡的生活，大肆挥霍于灯红酒绿之间，这样的生活又有何意思？

1. 生命就是在平凡中寻找自己的存在

活着为了什么？现实社会激烈的竞争，让很多人不得不为了生计而劳累奔波于外；多少人在这弱肉强食的自然规律面前倍受困苦的侵扰，有偿不尽的酸辣。也许我们会质疑：“一个连最起码的生活都维持不了的人，又何谈人生价值和理想追求？”但事实上，每个人或大或小都有自己的愿望和理想，一个没有理想的人我们是无法想象的，只是有的人很幸运的实现理想，得偿所愿，而有些人只能把理想埋藏在记忆深处，让岁月尘封起来。每个人都渴望梦想成真的惊喜，就是梦里偷着多想几次也是幸福的。不可能人人都成为商界巨头、文人骚客、名流学者、伟人领袖……毕竟这个世界是不公平的，正如罗丹所说，世间的活动，缺点虽多，但仍然是美好的。

有一对年迈夫妇，丈夫瘫痪在床，大小便失禁，生活不能自理。不幸晚年丧子，更是贫病交加，孤苦无依，可谓困难之极。七十多岁的老奶奶仍然不屈不挠，靠捡些破铜烂铁和村民的微弱接济度过风烛残年，直至生命的最后，始终细心照料丈夫、不离不弃！

一个人的生命长短并不是最重要的，重要的是我们怎样度过这些日子；我们的生命也不是为了在费尽心思的刮骨索取、争名夺利中蝇蝇度过。也许我们一生都将平平凡凡，但能够做到一生都平平淡淡是再也伟大不过的事情！平凡本身就是一种伟大。

活着能干多少事！如果明天我将老去，今天我该做什么？我会毫不犹豫的做我最想做而又一直没能做的事，因为我不想带着遗憾离去！可是我为什么要这么想呢？为什么不今天就这样做呢？做我想做的，吃我想吃的，玩我想玩的，非要等到老去的时刻才空自悲切、自责自怨吗？

笛卡儿说：“我思故我在”，活着，就要表明自己的存在，表现得与死不同。你是否开怀大笑过？你是否彻骨痛苦过？一个短暂的回忆足够让人幸福一生，痛痛快快流泪的人也是幸福的。人生在得与失、苦与乐之间不断轮回徘徊，“在一切失去时，希望依然存在”。生活不是一种负担，无论成败得失，无论悲喜哀乐，无论精彩平淡，无论贫富骄奢，只有挚爱生活才能享受其中乐趣，我们拥有的是过程的精彩而不是结果的短暂。青春不会永驻，漂亮、狂喜和生命，总有一天会消逝，而爱是永恒的。爱生活，生活就会快快乐乐，不管人生道路怎样，快快乐乐就够了，难道还需要更好的理由吗？快乐没有理由，生活没有理由！

我们没有必要羡慕别人，没有必要自怨自艾，更没有必要矫揉做作，也许别人的幸福快乐只是一种虚伪的外表，虚伪不仅是一种负担，更是一种痛苦！放开了，你同样快乐。幸福只是一种生活的感受，生活就是一种真实的感受，只要我们向往明天的美好，热爱生活的点滴，珍惜今天的拥有，你将属于幸福、快乐永恒！

2. 生命就是一种自我的实现

“生命犹可贵，千金亦难买”。人的生命是至重、至贵的，当一个人失去生命的时候，其所拥有的金银财宝、名车豪宅都将人去楼空、毫无意义。人在一生当中，许许多多的事情并非仅仅为了生存，“人吃饭是为了活着，但人活着不仅仅为了吃饭”，生存只是一种手段，最终的目的是为了完成自己的理想，实现一种价值追求。

一个人怎样实现和创造自我的价值呢？一个人，一种活法。每个人都有其独特的生活方式。以其生活的价值观、人生观的不同可分两种极端。一种是以天下为公，“先天下之忧而忧，后天下之乐而乐”，胸怀博大，以天下为己任，“为中华之崛起而读书”；另一种，揣怀着“人不为己天诛地灭”的自私心理，无孔而不入，损人利己，唯利是图。每个人都可能是这两个端点构成的线段上的某一点。但无论怎样，为公也罢，为私也罢，没有一个不是通过艰苦卓绝的努力奋斗来实现其人生观、价值观。这个世界只有一种观念的实现是轻而易举的，那就是选择死亡。

人的价值的实现即是自我的实现，通俗地讲就是事业的归宿，对社会贡献应有之力。这是我们所渴望的。为了这个理想，许许多多的人不顾艰辛困难，奋勇前进，不惜头破血流，伤痕累累，甚至于抛头颅、洒热血亦在所不惜，只要有这个理想的支撑，生命就有源源不断的动力，永不衰竭！

生命在于其过程。人生就是一个不断追求自我，超越自我的过程。不要以别人为目标，人与人之间本来就存在差异。每个人的生活不尽相同，每个人都有其存在的价值。只要为生命而奋斗不息的人，都是有价值的人生。不断进取，努力，才可以主宰人生。努力过，拼搏过，拥有过，人生便无悔。

3. 生命就是一种境界

生命是什么，不同的人会有不同的答案。

这是一个躁动不安的时代，旋在世俗的旋涡中，人人挣不开生活的网，这网使人浮躁，使人不安，使人无奈。人人渴望宣泄内心的不满，人人渴求内心的平衡。年轻人迷上了疯狂摇滚，迷上了火爆足球，让心获得暂时的自由和灵动。中年人承受着生存的压力，却不免让心磨砺的粗糙，以此淡化生活的平淡。老年人用看穿一切的目光，尽可让自己浸润在往日的怀想中，麻木生活的苦痛。我们渴求着什么？我们希冀着什么？也许很多人以为这些渴望，会随时被生存所吞噬，让我们没有了灵性与梦想。但是，如果有一天，如果我们不再等待，也将不再守望。

生命的意义在于奋斗，人生的意义在于积累。不要乞求太多，每天一点点就足够了。所有的失望和不满都是来自于我们自身的贪婪。保持一个平静的心态，我们就会拥有整个世界。生命的艺术之一就是要知道什么时候收，什么时候放，因为生命即是矛盾：一方面它鞭策我们不懈追求，另一方面又强迫我们在生命终结时放弃一切。智者说：“一个人来到这个世界时，他紧握双拳；离去时，却松开了双手。”

我们要热爱生命，生命充满了奇迹和美丽。我们常常只有在回首往事的时候，才含悟到这条真谛。但是我们曾经的所有都已远去，而时光是不能倒流的。我们怀念消失的美丽和逝去的爱，但更可悲的是当美丽之花绽开时我们却视而不见，当沐浴着爱的光辉时却未能以爱来回报。永远不要忙得让自己忘记了生命的奇迹和乐趣。拥抱每一个即将到来的黎明，拥抱每一个小时，抓住金色的每一分钟。

紧紧把握，但不要患得患失。正视我们所失去的，该去的就让它失去。如果我们的希望没有实现，或是我们的欲望没有得到满足的时候，我们应该坐下来，仔细地想一想，我们为什么一定要有不满、失望。难道我们就不能少一点乞求，多给自己点快乐吗？

不要乞求的太多，每天一点点，日积月累，我们每一个人都会成为富翁！

生命就是活出一种境界，一种为人处世的境界，一种奋斗努力的境界，一种成功的超脱。

三、人生的价值

大千世界，人海茫茫，我们常常发现：有的人活着，却被人们遗忘，甚至唾弃；有的人死了，却仍然活在人们的心中。有的人活得乐观、充实、积极、向上；有的人活得颓丧、空虚、消极、沉沦。某位哲人说过：人的寿命是个常数，而人的价值则是个变数。每个人都希望活得有价值，让生命放射出异彩。那么，怎样的人生才真正有价值？

（一）人生价值的含义

人生价值指的是个体在其生命活动过程中，对于社会、他人和自身物质和精神需要的满足与肯定。人生价值的主体是人，客体也是人。作为主体的人可以是社会、他人，此时人生价值体现为人生的社会价值；主体也可以是自己，此时人生价值体现为人生的自我价值。人生价值涉及个人与社会两者关系，物质和精神两个领域，主体和客体两个角度，需要和满足两种状态。它指人的一生对社会、他人及自身需求的满足。

人的生命包括自然生命和精神生命；人的生命意义即人"为何而生"，这个问题决定着人的行为方向。人生活得有意义，才能感受和享用真正的幸福。幸福的感觉，包括物质上的满足和精神上的充实两方面。物质上的满足所产生的幸福感是暂时的，精神上的充实所产生的幸福感是永恒的。一个人具备了崇高的理想，并为之奋斗终生，他的一生才是幸福的。

（二）人生价值的几个维度

1. 自我价值与社会价值

一个人的生命是否有意义，其实也就是是否有价值的问题。有意义的人生就是为社会作贡献的人生，也就是有价值的人生。人的本质决定人的价值，人的价值体现着人的本质。中国古代哲学家荀子说过："人，最为天下贵也。"人之贵就在于人的价值是能够创造价值的价值，是一切价值中最高的价值。当然，人本身有许多需要，既有物质的需要，又有精神的需要。人的需要必须靠人自己的劳动去满足。人只有把自己作为满足自己需要的工具，才能够驾驭物，实现人的价值。人的价值既有自我价值，又有社会价值。

自我价值就是个人通过努力满足自己物质精神方面的需要。自我价值是多方面的，如个体对自己衣食住行的满足，对自己生命存在的肯定，对自我的接受和尊重，以及个体的自我完善等。这种自我价值，可以通过个体的自我意识得到评价，也可以通过社会舆论得到恰当的评价。一个人越是通过自己的劳动来满足自己的需要，自我价值就越大。自我价值是人的价值的重要方面，缺少这一方面，人的价值就是不完全的。

一个人对社会的贡献越大，他的社会价值就越高。对社会不承担任何责任，对社会不作任何贡献的人，就是没有社会价值的人。人生的社会价值，就是个体的生命存在和人生活动对于社会和他人的意义。这主要表现为个人通过劳动、创造，对社会和人民所做的贡献。可以说，劳动、创造和贡献，是人生社会价值的基本标志。人生的社会价值，就是作为客体的个人满足作为主体的社会和劳动他人的需要的关系。人生的自我价值是而且应该是其社会价值的一种体现。

总之，一个人的自我价值的实现离不开其社会价值。人的价值应该以社会价值为中心。社会能够给予个人的东西，是人自己创造和贡献出来的；在这个前提下，社会才会给予人以满足和尊重，也只有为社会作出贡献的人，才配得到这种满足和尊重，脱离贡献的享受和索取，是“寄生虫”；社会的发展有赖于人的贡献，只有贡献大于索取，社会才能不断前进。如果索取和享受大于贡献，社会就不能存在下去。同时，也只有在社会的不断发展中，人们才能从社会得到越来越多的满足和享受。

爱因斯坦认为：“一个人的价值，应该看他贡献什么，而不应该看他取得什么。”二者是统一的，如有不一致的情况，原则上要以社会价值为重，并在此前提下兼顾自我价值。

2. 物质价值与精神价值

物质价值即物质需要的满足，比如个人的衣食住行、社会的储备、生产和建设等。精神价值指心理、精神需要的满足，比如交往、知识、尊重和发展。人对社会的贡献不仅是物质方面的，也可以是精神方面的。一个人的人格、品格如果是高尚的，他的劳动态度和精神面貌为别人作出了榜样，他就向社会提供了精神价值，尤其是道德价值。一个人的道德水平越高，他对社会作出的贡献越大，从而他的社会价值也越大。

在对人生价值进行评价的时候，应兼顾精神和物质两个方面。只从精神价值或物质价值的角度来评价人生价值，都是不全面的。物质价值是精神价值存在的前提和基础，精神价值可以转化为物质价值，精神价值在某种程度上是永恒的和无限的，而物质价值则是有限的和短暂的。否认物质价值，或完全脱离物质价值谈精神价值，同样是错误的。在这里，较为常见的偏差是只重物质价值，忽视精神价值。

3. 内在价值与外在价值

从是否实现的角度，人生价值又可分为内在价值和外在价值。

人有潜在于个体内部的德性、知识和能力，就是内在价值。在未发挥出来时是创造社会价值的潜在力量。在一定的社会情境当中，个人通过自己的社会实践活动，创造出物质财富和精神财富，满足社会、他人和自我需要，这就是将内在价值转化为外在价值。实现这种转化的关键是个人积极的社会实践，不断地发挥其内在潜力，使内在价值展现出来。主要靠个人的努力。一个有真实价值的人，应该是内在价值与外在价值的统一。

（三）现代社会认同的人生价值观

“人的生命是有限的，可是，为人民服务是无限的，我要把有限的生命，投入到无限的为人民服务之中去”，“我活着，只有一个目的，就是做一个对人民有用的人”，“多帮人民做点好事，就是我最大的快乐和幸福”。雷锋是这样说的，也是这样做的。他是一名普通的解放军战士，所做的贡献也许都是一点一滴，都很平凡，但就在这无数为人民服务的平凡事迹中创造了一个辉煌的人生，他成了一代人崇拜的“偶像”，激励着人们前进。——为人民服务，这是我们社会所认同的最高价值。

“你若要别人喜爱你自己的价值，你就得给世界创造价值。”（歌德）

“一个人的价值，应该看他所贡献什么，而不应该看他取得什么。”（爱因斯坦）

价值这个东西，可以自己认定，然而更多的是为社会所认同，为公众所认同，而且只有当个人认定的价值与社会认同的价值得到和谐的统一时，才会有真正意义的价值。而两者的和谐统一的基础就看你为这个世界创造了多少，就看你为社会的发展，为社会的进步做了多大的贡献，产生了多大的作用。相反地，如果一个人只知道向他人和社会索取，只知道依赖于社会和他人，那么这种人的价值就很低，甚至谈不上什么价值。——这也是我们社会认同的人生价值。

"人生只有在斗争中才有价值。"(赫尔岑)

人生的价值不会由上帝顺顺当当送来，不会在平淡无味的人生中产生，而且谁要是"游戏人生"，最终将一事无成。人生的价值是来自于勤奋，来自于斗争，来自于历尽艰难的拼搏，来自于失败后的屡败屡战，来自于流血流汗的奋斗之中。——这也是我们社会赞同的人生价值。

"人的寿夭生死，更主要的是在精神不在身体。有些人长寿不如短命，有些人生不如死，以至有些人被人们痛恨为何不早死。"(蔡尚思)

人的一生不应该以活得多长作为价值的惟一指标，更重要的是他的生活内容、生活质量、生活贡献，那些死了以后让人怀念的人才是真正的有价值。——这也是我们社会欢迎的人生价值。

"人应该尊重他自己，并应自视能配得上最高尚的东西。"(黑格尔)

人的价值还在于自尊，人的尊严是无价的，商品是有价的，当人们将自己的尊严作为商品一样来出卖的时候，这类人就很快地失去了他应有的价值。——这也是我们社会对人要求的价值。

四、如何实现生命的价值

美国 E. B. 怀特所著的《夏洛的网》，描述了一个蜘蛛和一头小猪的故事，是一本充满弱小与强悍抗争的书。它是写给孩子的童话书，也是写给成人的教育书。为了保护瘦弱小猪威尔伯免去被杀之灾，女孩子弗恩与爸爸据理力争，她认为如果因为仅仅它瘦小而抛弃它，是极不公平的，而且她认为它将来不一定会比别的小猪差，终于保全了才出生不久的威尔伯的生命。于是小猪威尔伯开始了牧场的快乐生活，它结识了许多朋友，蜘蛛夏洛、坦浦尔顿老鼠、母鹅一家、小羊羔等，当然还有小女孩弗恩。但是好景不长，小猪威尔伯开始为圣诞节变成烤猪而胆战心惊。这时候看似脆弱，却以嗜血为生的蜘蛛夏洛竟然帮助小猪筹划未来。经过与其他朋友的合作，最终用自己的特长与计谋——网线织字，将小猪推上了领奖台，从而保全小猪的生命。而此时的夏洛竟然到了生命的最后时刻，留下卵袋，带着帮助别人而让自己的生命更有意义的满足永远地离开了……

在我们的生活中，也经常会碰到类似的不公平待遇，但是我们不要妄自菲薄，要努力改变自己的命运。蜘蛛在人们的眼中是残酷的、嗜血的，可是它为朋友耗尽了自己的心血，小猪威尔伯为了夏洛的后代能够存活，跟老鼠作了交易。这是多么感人的友谊！动物尚能如此，而人呢？

蜘蛛夏洛说，如果它只知道捕食猎物，它就跟别的动物没什么两样，它说通过帮助别人，可以提升生命的价值。对于人类而言，我们绝大多数都是平凡的人，我们的生命价值又该如何实现呢？

不管是人还是动物，我们从出生到死去，期间不过几分钟或者几十年。为了生存会进行各种各样的劳作，然后再去享用劳作，接着再去寻找途径继续生存，最后再享用……如此周而复始，这样的活着也只是活着，作为一个生命体而活着。这样的活着也许几年甚至十几年、几十年会安然度过，但是终究会有厌倦疲惫乃至于无所适从的时候，于是我们开始慨叹生活的无奈，时间的漫长。其实时间是个常数，她并不格外偏向哪位，可是有人就能在有限的时间里活出精彩，活出让人终生难忘的影像。比如，这小小的蜘蛛。它虽然走了，它的子孙、曾孙、玄孙也与它一模一样，但是它们终究无法取代夏洛在小猪威尔伯心目中的地位。

1. 选择正确的人生价值目标

在人的一生中，往往要面临许多选择，选择怎样的人生价值观，决定了我们对待人生的方式和态度。选择正确的人生价值目标，这是人们追求人生价值的精神支柱。正确的价值目标，对个人和社会的发展起着定向和导航作用，是发挥个人积极性和创造力的源泉；它能使人在复杂的社会环境中明辨是非，自觉追求人生的真、善、美；它能鼓舞斗志，使人意志坚强。我们要树立科学的人生观、价值观，就必须端正人生坐标，保持积极向上、乐观开朗的人生态度。

要珍惜人生。是珍惜人生还是游戏人生，这是人们经常会遇到的关于人生态度的一种选择。诸如信奉和推崇金钱万能的“拜金人生”；我行我素，不要约束的“潇洒人生”；玩世不恭、及时行乐的“游戏人生”；“留一半清醒留一半醉”的“糊涂人生”；不惜铤而走险的“赌博人生”等。这些都是很不负责任的人生态度。之所以会产生，归根到底是一些人的人生价值取向发生了倾斜，步入了人生实践的歧途。其实，人在社会生活中，总是有这样那样的责任和义务的，应该认真履行，不能游戏；人生总是有许多宝贵的东西，值得我们去珍惜。

要选择乐观的人生。人生总会有酸甜苦辣，乐观还是悲观？这又是一种人生态度的选择。有人认为“人生如苦海”，“世事艰难”；有的人一遇挫折失败，就烦恼苦闷，彷徨悲观，甚至自甘沉沦，厌世轻生，这是悲观主义的人生态度，是不可取的。人生的道路曲折漫长而又充满矛盾。成与败，苦与乐，灾祸与幸福，等等，常与人生相伴。这是客观事实，应该实事求是地对待它，正视它。同时，事物又是辩证的，生活中虽有假丑恶，但真善美总是主流；人生之路虽然坎坷崎岖，但艰难中包含着顺利，愁苦中孕育着欢乐，黑暗中透露着光明。

要选择拼搏进取的人生。在人生的旅途上，是拼搏进取，赢得成功，还是无所事事、碌碌无为？这也是人们经常遇到的人生态度的选择。有人觉得“人生苦短”，“当及时行乐”，拼搏进取，难得成功，苦了自己苦家人，不值得，这实际上是一种得过且过、无所作为的人生态度。为了实现自己的人生价值，为了使自己的人生更有意义，应该选择拼搏进取的人生态度。古往今来，一切闪光的人生，有价值的人生，都是在顽强拼搏和不懈进取中获得的。没有拼搏进取的精神，就难以克服人生路上的一个个困难；没有拼搏进取的精神，就不能成就任何事业；没有拼搏进取的精神，就不能实现我们的宏伟战略目标和远大理想……在拼搏进取中，一个个闪光的足迹，显示着珍贵的人生价值。

2. 为了幸福努力奋斗

人活着是为了生活更快乐，更幸福，而幸福生活要自己努力争取。人为了追求自己的幸福，就有了为之奋斗的欲望，为了人生奋斗目标必须努力工作，在工作中寻找乐趣，让单调乏味的工作充满生趣，使自己身心健康，生活和平而安逸，快乐过好每一天。这就是每个人都要寻找的快乐。如没有斗志、信心、毅力，人就可能遭到世人种种手段而艰难生存。因此为使自己生活更幸福，必须树立人生奋斗目标，尽己最大努力去实现这个目标。自己努力了，在去实现的过程中心情就会快乐。

人活着必须要有追求，如没有追求，没有理想，没有目标，将会迷失自己，会活得很空虚迷茫，不知道自己为了什么而活着。我们必须清楚知道自己要什么东西。其实我们要的很简单，我们要的只是幸福。幸福是什么，他没有具体的概念，也许是种感觉，也许是精神，也许是物质，两者都不可少，尤其在现在这个社会。但是精神上的富有，显得更重要。精神的力量是无穷的，意念是神奇的，只有精神富有，才会有更高层次的追求。人要有物质追求，生活的质量才有保障，但不可以为物质所迷惑，物质的背后是对理想的执著。我们只有实现自己的理想，完成自己的使命，这一生才是有意义的。要做个有修养有品位的人，宽容洒脱，人生时刻面临困境和挑战，敢于面对生活的波浪的人才是真正的强者。时刻追备着，为美好的生活而努力，为我们深爱和深爱我们的人好好活着。

3. 坚定自己的信念，坚持努力的方向

人人都想实现生命的价值，在有限的生命里，发挥出最大的价值。但是，有人会半途而废，有人会持之以恒，也有人会守株待兔。想要实现生命的价值，需要坚定的信念，不懈的毅力。

电视媒体曾经报道过一个名字——丛飞。这是一个与癌症抗争的普通病人，但是他的不普通就在于在过去的10多年里资助了178位贫困学生，他们中间有很多已经大学毕业，彻底告别了穷乡僻壤。他不是有钱人，只是一个没有固定单位的歌手。为了筹集学费，一个堂堂东北汉子竟然单腿下跪去借钱！但是他始终没有放弃这个捐助。即便他倍受肉体和精神的双重打击，依然将捐助坚持到底。精神打击不仅仅是别人的白眼、埋怨、辱骂，更包括来自被他捐助者本人的无情无义。他连住院的钱都没有了，可那些目前已经大学毕业并且拿着高薪的曾经的穷孩子竟然不认得这个曾经的丛爸爸！生命的价值到底该如何对待？也许不能得到别人的理解和认同，但是为了自己心中的信念，丛飞依然用坚持挺了过来。

20世纪70年代是世界重量级拳击史上英雄辈出的年代，已经4年未登拳台的阿里此时体重已经超过正常体重20多磅，速度和耐力也大不如从前，医生给他的运动生涯判了"死刑"。然而阿里坚信"精神才是拳击手比赛的支柱"，他凭着顽强的毅力重返拳台。1975年9月20日，33岁的阿里和另一拳坛猛将弗雷泽进行第三次较量（前两次一胜一负）。在进行到第14回合的时候，阿里已经精疲力竭，这个时候一片羽毛落在他身上也能让他轰然倒地。然而他拼命地坚持着，不肯放弃。比到这地步，与其说双方在比力气，不如说在进行毅力的较量。阿里知道如果在精神上压倒对方，就有胜出的可能。于是他竭力保持着坚毅的表情和誓不低头的气势，双目如电，令弗雷泽不寒而栗，以为阿里仍存在着体力。这时，阿里的教练邓迪敏锐地发现弗雷泽已有放弃的意思，他将此信息传达给阿里，并鼓励阿里再坚持一下。阿里精神一振，更加顽强地坚持着。果然，弗雷泽表示"俯首称臣"，甘拜下风。裁判当即高举阿里的臂膀，宣布阿里获胜。这时，保住的拳王称号的阿里还未走到中央便无力地跪倒在地。弗雷泽见此情景，如遭雷击，追悔莫及，并为次抱憾终生。

人生如同一场场的擂台赛，有胜有负，还难免弄得自己伤痕累累。然而，一场场的竞赛，我们又逃脱不掉，只有凭借自己的信念和毅力坚持到底。坚持到底也许会出现奇迹，坚持到底也许会让你惊喜地发现自己有如此这般深藏在骨子里的潜力。

第二节　学会感恩

一、什么是感恩

"感恩"是个舶来词，"感恩"二字，牛津字典给的定义是："乐于把得到好处的感激呈现出来且回馈他人"。《现代汉语词典》上有关感恩的定义是："对别人的帮助给予感激。"感恩就是对外界施与自己的恩惠和自己给予自己的恩惠表示物质或者精神上的感谢。如果从操作上分解感恩，那么感恩包含着三个层面：知恩、感恩、报恩。此处的"知"是知觉、知道；"感"是感谢、感念；"报"则是报答、回报。

人的一生中，小而言之，从小时候起，就领受了父母的养育之恩；等到上学，有老师的教育之恩；工作以后，又有领导、同事的关怀、帮助之恩；年纪大了之后，又免不了要接受晚辈的赡养、照顾之恩。大而言之，作为单个的社会成员，我们都生活在一个多层次的社会大环境之中，都首先从这个大环境里获得了一定的生存条件和发展机会，也就是说，社会这个大环境是有恩于我们每个人的。知恩，说明一个人知觉到自己的存在授受着他人、社会、环境的施与；感恩，说明一个人对自己与他人、社会、环境的关系有着正确的认识；报恩，则是在这种正确认识之下产生的一种责任感。没有社会成员的知恩、感恩和报恩，很难想象一个社会能够正常发展下去。

感恩是积极向上的思考和谦卑的态度，它是自发性的行为。当一个人懂得感恩时，便会将感恩化做一种充满爱意的行动，实践于生活中。一颗感恩的心，就是一个和平的种子，因为感恩不是简单的报恩，它是一种责任、自立、自尊和追求一种阳光人生的精神境界！感恩是一种处世哲学，感恩是一种生活智慧，感恩更是学会做人，成就阳光人生的支点。从成长的角度来看，心理学家们普遍认同这样一个规律：心改变，态度就跟着改变；态度改变，习惯就跟着改变；习惯改变，性格就跟着改变；性格改变，人生就跟着改变，愿感恩的心改变我们的态度，愿诚恳的态度带动我们的习惯，愿良好的习惯升华我们的性格，愿健康的性格收获我们美丽的人生！

有这样一个有趣的故事：有一次，罗斯福总统家被盗，偷了不少东西，朋友们纷纷写信安慰他，罗斯福却说："我得感谢上帝，因为贼偷去的是我的东西，而没有伤害我的生命；贼只偷去我的部分东西，而不是全部；最值得庆幸的是，做贼的是他而不是我。"谁会想到，一件不幸的事，罗斯福却找到了三条感恩的理由。这个故事，可以说将感恩的魅力展示得淋漓尽致了。

二、人为什么要感恩

人为什么要感恩？有人说："人学会感恩，对别人就不会再苛刻。"

人感恩，是因为人需要感恩。但是，就如同人们常常不知道自己真正需要什么一样，人们也常常不知道其实自己对感恩的需要超过了外界对我们感恩的需要。

1. 感恩具有心理保健功能

"感恩"作为一种人格特质或一种习惯，有非常重要的心理保健功能。懂得感恩，不仅能够使人体验生活的幸福感，对环境与他人充满敬重、关切和珍爱，还会激励人为了使自己变得更加美好而奋斗。感恩能使人感到万事万物的来之不易，懂得感恩的人生活满意度高，心态平和，有能力享受此时此地的生活。从与环境的关系看，懂得感恩的人自律并且知道珍惜和敬畏。因为他知道，这个世界中的事物，都是息息相关的。

2. 感恩可以形成社会互助的良性循环

受恩惠就要感激，这样才符合社会公平观。感恩不仅遵循了等价有偿，更会产生一个正向激励作用。我们对别人表达感谢，是对他们行为的肯定，会产生积极的影响，从而使他下次更乐于实施这种行为。虽然那时他不一定会惠及你，但会惠及他人，甚至整个社会。所以，感恩还有助于人与人之间建立公平的关系，有助于人际关系的持续发展，有助于个人与社会的良性循环。

3. 感恩可以增强个人幸福感

西方人本主义心理学家马斯洛有一个看起来极端，却非常值得思考的说法："我越来越相信对自身幸福的熟视无睹是人类罪恶、痛苦以及悲剧的最重要的非邪恶的起因之一。我们轻视那些在我们看来是理所当然的事情，所以我们往往用身边的无价之宝去换取一文不值的东西，从而留下无尽的懊恼、悔恨和自暴自弃。”所以，现在很多人都觉得幸福感不强烈。其实不是大家没有努力追求幸福，而是因为不能发现并认同身边小小的幸福。很多真正幸福的人是懂得发现并且珍惜身边小小的幸福的人。

总之，感恩表达的是珍惜和尊重，所以，就个人而言，懂得感恩的人更容易体验到生活中的幸福与平和，对自然与人文环境更充满理解、关切和珍爱；而就自然与社会而言，有感恩特质的人越多，其持续发展的可能性就越大。

三、我们该对谁感恩

“感恩”是一种对恩惠心存感激的表示，是每一位不忘他人恩情的人萦绕心间的情感。学会感恩，是为了擦亮蒙尘的心灵而不致麻木，学会感恩，是为了将无以为报的点滴付出永铭于心。人生道路，无论热衷单枪匹马“孤胆英雄”，还是天马行空、独往独来，总脱不了所处的环境。每项成功都是由来自人、自然的种种力量合力所致的，也都是在爱情、亲情、友情的烘托下达到的。历来讲究养育之恩、知遇之恩、提携之恩、救命之恩的我们，是否更应提倡“知恩图报”、“滴水之恩，涌泉相报”的作风呢？虽然我们没有感恩节，但我们也该学着去感激一些人，一些事，一些东西，为了自己，也为了自己生活着的这片土地。

1. 感念生命中遇到的所有人

在佛法中，经常说“报四重恩”：①感念佛陀摄受我以正法之恩；②感念父母生养抚育我之恩；③感念师长启我懵懂，导我入真理之恩；④感念施主供养滋润我色身之恩。我们感念众生旷劫供我所需之恩，感念自然界，太阳供我光明与热能，空气供我呼吸，花草树木供我赏悦。

针对有部分人有知行不统一的特点，有几个方面需要强调的。

一是在对父母感恩的问题上，不要走形式，不要以为打一次洗脚水，磕一次头就可以交差，而是要发自内心地去珍惜和尊重。当然，并不是所有的父母都做得很好，还有极个别的父母甚至给孩子造成了伤害。但是，请理解父母，他们也是第一次做父母，因此有过失是很正常的。这个世界上，只有父母才会宁肯牺牲亲子关系也要让孩子做其认为正确的事。所以，即使他们的观点不对，也可以去尝试理解，然后用建设性的方式解决。

二是对于先烈的感恩，现在青年人由于“去圣化”倾向的影响，在对革命先烈的态度上缺乏恭敬。你可以选择不效法先烈，但是，你不可以不尊重他们，因为他们代表着我们人性中最美好的一面。

另外，需要我们感恩的，不仅仅是那些在物质上给予我们帮助的人，还有那些在情感上、思想上给予我们帮助的人。那些为我们树立了光辉榜样的英雄们，那些给予我们智慧的思想家们，那些为我们留下脍炙人口的诗篇和美文的作家们，那些在我们伤心低落时给我们真情安慰的人……

2. 感恩挫折，学会成长

说到顺境中的感恩，很多人都容易理解，也乐于接受。而逆境中的感恩却是很多人做不到也不愿意做的。而且，面对逆境，更多的人还在抱怨。

可是，这个世界有多少人是靠抱怨来改变自己不幸命运的呢？抱怨除了会腐蚀人的心情，还会腐蚀人的斗志，不仅不能帮你摆脱逆境，还会让你陷入更深的泥潭。当然，仅仅不抱怨也不够，从功利角度看，逆境时尤其需要有感恩的心，这样才会保持信心，更会保持斗志和创造力。更何况即使身处逆境，我们也仍然在不断地接受别人的恩惠。

其实，顺境、逆境都是人生的一部分，逆境是为顺境做底色，而顺境则是对健康走出逆境的人的奖励。逆境中感恩，是感谢我们没有处于更糟的境地，环顾世界，一定会有比我们处境更糟的人；逆境中感恩，是感谢逆境让我们真正懂得了什么是幸福，什么最值得珍惜；逆境中感恩，是感谢它让我们了解了生命的真相，学到了更多生存与生活的知识；逆境中感恩，是感谢我们自己仍然心存善良与美好；逆境中感恩，是感谢“天将降大任于斯人”的奇迹终于显现。

3. 感谢自己，珍惜生活

在感恩的名单中，还有一个十分重要的人，那就是你自己。

感谢自己平时的努力和上进，勤奋和积累。逆境中我们更要感谢自己，感谢自己仍然保持着积极进取的心，感谢自己的坚持和忍耐。

我们需要珍惜自己的生命，生命不仅仅是一个接受外界恩惠的过程，更是一个给予他人的过程。而其中能给予他人最大的恩惠就是珍视每天享有的生命……其实有时候，生存本身就是一种勇气，我们选择了生存就是选择了责任，一种对给予我们恩惠的人回报的责任。我们选择死亡，就是放弃这种责任。从这个角度而言，我们活着的人都是生活的勇士。这也就是弗洛伊德强调的学会爱，由爱自己而爱他人，在爱他人中爱自己。

四、我们该怎样感恩

1. 施恩不图报，受恩不忘报

感恩不应该成为一次性举动，那样的感恩就会成为走形式，以为感恩只是一次任务而已。感恩的本质是珍惜和尊重，因此具体的感念和珍惜比物质回报更重要。所以，就要从日常小事做起，在需要感恩的对象前，我们要遵循的原则是：“勿以善小而不为，勿以恶小而为之。”

此外，也要牢记先人在感恩问题上提出的古训或说是双向约束——“施恩不图报，受恩不忘报”。如果我们没有准备好接受在助人后被别人遗忘的后果，就不必要求自己去助人，否则反而会影响人际关系。此外，也要记住，在帮助人的过程中满足了自己助人的需要，已经是助人本身给予我们的回报了；同样，如果没有准备在接受别人的帮助后以某种方式表达自己的感激，那么，就不要接受别人的恩惠。否则，从长远看，人际关系的平衡会因为自己只知道索取不知道回报而受到破坏。也有的时候，我们得到的是陌生人的帮助，我们对陌生人的回报就是帮助我们自己周围需要帮助的人。

2. 感恩就从现在起尽力而为

感恩不需要以后以什么伟大的方式回报，而是从现在起尽自己所能去做……

对父母表达感恩的方式是有时间多给他们打电话，叮嘱他们注意身体，告诉他们我们的喜怒哀乐，有时间多陪他们，听他们的唠叨。这也许是一种平凡的方式，却是他们最需要的，因为可以时常看到他们满意的微笑。捐助希望小学是感恩，把旧书收集起来送给需要的人也是感恩；为慈善机构捐钱捐物是对社会的感恩，伸出胳臂献血或是加入志愿者行列也是感恩；有的时候，我们得到的是陌生人的帮助，我们对陌生人的回报就是帮助我们自己周围需要帮助的人。我们对社会的回报与我们在经济上暂时不能独立是没有冲突的。很多东西其实只要有心就能够做到。

3. 感恩需要适度

某种意义上，心理健康就是一个适度的问题，无论什么情绪、思想、行为，适时适度就健康，不适时适度就不健康。所以，感恩也需要适度。感恩必须要有度，不论是以怎样的方式感谢，都要讲度，留余地。有的人，因为别人为自己做了一些事，就觉得欠了别人，非要十倍还清不可，那样其实是给别人增加了负担。

说到底，有感恩的心就是有敬重和珍惜的心，就能懂得在最重要的时刻，在面对最重要的人或物时，懂得做最重要的事。如果珍惜，我们就不会浪费。如果敬重，我们就不会胡来。如果人人都这样做，这个世界就有希望。如果再加上奉献，那我们人类的和谐发展与进步就有希望，而我们个人的持续发展也才有希望。这个世界是一个圆，我们传递着爱，于是我们每个人也分享到爱。远非接受恩泽然后回报恩泽那么简单，而是释放自身中最美好的本能，一种努力维系这个动态平衡的本能。

走好自己人生的路，能够在现有情况下，健康、积极、充满幸福感地追求自己的人生目标。更何况，从心理的角度看，积极、乐观的人机会也会更多。在现实的浮躁、纷乱与嘈杂中保持一颗积极乐观、珍惜敬重的心，那么，不论客观环境有多么艰难，在心理现实中，这个世界会永远是美丽并且值得我们“去为之承担”的。感恩是一个幸福的词，令人感受到天地万物的善，让人对一切都怀着敬畏之心与感激之意……不管是顺境、美景，或者逆境、挫折，都能微笑面对，生活的美好值得我们“为之受苦”。以感恩的心看世界，一切都会不一样。

知识要点

1. 生命的意义在于在平凡中寻找自己的存在，在于寻求自我价值的实现，在于活出一种境界，一种为人处世的境界，一种奋斗努力的境界，一种成功超脱的境界。

2. 人生价值可以从自我价值与社会价值、物质价值与精神价值、内在价值与外在价值三个维度进行衡量。

3. 提升生命的价值，首先是选择正确的人生价值目标，选择怎样的人生价值观，决定了我们对待人生的方式和态度。其次要保持求知的天性，保持着旺盛的学习能力和兴趣，才能了解更多的知识，增长才干，丰富生活经验。更重要的是坚定自己的信念，坚持努力的方向。将自己的生命活出精彩，活出意义，活出价值，真正从外到内去享受生命本身的价值。

4. 感恩对于个体的意义。①感恩具有心理保健功能，懂得感恩，不仅能够使人体验生活的幸福感，对环境与他人充满敬重、关切和珍爱，还会激励人为了使自己变得更加美好而奋斗。②感恩可以形成社会互助的良性循环，感恩不仅遵循了等价有偿，更会产生一个正向激励作用，有助于个人与社会的良性循环。③感恩可以增强个人幸福感，懂得感恩的人更容易体验到生活中的幸福与平和，对自然与人文环境更充满理解、关切和珍爱。

5. 实现感恩首先要有“施恩不图报，受恩不忘报”的观念，感恩的本质是珍惜和尊重，因此具体的感念和珍惜比物质回报更重要。在帮助人的过程中满足了自己助人的需要，已经是助人本身给予我们的回报了。其次，感恩就从现在起尽力而为。感恩不需要以后以什么伟大的方式回报，而是从现在起尽自己所能去做。第三，感恩需要适度。不论是以怎样的方式感谢，都要讲度，留余地。有感恩的心就是有敬重和珍惜的心，就能懂得在最重要的时刻，在面对最重要的人或物时，懂得做最重要的事。感恩远非接受恩泽然后回报恩泽那么简单，而是释放自身中最美好的本能，对一切都怀着敬畏之心与感激之意……不管是顺境、美景，或者逆境、挫折，都能微笑面对，以感恩的心看世界，一切都会不一样。

阅读材料

生命的价值

生命对于每个人都只有一次，结果都是死亡，可过程是自己的，人生的体验不尽相同。生命是一种历程，奋斗了才会有收获。

一个著名的舞蹈演员，事业非常成功，正准备去参加一个国际的比赛。可就在参赛之前几天，她被确诊为骨癌。她面临着两条路：要么截肢，要么死亡。身为一名舞蹈演员，失去了双腿就像失去了生命。她进退两难。她不愿，可这又有什么办法呢？最终，她选择了辉煌，选择了那一瞬间的美丽。当她站在舞台上时，她步伐轻盈，丝毫看不出她是个有重病在身的人。当她走下舞台时，她再也没有起来。这是一个真实的故事。一生的努力，化身为舞台上的一次演出。她，用舞台上短短的十几分钟，将生命的价值定义为灿烂、辉煌。

相信大家一定都见过蝴蝶吧，当美丽的蝴蝶在花丛中翩翩起舞时，你可曾想到，蝴蝶的生命来之不易。上天是公平的，他给了蝴蝶翅膀，让它们能在天空中自由的飞翔；可上天又是残酷的，他让蝴蝶在拥有翅膀的同时，也让它们历尽了磨难。蝴蝶是由蛹化来的，当在蛹中挣扎时，它们把血液挤进翅膀。谁都帮不了它，只有它自己努力。不经过挣扎的蝴蝶是飞不起来的。蝴蝶的美是一种悲壮的美。它们，用一季的飞翔，将生命的价值解释成奋斗、精彩。在她们身上，生命被诠释得淋漓尽致。生命的价值在于用不懈的努力去争取辉煌，去用一生的付出证明自己的价值。如果能生如夏花之灿烂，死如秋叶之静美，那么此生无憾。

人生总是会死的，没有不逝的生命，可有的重如泰山，有的轻若鸿毛。他们生命的价值不同。结果一样，为什么不让自己活的精彩一些呢？如同飞蛾扑火、金蝉脱壳；如同火柴倾其所有去撑起一片光明。飞蛾、金蝉的价值在于飞翔，火柴的价值在于燃烧。干什么都要有代价，有时，代价是整个生命。这就是生命的价值。

我只看我所拥有的

有一个叫黄美廉的女子，从小就患上了脑性麻痹症。这种病的症状十分惊人，因为肢体失去平衡感，手足会时常乱动，口里也会经常念叨着模糊不清的词语，模样十分怪异。医生根据她的情况，判定她活不过6岁。在常人看来，她已失去了语言表达能力与正常的生活条件，更别谈什么前途与幸福。但她却坚强地活了下来，而且靠顽强的意志和毅力，考上了美国著名的加州大学，并获得了艺术博士学位。她靠手中的画笔，还有很好的听力，抒发着自己的情感。在一次讲演会上，一位学生贸然地这样提问："黄博士，你从小就长成这个样子，请问你怎么看你自己？你有过怨恨吗？"在场的人都暗暗责怪这个学生的不敬，但黄美廉却没有半点不高兴，她十分坦然地在黑板上写下了这么几行字：

一、我好可爱；

二、我的腿很长很美；

三、爸爸妈妈那么爱我；

四、我会画画，我会写稿；

五、我有一只可爱的猫……

最后，她以一句话作结论：我只看我所拥有的，不看我所没有的！

"90后"大学生因救人而溺亡引发关于生命价值讨论

2009年10月24日，长江大学十几位同学手拉手搭起人梯，营救起落入长江中的两名少年，当中的三名大学生——陈及时、方招、何东旭因水流湍急被冲入江中，不幸遇难。

这个“90后”大学生英雄群体舍己救人的事迹感动了无数人。团湖北省委授予来自长江大学和长江大学文理学院的这个大学生群体“见义勇为先进青年集体”称号，追授陈及时、方招、何东旭“见义勇为优秀大学生”荣誉称号。

3名“90后”大学生因救人而溺亡的事件传遍全国，引发社会关于“价值”的广泛讨论，也再度引发人们对被称为“迷失的、自我为中心的、无社会责任感的、垮掉的”“90后”的重新认识。这个群体，曾因“90后‘门’事件”“90后贱女孩”等，一度饱受诟病。

更多的人对3名“90后”大学生的英勇行为表示了深深的敬意。

中国青年政治学院副院长、大学生发展研究中心主任李家华表示，“这是一个英雄的壮举。人需要‘义利观’，义在利之上。”“一个人的本质，不仅仅是简单的存在，更应该是一种超越的价值和追求。这种精神的信仰，就体现为大义。任何社会都需要提倡这种大义。”他说。

也有一些人基于“理性”的评判标准，探讨这一行为是否“值得”。

网易网友“挑战天涯”发问：“为了救两个小孩子，牺牲了三个大学生，值得吗?精神可嘉做法不可取！自己不会游泳就不要贸然下水!”

新浪网友pingfanderen建议说：“救人的行为高尚，但应该根据自己的条件而定，可以高喊，也可以让会游泳的下去。”

发生在中国的类似“大义”行为近年来屡见媒体，“80后”“90后”是行动的主角。

例如，2009年10月5日，广东韶关南雄市乌迳镇4名中学生为救落水女生，不慎滑入深水身亡。2008年3月，哈工大航天学院研究生何晓波、刘峰在松花江寒冷的冰窟中救起一对落水女孩，成为“2008中国大学生年度人物”。2007年1月，长江大学学生赵传宇英勇跳入寒江，救起一位76岁老太太，并且不留姓名，感人事迹被传为美谈。赵传宇因此当选湖北省十大道德模范，并于新中国60周年国庆大典上，赵传宇登上了“未来号”花车，展示一代大学生的风采。

人们对类似事件的讨论，已回归到对个人价值、社会道德价值体系的思考层面。

中国人民大学法律社会研究所所长周孝正表示，“‘80后’‘90后’是有个性、有想法的一代，可以为国争光，勇夺奥运冠军；可以在抗震救灾、奥运、国庆盛典、世博会中身体力行，展现志愿者风采；也可以结梯救人，英勇献身。”

27年前，第四军医大学大学生张华，为救一名淘粪老人而献出年轻的生命，而成为20世纪80年代青年人的优秀代表。当时，社会引发了激烈的大辩论：如此宝贵、稀缺的大学生牺牲自己而救一名淘粪农民，值不值得？张华事件早已盖棺定论，他被追认为“革命烈士”。但是，中国社会对于个人价值的讨论仍在继续。

中国青年政治学院教授李家华指出：“雷锋是特定时代的人物，但其精神实质没有时代局限性。当代社会，人们可以通过多种方式来实现个人在社会中的价值。”“不同的时代造就不同个性群体，但相同的是社会责任感。”“此次救人事件，从侧面反映出‘90后’大学生的价值观，他们在紧要关头没有忘记所承担的社会责任。”“信仰的重建，社会主义核心价值体系的构建，需要从每一个人身上开始，‘90后’就是一个重要的群体。”和张华事件一样，人们依然会质疑大学生们救人方式的科学性和生命价值的对等性。“观点会更加丰富、多元。”李家华说，“不过，有一点不会改变，那就是，一个现代社会的核心价值观——除了经济价值，还有道德价值和社会价值。”

面对人生的50个建议

1. 为爱而生

只有爱，能使世界转得更圆；只有爱，能创造奇迹。能够看见别人的好，就会提升自己的好；能够说出别人的好，就会强化对方与自己要更好。爱是一切的原动力。

2. 自己的心灵捕手，把实现自己生命作为优先考虑

善待内心的自己，给他勇气、信心和生命，想念自己，做你自己，宽恕自己，对自己负责，善用感觉，热情行动，活出真正的自己。

3. 简单生活

你真正需要的不是那么多，多出来的任何一样东西对别人都有用，将它送出去，或是捐出去义卖，让真正需要的人善用，简单生活惯之后，生命自然不再累赘。

4. 拥抱别人

拥抱是一件完美的礼物，老少咸宜。拿它给别人交换，没有人会拒绝的。练习用拥抱代替说话，表达内心最深刻的感受，即时的拥抱能传送安慰与支持，传递生命活力。

5. 家庭最高指导原则：日常体贴，遇事幽默

家庭关系是你这辈子最有意义的投资，试着每天用十五分钟，和配偶、孩子，甚至宠物，共同分享回忆、经验、想法、梦想和创意。

6. 别为小事伤情

塞车、买票插队、同事争执、服务生态度恶劣……生气之前，思考哪些才是真正值得生气的情况，例如：虐待儿童、人民遭受饥饿之苦、战争……相较之下，就可以知道这些事是多不值得生气。将怒气转向值得生气的事上，并且想想自己可以为这些情况做什么。

7. 找寻老友

爱情常来来去去，朋友总是越陈越香。曾经同甘共苦的朋友是上帝给的礼赞，花点时间列出老朋友清单，拨个电话聊聊或访友，寻回那曾有的感动与契合。

8. 创意生活

别让一成不变的生活腐蚀生命的热力，试着吃半饱、花一半，使用比平时少一半的资源。试试看即使有样东西不够用了，是否能够找到替代品，既可以发挥创意，也能为环保尽一份心力。

9. 练习冒险

无数的第一次造就了你，生命就像一辆十段变速的单车，大部分的人只用到低速挡。你应该尝试新事物，先从小冒险做起，充分发挥自己的潜能，同时不忘赞美自己的勇气。

10. 说谢谢你

一日平安，一日感谢。培养强烈的感恩心，每天至少谢谢一个人，告诉他们你喜欢、仰慕或欣赏他的地方。

11. 别对你的人生说没空

日常生活需要良性循环，人生只有一次，休息是为了走更远的路。每个月定出一天可以彻底休息，放自己一天假。

12. 活到老学到老

学习不一定只在学生时代，学习是更好生活的开始。无论是选一门不算学分的课，

还是向同事学习某些嗜好或兴趣，试着从不同方向找出兴趣，生命会更开阔。

13. 奉献给予

奉献能让你花小钱拥有极大快乐，助人渡难关的方式很多，给予食物、衣物、工作、金钱、时间，你可以由简单的方式开始，比如捐出收入的5%，仔细考虑哪些是真正需要你帮助的人，把有限的钱放在最需要帮助的人身上，最能产生无限的功效。

14. 与敌人和好

保持宽容态度，以倾听来代替争吵，让自己变得更温柔与仁慈。不要把问题过度放大，试着问自己：一年后，我还会在意这件事吗？

15. 活出健康对味的人生

分析自己的饮食习惯，找出需要改进的地方，让营养更均衡。每周至少三次运动，持之以恒，至少上一次恢复精力的课程（如瑜伽或太极），身心健康，精力充沛。

16. 让快乐贴身相随

快乐的人会微笑或哼唱，甚至吹口哨，有快乐的想法，你就会飞起来。专注地想快乐的事，让自己产生向上飞跃的力量。日积月累，快乐会变成一种习惯。

17. 年轻不老心

忘记身份证上的年龄，找出自己觉得重要的以及会让自己心跳加速的事物，让这些点点滴滴充满生活，就能让自己的心态变年轻。

18. 磨亮想象力

要更有创意，就要像孩子般地思考，比如重看一本最喜欢的童书，学习小孩子的思考方式；或者读一首诗，在心里想象它的意境；一边听广播的古典音乐、爵士乐或世界音乐，一边想象音乐所传达的景致……都可以提升想象力。

19. 笑纹比皱纹重要

儿童平均一天笑500次，成人只笑15次，任何小事都可以让小孩乐不可支，鼓励自己在笑声中享受人生。

20. 救救地球

减少物品使用量，减少用水，减少用纸，减少开车，减少包装，少用清洁剂，避免用过即丢，减少用量，重复使用，环保回收，自然就在你心中。

21. 救一个生命

找寻失踪儿、受虐儿，施舍金钱或付出时间、体力，可以改变别人的生命，个人视野也会因了解另一层面的生活而提升，更可以为这些孩子带来希望与远景。

22. 试试双手的力量

人生的意义在于创造，艺术可以提升人的生命境界，每做一件事，记得多加些巧思在每件所做的事情上，发挥创意才能。亲自动手做，享受四肢劳动的乐趣，即使是简单的维修工作都是原创的艺术品。

23. 记得多玩玩

利用余暇时间享受游玩的乐趣，重新学习游乐技巧，彻底享受自由的快乐。

24. 三人行必有我师

和各方面的人保持联系，增加从他人身上获得情报的机会。同时拥有会批评的朋友，因为对方拥有你缺乏的部分，学习接受建设性的批评，忽略琐碎的批评。

25. 适当的自私

你有权主导自己的生活，你有全权对别人的要求说不，你有权对批评你或贬低你的人表示意见，你有权和别人分享你的感情，你有生活控制权。

26. 分享

分享阅读心得或是生活偶得，让东家长西家短的无聊变成丰富彼此生命的启发。经由感受每个人不同的经验，赋予生命全新的刺激与成长，世界将转得更好。

27. 重回孩提时代

抛开一些已养成的大人行为或习惯，不要剥夺与生俱来的纯真特质，与小孩相处(担任孩子的课外营老师、自愿当儿童球队教练)；重读一些小时候听过的故事，可以回忆小时候的情景；看看旧时留下的物品，如成绩单或礼物；到念过的小学走一遍，回忆自己曾发生过的事或当时的梦想。

28. 向自然学习

自然中蕴含生活哲学，是生命的指示灯，能帮助你发现自己的定位与热情所在。从四季的替换，我们学会从悲伤中复原，因为生命是周而复始、生生不息的。而自然的多样化风貌，使我们学会拒绝大众压力，教我们学会表达真实的自我。

29. 心灵慢跑

心灵激励可以预防精神疾病，让心灵保持思考，也会减慢老化的速度。编一本梦想书，做做白日梦都是可行的。

30. 活出热情

支离破碎的灵魂得到的往往是乏味的成功，对生活的兴趣应高于购物，用最小的时间工作，将大部分的时间给自己感兴趣的事情，做自己爱做的事，做你想做的，说你想说的，学习享受生活，享受你做的任何事情。

31. 可以不完美

每个人天生不同，接受自己，也同样接受别人，用慈悲心训练自己爱缺憾中美丽的事物。

32. 勇闯生命难关

有人为工作而生活，有人因梦想而生活，有人因为要找出究竟为什么要活着而继续生活，生是上天赋予的权利，活则要靠自我的智慧与勇气。

33. 打开地图去旅行

到任何你有兴趣或好奇的城市旅行。旅行，潜藏着一份改变自己和生活的渴求，在旅行中可以得到不可思议的收获，变得不容易害怕，遇到问题时较能从容应付，知道自己离家在外时最想念、牵挂的是什么，最可有可无的是什么。

34. 简单干净就是品位

不论是扫地抹桌子，晾衣服晒被单，都能特别仔细，特别用心，让延长使用年限的心，取代用过即丢的习惯；用全新的恋旧心情，与日常生活建立恒久感情。用材质好、式样大方的家具取代三五年就必须淘汰的三夹板；用设计简单、质地宜人，可以一穿再穿的服饰取代追求流行的穿衣风格。

35. 在家做义工

慈善事业可以先从家里做起，可以先把服务心用在家里，把家里整理好，花些时间和家人相处，为别人做些事可以让生活更添乐趣与价值，也会让你的人生更有成就。

36. 再试一下

人生最大的压力来源是怕压力，当你相信自己能面对事情时，这已是一个好的开端，一切的多虑都将消失，你终会发现：事情并不棘手难办，别人能，当然你也能！

37. 命运之在我

一块钱、一句好话、一件善事、一点知识、一些方便、一个笑容，都可以改变自己的命运。

38. 生命的财富

时间就是财富，但是时间的意义在于运用，而非节省。好好运用上天给予每个人的同等财富。

39. 为生命加油

你此生最大恐惧是什么？最担心最害怕的是什么？是害怕应该表达的心意来不及表达？还是害怕心愿不能实现？把今天当作最后一天来活，知道此生担忧会常在，恐惧就已不再。

40. 多为别人想一想

爱有多深，包容与体谅就有多深，敢爱的人才敢去包容和体谅他所爱的人。做个善于体谅的人，多给对方时间与空间，做个有智慧与爱心的人。

41. 随时等着被利用

让服务变成生命中的一部分，用生命服务、肯定自己。

42. 化不幸为助力

自己是态度的主宰，而态度决定未来，从跌倒中站起来，化悲痛为力量，每种不幸都是蕴含同等或更大利益的种子。

43. 优点轰炸

每个人都有优点，但习惯看别人缺点，试着做好话连篇、用心说好话的人，勇于表白，要去掉别人身上的刺，最好的方法是拍拍他的背。

44. 和自己赛跑

学习和自己比，忘记曾经拥有的分数，现在要关注的是，如何让今天过得比昨天好，用心去发现，能看到生命更宽广的蓝天。

45. 换个角度，心中有一片天

别人也许是对的，不要让自己受执著的困惑，便能了解万物，欣赏及认同世间一切。

46. 乐观

处于痛苦时，最有效的态度就是乐观。凡事往好处想，乐观的人可以发明飞机，悲观的人就只能发明降落伞。

47. 真心聆听

通往内心深处的是耳朵，专心聆听并适当回应，对别人是一种很大的鼓舞。

48. 好奇心不打烊

世界上只有愚人，没有愚问。对所有的事物保持一颗敏感的心，好奇是所有人类文明进步的开始。

49. 情绪急转弯

事情没有变，变的是你的观念。改变想法，就能改变情绪，带来完全不同的结果。

50. 我真的很不错

每个人都是一座宝藏，凡人也有超人力量，成功在于唤醒心中的巨人，开发自己的宝藏。

心理训练

（一）人与生活

1. 若要你为“生活”做一个脚注，你会觉得生活的意义是什么？（例如：生活是一盘棋，只是你不知道这盘棋最终将是什么样子。）

2. 请根据你的偏好，对以下关于生活的看法排序。用 1～5 给他们打分，5 是完全赞同，1 是不赞同，以及是否有一些是你虽然不喜欢，但仍认为它是有道理的条目？若有，请用×标出。

生活是：一场游戏【 】

一个故事【 】

一种使命【 】

一次冒险【 】

一种艺术【 】

欲望的满足【 】

一种荣誉【 】

一种学习【 】

一种受苦【 】

一种投资【 】

作为各种关系的建立【 】

3. 你认为人生中，最值得我们追求的事物是什么？

4. 快乐与享受一样吗？你如何理解快乐？

5. 请把自己当成小说中的人物，描述一下你自己，说明自己是个什么样的人。例如：姿态、习惯、特征用语、个性。

6. 在自我的认同过程中，你如何回答“我是谁”？

① 你对自己的认识，会因为他人的肯定或否定而更改吗？

② 你喜欢自己吗？如若肯定，你喜欢自己什么？如若否定，你为何不喜欢自己？

③ 你有羡慕的人吗？你羡慕那个人什么？

④ 你想成为的样子，跟你所羡慕的那个人一样吗？

⑤ 为了成为理想中的样子，你曾试过做些什么努力，以达成目标？

⑥ 你认为一个所谓的“美好的人”，他们应该具备什么样的德行？并请依照其重要性将他们排序。（请列出至少五项）

（二）学习《感恩的心》手语操

思考与练习

1. 你认为生命的意义在于什么？

2. 你选择的人生价值观是什么？

3. 你准备如何规划剩下的大学生活？

4. 结合自己成长的历程，谈谈自己需要感恩哪些人？哪些事？你准备如何实现自己对他们的感恩？

5. 心理测试：生活满意度指数 Z（LSIZ）（见附录）。

第十二章　集聚正能量 放飞新梦想

学习目标：①知识目标。了解正能量理论和积极心理学知识，归纳心理健康的知识和方法（本章是全书的归宿和总结）。②能力目标。掌握集聚正能量，放飞新梦想的心理方法。③素质目标。初级目标是能够显意识的，最高目标是能够潜意识的，集聚正能量，放飞个人梦，汇聚中国梦。

学习重点：如何正确地集聚心理正能量，排解心理负能量。

学习难点：一是正能量的理论；二是融会贯通心理健康的知识和方法。

曾经年少的我：是一汪清泉，无忧无虑的生活，觉得世界如此美丽，充满幻想和奢望！阳光、蓝天、绿水、白雪、山峰！然而世界真有那么美丽吗？

现在青春的我：面对不平坦的社会道路，正经历人生的无奈时段！未知、迷茫、恐惧，如同乌云、闪电、雷声，看不清远方！不知道去哪里！

将来成熟的我：如果熬过艰难岁月，将迎来灿烂奢华！犹如火山爆发般惊艳！我不愿做平凡俗子！但路怎么走？

第一节　集聚心理正能量

一、正能量概述

（一）正能量与负能量

1. 认识正能量

（1）正能量的定义　正能量又称正面能量，正向能量。①原初定义。“正能量”原本是个物理学名词。物理学上，以真空能量为零，能量大于真空的物质叫正能量，能量低于真空的物质叫负能量。②延伸定义。心理学上，把一切予以人向上和希望、促使人不断追求、让生活变得圆满幸福的动力和感情叫做正能量。

（2）正能量的意义　①心理学意义。人体好比能量场，通过激发内在潜能，可以使人表现出一个更加自信、更加充满活力的新的自我。②社会学意义。根据能量守恒定律，总能量不变，正能量越多，负能量越少，社会才有希望。政府积极创造“宏观正能量”，如建设服务型政府，遏制贪污腐败、强权欺压，少些走过场的“假、大、空”，让“公平、公正、公开”的阳光更加灿烂；个人创造更多的“微观正能量”，涌现更多的中国好人；教育和媒体大力传播“正能量”，以正面教育和正面宣传为主。

（3）职场能量的法则　能力＝心态×沟通×知识。三元素之间是相乘关系，如果其中一个是零，那总数就是零。当然也有逻辑次序，心态第一，沟通第二，知识第三。

心态。所谓心态（態），心上一个能，可以理解为心的能力。心态主导行为，行为固化为习惯。所以说心态是思维习惯的结果，要培养健康的心态，就要养成健康的思维习惯。修炼心态要注意：①心态主动，情绪被动。积极主动的人是成长心态，相信聪明才智可以积累，通过努力，人的能力可以不断提升。而消极被动的人则是固定心态，要么三岁定终身，要么浑身“刺猬功”，动不动满身竖刺，应激反应，虚妄自信，令人生厌。②性格不易改变，心态可以培养。每个人都要通过找到正确方法和行为来影响自己的心态。当然心态是内功，修炼要有耐心、包容、信任、聆听和授权等。

沟通。有效沟通是传递正能量，无效沟通是传递负能量。一个沟通能力强的人应有三种本领：能将复杂事情用简单语言说清楚；能让对方感觉遇到了知音（会聆听）；所用语言都是阳光的、积极的、鼓励的，让对方感觉很好并对自己充满信心。沟通要注意：①语言要让人听得懂。听不懂就沟而不通，要运用对方懂得和喜欢的语言、语气语调、肢体语言。②讲话要简单明了。长话要短说，复杂内容要简单说，费解的术语尽量不说。③故事比理论好听。用故事表达一个沉闷理论，好听好懂有说服力，听众接受程度就会极大提高。④提问要经过准备。要负责任地提问，不要动嘴不动脑，问题答案的质量取决于提问是否到位。⑤要学会聆听。与人谈话时，往前坐一些，用心去听，适当点头，就会有意想不到的收获。⑥要注意反馈。零反馈是沟通的第一杀手，每个人都希望得到别人的倾听和肯定。⑦要多说别人好话。世上没人愿意别人说他的缺点，表扬对方时人越多越好，批评则要关门人越少越好。⑧批评要正面表达。批评是为了把事情做得更好，提供建设性的改善方法，而不是发泄负面情绪。⑨要善于表达意见。没意见是最大的风险，要发表有帮助的、善意的、建设性的专业意见。⑩要杜绝与人吵架。吵架是负沟通，换位思考和诚心道歉是避免吵架的最好方法。

知识。学习有四个阶段：吸收——消化——实践——反馈。①吸收。终身学习，不故步自封。如乔布斯所说的“求知若饥，虚心若愚”。②消化。敢于思考，不墨守成规。只有消化所吸收的知识才能变成自己的知识。③实践。学有所用，不束之高阁。只有实践才能完成对一个理念的学习并提高自己的智慧。④反馈。反馈是用别人的知识来提高自己的智慧的关键环节。

2. 洞悉负能量

（1）负能量的定义　①原初定义。物理学上，把“反物质”的能量，或者能量低于真空的物质叫做负能量。②延伸定义。心理学上，把引起个体沮丧和抑郁情绪体验的刺激叫做负能量。

（2）你被负能量包围了吗　每个人都是一个小宇宙，所扩散出的磁场和能量能影响到周围的人和环境，情绪就是最直接的能量。很多人情绪多变，既以物喜又以己悲，不受自己控制。少数人可以自如地控制自己的情绪，不过要有足够的体能和较高的素质才能做到。要摆脱负能量的纠缠，从内而外散发正能量光环，首先要对负能量有个全面认知。当你感到自己体内充斥各种坏情绪，看世界都是灰色的时候，你就是被负能量包围了。

（3）负能量的来源　负能量来自两方面：一是自我的，二是环境的。环境有人为的（如伤害）和非人为的（如天气、灾害）。其实无论是来源自我的还是环境的负能量，最终都作用于我们自己身上，殊途同归。别人叫你什么名字不重要，你自己怎么看待别人叫你的名字更重要，最终还是落实到自己的看法和理解方式，这是负面情绪的主要来源。

（4）负能量的关键词　愤怒、厌烦、失望、担忧、抱怨、自私、多疑、批评、恐惧、嫉妒、消极、攻击、委屈、抑郁、憎恨、内疚、贪婪、狭隘、病痛等。经常遇到的十种负能量：①抱怨。杀伤力最大辐射面最广。②消极。最易动摇军心。③浮躁。最耐不住寂寞。④冷淡。最易演变为人际冷暴力。⑤自卑。最无力无能的表现。⑥妒忌。最禁锢自身的发展。⑦攀比。盲目追求面子。⑧懒惰。最易形成懒散拖沓之风。⑨多疑。最易影响人际和谐。⑩麻木。最易削弱竞争力和创新力。

(5) 负能量的症状　①哀怨态。死盯着消极面，牢记受到多少次不公正待遇，或者他人对自己有多少次态度不友善，委屈难耐，诸如此般的苦闷埋在心底很久都无法释怀，自寻烦恼。②拖延症。明知有些事必须得做，仍然自欺欺人拖了又拖，为此还找来各种各样的理由给自己开脱，于是困在想得太多而做得太少的恶性循环里，不可自拔。③精神疲惫。犹如被镣铐紧锁，满脸沉重和疲惫，失去激情，嗜睡乏力，还时常伴有消极情绪。④郁郁寡欢。因高压紧凑的生活导致心灵感冒，经济负荷、人际关系不融洽、自我要求过高、未达到预期标准的心理落差等，都是导致忧郁的诱因。⑤二次元综合征。当今社会里宅男腐女盛行，废寝忘食的网虫比比皆是。不加克制地长此以往，会引发不上网就情绪低落。

3. 正能量与负能量的关系

(1) 正能量和负能量

具有正能量的人的特征。你跟他在一起感觉安全、放松、想接近；你觉得他浑身散发着诸如善良、同情心、同理心和愿意支持你；有他在旁边，你会觉得比自己独处的状态更好。有一句话说得好，“我喜欢你不仅是因为你的样子，也因为和你在一起时我的样子”，我的正能量跟着上升。

具有负能量的人的特征。你跟他在一起感觉不安全、紧张、处于防卫状态；你觉得他正在吸取、压榨和剥削你；你自己的能量在衰弱，感觉不舒服，自己被挑剔、挑战和攻击，你很想逃走。

总之，健康、积极、乐观的人带有正能量，和这样的人交往，会让我们感染快乐向上的情绪，觉得生活舒服而有趣，跟着升腾正能量，努力工作和谐生活。而悲观、畏惧、绝望、看什么都不顺眼的人身背负能量，和这样的人在一起，就会觉得生活暗无天日，接收或传染了对方的负能量，导致自己的工作和生活也诸事不顺。

(2) 负能量转化为正能量

情绪本身没有好坏之分，好坏只在于如何处理，从而引发出什么效果。即使是“负面”情绪，只要变换思维方式，也可将其变成一股原动力，推动当事人做出行动。这种原动力或者是指出一个方向，或者是给予一份力量，有些甚至是两者兼备。举例如下。

生气。是一种高能量的情绪，生气常与不喜欢相连在一起，它为个人提供能量，可以帮助人们做出反应并采取行动，使我们能够克服那些原本难以逾越的障碍和困难。生气可以令人产生一鼓作气的力量，冲破平日受制的框框，化成一股追求成就的正能量。

悲伤。是一种能促进深层思考的情绪，能让人更好地从失去中取得教训，从而更珍惜目前所拥有的一切。悲伤情绪还能让人学会冷静，得到一段独处的最佳时间。我们应当明白取得成就需要付出代价，掌握化悲伤为力量的智慧。

后悔。我们可以从后悔中找到自己错失的原因，找到事件未能达到最好效果的理由，提醒自己要找出一个更有效果的做法。因为有了后悔的感觉，才会清楚个人在群体内处事的价值观和轻重缓急的排序，所以后悔有助于提升重整旗鼓的动力。

恐惧。是一种高能量的情绪，它可以提高神经系统的灵敏度，并且可以令个人的危机意识增强，提高对潜在问题的警觉性。恐惧还可以使人锻炼迅速做出反应的能力，在必要情况下采取适当的方法，甚至暂时逃避，以便减低伤害程度。

内疚。是一种与评估是非对错相连的情绪。如果我们没有其他方式来评估与价值有关的行为，内疚可限制我们的选择范围。明白这个道理，我们就能用更富建设性的评估方法来取代内疚。

害怕。能促使你重新评价所期望的东西，以及重新调整实现期望所需要采取的方法。

失望。发生在已有期望的目标，但又没法实现的时候。失望促使人对期望重新检讨，并对实现工作目标所应采取的方法，做出重新调整修正。

讨厌。讨厌，是让我们寻找改变的方法，只有转换做法，才能改变讨厌的感觉。

愤怒。是高能量情绪，它可以充分调动身体能量，以行动改变你不愿接受的状况。

压力。是转变为动力之前的准备，就像弹簧一样，压得愈低，弹力愈大。

忧虑。是一种高能量的情绪。它使注意力集中到一个将要发生，但后果令人担心的事件上，做好应对该事件的能量准备。

（二）正能量经典著作介绍

1. 美国心理学家戴尔·卡耐基的相关著作

戴尔·卡内基（Dale Carnegie，1888.11.24—1955.11.1），美国心理学家、人际关系学家。20世纪早期，世界范围内的战争纷乱和经济萧条使人们丧失了对美好生活的憧憬和信心，戴尔·卡耐基鉴于此，独辟蹊径地开创了以心理学为基础的人际关系学和心灵励志学，帮助人们更好地生活和工作。

《正能量：活出全新的自己》一书旨在帮助人们转化负能量、凝聚正能量，帮助人们发现、开展和利用潜伏在身心中的正能量。主要内容如下。

① 找回正能量，活出全新的自己。每个人的心理都潜藏着巨大的正能量，一旦正确使用这种能量，就足够成就丰功伟业。相反，如果这种心理正能量没有得到正确的使用，则会产生巨大的负能量，足以让你一生一事无成。我们每个人都有能力疏导自己的负能量，找回自己的正能量。

② 积聚正能量，笑对人生坎坷路。正能量的人，会对生活乐观，他们知道生活本来就悲喜交加，所以学会坦然面对。当快乐来临时，尽情享受，当烦扰来袭时，理性解决。他们相信改变的力量，当确实无法改变时，就坦然接受。他们相信人生路上的坎坷也是一种风景，值得留念和珍惜。

③ 制造正能量，让心灵常葆活力。正能量的人，坚定自己的信念，拥有人生的目标，知道自己的所需并为之不断努力。他们欢迎变化和制造进步。当困难来临时，他们不嫌麻烦或贪图安逸，他们知道山丘后面会有更美丽的风景。当心灵疲倦时，他们知道如何调整自己的内心，让心灵重获能量。

④ 接纳正能量，激发内心光明面。正能量的人，拥有大智慧，他们分得清世界的黑白曲直，不会在人生道路上跑偏或随波逐流。他们不会扭曲事物的本质，不会夸大事情的不利面。他们知道世界运作的原理，明白人人都有优点和弱点，也知道如何去克服人性的弱点和发挥人性的优点。

⑤ 拥抱正能量，消除内心阴暗面。我们每天都会接触到各种负能量，当你状态不佳时就很容易让负能量入侵，这就是你需要修炼的时候，要尽量缩短将负能量转化为正能量的时间。你可以通过一系列的训练方法，提升我们内在的信任、豁达、愉悦、进取等正能量；规避自私、猜疑、沮丧、消沉等负能量。

⑥ 运用正能量，搭建你的人脉圈。我们在人际交往中常有如此体验：和某些人打交道，让你感觉“活着真好”，因为他身上带有正能量，和这样的人交往能将正能量传递给你，令你感染快乐向上的感觉。而另一些人则相反，他身上的负能量过多，总是向你传递悲观、绝望、无聊的情绪。

⑦ 传递正能量，让职场变得和谐。做一个正能量的人非常重要，如果周围人都认为你是一个负能量的人，对你的工作和人际关系都是很大的破坏。正能量的人在职场上总是受人

欢迎，因为他拥有让人舒服的交流方式、娴熟的专业技能、坦荡的胸怀、对人的真诚、对事的认真以及人文情怀。

⑧ 掌握正能量，经营幸福的婚姻。如果你想要幸福，就去找一个能够让你感到幸福的人。不要找一个充满负能量的人过日子，他们只会对你唉声叹气抱怨生活真没劲。而拥有正能量的人，对很多事情充满好奇，会帮助你发现生活的乐趣和意义。你会发现世界很大，值得用一生去不断尝试。

2. 美国心理学家韦恩·W. 戴尔的相关著作

韦恩·戴尔（Wayne W. Dyer，1940.5.10 出生），美国韦恩州立大学教育咨询博士，美国精神病学家、心理学家，国际知名作家和励志演讲家。已发表 37 本书籍。

《你的误区》是他 1976 年发表的成名作，销量已达 3000 万册。该书对人们日常生活中所暴露的性格缺陷（如惰性、自暴自弃、崇拜、依赖）和不良情绪（如悔恨、忧虑、抱怨、愤怒）逐条分析，将不健康的“自我挫败性情感和行为”归结为束缚人生、导致失误的心理“误区”。作者认为，由自我摒弃心理产生的消极自卑、寻求赞许、悔恨内疚，由惧怕未知而导致的自我限制（如回避新事物、僵化偏见、害怕失败、尽善尽美）等心理误区，几乎人人都有。这种“令人烦恼的个性癖病”制造了一个个封闭的自我，阻碍了人们投身丰富多彩的生活。作者竭力倡导积极的人生态度，主张“活着，就要生活”。

《正能量修成手册》2012 年推出，该书从潜意识的角度第一次真正搞懂了“正能量”。作者认为：①正能量有三个层次。即改变的强烈渴望，先天的创造能量，我拥有上帝般的创造力。②正能量有五个内容。a. 想象力。一个人若能自信地向他的梦想迸发，努力按照他的想象经营生活，在平常日子里，他也会与成功不期而遇。b. 坚定地生活。将“我是……”放进你的想象中，彻彻底底照此生活，能量之源就会住在你心里，让你成为你确定的样子。c. 感受力。每一种感受都会在潜意识里投射下印象，所以“你感觉怎么样”也总是主导着“你感觉你以后会怎么样”。d. 专注力。你的专注是你“燃烧的渴望”，是让一切成为现实的强大能量。e. 潜意识。一旦意识在不经意间投射到潜意识上，潜意识就会掌控你生活中大约 96％的行动。将上述五种正能量融会贯通，“建立你自己的世界。一旦你遵照头脑中的纯粹的想法，直面自己的生活，一切自会呈现出其伟大之处”。③结论。“我们相信什么，我们的世界就是什么”，只要我们每个人相信正能量，我们就会生活在正能量的世界里。

3. 英国心理学家理查德·怀斯曼的相关著作

理查德·怀斯曼（Richard Wiseman，1966 年出生），英国爱丁堡大学心理学博士、赫特福德大学教授，2002 年获“英国大众心理学传播第一教授”的头衔。相关正能量的著作如下。

(1)《正能量》

该书通过种种实验和数据，向人们阐释了“表现”原理。运用“表现”激发出的正能量，可以使人们产生一个新的自我，变得更加自信、充满活力，也更有安全感。该书的主要内容有：集聚正能量，变得快乐起来；提升人际吸引力，过上幸福的生活；对抗负面情绪，获得内心的宁静；打造超级意志力，克服坏的习惯；控制思维，激发内心正能量；运用正能量，打造全新的自己（改变性格，更加自信，延缓衰老）。书尾提出了“用身体改变头脑的十个快速方法”。

① 行动力：拉我——推你。把一个物品推远（表现得你不喜欢它），就会使你不喜欢这个东西；而将其拉向你（表现的就好像你喜欢它一样），就会使你对其产生感情。下一

次，当你碰到甜品或巧克力时，仅仅将盘子推远就行了，这会使你感觉到自己的欲望逐渐消失。

② 节食：使用非惯用手吃饭。当你使用非惯用手吃饭时，你表现得仿佛自己在做一个不同寻常的行为。因此，你会更加关注自己吃饭的动作，而不是什么都不想只是简单的吃饭。如此，你就会吃得更少。

③ 意志力：绷紧身体。绷紧肌肉会增强你的意志力。下一次你需要戒烟或者拒绝一个蛋糕时，握紧拳头、收缩肱二头肌，或者手中紧握一支笔。

④ 毅力：坐直了，交叉双臂。在一些实验中，实验人员让志愿者解难题并记录他们坚持的时间，坐直了、双手交叠的人坚持时间比其他人长一倍。确保你的电脑显示屏略高于你的视线，当你遇到难题时，交叉双臂。

⑤ 自信心：有力的动作。为了增强你的自尊心和自信心，你应该做出强有力的动作。如果你是坐着的，就往后倚、目视高处并将双手交叠放于脑后。如果你是站着的，双脚在地上放平、挺胸抬头，双臂放在前方的桌子上。

⑥ 拖延症：找一个起点。如果你想克服拖延症，就表现得好像你对自己将要做的事情很感兴趣。花一点时间开始做那件你一直逃避的事情，然后你会突然发现你很想完成这个任务。

⑦ 创造力：打破传统思维。如果你要想出新主意，那么你就要以新的方式行动起来。花点时间在屋里来回走动，确保你的路线尽量曲折蜿蜒。如果这样还不能让你思如泉涌，那么就绘图、画画、做雕塑等，表现得很有艺术气质。

⑧ 劝导：让别人点头。研究人员发现，如果人们在听取讨论时上下点头（使他们表现得就好像赞同这个观点一样），他们更有可能同意这个观点。如果你想鼓励别人认同你的观点，就要在聊天时轻轻点头。对方会重复你的动作，然后发现自己莫名其妙就被你的想法吸引住了。

⑨ 谈判：热茶和柔软的沙发。当人们觉得自己和别人建立了联系时，他们会感到身体发热。同样，给别人一杯热茶使他们暖和起来，这会让他们变得更加友好。在一个研究中，研究人员让实验参与者坐在柔软的沙发上或者硬的椅子上，讨论一辆二手车的价格。那些坐在硬椅子上的人出价更低而且不易变通。

⑩ 负罪感：洗掉你的罪孽。如果某件事令你产生罪孽感，洗个手或冲个澡吧。在一项试验中，作出不道德行为后用消毒剂洗手的人比起其他人来感觉罪恶感小得多。

(2)《正能量 2：幸运的方法》

一个富翁要施舍俩乞丐，他说："我有两种施舍方案，你们每个人只能选一个，且不能后悔。第一个方案是今天一次性给你 100 万元；第二个方案是从今天起，第一天给你 1 元，第二天给你 2 元，第三天给你 4 元……连续 30 天每天给你前一天 2 倍的钱。"富翁话音未落，那个已经乞讨几乎一辈子的乞丐就毫不犹豫地选择了"一次性给 100 万元"，另一个刚刚经历创业失败的乞丐说："既然他已经选择第一个方案，我就选第二个吧。"谁会是幸运儿呢？一个月后，那个已经乞讨了几乎一辈子的乞丐开始了不停地抱怨："我怎么这么蠢，我真倒霉！"另一个乞丐也感叹："我真没想到我会这么幸运。"其实，如果我们稍稍计算一下，就可以发现两种方案的区别了，选第一种方案的只能拿到 100 万元；而选第二种方案的到了第 30 天却能拿到超过 5 亿的钱。"幸运"还是"不幸运"，取决于你的选择。选对了，你是"幸运的人"；选错了，你就是那个"不幸运的人"。怀斯曼做过许多实验。比如，他征集 400 多位自认为幸运的人和自认为倒霉的人作为实验对象，其中最年轻者 18 岁，最年老者 84 岁。给他们同样一份报纸，让他们数里面有多少张照片。结果，那些自认倒霉者要花两分钟，而自认好运者只用几秒钟。为什么？因为报纸的第二页上有条信息："不必再数了，一共有45张照片。"而且，这行字还是用很大的字体印刷的，占了几乎近半页的版面。"幸运儿"们都看到了，"倒霉蛋"们却都没看到。

总结众多实验和实例，该书写成三部分。①为何幸运的人总是幸运；②激活正能量，寻找幸运的方法；③实践正能量，创造全新的生活。

该书总结了幸运儿的四条法则。①善于创造、发现和利用生活中的偶然机遇，创造并保持一个强大的"运气网"，从容地面对生活，勇于尝试新体验；②相信自己的幸运直觉，往往运用直觉和预感做出成功的决策，还采取措施增强直觉；③永远期望好运发生，期望与人交往获得好运和成功，即使在成功机会不大的情况下也期望好运长存，力图实现自己的目标，面对失败也能坚持不懈；④看到坏事的积极一面，相信总会时来运转，绝不沉溺于厄运，而是采取建设性的步骤，以避免再度出现不幸，最终变厄运为好运。

该书提出了成为幸运儿的五个阶段。①签订"幸运宣言"；②制作你的幸运图表；③把手段融入生活；④写下"运气日志"；⑤最后的思考。

成功人士的幸运秘诀是偶然之中有必然。撞上好运，是因为他更能注意到那些没有被期待的机遇，能感受到自己心的方向；遇到贵人，是因为他认识的人多，并善待别人。用怀斯曼的话来总结就是：一个人运气的好坏，很大程度上取决于他的思维方式和行为习惯。美国作家罗威尔也说："人生中不幸的事如同一把刀，它可以为我们所用，也可以把我们割伤。那要看你握住的是刀刃还是刀柄。"也许只要你愿意改变，像幸运儿一样思考和做事，就可能握住"刀柄"。

（三）正能量理论与积极心理学

1. 心理学发展简史

（1）诞生于1879年的现代（科学）心理学的主要流派

构造主义心理学。代表人物是德国心理学家冯特和他的学生铁钦纳。

机能主义心理学。代表人物是美国心理学家詹姆斯、杜威和安吉尔。

格式塔心理学。代表人物是德裔美籍心理学家韦特海墨、苛勒、考夫卡。

精神分析学派。代表人物是奥地利精神病医生弗洛伊德。

行为主义心理学。代表人物是美国心理学家华生、斯金纳。

认知心理学。强调知识的作用，认为知识是决定人类行为的主要因素。

人本主义心理学。代表人物是美国心理学家马斯洛、罗杰斯。由于它既反对行为主义把人等同于动物，只研究人的行为，不理解人的内在本性；又批评精神分析学派只研究神经症和精神病人，不考察正常人心理，因而被称之为心理学的第三种运动。

（2）当代心理学研究的主要取向

生理心理学。探讨心理活动的生理基础和脑的机制，研究对象是人与动物。属于交叉综合性学科。其迅速发展成为推动心理学发展的新动力。

认知心理学。在信息论、系统论和控制论的影响下诞生。探讨类似计算机的信息加工系统，即从信息输入—编码—转换—储存和提取等加工过程来研究人的心理活动规律。

人本主义心理学。从正面强调人的尊严、价值、创造力和自我实现，而并非集中研究人的问题行为；把人的本性的自我实现归结为潜能的发挥，而潜能是一种类似本能的性质。

（3）当代心理学研究的新进展

进化心理学。产生于20世纪80年代，综合了进化生物学、现代心理学和社会科学的研究思想，试图用进化的观点对人的心理的起源和本质以及一些社会现象进行深入的探讨和研究。比如脑与认知、爱情、择偶、亲属、友谊、美、母性、合作、性行为、攻击性等的研究。

后现代心理学（人本主义心理学的延续）。产生于20世纪90年代，反映了科学技术飞跃发展的信息社会，从产业商品过渡到消费商品时期人们的思维方式和社会心态。名言："人之所以觉得不幸福，是因为期望太高"。主要方法是叙事疗法，就是让你理清自己的故事，你每天的生活方式，对于未来的规划，包括在成长中遇到的问题如何更快地解决。叙事治疗在个体心理咨询、家族婚姻治疗、团体咨询、学校及义工教育领域都有广泛的应用。

积极心理学（人本主义心理学的发展）。产生于20世纪末。目前是美国高校的热门课程。

2. 积极心理学

英文positive psychology，中国大陆译为"积极心理学"，中国台湾译为"正向心理学"，中国香港译为"正面心理学"。积极心理学是致力于研究普通人的活力与美德的科学。创始人是美国心理学家马丁·塞里格曼，谢尔顿，劳拉·金。该理论主张研究人类积极的品质，充分挖掘人固有的潜在的具有建设性的力量，促进个人和社会的发展，使人类走向幸福。

心理学的三项使命：①治疗人的精神或心理疾病；②帮助普通人生活得更充实幸福；③发现并培养具有非凡才能的人。"二战"后，因社会环境变化和人类医治创伤需要，心理学演变成"矫治"或"修补"式的"类医学"。传统主流心理学的最大成果，是使《心理疾病诊断和统计手册》成为世界性的心理疾病的诊断标准，它包含了340种左右的心理问题的诊断标准及治疗方案，心理学家们已至少能对其中14种50年前人们无能为力的心理疾病采取有效的治疗措施。传统主流心理学也因此在"二战"后演变成消极心理学（即研究人类消极心理的科学），它只担负了第一项使命。积极心理学则要担负心理学的三项使命：它不仅要对损伤、缺陷和伤害进行研究，也要对力量和优秀品质进行研究；它不仅要对损伤、缺陷进行修复和弥补，也要对人类自身的潜能、力量进行发掘；它不仅是关于疾病或健康的科学，也是关于工作、教育、爱、成长和娱乐的科学。

积极心理学的三项研究任务：①主观层面。研究积极的主观体验。包括幸福感和满足（对过去），希望和乐观主义（对未来），快乐和幸福流（对现在），包括它们的生理机制及获得的途径。②个人层面。研究积极的个人特质。包括爱的能力、工作的能力、勇气、人际交往技巧、对美的感受力、毅力、宽容、创造性、关注未来、灵性、天赋和智慧。③群体层面。研究公民美德和使个体成为具有责任感、利他主义、有礼貌、宽容和有职业道德的公民的社会组织，包括健康的家庭、关系良好的社区、有效能的学校、有社会责任感的媒体等。

3. 积极心理学、幸福心理学、正能量理论

美国心理学家阿兰·卡尔说："积极心理学是关于人类幸福和力量的科学"。幸福心理学、正能量理论是积极心理学的分支。

二、正能量典范

（一）正能量的中国典范

1. 中国好人

中央文明办、全国总工会、共青团中央、全国妇联，按"助人为乐，见义勇为，诚实守信，敬业奉献，孝老爱亲”五大类型，组织评选“全国道德模范”和“中国好人榜”。

中国好人榜。从2008年起，中国文明网开展“我推荐、我评议身边好人”活动。根据人民群众推荐，对好人事迹进行为期20天的网上集中展示、评议和投票。每月评出一期“中国好人榜”，每个类别20人，共100位“身边好人”，成为评选“全国道德模范”的基础。

全国道德模范。①含义。道德模范是具有牺牲小我的利益（或幸福），而维护了大我的利益（或幸福）的言行，且事迹典型和突出的个人或集体。②善的原则。中国幸福学认为，检验真理的唯一标准是人民和谐幸福。有利于人民和谐幸福的言行就是善。道德模范就是行善的模范。③评选时间。从2007年起，每2年评选表彰一届全国道德模范。④评选人数。全国道德模范2007年第一届53人，2009年第二届55人，2011年第三届54人，2013年第四届54人。

“全国道德模范”和“中国好人榜”的意义。褒奖群众身边看得见、摸得着、学得到的“平民英雄”，推崇在基层涌现的“凡人善举”，引导人们“从我做起、从现在做起、从身边小事做起”，引导广大群众见贤思齐、争先创优，使道德模范成为大家学习的榜样，提高全社会文明程度和道德水平，促进社会主义核心价值体系建设，为经济社会发展提供强有力的思想道德保障。

2. 感动中国

中央电视台《感动中国》评选活动。自2002年开始，每年从社会各行业推选出十位人物。2002—2013年表彰了120位人物或群体，以及12个特别奖。推选原则：①为推动社会进步、时代发展做出杰出贡献，获得重大荣誉并引起社会广泛关注。②在各行各业具有杰出贡献或重大表现，国家级重大项目主要贡献者。③爱岗敬业，在平凡岗位做出了不平凡的事迹。④以个人的力量，为社会公平正义、人类生存环境做出突出贡献。⑤个人的经历或行为，代表了社会发展方向、社会价值观取向及时代精神；个人在生活、家庭、情感上的表现特别感人，体现中国传统美德和良好社会风尚。

《感动中国》的意义。《感动中国》通过世界眼光、时代价值、中国个性、本土语境、现代传播等特点，不仅呈现中华民族道德血脉、精神价值的历史传承，也对世界和未来作出宣告：中华民族伟大复兴、重新崛起于世界强国之林，不仅仅是凭着悠远千年的辉煌过去、广袤疆域的泱泱大观和GDP的持续攀升，更是依靠有情有义、敢于担当的中国人，他们是中国的脊梁，是中华民族精神价值的承载者和传扬者。在中国大踏步走向世界，世界渴望更多了解中国的时代背景下，《感动中国》不仅感动了中国，也感动了世界。

（二）正能量的外国典范

史蒂夫·乔布斯（1955.2.24出生，2011.10.5因胰腺癌病逝）。美国苹果公司创办人之一及CEO、董事长。拥有313项发明专利。2009年被《财富》杂志评为十年内美国最佳CEO，2012年获评《时代》杂志美国最具影响力20人。56岁去世时净资产达83亿美元。美国总统奥巴马：“乔布斯是美国最伟大的创新领袖之一，他的卓越天赋也让他成为了这个能够改变世界的人。”乔布斯2005.6.12在美国斯坦福大学的演讲（视频摘要）如下。

我今天很荣幸参加你们的毕业典礼，斯坦福大学是世界顶尖大学之一。事实上，我大学没毕业。所以这是我和大学毕业生最接近的一次。今天与大家分享我人生的三个故事。

第一个故事是关于因果联系。

我在里德学院读了6个月就退学了，我为什么退学？这要从我出生说起。我的生母读研期间未婚先孕有了我。她决定让别人收养我，她坚持我未来的养父母要读过大学。按其规划，我将被一对律师夫妇收养。当我出生时，律师夫妇改了主意想要个女孩。因此候补名单上的养父母，半夜接到一个电话："我们这儿意外有个男婴，你们要吗？"他们说："当然要！"但我的生母后来发现，养母没上过大学，养父甚至高中都没毕业。起初她拒签收养协议。几个月后，我的养父母承诺一定让我上大学，她才同意。

17岁那年，我上了大学。但是我天真的选了一所几乎和斯坦福大学一样昂贵的大学。我那蓝领阶层的父母，倾家荡产支付我的学费。6个月后，我看不到所学课程的价值所在，也不知道自己这辈子想做什么，就决定退学，相信船到桥头自然直。我去旁听那些很有意思的课程。但我失去了宿舍，只能在朋友寝室打地铺。我靠捡5美分1只的可乐瓶来养自己，每周日晚步行7英里，到神庙去蹭一顿像样点的饭菜。我跟着直觉和好奇心走，遇到很多东西，后来收获颇丰。举个例子：那时候里德学院开设了或许是全美最好的书法课程。因为我退学了，不能上正规课程，我就决定去学习书法。我学到了有衬线体和无衬线体，懂得如何把握词间距，以及如何作出漂亮的版式。那是一种科学无法描述的艺术精妙。

当时这些东西好像没有什么实际用处。但是十年之后，当我们在设计第一台苹果电脑时，却全用上了，那是第一台使用艺术字的电脑。如果我当初没有学习书法课程，个人电脑就不会有这么丰富精美的美术字，以及赏心悦目的词间距了。当然我在大学的时候，还不可能预知这一件件事的因果关系。现在回过头来看，才一目了然。没有人可以未卜先知。事件之间的因果联系，往往只在后来回首时显现。你得相信：人总要有些信仰，直觉也好，命运也罢，因果轮回，不管什么，相信因果联系，会给你信心去跟从自己的意愿，哪怕离经叛道，也绝不止步，只有这样，才能有所成就。

第二个故事是关于兴趣与得失。

我非常幸运，能在年轻时就找到兴趣所在。20岁时，我和Woz就在养父母的车库里开创了苹果公司。我们非常努力，苹果用了10年，就从车库中的两个穷光蛋发展成超过4000雇员、市值超过20亿的大公司。公司成立第9年，我们发布了最好的产品——苹果电脑，我也刚30岁。然而我却被公司炒了鱿鱼。怎么会被自己创立的公司炒了呢？在苹果发展期，我雇用了一个很有天分的家伙和我一起管理这个公司。最初一年，公司运转得很好。但是后来我们对公司的未来发展产生了分歧，最终闹翻了。而此时，董事会站在了他那边，我就在而立之年被当众扫地出门。突然，我的人生重心不见了，这真是毁灭性的打击。

最初的几个月里，我不知所措。我觉得无颜面对上一辈的企业家们。我没有接好他们交给我的接力棒。我拜访了David Pack和Bob Boyce，试图向他们道歉，甚至想离开硅谷一走了之。但我又逐渐意识到，我对事业的热爱没有变，我的意外出局，并没动摇我的热爱。所以我决定从头再来。我当时没觉察，但事后证明，从苹果公司被炒是我一生最棒的事。成功的巨大压力变成了新人接受挑战的轻盈，不再受固有思维的羁绊，进入了我人生最有创造力的时期。

接下来的5年里，我创立了一个名叫NeXT的公司和一个叫Pixar的公司，然后和一个后来成为我妻子的优雅女人相识。1995年Pixar制作了全球首部全3D立体动画电影，即《玩具总动员》。Pixar现在也是世界上最成功的电脑制作工作室。峰回路转（注：1996年苹果公司经营陷入困局），苹果收购了NeXT，我也回到苹果。NeXT研发的技术，为复兴苹果发挥了关键作用。我还和我太太组建了幸福的家庭。

我很肯定，这一切要归功于当年我被苹果开除的经历。所以说良药苦口利于病。有时候，生活会给你迎头一击，不要灰心丧气。唯一使我坚持下去的，就是我对自己事业的热爱。你必须去寻找自己的所爱。无论是工作，还是爱情，都是如此。工作是生活中很主要的部分。必须做你相信是有价值的工作，你才会获得满足感。如果你还没有找到，那就继续寻找，不要停下来，全心全意寻找，当你真的找到时你就会知道。就像任何真诚关系，随着岁月更迭，只会让这份情愈发深刻。

第三个故事是关于死亡。

我17岁时，读到过一句话："如果你把每一天都当作生命中最后一天来过，那么有一天你会发现你是正确的。"这句话给我留下了深刻印象。之后的33年，每天早晨我都会对着镜子问自己："假如今天就是生命的最后一天，你会不会就这样过呢？"当连续几天答案都是"No"，我就知道自己需要改变了。

"提醒自己，人的生命有限"，是我一生中最重要箴言。它帮我明智地在人生重大问题上做出选择。因为一切的一切，包括追求、荣耀、惶恐、挫折，在死亡面前，都会显得微不足道，剩下的才是真正重要的东西。"记住自己总会死去"是避免自己被种种担心所羁绊的最好办法。既然将一无所有，还有什么理由违背自己的意愿呢。

大概一年前，我被诊断患了癌症。早晨7点半做的检查，清楚显示我的胰腺上有个肿瘤。我当时不知道胰腺癌是什么东西。医生告诉我，这是一种无药可救的绝症，也就剩下3～6个月的寿命。医生劝我回家，好好料理一下，那是医生表达"等死"的用语。这意味着你要把与孩子说的话在几个月内说完，意味要跟亲友逐一告别。

我拿着那个诊断书过了一整天。当晚作了活体切片检查，医生将内窥镜送入我的喉咙，通过胃部，进入肠子，用一根针在我的胰腺肿瘤上取了些细胞样本。我当时被麻醉，但我太太在场。她后来告诉我，当医生用显微镜观察这些细胞时发出尖叫，因为这些细胞竟然是一种非常罕见的可治愈的胰腺癌细胞。我做了手术，现在我痊愈了。

那是我最接近死亡的时候，我希望以后的几十年能离它远一些。与死神擦肩而过后，我可以更坚定地告诉大家，没有人愿意死去，即使是那些想上天堂的人，也不会为了去那里而死。然而我们每个人都会面对死亡，没人能够逃脱，生命本来就是如此，死亡推动世界"新陈代谢"。现在的你们是新人，以后也会变"陈"，然后被"代谢"。我很抱歉有些不近人情，但这都是事实。

你们的时间很有限，所以不要浪费在重复他人的生活上。不要被教条束缚，那是根据别人的思维结果而生活。不要让他人喧嚣纷繁淹没自己内心的声音。最重要的是，你要有勇气去听从你的直觉和心灵的呼唤，其实它们最明白你想成为什么样的人，所有其他的事情都是次要的。

我年轻时，有一本很棒的杂志叫《全球目录》，我们那代人奉为经典。它是由Stewart Brand在这里附近的Menlo Park创办的，他把自己的文艺气质融汇其中，充满理想主义色彩，该书简洁实用，见解独到。《全球目录》停刊时，出了最后一期。那是70年代中期，我像你们这么大。最后一期的封底上是清晨乡村公路的照片，照片之下有这样一段话："求知若饥，虚心若愚"。这是他们停刊的告别语。我一直以此激励自己。现在，你们即将毕业开始崭新旅程，我也希望你们能够做到："求知若饥，虚心若愚"。谢谢大家！

乔布斯演讲的正能量启示：①因果联系（坚定信仰）。被穷人领养，家庭贫困，大学6月，无奈退学，后通过兴趣学习书法对电脑设计有帮助。传递的正能量：感恩养父母的养育；学好专业技能为事业打基础；设计出色产品可改变世界，追求并享受其中的快乐。②兴趣得失（不怕挫败）。被自己创立的苹果公司开除，另立公司，发明专利，反过来挽救苹果公司。传递的正能量：酸葡萄、甜柠檬，正确对待人生挫折，熟练技能、全面发展。③善于集聚人才。乔布斯崇尚与最优秀的人一起工作，认为一个创业公司的前十个员工决定了该公司水平，整体力量远大于个体力量的总和。在运营公司和研发产品中，求才若渴，成就了苹果公司和动画电影的辉煌传奇。④生命是场战斗。生命有限，珍惜每一天，奋发有为。⑤人生警句。求知若饥，虚心若愚。

第二节　放飞中国新梦想

一、中国梦概述

2012年11月29日，习近平总书记带领中共中央第十八届领导集体，参观了中国国家博物馆的“复兴之路”展览，提出了“中国梦”。

（一）什么是中国梦？

中国梦的本质内涵。就是实现中华民族伟大复兴，实现国家富强、民族振兴、人民幸福和社会和谐。其主要特征有：综合国力进一步跃升的实力特征；社会和谐进一步提升的幸福特征；中华文明在复兴中进一步演进的文明特征（即经济、政治、文化、社会和生态五位一体的文明）；促进人的全面发展的价值特征。

中国梦的奋斗目标。①老的中国梦。1840年至1949年，中华民族独立梦。1840年至2011年，中国先衰落后崛起、先挨打后自强，奠定了21世纪中国新梦想的历史台阶。1949年至2011年，中国实现了百年奥运梦，航天航海梦，房子、汽车、上学、养老的百姓梦，2010年起中国GDP总量位居世界第二位。②新的中国梦。第一步奋斗目标，到2021年，中国共产党成立100年，中国全面建成小康社会。第二步奋斗目标，到2049年，中华人民共和国成立100年，将中国建成富强民主文明和谐的社会主义现代化国家，达到中等发达国家水平。第三步奋斗目标，争取到2100年，中国接近或达到世界最发达国家水平。第四步奋斗目标，实现中华民族的伟大复兴。

中国梦的目的特点。目的是凝聚每个中国人的力量和每个中国人的个人梦想。特点是把国家、民族和个人作为一个命运的共同体，把国家利益、民族利益和每个人的具体利益紧紧地联系在一起。中国梦是中华民族的梦，是每个中国人的梦。中国梦与每个中国人的个人梦想是相辅相成的关系。中国梦的实现为个人梦想的实现提供了坚实的基础，国家的富强、民主、文明、和谐、公平、公正为个人奋斗提供了良好的外部环境。同时，中国梦的实现有赖于众多个人梦想的实现，中国梦由许许多多的个人梦想所组成。

中国梦的动力来源。①追求经济腾飞，生活改善，物质进步，环境提升；②追求公平正义，民主法制，公民成长，文化繁荣，教育进步，科技创新；③追求富国强兵，民族尊严，主权完整，国家统一。在三大动力来源的基础上，中国有远见、有胆识、有智慧的公民、团体及领导人，应该及时准确地找到整合协调这三大动力源的共同支点，形成发展进步的兼容合力，造就托起“中国梦”的坚实基础。

中国梦如何实现。实现中国梦，必须走中国道路（即中国特色社会主义道路），必须弘扬中国精神（即以爱国主义为核心的民族精神和以改革创新为核心的时代精神），必须凝聚中国力量（即中国各族人民大团结的力量）。

中国梦的基本路线。中国梦是凝聚中共党员和中国各族人民团结奋斗的一面旗帜。群众路线体现了中国共产党的性质和宗旨，是中国共产党的根本工作路线、工作方法和宝贵经验总结。所以实现中国梦的基本路线就是群众路线。

（二）为什么要有中国梦

2010年1月，中国国防大学教授刘明福出版了一本让美国前国务卿基辛格高度关注的40万字的书——《中国梦》。刘教授认为，中国在和强国的竞争中，中国必胜。同时指出："如果我们不解决好中国信仰的问题，那就很难在竞争中得到金牌。因为信仰是国家的核心竞争力，是国家的灵魂。"

没有梦想的民族可悲，对美好梦想不坚定不移、矢志不渝追求的民族同样没有前途。习近平总书记既强调实干兴邦，又强调要胸怀共产主义的崇高理想，做共产主义远大理想和中国特色社会主义共同理想的坚定信仰者和忠实践行者。

（三）中国梦与美国梦的区别

中国梦的概述。习近平总书记在十二届全国人大一次会议闭幕会上的讲话中说："实现全面建成小康社会、建成富强民主文明和谐的社会主义现代化国家的奋斗目标，实现中华民族伟大复兴的中国梦，就是要实现国家富强、民族振兴、人民幸福。"

美国梦的概述。詹姆斯·特拉斯洛·亚当斯（James Truslow Adams）在《美国史诗》中说："让我们所有阶层的公民过上更好、更富裕和更幸福的生活的美国梦，这是我们迄今为止，为世界的思想和福利作出的最伟大的贡献。"

中国梦与美国梦的不同是由历史、文化、经济、地理等因素决定的。两者的差别及原因如下。

中国梦是国家富强，美国梦是个人富裕。较之中国，美国具有巨大的地理优势，三面环海，易守难攻，建国伊始就是一霸，历史上未经受其他国家的侵略征服，倒是常常主动出击攫取他国资源。所以美国没有国家安全之忧，人民可以专心做自己发财致富的梦。但是，中国的周边环境从古至今都极为险恶，历史上与周边国家的征战没有停止过，几次被其他民族征服蹂躏。历史告诉我们，国家富强是中国人民安居乐业的前提和保障。

中国梦的目的是民族振兴，美国梦的目的是个人成功。中华民族自古以来患难与共，休戚相关。当民族孱弱，任人欺凌时，个人尊严就会丧失，生命财产不受保护。美国是移民国家，黑人长期受白人歧视，现在虽然法律上平等，但骨子里的不平等一时难以消除，自然就只谈个人成功。

中国梦只能由中国人自己来实现，美国梦可利用他国人才资源达到。中国有13多亿人口，不可能靠大量引进外来人才发展自己，所以习近平总书记强调实现中国梦必须走中国道路，必须弘扬中国精神，必须凝聚中国力量。美国梦强调天赋人权，每个人都有同样的生存、自由和追求幸福的权利；强调不论出身和阶级，每个人都有靠自己的能力和成就而获得成功的机会。这对那些阶级分明的国家的人具有极大吸引力。历史上，美国多次利用其他民族的人民来发展自己。比如早期从非洲引进黑人搞种植，19世纪利用中国劳工修铁路，现在又大量吸收墨西哥人、东欧人从事各种体力工作。

中国梦是群体和谐幸福，美国梦是个人自由快乐。中国自古就有"家国"概念，家庭内部和国家内部都是幸福共享。所以，习近平总书记用三个"共同"来描绘中国梦的愿景："共同享有人生出彩的机会，共同享有梦想成真的机会，共同享有同祖国和时代一起成长与进步的机会。"欧美文化则强调个人主义，追求个人自由快乐。

中国梦有纵深历史感，美国梦只有现实体验。中华民族五千年的文明史，历史上多次强盛，曾是那个时期世界上最富强的国家。习近平总书记"实现中华民族伟大复兴的中国梦"

里就用了“复兴”一词。西方一些国家担心中国崛起，其中部分因素就来自历史，因为他们相信中国人具有再现历史的能力。美国只有两三百年的历史，靠利用其他国家的资源和人才逐渐成为超级大国，所以美国梦就是延续现实，不让挑战他的力量出现，能一直做自己的美梦。

中国梦靠群策群力，美国梦靠个性张扬。纵观中国历史，中华民族是个优秀的民族，但也是个喜欢折腾的民族，自毁力强大的民族，很多时候是发展一段，折腾一段，致使国家发展可能不进则退。所以，中国梦要靠民族合力来实现，要统一意识，同一目标，劲往一处使。美国自建国起走的是务实道路，追求的是个人富裕幸福，个人成功的合力构成了国家的强大。

中国梦是为了民族光荣，美国梦是为了个人荣耀。中国自鸦片战争起的近代史，领土被侵占，人民被蹂躏。多少志士仁人抛头颅洒热血，为的就是民族尊严、国家安全、人民安居乐业。“今天，我们的人民共和国正以昂扬的姿态屹立在世界东方”，习近平总书记的这句话，没有历史痛的国家很难理解。美国没有这种痛，所以美国梦强调个人的富裕、成功和社会地位的提高。

梦想是变化发展的。美国梦经历变革，中国梦也是动态的。随着社会进步，人们的期望会改变，梦想也会有所不同。由以上分析可知，“中国梦”是根据“中国脚”量身定做的“一双鞋”。生活在中国，就专心做中国梦。

二、放飞新梦想

(一) 大学生怎样放飞新梦想

1. 大学阶段，健康成长成才，夯实梦想基础

自我意识方面。接纳不完美的自我，分析自我的优势与限制，通过自我教育、自我管理、自我服务，不断完善自我，争取健康的全面的成长成才。

情绪情感方面。学会调节和控制负面情绪，学会通过转变理念将负面情绪转化为正能量，多向他人、家庭、学校和社会传递正能量。

个性人格方面。清楚认识自己的个性，合理运用自己的气质，塑造良好的性格，培养毅力、乐观、感恩、爱心、善心等积极心理品质。

人际关系方面。掌握人际交往和人际沟通的技巧，培养团队意识和合作精神。

生活爱情方面。懂得爱情本质、培养爱的能力、增强恋爱资格，为美满的爱情和婚姻夯实基础。

专业发展方面。学好专业、熟练技能、强化特长、全面发展。

职业规划方面。厘清梦想、规划梦想、激发潜能、成就梦想。

2. 职业阶段，放飞中国梦想，实现自我价值

毕业。一般情况下，毕业以后应当先就业，融入职场和社会，当你真正从学校人转变成为职场人，有了实践经验、社会经验和经济基础后，再根据择世所需、择己所爱、择己所长、择己所利的基本原则，考虑或扎根、或择业、或创业。

职业。大学毕业生更应该带头做到：爱岗敬业，诚实守信，依法行事，精业乐业，服务社会，奉献青春，修养素质，成就事业。

(二) 大学生放飞新梦想的典范

1. 兴趣爱好成就职业梦想

郎朗。1982 年出生于辽宁沈阳市。发展钢琴兴趣，成为世界最年轻的钢琴家。是第 1

位受聘于柏林爱乐乐团和美国五大交响乐团的中国人。2003年，被美国青少年杂志《人物》(People)评为“20位将改变世界的年轻人之一的伟大艺术家”。2005.10.9和2011.1.19，两次应美国总统邀请到白宫演出。2011.5.12，获英国皇家音乐学院荣誉博士，英国查尔斯王子颁证。2013.1.28，获法国艺术与文学骑士勋章。2013.10.28，获任关注全球教育的联合国和平使者（联合国第12位，史上最年轻，首位中国人）。2013.11.18，获英国牛津大学圣彼得学院荣誉院士。

刘雯。1988年出生于湖南永州市。湖南永州职业技术学院导游专业学生。发展模特兴趣，成为中国超级模特和影视明星。2011—2013连续3年入选全球99位最美女性的唯一中国人，分别列第22位、43位、82位。2011年福布斯中国名人榜，以总收入2770万元列第78位。2012年仅与各大牌公司合作的模特收入（不计广告、影视等收入）就达430万美元。2013年权威网站MDC全球模特前50排行榜，列中国第1、亚洲第1、世界第3。

卓君。1991年出生于广西南宁武鸣县。广西机电职业技术学院动漫专业学生。发展街舞兴趣，获得2011中国达人秀年度总冠军。2013年到美国纽约林肯中心、旧金山、拉斯维加斯等地巡演。当选为中国人民政协第11届广西区委委员、“广西青少年成长成才导师”、“广西青年志愿者形象大使”，获第16届“广西青年五四奖章”等。

思考。美国有一位很有成就的企业家陪同老父亲到高级餐厅用餐。现场有个琴艺不凡的小提琴手在演奏。企业家聆赏之余，想起当年也曾疯狂学琴，就对父亲说：“如果我从前好好学琴的话，也许现在就在这儿演奏了”。老父亲不以为然：“是的，孩子，不过你不一定能在这儿用餐了”。这个故事启示人们：我们常常为失去发展兴趣机会而嗟叹，但是往往遗忘为现在所拥有的一切而感恩。值得注意的是，大学生发展独特兴趣的天赋条件并非人人都拥有。比如当专业歌手要有嗓子条件和听力条件，搞音乐弹钢琴双耳不能失聪，当播音和主持不能口吃，跳芭蕾要身材苗条腿修长，当T台模特要有体型、相貌等条件，从事绘画不能色盲色弱等。

2. 专业技能成就职业梦想

行行都能出状元，关键在于努力奋斗。

电影《中国合伙人》的原型，新东方教育集团创始人俞敏洪、徐小平、王强。1991年创业，1993年创办新东方，目前是全球培训学生最多的学校，20年累计培训学生1800多万。2006.9.7在纽约证交所上市，2013年市值20亿美元。其中的董事长俞敏洪，出生于江苏江阴农民家庭，北京大学英语专业学士。发展专业技能，成为著名英语教学与管理专家。曾任第11届、12届全国政协委员、民盟中央常委、全国青联常委、北京大学企业家俱乐部理事长、中国青年企业家协会副会长、中国企业家俱乐部执行理事长等职。被媒体评为20世纪影响中国的25位企业家之一。

2009年CCTV中国经济年度人物“十年商业领袖”：

阿里巴巴创始人马云，1988年毕业于杭州师范学院英语专业本科。至2014年8月以218亿美元净资产列中国首富（注：净资产列中国第二至第六的是，腾讯创始人马化腾，百度创始人李彦宏，万达集团创始人王健林，娃哈哈集团创始人宗庆后，京东商城创始人刘强东）。

腾讯创始人（QQ之父）马化腾，1993年毕业于深圳大学计算机专业本科。1999年前1

万人用QQ，2009年9600万人同时用QQ。

万达集团董事长王健林，辽宁大学党政专业专修班。1988年创业，到2014年拥有109座万达广场，物业面积2203万平方米，成为全球排名第一的不动产企业。

万科集团创始人王石，毕业于兰州铁道学院给排水专业本科。1984年创立万科，目前是中国最大的专业住宅开发企业。

联想创始人柳传志，毕业于西北电讯工程学院电子工程专业本科。1984年以20万元投资创立联想，到2013年电脑产销量世界第一，2014年成为世界五大手机产销商（美国苹果，韩国三星，中国华为，中国联想，中国小米）。

TCL集团董事长李东生，1982年华南工学院无线电技术专业本科毕业后入职TCL，1996年任集团董事长，领导TCL成为世界第四大电视制造商（三星，LG，SONY，TCL）。

海尔创始人张瑞敏（电影《首席执行官》原型），中国科技大学工商管理硕士。领导海尔成为世界第四大白色电器制造商（美国惠而浦1，美国通用2，德国西门子3，海尔4），工厂和分销渠道遍布世界四大洲。

其他三人是中国远洋运输集团总裁魏家福，专业是航运管理和船舶设计制造；招商银行行长马蔚华，专业是经济学；中粮集团董事长宁高宁，专业是经济学和工商管理。

知识要点

1. 正能量。心理正能量是指一切予以人向上和希望、促使人不断追求、让生活变得圆满幸福的动力和感情。正能量的心理学意义。正能量的社会学意义。正能量的作用。职场能量的法则。

2. 负能量。心理负能量是指引起个体沮丧和抑郁情绪体验的刺激。负能量有两个来源，自我和环境，主要来源是自我的看法和理解方式。人们经常遇到的十种负能量。负能量的五大症状。负能量转化为正能量的关键在于变换思维方式。

3. 正能量的经典著作。《正能量：活出全新的自己》，介绍了“集聚正能量，活出全新的自己”的八种方法。《你的误区》提出了“活着，就要生活”的主张。《正能量修成手册》指出正能量有三个层次，五个内容。《正能量》提出了“用身体改变头脑的十个快速方法”。《正能量2：幸运的方法》总结了幸运儿的四条法则，成为幸运儿的五个阶段，以及成功人士的幸运秘诀。

4. 积极心理学。心理学的三项使命是，治疗人的精神或心理疾病；帮助普通人生活得更充实幸福；发现并培养具有非凡才能的人。现代（科学）心理学，也就是传统主流心理学，第二次世界大战后演变成消极心理学（即研究人类消极心理的科学），它只担负了第一项使命，而忘记了后两项使命。诞生于20世纪末的积极心理学则宣称要担负心理学的全部使命。积极心理学是致力于研究普通人的活力与美德的科学，它有三项研究任务。幸福心理学、正能量理论是积极心理学的分支。

5. 中国梦。中国梦的本质内涵、主要特征、奋斗目标、目的特点、动力来源、如何实现、基本路线。为什么要有中国梦？因为信仰是国家的核心竞争力，是国家的灵魂。没有梦想的民族可悲，对美好梦想不坚定不移、矢志不渝追求的民族同样没有前途。中国梦与美国梦的区别。

6. 大学生如何集聚心理正能量，放飞中国新梦想。首先在大学阶段，要健康成长成才，夯实梦想基础。然后在职业阶段，放飞中国梦想，实现自我价值。

阅读材料

宣传正能量的网站推介

中国文明网：http://www.wenming.cn/

中国爱国主义教育网（简称：爱国网）：http://www.china-efe.org/

中华励志网：http://www.zhlzw.com/

中华精神卫生网：http://www.21jk.com.cn/indexmaster.asp

心灵咖啡网-生活心理学门户：http://www.psycofe.com/

心理学之家：http://www.psybook.com/

久久健康网心理频道：http://xinli.9939.com/

寻医问药网心理频道：http://www.xywy.com/xl/

525心理网：http://www.psy525.cn/

传递正能量的影视推介

《风雨哈佛路》。纽约贫苦女孩，凭借信念、毅力、努力，最终走进哈佛。

《当幸福来敲门》。大学毕业时雄心勃勃，找工作过程却泯灭雄心，四处碰壁咋办？

《阿甘正传》。不是与世无争、息事宁人，而是默默奋斗、乐天知命。

《鲁迪》。改编自真人真事，诠释“天下无难事，只怕有心人”的主题。

《国王的演讲》。公爵“口吃”，后来却成为英国史上最伟大的国王之一。

《我的左脚》。据脑瘫的爱尔兰画家故事改编，展现成功难以风顺，努力终有回报。

《辛德勒的名单》。第64届奥斯卡最佳影片。讲述德国企业家辛德勒夫妇二战期间保护1200多犹太人免遭法西斯杀害的故事，反映民族悲怆坚强，人道主义，感恩的心。

《勇敢的心》。第68届奥斯卡最佳影片等5项大奖。讲述苏格兰人民为自由而抗争。

《美丽心灵》。第74届奥斯卡最佳影片，以经济学家纳什的真人真事改编，一个80岁时凭自己20岁的理论获得诺贝尔经济学奖的人。

《百万美元宝贝》。第77届奥斯卡最佳影片，以拳击为引子，折射希望、梦想和爱。

《永不妥协》。真实故事。普通妇女打赢美国史上最大的民事赔偿案3.33亿美元。

《肖申克的救赎》。15年牢狱，不放弃向往自由，通过集聚正能量，成功夺回自由。

《黑暗中的舞者》。歌舞片经典。透视现实与理想，执著与信念的主题。

《喜剧之王》。小人物的辛酸历程。周星驰：“人活着没有理想和咸鱼有什么分别？”

《中国合伙人》。源自“北京新东方”三个创始人，讲述创业者的成长历程。

关于正能量的警言推介

当“正能量”这个词让人依赖的时候，越来越多的人在遇到困难的第一时间想到的不是如何去解决问题，而是寻找哪里有正能量给我打点鸡血。但越是这样，自己就会愈加丧失让自己从绝望中爬起来的能动性（或者叫本能），总觉得需要一些外力才能重振精神斗志昂扬。心情落到低谷的时候，都不知道自己应该如何从低谷走出来。时间久了，倘若方圆二里地里找不到一个合适的励志对象，这日子就没法过了。

即便我们每天吸收了大量的正能量，看过太多的励志故事，读过太多的警示格言，如果不能把这些内容与自己相结合，如果不能把这些内容融入到自己的生活来让我们自己每天进步一点点，那所谓的正能量也没啥作用。励志故事依然是别人的，名言警句依然是书上的，一切都没有引起什么共鸣。无非只是睡前的咖啡因，一觉醒来，依然啥都没有。

越是条件好资源多的状态下，越要苛刻的对待自己，假想自己在一无所有的地方遇到正在面临的问题，应该如何自己为自己打鸡血，而不是依赖他人。当我们的心情和态度开始慢慢发生变化，很多负面的问题才会悄然转身，露出温柔的微笑。

心理正能量的故事推介

1. 善心爱心和知恩图报

一次帮助，改变两个人的命运。一天，农夫弗莱明听到有人呼救，他下放农具跑去一看，有个小孩子掉入泥沼，马上把他救了出来。第二天，来了位绅士对弗莱明说："先生，您救了我的儿子，我一定要报答您！"弗莱明："我怎么能接受您的钱呢？"他推辞着。这时，一个小孩从茅草房中跑了出来。绅士："这是您的儿子吗？"弗莱明："是。"绅士提议："那我把他带走，让他接受最好的教育。如果这个孩子像您一样有爱心，他一定会成为您的骄傲。"弗莱明不好意思再回绝。这孩子长大后于1928年发明了青霉素，并获得诺贝尔奖，他就是圣玛利亚医学院高材生弗莱明·亚历山大爵士。那个被救男孩后来当上英国首相，成功领导了反法西斯战争，他是温斯顿·丘吉尔。第二次世界大战期间，丘吉尔出访非洲，罹患当时属绝症的肺炎。弗莱明赶去用青霉素治好了他的病。丘吉尔："谢谢你们父子给了我两次生命。"弗莱明："第一次是我的父亲救了你，这一次是你的父亲救了你。"试想，如果没有农夫弗莱明的善心爱心，很可能没有伟大政治家邱吉尔；如果没有老邱吉尔（历任36年英国布里斯托大学校长）的知恩图报，很可能不会有伟大科学家弗莱明。启示：我们要用善心爱心去对待身边的人；受他人恩惠要懂得知恩图报。

2. 付出和索取　忠诚和奸诈

第二次世界大战期间，一个居住在德国的犹太家庭遭到迫害。两个儿子分别出外寻求帮助。大儿子去找曾经帮助过自己的人，二儿子去找自己曾经帮助过的人。结果大儿子获救了，二儿子被自己曾经帮助过的人出卖了。这里不排除有"识人不准"的可能，但却警醒世人一个道理：忠诚者付出，而非索取。启示：能够付出和帮助他人者充满正能量，经常或轻易向他人索取者必多负能量。自己有难时，应当求助自觉帮助他人的正能量者；自己助人时，对负能量者付出后就不求回报；针对社会上的讹人现象，救助他人时要注意策略。

3. 真诚和责任

丹麦有位交警在巡逻，一辆自行车飞驰而来。他打开测速仪，发现自行车比汽车快（市区规定不能超过45千米/小时）。他将车拦下。车上跳下满头大汗的学生："我要迟到了。"警察："您超速了。要罚款！你是哪个学校的？叫什么名字？"学生诚实回答。警察开出罚款单。一周后，学生收到一封来信："斯卡斯代尔，欢迎您参加本俱乐部，这里将提供最好的训练条件。"这是丹麦著名自行车俱乐部寄来的，信内附有《自行车测速表》，显然是那位警察的推荐。几年后，丹麦诞生了首位奥运会自行车赛冠军斯卡斯代尔。启示：警察管教人，是责任的表现；推荐人才，是真诚的过程。

4. 知识和技能

让自己不可替代。乔诺斯是一家法国五星级酒店的厨师，做不出名菜，只能打下手。但他勤勉工作，摸索出"Macaroon"甜点，外观像精雕细琢的艺术品，一口咬下，薄如蛋壳般松软，内层是软绵的糖心，美好滋味层次丰富。一位长期住该酒店的贵妇人品尝后，再也难忘。虽然一年中住酒店时间合计不到一个月，但是，每来这里，都点Macaroon。这家酒店每年要裁掉一定比例的员工，经济低迷时裁员更多。乔诺斯却年年高枕无忧，就像有特别硬的后台和背景。后来，酒店总裁解开此谜，那位贵妇人是酒店的重要客人，她离不开 Macaroon 了。乔诺斯成了酒店不可替代的人。启示：一个人在每个职业领域占优势既不现实也不可能。但要找到自己专长的领域，并时刻关注该领域的最新技术，如果你不想成为木桶中的最短板，只有不断充电，保持同行领先，才能不可替代。

5. 人情和事业

冷热亲情。战国时期，苏秦师从鬼谷子，因渴望功名利禄，尚未学成就下山游说秦惠王搞连横政策，各个击破其他诸侯国。因说服力不够，遭到秦惠王的拒绝。不但没获赏赐，盘缠都花光，只好饿肚回家。看到他面容憔悴地站在门口，妻子织其布，嫂子不做饭，父母都不搭理他，好像家里没这个人。苏秦极受刺激，于是发奋读书、废寝忘食、焚膏继晷、头悬梁锥刺股，潜心钻研一年，再次出山游说。前面劝秦连横不成，心怀怨恨，此次转而游说六国合纵，共同抗击秦国。结果佩上六国相印，成为权倾天下的纵约长。一次，苏秦要去赵国商议国事，路过老家洛阳。父母听说后，赶忙收拾房间，备好酒席，出城 30 里迎接。妻子毕恭毕敬，不敢正面瞧他。嫂子则见了他就磕头。苏秦不解："你们为何前倨而后恭?" 嫂子一语道破天机："因为您现在地位尊贵又十分有钱!" 苏秦想到当年落魄回家的冷遇："唉，贫穷不得志时，父母都不把我当儿子；一旦有权有钱，家人亲戚都害怕我。如此看来，人生在世怎能忽视这些东西? 真是悲哀……"，泪流满面。启示：人要努力奋斗事业有成，才会获得人们的尊重。

6. 坚持和事业

成功并不像你想象的那么难。1965 年，一位韩国学生到剑桥大学主修心理学。喝下午茶时，常到学校咖啡厅或茶座听成功人士聊天。这些成功人士包括诺贝尔奖获得者，学术权威和创造经济神话的人，这些人把自己的成功看得非常自然和顺理成章。时间一长，他发现，在韩国，他被成功人士骗了。那些人为了让创业者知难而退，夸大自己的创业艰辛。于是他潜心研究韩国成功人士的心态，1970 年将《成功并不像你想像的那么难》作为毕业论文，提交给现代经济心理学的创始人威尔·布雷登教授。布雷登读后，大为惊喜，这种现象虽然在东方和世界普遍存在，此前却没人研究。他写信给剑桥校友，时任韩国总统的朴正熙："我不敢说这部著作对你有多大帮助，但敢肯定它比你的任何一个政令都能产生震动。" 后来此书鼓舞了许多人伴随韩国经济起飞了。它从一个新角度告诉人们，成功与"劳其筋骨，饿其体肤"、"三更灯火五更鸡"、"头悬梁，锥刺股" 无必然联系。只要你对某一事业感兴趣，长久坚持就会成功。后来，该青年成为韩国泛业汽车公司总裁。启示：人世中的许多事，只要坚持，都可能做到，该克服的困难，都可能克服。

7. 成功的秘诀

执着、目标、机遇、信念，你仿效哪一个? 有个聪明的青年，一心想当成功者。可是许多年过去了，却屡屡失败。于是，他拜访智者，寻求成功的秘诀。

"执着!" 智者讲了一则故事：有位父亲要到野猪岭狩猎，先让三个儿子分头探路。老大骑马走了三天，翻过三座大山，来到一望无际的草地，得知还要过沼泽……便打道回府。老二步行了四天，穿过了一片沼泽，被一座大山挡了回去。又过了一天，老三风尘仆仆地回来报告，到野猪岭只需五天的路。父亲满意地笑了："说得对，我早就去过!" 三个儿子不解地望着父亲。父亲："当别人停止前进时，你仍然坚持前进，你就会发现，所谓遥远的地方，其实并不遥远。" 青年听完故事，暗自琢磨一会，觉得挺有道理。

“目标！”智者又讲了一个耐人寻味的故事：父子四人来到野猪岭，父亲问老大：“你看到了什么！”老大：“我看到了猎枪，还有这一望无际的山岭！”父亲摇摇头，又问老二。老二：“我看到了猎枪、老爸、大哥和小弟，还有山岭！”父亲摇摇头，又问老三。老三：“我只看到猎物。”父亲高兴地说：“对！生活也是这样，有时你必须小心地注视周围的一切，但更多时候，你应该知道自己要干什么！”青年心里琢磨一阵，觉得也有道理。

“机遇！”智者又接着讲了一个充满哲理的故事。三个儿子出发时，父亲劝他们装上子弹。老大：“打猎的地方还远着呢！”老二：“这么远的路，装上一百发子弹也来得及！”老三默默地装上子弹。走着走着，在过沼泽时，看见大群野鸭浮在水面。老三一枪打中两只野鸭，老大和老二才匆忙装上子弹，野鸭已飞得无影无踪。父亲：“你俩失去了唾手可得的猎物，是因为没有抓住眼前的机会，而老三准备好了上膛的子弹！”青年暗自思考，觉得也挺有道理。

“信念！”智者又讲了一个深入浅出的故事。父子四人来到山下，父亲问他们干啥。老大：“狩猎啊！”老二：“等世上最好的猎物！”老三：“为五星级宾馆的餐桌准备最美的野味。”几年后，老大仍是狩猎者，老二成了富商，老三成了高级管理者！青年一听愣然了，不知效仿哪个故事？

智者：“上塔顶就会明白。”来到塔顶，只见寺塔被四条小径包围。智者：“通向寺塔的道路不止一条，走向成功也是如此！假如你在一条路上碰壁，就要试试另一条路！记住：通向成功的路不止这四条！”青年顿悟，叩谢智者下山去了。

8. 顺境与逆境

你是否有当耶稣的资格。教堂里，被钉在十字架上的耶稣受很多人膜拜。教堂看门人想分担耶稣的痛苦。一天祈祷时，向耶稣表明心愿。突然一个声音：“好啊！我下来看门，你上来钉在十字架上。但是，无论你看到或听到什么，都不许出声。”于是耶稣下来，看门人上去。一天来了位富商，祈祷完后，竟然忘拿手边钱袋便离去。他看在眼里，真想叫富商回来，但是，不能出声。接着来了位穷人，祈祷耶稣帮他渡过生活难关。正要离去，发现富商遗留的钱袋，以为耶稣显灵，千恩万谢离去。伪装的耶稣想说这不是你的。但是，约定他不能出声。之后来了个要出海远行的青年，祈求平安。正当要离去，富商冲进来，抓住青年，要他还钱。此时，伪装的耶稣终于忍不住说话了。既然事情清楚，富商找那穷人，青年匆匆离去。化装成看门人的耶稣说：“你下来吧！”看门人说：“我说出真相，主持公道，难道不对吗？”耶稣说：“你懂什么？那位富商并不缺钱，而对那穷人，却能挽回一家大小生命。最可怜的是那青年，没了富商纠缠，按时搭乘海船，被台风大浪打沉海底。”启示：现实生活中，我们自认为怎么样才是最好的，但往往事与愿违。如果我们把顺境或逆境都当作是考验，就会在顺境中感恩，逆境中存喜，认真对待人生。

9. 失败与成功

蕴藏的珍珠。从前有个老板，运一船鲜蚌，遇到风浪，误了归期，满船蚌肉腐烂。老板见血本全损，急得要跳海自尽。船长劝他：“等等，也许还剩什么东西。”他带领水手清理船舱，从烂肉中找到一粒很大的珍珠，其价值远超货价和运费。启示：当我们遭遇挫折失败时，不要忘了找出失败可能造成的另一种“后果”，譬如这粒蕴藏的珍珠。

10. 公平和正义

著名法学家边沁讲过一个故事：两人分一块饼。只能用刀切，没有尺子、天平什么的测量工具来保证一刀下去，饼能公平分成平等的两份。也就是说，两人都可能在利益分配中吃亏或占便宜，难以达到实质公平。那么，怎样做才能让两人口服心服？边沁："一人切，另一人先拿。"

11. 理解和宽容

一只小猪、一只绵羊、一头乳牛，被关在一起。一天，牧人捉小猪，小猪大声嚎叫。绵羊和乳牛讨厌嚎叫："他常捉我们，我们并不大呼小叫。"小猪回答："捉你们，只是要你们的毛或奶，捉我，却是要命！"启示：立场不同、所处环境不同，很难理解他人的感受。因此对别人的失意、挫折、伤痛，要理解和宽容！

美国一个市场里有个中国妇人生意很好引人嫉妒，大家有意无意把垃圾扫到她门口，妇人宽厚笑笑不予计较。旁边卖菜的墨西哥人忍不住问你为何不生气？妇人笑答：我们国家过年时都把垃圾往家里扫，垃圾越多就代表赚钱越多。从此垃圾不再出现。启示：以智慧化诅咒为祝福，与人为善的宽容更是创造幸福的法宝！

12. 想象力与正能量

灵狮广告公司全球董事长 Martin Puris 说过："从 A 到 C 的过程中，我们从来没有考虑过 B。"杰出的思维需要跳跃，思维的翅膀、创新的灵魂就是想象力。

一个美国保险推销员走进一家律师事务所，不到半小时，办成保额高达百万美元的人寿保险。可是，这位富有大律师曾将此城市许多最能干的寿险业务员拒之门外。这位业务员带了一份报样，头版头条《杰出律师为自己的大脑投保百万美元》。报道这个律师如何从基层做起，到公司法律顾问，再到凭着卓越业务能力打出一片天下，就连最挑剔的委托人在他面前也唯命是从。文章写得很好，还配有律师家人照片和漂亮房产。业务员："我已经安排好了，只要您通过必要的体检，我就在一百多份报纸上刊发这篇报道。您这么聪明，不用提醒就清楚，它会给您带来足够多的新客户，收入肯定超过 100 万美元。"律师边读报道边问业务员，怎么搞到他这么多个人信息。业务员："我不过是委托报业联盟。"律师作了几处修改，把报纸还给业务员："拿张申请表给我。"几分钟后，生意做成了。可是，业务员在拜访律师前，准备了 3 个多月，确保报道能准确击中律师的软肋——想出名。他推销给律师的其实是虚荣心保险。一个头版头条报道，不但帮他得到了丰厚的保费，还从报业联盟那里拿到 500 美元稿费。

13. 坚定地生活与正能量

有个法国人罗迪，家有生病的老母，自己却把工资输在赌桌上，他颓丧地在街上徘徊。一个算命人叫住了他："你知道吗，你是拿破仑转世，你以后会有很多苦头吃，但你不怕，因为成功在等着你。"罗迪觉得如果真是拿破仑转世，应有大作为。于是买来许多关于拿破仑的书籍，入迷研读。然后，借点钱开始创业。创业困难不期而至，但并没让他退缩，因为算命的说了，只要不怕苦，成功在等他。若干年后，罗迪成了法国著名企业家，资产排在法国大富翁前列。记者采访他时，他讲了这个故事。算命人见我颓丧就勾勒一个完美形象激励我，多年来，我坚定地模仿那个虚拟的完美的自己，最终取得了成功。

14. 专注力与正能量

一位穷苦的牧羊人带着两个幼儿以替人放羊为生。一天，他们赶着羊来到山坡上，一群大雁飞过。小儿子问父亲："大雁去哪里？"牧羊人："它们要去一个温暖的地方，度过寒冷的冬天。"大儿子羡慕地说："要是我也能像大雁那样飞起来就好了。"小儿子也说："要是能做一只会飞的大雁该多好！"牧羊人："只要你们想，你们也能飞起来。"

两个儿子试了试，都没能飞起来，就用怀疑的眼神看着父亲，牧羊人：“我飞给你们看。”于是他张开双臂，但没能飞起来。牧羊人：“我因为年纪大了才飞不起来，你们还小，只要努力，将来一定能飞起来。”两个儿子牢记父亲的话，一直专注飞起来。等哥哥36岁，弟弟32岁时，他们果然飞起来了，因为他俩发明了飞机。这就是美国的莱特兄弟。

15. 潜意识与正能量

最后一片树叶。有个病人躺病床，绝望地看着窗外一棵被秋风扫过的萧瑟的树。突然发现，树上居然还有一片葱绿的树叶没落。病人想，等这片树叶落了，我的生命也就结束了。于是，他终日望着那片树叶，等它掉落后，就悄然终结生命。但是，那碧如翡翠的树叶竟然一直未落，直到病人完全康复。其实，那树叶是一位画家画上去的。画家知道了他的内心秘密，顺着病人的心思设计了这么一片假树叶，给他不断注入活下去的正能量。启示：真正的生命力是人的信念（潜意识）。

心理训练

集聚正能量的心理瑜伽

1. 找到出口。平时聚集负能量，一旦爆发后果严重。日常小宣泄，可避免火山爆发。

2. 静心冥想。人自身有正能量，只是被生活、工作、情感占据而没能静心去感受它。

3. 发挥想象。知识有限，想象无限且是知识进化的源泉。常想美好事，汇聚正能量。

4. 学着去感受。感觉和感受力的培养靠练习、靠实干。

5. 寻找象征物。将喜欢之物当做爱的力量象征物，看到或听到它，就感到爱的力量。

6. 亲近自然。大自然是最好的能量来源，多在沙滩、草地散步，可吸收大地能量。

7. 多多饮水。水能滋润皮肤、清醒头脑，也能冲洗负能量，维护身体健康。

8. 多抱婴儿。婴儿未受社会影响，具备充沛正能量。婴儿感应力很强，若对你微笑，说明你正能量充足。拥抱婴儿是最天然的人际能量。

9. 懂得感恩。感恩人生、感恩生命、感恩工作、感恩亲友。

10. 不抱怨的力量。并非只有作为才是正能量，不做负面事情就很正面。抱怨帮不到你，只会将你变成负能量的发电厂。

11. 正视自己。不完美才有进步空间。勿因己有缺点而沮丧，它是你的成长空间。

12. 接受情绪。人都有情绪。要接受自己的所有情绪，不要转身还记着这种情绪。

13. 勇于承担。勇于承担失误，是走出失败阴霾、甩掉心理重负的唯一途径。

14. 改变理念。生气是因为看事情的角度不同，如果你站在对方的立场或者更高的高度去看，就会觉得情有可原，爱和体谅别人，是一种正能量。

15. 改变行为。良药苦口利于病，良药甜口更利于病。很多时候出发点正确，但是处理方法错误。如果换个方法，效果会更好。

16. 虚心学习。种瓜得瓜种豆得豆，要想做事就要先学习相关知识。

17. 相信并坚持。执行力强的人都坚信只有坚持，才有结果。

18. 营造安逸的睡眠环境。温暖安全的睡眠是感官享受和能量摇篮。

19. 与拥有正能量的人相伴。拥有正能量的人对很多事情充满好奇，遇到新鲜事物都想尝试，于是发现世界很大，值得一生去尝试。

20. 经常称赞。别人是你正能量的裁判。比如，见人问个好，尽管是演戏，习惯成自然，当别人在你身上感受正能量，正能量才成立。

21. 运用快乐记忆。自己常快乐，好运连又连；自己很负面，打击不断来。要将自己的情绪和感受调整到阳光频道！

集聚正能量的日常训练

1. 走进自然。常到大自然中吸取正能量。
2. 步入社会。结交许多朋友和几个知己。
3. 读本好书。触动心灵并与其他人分享。
4. 完善自我。学会感知并记录自我价值。
5. 坚持行善。每天做件不计报酬的善事，用实际行动来传递正能量。
6. 立足实干。立长志常审视做点滴小事，让中国梦和个人梦不遥远。

思考与练习

1. 什么是正能量，正能量有什么作用？
2. 什么是职场能量法则，如何增强自己的能力？
3. 负面情绪怎样才能转化为正能量，请举例说明。
4. 如何凝聚正能量，活出全新的自己？
5. 正能量有哪三个层次，哪五个内容？
6. 有哪些方法可以用身体改变头脑？
7. 怎样才能成为命运的幸运儿？
8. 什么是积极心理学，它与传统主流心理学有什么区别？
9. 什么是中国梦，为什么要有中国梦，中国梦与个人梦想有什么关系？
10. 大学生如何聚集心理正能量，放飞中国新梦想？

附录一　团体心理活动选编

一、团体心理活动说明

团体心理活动是在团体情境下进行的一种心理辅导形式，它是通过团体内人际交互作用，促使个体在交往中观察、学习、体验，认识自我、探索自我、调整改善与他人的关系，学习新的态度与行为方式，促进良好的适应与发展。

心理团体按功能可以分为不同的类型。①“成长性”的心理团体。注重成员的身心发展，协助成员自我认识、自我探索进而自我接纳、自我肯定，注重成员知识和能力的充实以及正向行为的建立。学校和企事业单位中的团体心理活动大多属此类型。②“治疗性”的心理团体。注重成员经验的深层解析、人格重塑与行为重建。此类团体心理活动通常在医疗或社会服务机构中开展。

学校团体心理活动的意义。个体心理咨询是有效的心理辅导途径，不足之处是耗时多、受众面窄、解决问题单一等。而团体心理活动能克服以上弱点，它通过设立特定的场景活动，利用团体成员间的互动达到集思广益、互帮互助、提高心理健康水平的目的。学校团体心理活动，一般由老师策划、组织、指导和讲评。

学校团体心理活动的过程。北京师范大学、北京大学、中科院心理所、中国人民大学、台湾彰化师大等联合研发的博仁团体辅导工具箱，设计出团体过程五个阶段。①开始阶段。成员最主要的心理需求是获得安全感。②转变阶段。成员最主要的心理需求是被真正接纳和有归属感。③团结和凝聚阶段。成员需要认识人的行为是自己选择的结果。④工作和产生阶段。成员最主要是利用团体解决自己的问题。⑤结束阶段。成员必须对自己的团体经验作结论，并向团体道别。

本团体心理活动项目选编的设想。①活动目标。能够帮助大学生开展心理自助，达到心理自我调适。②活动组织。可以由老师，也可以由学生干部策划、组织、开展、讨论和讲评。③活动前提。保证安全，道具较少，场地易备，容易开展。

二、团体心理活动项目

1. 手体操（热身活动）

（1）活动目的　掌握身心保健方法。

（2）活动操作　两掌心向下大拇指平敲36下；两掌心向上小指边平敲36下；虎口穴相对敲36下；双手五指交叉敲击36下；双侧拳掌互击36下；手背相对敲击36下；耳垂下拉36下；干搓手至发热后轻捂双眼左右揉动36下。

2. 轻柔体操（热身活动）

（1）活动目的　活跃团体气氛。

（2）活动准备　全体成员围成圆圈，主持人在圆心里。要有足够的活动空间。

（3）活动操作　主持人先带头做一个动作，要求成员不评价不思考，立即模仿做三遍。然后每个人依次做一个自己想出来的动作，大家一起模仿。一些极富创造性的动作会引起大家愉快的笑声。

3. 刮大风（热身活动）

（1）活动目的　通过躯体放松带来心理放松。

(2) 活动准备 教室有一定的空间，以便大家能活动开。

(3) 活动操作 全体起立，围成大圈，看看自己和谁站在一起，为什么（大家容易和自己比较熟悉的人在一起）？请大家听指令，听到和自己特征相符的一定要改变原来的位置，找到新位置。注意听：

大风刮呀刮，戴眼镜的动起来！

大风刮呀刮，女同学动起来！

大风刮呀刮，1.70米以上的动起来！

大风刮呀刮，穿××衣服（或鞋子）的动起来！……（主持人现场发挥刮大风的对象）

现在请同学们看一下发生了什么变化，你两边是谁？

4. 成长三部曲和捶捶乐（热身活动）

(1) 活动目的 体验成长需要，和谐人际关系。

(2) 活动人数 10人以上双数组成一组并围成圈。

(3) 蛋—鸡—凤凰 ①说明。鸡蛋：全蹲，双手抱膝；小鸡：半蹲，双手叉腰；大鸡：站立，双手高举；凤凰：飞出圈外按先后顺序排队。②活动。全体成员先做“鸡蛋”，用“石头、剪刀、布”的方法与其他的“鸡蛋”竞争，获胜者升级为“小鸡”。失败者再和别的鸡蛋竞争，只有获胜才能升级为“小鸡”。“小鸡”之间竞争，获胜者成为“大鸡”。“大鸡”之间竞争，获胜者成为“凤凰”。

(4) 捶捶乐 由第一只凤凰拉起最后那只鸡蛋、小鸡，全体成员围成一圈，每人朝一个方向（第一只凤凰朝着最后那只鸡蛋的方向），为前一位成员揉揉肩、捶捶背，然后转身反方向为前一位揉揉肩、捶捶背。

5. 松鼠大树（热身活动）

(1) 活动目的 活跃气氛，锻炼团队成员的反应能力。

(2) 活动规则 学员扮演不同的角色，担任不同角色的任务，每个人都要争取不落单。

(3) 活动人数 10人以上。

(4) 活动操作

① 事先分组。一二三报数，3人一组。一、三扮大树，面对对方，伸出双手搭成一个圆圈；二扮松鼠，站在圆圈中间。主持人或其他没成对的学生担任临时人员。

② 松鼠搬家。扮演“松鼠”者必须离开原来的大树，重新选择其他的大树。指导师或临时人员可临时扮演松鼠并插到大树当中。落单的人应表演节目。

③ 大树着火。扮演“大树”者必须离开原先的同伴而重组一对大树，并圈住松鼠。主持人或临时人员可临时扮演大树。落单的人应表演节目。

④ 地震了。全部打散并重新组合，扮演大树者也可扮演松鼠，松鼠也可扮演大树，主持人或其他没成对的人亦插入队伍当中。落单的人表演节目。

(5) 小结提示 “松鼠大树”活动，学员通过扮演不同角色，赋予不同角色所对应的行为反应；通过外在环境的不断变化，致使“松鼠”和“大树”都面临脱离“群体”的危机，所以他们都要想尽一切办法，归属团体。这一活动中，学员的“归属需要”得到放大体现，促进了人际交流和合作；“团队精神”得到极大体现，并使每个成员得以体验。

(6) 创新提示 “松鼠大树”活动对落单人员的惩罚是表演节目，如果表演的节目多样化，那么成员的其他能力也可在活动中得到展现，如表演能力（唱歌，跳舞等）、语言能力（讲故事，笑话等）。

6. 无家可归（热身活动）

（1）活动目的　体验集体归属的重要性，培养团队意识。

（2）活动操作

大家手拉手围成一个圈，主持人站中间。听到“开始”指令后，大家拉着手逆时针跑起来。

主持人说：“马兰花儿开”，同学问：“开几瓣？”

主持人答：“开 n 瓣！”（n 可以是随意的数字）所有人分别组成一个正好有 n 个人的手拉手小组。

在任何小组之外，变成“无家可归”的同学表演节目。活动可重复进行，变换 n 数字的大小，让更多的人体验到无家可归的感受。也要提醒没有找到家的同学积极主动，至少不放弃两边的人。

活动结束后谈体会，分别找无家可归次数最多的同学和总能顺利找到组织的同学谈感想，启发同学认识到在人际互动中要积极主动，不能消极被动等待；同时启发同学认识到集体归属的重要性。

7. 心理健康观念调查（心理健康）

（1）活动目的　帮助学生关注健康和心理健康。

（2）活动人数　8～10 人一组。

（3）活动操作　①讨论什么是健康标准、大学生心理健康标准？大学生普遍存在的心理问题有哪些，如何维护心理健康？②谈谈自己过去对健康、心理健康的认识，再谈谈现在的感受。③每个小组汇总和分析当前大学生具有什么样的心理健康需求。

8. 我是谁（自我意识——了解自我结构）

（1）活动目的　了解自我，认识自我。

（2）理论基础　自我意识是个体对自己存在状态的认识。自我意识从内容上看有三个层面，即生理自我（个体对自己的身体、性别、年龄、容貌、仪表、健康状况等的认识和体验）、心理自我（个体对自己的气质、性格、能力、兴趣、信念、世界观等个性特征的认识和体验）、社会自我（个体对自己在社会和人际中的角色、地位、作用、状况、权利、名望等的认识和体验）；自我意识从观念上看有三个方面，即现实自我（个体从自己立场出发对目前的生理、心理、社会三个层面自我的看法）、投射自我（个体想象他人和社会对自己的看法）、理想自我（个体期待将来成为怎样的人）；自我意识从形式上看也有三个方面，即自我认识（主观自我 I 对客观自我 me 的认知与评价。回答：我是谁？我是什么样的人？）、自我体验（伴随自我认识产生的情绪感受。回答：是否满意自己、是否悦纳自己等）、自我调控（对自己思想、言语和行为的调控。核心内容：我应该成为什么样的人？我需要如何做才能成为理想中的那种人？）。

（3）模拟招聘

题目：我是谁？

准备：每个学生写 10～20 个“我是谁”（生理自我、心理自我、社会自我、理想自我、投射自我）。安排两个学生作为评委。评判标准，上述 5 个自我。

过程：学生自愿上台参加招聘“我是谁？”，写的多、全、准的学生获胜。

教师介绍应聘成功的原因，补充介绍自我意识理论。

（4）我的美丽花园

准备：每个学生为自己设计一个花园。花园里有上述 5 个自我。

讨论：你对自己的花园满意吗（可从自己的优缺点、个性、学习态度等方面谈起）？别人眼中的我（小组同伴相互欣赏、评价）。

（5）我的自画像

道具：A4白纸每人一张，彩色笔若干供需者自由取用。

8～10分钟内，每人在白纸上画一幅“自画像”，可以是形象的肖像画，也可以是抽象的比喻画；可以是一色笔画成，也可以是多色笔画成。有的学生可能因自己的绘画技能差而感到为难，主持人要提醒大家本活动不是绘画比赛，只要求画的内容、形式能反映对自我的认识。总之，把自己心目中最能代表自己的东西画出来。自画像方法可使成员发现隐藏在潜意识层面的自我，不知不觉地对自己做出评估和内省。

画完后挂墙上开“画展”，让成员观看他人的画，不加评论。

欣赏完后请每位画家解释他的画并回答参与者的质疑。

（6）猜猜我是谁

活动：每人一张A4纸。主持人引导大家对自己的性格特点进行描述，把自认为好的性格特点写在纸的正面，不好的性格特点写在纸的背面，描述的越详细越好。每个人把写好的纸交到主持人手中，主持人从中抽出几份，然后读出每一张纸上的内容，让大家猜猜看，纸上说的是谁？有幸被猜中的人说明对自己有比较清晰的认识。

讨论：如何给不好的性格特征积极赋义，如鲁莽冲动的积极赋义就是勇敢果断。你认识自己吗？如何调动性格中积极的因素，弥补性格中消极的因素？如何与不同性格的人相处？

9. 心理自述（自我意识——了解独特自我）

（1）活动目的　通过团体内对比各自的心理自述，了解独特自我。

（2）个人填写下列7个“假如”

假如我是一种花，我希望是_____，因为____。

假如我是一种动物，我希望是____，因为____。

假如我是一种乐器，我希望是____，因为____。

假如我是一种水果，我希望是____，因为____。

假如我是一种颜色，我希望是____，因为____。

假如我是一种交通工具，我希望是____，因为____。

假如我是一种树，我希望是____，因为____。

（3）了解独特的自我和知己　①纵向了解。分别请同学起来念自己的7个“假如”，了解与他相同的有几人（7个、6个、5个、4个相同的几乎没有，但是3个、2个、1个相同的就有了）。②横向了解。分别请同学起来念自己的每个“假如”，了解与他相同的有几人（几乎每个“假如”都有人与之相同）。

（4）总结与思考　能否找到与自己完全一样的同学？世界上没有完全相同的两个人，每个人都有自己的独特性。你对独特的自我满意吗？哪些方面还需要改变？

10. 优点轰炸（自我意识——了解自我长处）

方法一，戴“高帽”

（1）活动目的　通过同学对自己优点轰炸，了解自我长处，增强个人自信，体会被赞扬的感受。

（2）活动程序　5～8人/组围圈坐；请一位成员坐或站在团体中央，向大家介绍自己的姓名、个性、爱好等；其他人轮流根据自己对他（她）的了解及观察说出他（她）的优点及欣赏之处（如相貌、性格、处事等），然后被赞赏者说出哪些优点是自己以前察觉的，哪些

是未察觉的。每个成员到中央戴一次高帽。(注意：夸人优点要真诚真实，不能无根据吹捧而伤人)

(3) 小组讨论　被人称赞时，你的心情是怎样的？怎样用心发现他人长处？怎样做一个乐于欣赏他人的人？通过本次活动你有什么想法？

方法二，送"糖弹"

(1) 活动目的　通过给予赞美发现他人的长处，取长补短。通过接受赞美发现自己的优点，扬长避短。学会人际沟通的技巧，掌握人际和谐的法宝。

(2) 活动道具　漂亮的彩纸、笔。

(3) 活动程序　分为5～8人/组，每个学生按需领取做"糖弹"的彩纸，5分钟内，对班内同学尽可能多的赞美，把赞美的话写在纸上，做成"糖弹"；5分钟后大家把"糖弹"抛给想要赞美的人，直到把手中的"糖弹"送完，才能打开自己收到的"糖弹"；小组交流自己收到的"糖弹"，并把它读出来。

(4) 小组讨论　收到"糖弹"时与人目光接触的感觉是什么？收到的"糖弹"是甜美的还是受伤害的？当你看到别人对自己的赞美，感受如何？你是否还有赞美想送出去？

(5) 注意事项　①可能每个人收到的"糖弹"不一样多，主持人要关注收到较少的或根本没有收到的学生，所以主持人应事先准备几个"糖弹"备用。②制造"糖弹"时，主持人可暗示大家，赞美可以是浅表的，也可以是深层的，最好是独特的。可以赞美熟悉的人、尊敬的人，也可以是初识的、需要鼓励的人等。③发射"糖弹"时一定要有目光的交流和真诚的回应。

11. 背后留言（自我意识——了解自我优缺点）

(1) 活动目的　培养学生客观对待他人评价的积极心态；通过背对背的评价，让学生意识到"别人眼中的我"是什么样子，通过他人的评价来整合和完善自我意识。

(2) 活动道具　A4白纸每人一张，大头针若干，背景音乐。

(3) 活动程序

① 主持人首先公布活动规则。每个人在纸的最上面写下自己的姓名和对留言者说的一句话，大家相互帮助用大头针把纸固定到自己的后背上。

② 接下来大家在同学的后背上写留言。

③ 10分钟后，主持人示意大家停下，再次围坐一起，摘下背后的纸条，看看同学对自己的评价。

④ 团体分享"背后留言"。人们因何欣赏你？因何不欣赏你？哪些评价让你感到新颖、好笑而又确实符合自己？你有没有看到自己潜在的优势或特长，可能你从未注意，而在别人的眼中却是那么的明显？这个活动还带给你哪些其他感受？

(4) 注意事项

① 写留言之前，主持人最好要强调对待这次活动的态度：真诚、客观、负责。

② 留言过程中，同学之间不能说话，要用非语言形式交流，留言内容是你对这个人的认识，包括优点、缺点及建议，还可以写上自己最想对他说的一句话，不用留名。

③ 不同的班级，活动气氛可能有所差别。如果班内同学关系融洽，做此活动应该会有较好效果。

④ 主持人及时调整活动中的一个细节。有的班级男女同学关系放得开，活动中会让异性为自己写"留言"。有的班级男女同学关系较矜持，可能只找同性同学写。此时需要主持人打破这个单调局面。因为不找异性同学写"留言"，等于失去一半的世界、一半的建议。

12. 价值拍卖会（自我意识——了解自我价值观）

（1）活动目的　激发学生思考自己的价值观；帮助学生体验和澄清自己的人生态度。

（2）活动道具　足够的道具钱、不同颜色的硬纸板、拍卖槌。

（3）活动程序

① 事前准备。将拍卖的东西写在硬纸板上（最好不同颜色，以增加趣味性及方便拍卖进行）。

② 宣布游戏规则。每个学生手中有5000元（道具钱），它代表个人一生的时间和精力。每个人可以根据自己对人生的理解随意竞买下述东西。每样东西都有底价，每次出价以500元为单位，价高者得到东西，有出价5000元的，立即成交。

底价500元的东西有：爱情，友情，美貌，好身材，一份能发挥自己专业特长的工作，豪宅名车，每天都能吃美食，名望，爱心，欢乐，礼貌，诚实，名牌大学专升本录取通知书。

底价1000元的东西有：长寿无病痛，自由，财富，最完美的恋爱，幸福美满的家庭，有一些知己的朋友，拥有自己的图书馆，良心，孝心，权力，智慧，聪明，冒险精神。

③ 举行拍卖会。请一人主持拍卖。按游戏方式进行，直到所有的东西拍卖完为止。注意拍卖过程中的纪律不能太乱，否则活动就成为乱哄哄的滑稽表演。有的同学可能会重复使用手中的代币券，主持人应提醒这些学生支出总额不能超过5000元。

④ 请学生认真思考买回来的东西，然后讨论交流。

你是否后悔你买到的东西，为什么？

在拍卖的过程中，你的心情如何？

有没有同学啥都没有买，为什么不买？

你是否后悔自己刚才争取的东西太少？

争取买来的东西是否为你最想要的？

钱是否一定会带来快乐？

有没有比金钱更重要、或比金钱带来更大的满足感的东西呢？

你是否甘愿为了金钱、名望而放弃一切？

有没有除了比上面所说的这些更值得追寻的东西？

13. 留舍最爱（自我意识——了解自我价值观）

（1）活动目的　思考自己“生命中最重要的五样”，通过留与舍的决定，帮助学生澄清自己的价值取向。在交流分享中，同学之间彼此启发、相互学习，完成价值观的重组。

（2）活动程序

① 全班学生分成若干个6人小组，每人发一张纸和笔。

② 主持人要求大家把自己“生命中最重要的五样东西”写下来，小组内做一个交流。

③ 请每个人想一想，假如要从五样中划去一样，自己首先划去哪一样？划去的理由是什么？就这样依次再划去另一样……直到最后还剩一样。

④ 小组交流划去的顺序和理由，全班分享自己作出留与舍决定时的心理感受。明确自己最为看重的事物后，你会采取什么措施？

（3）注意事项

① 注意营造一种安静、庄重的氛围，主持人要做好前期的引导，让每个人在认真思考的基础上作出留与舍的决定，避免轻率、随意、肤浅。

② 每个学生写完自己生命中最重要的五样后，安排小组交流，是为了让同学之间有一个相互启发、自我澄清的过程，所以交流后，允许学生修改自己的“生命中最重要的五样”。

③ 全班分享时主持人一定要关注学生在作出留与舍决定时的心理感受，是轻松、果断、明确地划去，还是犹豫、痛苦、矛盾地划去，因为要求最后只留一项对有些学生来说会比较困难。

14. 目标搜索（自我意识——树立目标意识）

（1）活动目的　学会树立目标意识，让目标引领行为。澄清并明确近期目标，懂得分清主次。

（2）活动步骤

① 请同学们在纸上写出你近期内要完成的五件重要事情，可以是学习、会友、旅游、购物、读完某本书或参加某方面活动等。

② 假如你现在有特殊事情，必须在五件事中抹掉两项，体验你现在的心情，你会抹掉哪两项？

③ 现在又有特殊情况发生，你必须再抹掉一项，你的心情又如何？你又会抹掉哪一项？现在还要再抹掉一项，你又做出怎样决定？

④ 最后只剩一件事，这就是近期内你最想做的、对你来说最重要大事，即你当前的奋斗目标。

⑤ 和大家谈谈你的奋斗目标是什么？

⑥ 大家想下面三个问题：第一，我是否想要实现那个目标？我是否一定要实现那个目标？第二，我有无实现目标的条件？我怎样发挥这些条件？第三，实现目标的困难障碍难以克服吗？我是否要克服？我一定要克服吗？

⑦ 制订和取舍目标时要注意两点。第一，近期目标必须是跳一跳就可能实现的。如完成一项计划或在目前基础上的学习进步等。第二，目标实现要有期限。如短期目标可以是一个星期、一个月为期限，中期目标可以是半个学期或一个学期为期限等。

15. 我演你猜龙虎榜（情绪管理——认识情绪）

（1）活动目的　了解情绪类别及健康情绪。

（2）活动步骤

准备8张“情绪卡片”，卡片分别写上：喜悦、愤怒、悲哀、恐惧、惊讶、爱、厌恶、羞耻。

让自愿上台的学生随机抽取一张卡片，只能用表情、动作等非语言信息表达卡片上的情绪。让台下的同学猜测台上同学表达的是什么情绪。学生讨论“情绪有好坏之分吗？为什么？”，并请代表发言。

最会表演、最会猜、发言最棒的同学荣登“龙虎榜”。

主持人小结：情绪无好坏之分，关键要表现适当。消极情绪只要表现恰当也是有益的，例如考试成绩不如意而产生的羞愧、内疚情绪，有助于重视学习，奋起直追。

（3）八大类情绪

喜悦：满足、幸福、愉悦、骄傲、兴奋、狂喜等。

愤怒：生气、不平、烦躁、敌意、恨意等。

悲哀：忧伤、寂寞、忧郁、沮丧、绝望等。

恐惧：焦虑、紧张、忧心、疑虑、慌乱、警觉等。

惊讶：震惊、讶异、惊喜、叹为观止等。

爱：友善、和善、亲密、信赖、宠爱、痴恋等。

厌恶：轻视、轻蔑、讥讽、排斥等。

羞耻：愧疚、尴尬、懊悔、耻辱等。

16. 了解自我情绪（情绪管理——认识情绪）

方式一，心情歌曲

（1）活动目的 学会认知自我的不良情绪，掌握正确的排解方法。

（2）活动步骤

① 准备。8～10 人一组。每位学生在组内选一首最能代表自己心情的歌曲与同学分享。

② 讨论。我为什么选这首歌，心情不好时自己通常是如何排解的？各种排解负面情绪的方式是否适合自己，会不会有不良后遗症，如果有，该如何避免？

③ 卡拉 OK。唱唱代表自己心情的歌曲。

方式二，情绪反应

（1）活动目的 学会觉察自己的情绪，了解情绪对自身的影响，明白管理情绪的必要性。

（2）活动步骤

① 回忆自己很快乐、很生气、很悲伤时，是否有生理感觉？记录下来。这些情绪对自己有啥影响？

② 小组内交流分享。

③ 每个小组在交流的基础上选取一些素材排成小品，小品要反映引发情绪的事件、情绪的外在表现以及情绪对个体的影响。

④ 小组表演并要求学生在表演后作简单点评。

⑤ 教师小结。当我们发生情绪时，不仅身体外部有不同的表情和动作，身体内部也会发生生理变化。情绪会影响身体健康，影响理智和正常水平的发挥，影响人际关系。

17. 情商 EQ 知多少（情绪管理——认识情绪）

（1）活动目的 领悟情商对自身发展和取得成功的重要影响，激发学会情绪管理的需要。

（2）活动步骤

① 教师介绍“软糖实验”案例。引发学生讨论：这个实验说明了什么？

② 教师介绍情商的内容。美国耶鲁大学的沙洛维和梅耶尔首先提出情商概念。他们认为，在一个人成功的要素中，智力因素仅占 20%，而非智力因素，其中主要是情商，则占 80%。情商主要包括以下五种能力：清楚认识自己的情绪；妥善管理自己的情绪；激发自己的正面情绪；认识他人的情绪；安抚他人的情绪。

③ 学生讨论。举例说明情商与你的成功有何关系。通过学生自身论证来感悟情商的重要性。

18. 镜子活动（情绪管理——唤起愉快情绪）

（1）活动目的 让学生明白，假装有某种情绪会真的产生某种情绪，掌握镜子技术。

（2）活动步骤

① 学生两人一组，相对而坐。甲做出各种愉快的表情，乙当镜子模仿甲的各种表情。时间 2 分钟。

② 双方互换角色，时间 2 分钟。

③ 学生围绕刚才的活动讨论分享。看到“镜子”的表情，你有什么感受？情绪可传染吗？在努力做各种愉快表情时，你的情绪有变化吗？

④ 教师小结。心理学研究表明，当我们假装有某种心情，模仿某种心情，往往能帮助

我们真的获得这种心情。因此，每天早上起床后对着镜子笑一笑，告诉自己“今天会有好心情”，往往会为你带来一天的好心情。即使没有镜子，也可利用镜子技巧，使自己脸上露出开心的笑容，挺起胸膛，深吸一口气，然后唱一段歌曲，或吹一段口哨等，记住自己快乐的表情。

19. 发现快乐（情绪管理——唤起愉快情绪）

（1）活动目的　让学生明白只要我们善于发现，生活中到处充满快乐。

（2）活动准备　短文材料《美国年轻人眼里的开心时刻》。

（3）活动步骤

① 请学生回想最近一月令自己开心的事件，在纸上列出“快乐清单”，每人至少列出10项。

② 请部分学生读出自己的快乐清单。

③ 把短文《美国年轻人眼里的开心时刻》给学生看，请学生与自己的“快乐清单”对照。

④ 小组脑力激荡法。在同学的“快乐清单”及短文的启发下，大家开动脑筋再尽可能多地寻找快乐，每个小组请一位同学做记录，完成小组的快乐清单。

⑤ 以小组为单位读出小组的快乐清单，给想得最多的小组奖励。

⑥ 教师小结。生活中不缺少快乐，只缺少发现。

⑦ 教师出示情绪宣言模板。“今天我要学会控制情绪！弱者任思绪控制行为。强者让行为控制思绪。每天醒来，当我被悲伤失败的情绪包围时，我要这样与之抗争：沮丧时，我引吭高歌；悲伤时，我开怀大笑；病痛时，我继续工作；恐惧时，我勇往直前；不安时，我提高嗓音；力不从心时，我回想过去的成功；自轻自负时，我想想自己的目标。”让学生参考写一份符合自己实际的情绪宣言，每天早上（特别是心情不好时）宣读。

（4）《美国年轻人眼里的开心时刻》

异性一个特别的眼神。

听收音机里播放自己最喜欢的歌曲。

躺在床上静静地聆听窗外的雨声。

发现自己想买的衣服正降价出售。

被邀请去参加舞会。

在浴缸的泡沫里舒舒服服地洗个澡。

一次愉快的谈话。

有人体贴地为你盖上被子。

在沙滩上晒太阳。

在去年冬天穿过的衣服里发现20美元。

在细雨中奔跑。

开了一个绝妙幽默的玩笑。

有很多朋友。

无意中听到别人正在称赞你。

醒来时发现还有几个小时可以睡觉。

自己是团队的一分子。

交新朋友或和老朋友在一起。

与室友彻夜长谈。

甜美的梦。

见到心上人时心头鹿撞的感觉。

赢得一场精彩的棒球或篮球比赛。

朋友送来家里自制的甜饼和苹果派。

看到朋友的微笑，听到他们的笑声。

第一次登台表演，既紧张又快乐的感觉。

偶尔遇见多年不曾谋面的老友，发现彼此都没有改变。

送给朋友一件他一直想要得到的礼物，看着他打开包装时的惊喜表情。

快乐真的就这么简单。只要你用心去感受，很多时刻都是你的开心时刻。

20. 快乐大本营（情绪管理——唤起愉快情绪）

（1）活动目的 让学生互相学习能使自己快乐的有效方法。

（2）活动准备 每小组一张大纸，写上“快乐大本营”。

（3）活动步骤 ①学生回忆、归纳让自己快乐的秘密武器。②小组内交流，选出一些能有效使自己快乐的秘密武器，存入“快乐大本营”内。③每个小组请一名代表把本组的“快乐大本营”贴出，并介绍本组的秘密武器。

21. 觉察愤怒（情绪管理——管理愤怒情绪）

（1）活动目的 帮助学生认识愤怒过程。包括事件，愤怒时的生理和行为，愤怒对个人的影响。

（2）活动材料 一张A4纸，笔。

（3）活动步骤

① 学生回忆最近发生的最令自己愤怒的事件。试着写下：自己愤怒时的表情和动作；自己愤怒时的生理感觉（如心跳加速，呼吸急促，脸热，眼睛圆睁，头皮发紧，流泪等）；自己愤怒时的内心感受（如“我被愚弄了！”“对方太过分！”“这简直是厚颜无耻的做法！”等）；自己愤怒时的行为反应（如骂人、痛哭、摔东西、摔门、疯狂购物、吃东西、撕纸、咬紧牙关、强迫冷静、生闷气、找人打架、找人倾诉、写日记、听音乐、写作业、自习、运动等）；自己愤怒时对方的感受或反应。

② 小组分享。学生自愿表达自己写的内容。

③ 讨论。什么样的愤怒反应是恰当的？压抑愤怒情绪好不好？宣泄愤怒情绪应注意什么问题？

22. 愤怒契约（情绪管理——管理愤怒情绪）

（1）活动目的 帮助学生恰当地表达愤怒，学会盛怒时自我控制。

（2）活动步骤

① 全班同学一起说说愤怒的处理方式，教师将其写在黑板上。

② 小组讨论：选出两种最佳的愤怒处理方式。

③ 全班评选：最佳的五种愤怒处理方式。

④ 每四人一组集体宣誓：“我承诺：当我愤怒时，我会用……的方式来管理好我的情绪，这会令我舒畅并保持愉悦的心境。”

23. 管理愤怒（情绪管理——管理愤怒情绪）

（1）认识愤怒情绪

① 活动目标。帮助学生认识压抑不是最好的办法，要学会恰当表达愤怒的方法。

② 活动材料。收集两段处理愤怒情绪的录像：粗暴的处理方式，压抑容忍的处理方式。

③ 活动步骤。让学生观看两段录像。学生讨论：这两种愤怒的表达方式好不好，为什么？是否可以把愤怒情绪激烈地表达出来，为什么？当你被人激怒时，你会怎样表达自己的愤怒？

（2）反省愤怒方式

① 活动目标：帮助学生反省自己的愤怒表达习惯，练习恰当的处理方式。

② 活动材料：一张 A4 纸，笔。

③ 活动步骤：

个人回忆。最近发生的最令我愤怒的事件，试着把情绪引发出来，按“觉察愤怒”要求写在纸上。

小组讨论。我对愤怒的处理方式是否恰当，为什么？如果事件重演，我会怎样做？

配对练习。每位同学找一个搭档，改用新的处理方式，重演练习。可以互换角色。

（3）学会制怒方法

① 黄金规则。即不要用可能伤害自己或伤害他人的方式表达愤怒。

② 参看第二章第二节第四部分情绪管理方法。

③ 参看第三章第二节提高挫折承受能力，提高挫折应对能力。

24. 情绪 ABC（情绪管理——理性情绪调节）

（1）“想法”决定情绪

① 活动目标。明白影响我们情绪的不是事件本身，而是我们对事情的看法。不同的想法引起不同的情绪。产生什么样的情绪由自己控制。

② 活动准备。反映不同的人对同一件事会产生截然不同的情绪的素材。

例一，鞋子推销员。鞋子推销员甲和乙，同上一个海岛，发现人们都不穿鞋。甲很失望，因为他认为岛民不愿穿鞋，推销无希望；乙却兴奋，因为他认为岛民无鞋穿，推销有希望。

例二，玫瑰花。甲：“这世界太悲惨了，一朵漂亮、美丽的花朵，竟然长在有刺的梗上。”乙：“这世界太美好了，在这丑陋、有刺的梗上，竟能长出这么美丽的花朵。”

例三，半杯水。两人十分口渴，当面对两个半杯水，他们产生了不同的情绪反应。甲：“怎么只剩半杯水”－－情绪不满！乙：“还好，还有半杯水”——情绪满足。

③ 活动步骤。

学生观看三案例并思考：为何对同一件事，不同的人会产生截然不同的情绪？

学生讨论、发言。

教师小结。情绪 ABC 理论：A 事件，B 想法，C 情绪。我们通常认为“某某事情使我产生了某某情绪”。其实，影响我们情绪的不是事件本身，而是我们对事情的看法。对同一件事，不同的人会有不同的想法。即使同一个人，也会对同一件事有不同的想法。不同的想法则引起不同的情绪。“换个想法，快乐自然来”。

（2）分析情绪 ABC

① 活动目标：学会分析自己的情绪 ABC，进一步体会“换个想法，快乐自然来”。

② 活动步骤：

请学生写出最近令自己受挫的情绪 ABC（至少三件事），如附表 1-1 所示。

学生思考：这些事件和想法是否引起你的情绪困扰？如果原来的想法引起了你的情绪困扰，试试换种想法会怎么样。

组内交流：再请部分学生代表发言。

教师小结：进一步强调“换个想法，快乐自然来”。

附表 1-1　情绪 ABC

事件(A)	想法(B)	情绪的行为结果(C)
例如：同学叫我绰号	我感到不被尊重	生气或不理同学

(3) 导致消极情绪的10种不合理思想方式

① 非此即彼。例如某种情况未臻完美，你就把它看成彻底的失败。

② 以偏概全。你把某个单独的消极事件，诸如考试不及格，或同学不理你，看成无止境的失败。

③ 心理过滤。你挑出某个消极事件的细节，并把它无限夸大，于是在你眼里整个现实变成黑暗，就像一滴墨水弄脏一池清水一样。

④ 贬抑积极事物。坚持认为它们“不算数”，拒绝积极的经验。如你干了一件出色的工作，你仍以为它不够好。贬抑积极事物，抹杀了生活的快乐及自己的长处。

⑤ 仓促下结论。在你的结论没有事实依据的情况下，就对事态作出消极的解释。

“瞎猜疑”：在没有证实的情况下，武断地得出某人对自己冷淡的结论。

“瞎预言”：预言事情将变得糟糕。如考试前预言：“我肯定考不好”。

⑥ 夸大其词。过分夸大自己的问题和缺点的严重性，或者过分轻视自己可贵品质的重要性。

⑦ 断定自己的消极情绪反映了事物的真实情况。如“我感到愤怒，证明我受到了不公平的对待”；或者“我感到自卑，意味我是个无能的人”；或者“我感到失望，我肯定没有希望”。

⑧ 虚拟陈述。以为事态的发展迎合自己的希望或期望。一位学习优异的同学在做了100道数学练习题后，自言自语：“我不该错这么多题。”这使其感到沮丧，以致一连几天不再去做习题。

⑨ 贴标签。贴标签是非此即彼思想的一种极端形式。例如，犯了一个错误，就给自己贴上“我是一个没用的人”、“一个傻瓜”、“一个失败者”、“一个笨蛋”等消极标签。你也会给别人贴标签。当某同学冒犯了你，你会自忖：“他是个混蛋！”问题就出在那人的“性格”或“本质”上，而不在于他的思想或行为。你把他贬得一无是处。

⑩ 人格化和责怪。当你对不能由你完全控制得了的某件事情负责的时候，就产生人格化。如，当一位班长得知本班在校运会成绩不佳时，并没有仔细地寻找失败的原因，而是自责：“这证明我是一个不称职的班长”。人格化导致内疚、羞耻和不胜任感。有些人的行为正好相反。他们因自身的问题而责怪别人或责怪当时的条件。“我之所以没被评上三好学生，是因为老师看不上我”。责怪往往起不到好作用，因为别人不愿做替罪羊，而且他会以牙还牙地对你进行大肆攻击。

25. 理情调节 ABCDE（情绪管理——理性情绪调节）

(1) 活动目标　学会运用理性情绪法来调节情绪。

(2) 活动步骤

① 教师介绍理情调节法的ABCDE。A 确定引发情绪的事件；B 自己对此事件的想法；C 想法所引发的情绪；D 对原想法的不合理成分进行驳斥；E 建立理性的想法和适当的

情绪。

② 教师举例分析。A 事件：最近一次考试没考好。B 原想法：我真没用，不是读书的料。C 引发的情绪：焦虑不安、自卑。D 驳斥原想法的不合理性：一次失败不代表一个人永远失败，这次发挥不好不代表我笨，这一次犯了以偏概全的错误。E 建立理性的新想法：这次没考好的原因是自己没有认真复习，下次我认真做好考前准备，情况会好转。形成新情绪：自信。

③ 学生运用练习。请用合理情绪理论对自己的一个负性事件进行分析。A 发生了什么事；B 当时有什么想法；C 有怎样的情绪反应（用词语表达，且用 1～10 程度描述）；D 对“当时想法”进行辩论。“想法”对吗？证据是什么？按当时的想法去做的最大好处是什么？最大坏处是什么？E 若再来一次，现在“我”会怎样处理，会说些什么，会做些什么，感觉如何？

④ 小组内交流自己的调整步骤并互相评析。

⑤ 每组选一个代表说出自己的调整过程及体会。

26. 透支（体会过度的压力挫折）

（1）活动目的　说明即使优秀的人也会在一些游戏中失败。

（2）活动概述　这是一个适合在培训之初开展的有趣游戏。

（3）活动道具　一段直径 12 毫米的绳子。

（4）活动步骤

把绳子拉直后放在地上。让团队成员在距绳子 30 厘米处站立。让他们下蹲，双手分别紧握脚后跟。他们的任务是跳跃通过绳子，而手脚不能松开。如果有人完成这个动作，将赢得 10 元钞票。只能向前跳跃，不能滚动或者倒下，同时双手紧握双脚，不能放松。

当所有人都放弃后告诉大家，有些游戏可能根本不能“赢”。成功和失败不是最重要的，关键是通过参与学到东西。

（5）讨论问题示例　这个动作有可能完成吗？团体心理活动的目的是什么？

27. 举手仪式（体会适度的压力挫折）

（1）活动目的　让学生体验坚持所需要的耐心和毅力，认识到意志力的培养要从小事做起。

（2）活动道具　秒表一只。

（3）活动步骤　①全体同学按体操队形直立，每个人的两只手臂伸直向胸前平举，身体不准晃动，坚持 10 分钟（教师可根据学生实际情况选择时间长短），看谁能坚持到最后。②团体分享。时间过了一半的时候，你有何感受？你坚持到最后时，有何感受？坚持过程中遇到哪些困难，你是如何克服的？觉得此游戏对你的学习与生活有何启发？

（4）注意事项　主持人本人最好也与学生一起体验，给学生树立榜样。游戏过程中，主持人可在学生举手时播放一些激励性的歌曲或音乐，主持人也可引导学生喊一些激励的口号等。时间到的时候，主持人要给予那些坚持到最后的同学以鼓励，此时游戏还可继续做下去，可把时间再拉长一分钟，看还有哪些同学能坚持。若有些同学能坚持到最后，主持人应当给予大力表扬，鼓励他们的耐力和毅力。

28. 走出“舒服圈”（压力挫折和意志品质）

（1）活动目的　体验改变习惯的困难及反应。让学生意识到挑战自己，改变习惯是可能的。

（2）活动步骤

请学生按照平时的习惯双手交叉相扣约5秒。注意看自己的拇指和各个手指是怎样交叉的（是左手大拇指在上呢还是右手大拇指在上）。

然后请大家松开后再重新合拢。这次手指交叉相扣的顺序要相反（例如本来左手拇指在上的改为右手拇指在上）约5秒。

向学生指出，对于少数人来说，这个身体上的小小变动并不会引起任何问题，但对于大多数人来讲，即使是很轻微的身体变化，也会引起不舒服（不习惯）的感觉。

请按照你不习惯的叉手动作连续做20遍。最后请准备再做一遍叉手动作（随便哪只手在上面）。

请问：有多少人改变了原来的叉手习惯？这说明了什么？习惯是可以改变的，怎样去改变？有意识去练习——思想上接受，行动上参与。

引发学生讨论如何改变不良习惯。生活学习中，有哪些情况要求我们打破原有的舒服圈？舒服圈是如何产生的，如何拓展我们的舒服圈？

（3）活动延伸

如果自己怕羞或不擅长人际交往，可以尝试多和陌生人打招呼和聊天，如假装问到某个地方怎么走，你会发现与陌生人交往并非难事。

过去你只读小说、只听流行歌曲、只欣赏水彩画，没关系，从现在开始，你也读哲学、听古典音乐、欣赏雕塑，先从个人兴趣这样的小地方着手，挑战自己过去不接触的东西，让生活多点弹性。

尝试用左手写字、拿筷子、打球、取东西等，笨拙一点不要紧，因为训练左手可以开发人的右脑。

尝试从前不敢尝试的“新”事物或“新”活动（“新”是相对自己而言的，尽管别人可能觉得不再时髦）：如平时不吃辣，今日不妨尝点辣的，说不定你开始喜欢那种很爽很刺激的感觉；穿一些色彩、风格和你平时衣着不同的衣服，说不定它会给你带来一种新的感觉和情绪。

29. 接受现实（压力挫折和意志品质）

（1）活动目的　让学生正确看待自己的错误。认识到承认错误需要勇气，敢于认错是承担责任的表现。

（2）活动步骤

① 学生在场地围成一圈。随机或自愿报名参加游戏，根据场地大小决定人数多少，人数一般在16～20人左右，也可更多。

② 学生按照体操队形站立，站4～5排，每排4～5人，前排侧平举，后排前平举。

③ 主持人发口令。喊一时举左手；喊二时举右手；喊三时抬左脚；喊四时抬右脚；喊五时不动。学生按要求做。主持人和不参加游戏的同学当监督。

④ 有人出错。出错者要走出来站到大家面前先鞠一躬，然后单膝下跪，举起右手高声说：“对不起，我错了！”然后退出，游戏重新开始，以此循环，可根据实际情况选择终止，也可直到剩下一个同学。

⑤ 集体分享感受。

（3）注意事项　喊出“对不起，我错了”或许对一些同学并不难，但要当众下跪，可能有些同学不能接受，也有的同学认为这是对人的不尊重。因此，主持人要事先和学生沟通，向学生解释清楚，取得他们的认同，千万不要强行做，否则会给主持人和学生之间带来不必要的误解。

30. 承担责任（压力挫折和意志品质）

（1）活动目的　让学生正确看待别人的错误。让学生学会做一个负责任的人。

（2）活动步骤

① 将学生分为 4 人/组，两人相向站立，另两人相向蹲下，一个站立者和蹲下者结成同伴。

② 站立的两人进行“石头、剪刀、布”猜拳，猜拳获胜者的蹲下同伴去刮输者的蹲下同伴的鼻子。

③ 第二局，输方同伴轮换位置，即原站者蹲下，蹲者站立；然后站立猜拳获胜者的蹲下同伴去刮输者的蹲下同伴的鼻子。

④ 第三局，胜方同伴轮换位置，即原站者蹲下，蹲者站立，开始新的一局。

⑤ 活动可反复进行几个回合，由小组成员自行决定。

⑥ 问题讨论。如何看待自己的责任和别人的过错？当自己的同伴失败时，有无抱怨？同组中的两人有无同心协力对付外面的压力？

（3）注意事项　作为对输方同伴的惩罚，除了刮鼻子外，可以采用俯卧撑等办法，具体数量参考学生的实际能力大小。主持人要注意观察失败一方两个同学在面临惩罚时所出现的情绪反应。

31. 生命蜘蛛网（压力挫折和意志品质）

（1）活动目的　让学生领会挫折应对。

（2）活动步骤　主持人引导。

① 猜猜今天的主角是谁？是一种动物。生长在陆地上的，会爬的，雌的大过雄的，大部分女生会怕的，会捕捉蚊子与苍蝇，外表黑黑的，有八只脚，会出现在屋子的墙角，会结网。猜出谜底之后，将之联结到生命蜘蛛网。

② 蜘蛛被大风一吹，会有什么样的感觉？（答案是掉下来的感觉）

③ 同学们一起练习“生命蜘蛛网”，上面有很多的格子，当你面对挫折的时候，你会愿意找谁来拉你一把，也许是你的妈妈、兄弟姐妹……

④ 同学们想想自己生命蜘蛛网上有哪些朋友、亲人，最内圈的是自己有挫折时最先想到寻求帮助的，最外圈的即是较少去找的人。

⑤ 写完后，主持人请各位看看自己的蜘蛛网上最内圈的人都填了哪些，并请大家分享遇到挫折时找这些人的经验体会。

⑥ 全体分享。结合你所知道的事例，谈谈挫折对人会造成什么影响？战胜了挫折会怎样？被挫折打倒后又怎样？

⑦ 总结。成功者勇于面对挫折，冷静分析困难，充满信心，并制订计划、创造条件，努力实现目标，最终获得成功。失败者缺乏信心和勇气，表现出失意、烦恼、沮丧的情绪，觉得自己不行，没有能力，做不了，最终放弃奋斗，导致失败，甚至产生绝望的情绪。

⑧ 思考题。今后你将如何应对挫折？

32. 突出重围——有危险，慎重组织！（压力挫折和意志品质）

（1）活动目的　培养学生在面临危机时，保持冷静的头脑并具有克服困难的信心、勇气。培养学生智慧解决问题的能力和坚持到底不服输的精神。

（2）活动程序

① 15～20 人/组，所有同学手拉手围成一个圈，这个圈被称为“包围圈”。

② 主持人讲解游戏规则。假定你被敌人包围了，情况十分危急，包围圈是由许多人手

拉手围圈而成。要求你尽快想办法冲出围圈。可采取钻、跳、推、拉、诱骗等任何方式（以不伤害人为原则），力求突围挣脱，冲出包围圈；其他同学则站立，手拉手围成一个包围圈；外围的同学必须要尽全身气力、心计，绝不让被围者逃出；若圈内的同学从某两个同学手拉手的缝隙中逃出，则这两个相邻的同学双双要进入圈内作为被包围者。

③ 游戏开始：主持人可通过随机抽学号的方式，让一名同学站在包围圈团体中央开始游戏。倘若被围的同学灰心失望，一时冲不出“包围圈”，则主持人可增加两名同学到圈内作为“突围者”，其他的同学可鼓励他继续努力。一段时间后，换其他成员。

④ 分享其突围的感受。讨论：闯关突围会令人想起什么？突围者成功了几次，失败了几次，为什么会失败？突围者在游戏中感觉如何？单兵作战容易吗？

（3）注意事项

① 注意场地安全。有人称这个游戏为“暴力游戏”，游戏的场地最好在草地上而不要在坚硬的水泥地面上。在做游戏的时候，一定要向学生讲清楚可能会发生的碰撞以及跌倒等问题，要同学们做好预防，事先须注意移去危险器物。

② 有健康顾虑者（如先天性心脏病、心脏功能欠佳者等）不要参加，以防意外发生。

③ 突围方式以不伤害别人为原则。此游戏虽然允许圈内突围者采用钻、跳、推、拉、诱骗等任何方式，但要提醒学生，不可以对外围的同学进行过分的暴力攻击，如用脚踢对方的腿或手等地方。

④ 包围圈男女同学的搭配问题。此游戏中，男女同学手拉手围成一个圈，是游戏的需要。在包围圈的形成过程中，教师可根据班级的实际情况，让男女同学交叉站立，然后手拉手围成一个圈；如果学生们比较保守，不愿意的话，则先可先分为男女各一个包围圈，过一段时间，将两个包围圈合并为一个，同样可达到目的。

33. 手指的力量——有危险，慎重组织！（压力挫折和人际关系）

（1）活动目的　让学生认识到目标一致的情况下，合作可以产生不可估计的强大力量。让学生认识到任何人在合适的条件下，都可以最大限度发挥自身的潜能。

（2）活动道具　安全的海绵垫。

（3）活动步骤

① 学生中先选取一名同学作为实验者，体重一般，不要太重。另外选取志愿者 16 人左右为举人者。

② 试验者平躺在地面上或是桌子上，双臂抱胸。

③ 另外 16 个人各伸出一个食指，不同的人分别用食指顶住试验者身体的头部、颈部、肩膀、后背、臀部、大腿、小腿、脚。

④ 准备就绪后，喊“一、二、三”，大家一齐向上用力，就能把实验者托举起来。

⑤ 再从学生中选一位体重更重的同学，重新做一次，看结果如何。

⑥ 游戏体验分享。

（4）注意事项　①安全防护要到位。由于对于被实验者来说，脱离地面有一定的危险性，所以他身下要有安全的海绵垫或其他安全措施。还要让参与实验的同学注意安全。特别是当实验者用手指顶住被实验者的后背或肩膀部位时，做被实验者的同学可能会感觉痒而发笑，这样会引起其他同学笑而导致大家的力量不一致。②刚开始选取的被抬起的同学体重不要太重，第二次可选取体重较重或最重的。③身体功能欠佳（哮喘、心脏病等）者，不宜参加游戏活动。

34. 信任背摔——有危险，慎重组织！（压力挫折和人际关系）

（1）活动目的　体验在一定的风险中，如何信任及支持他人；培养团体成员彼此间的信任感；建立个人在团体中的责任感。

（2）活动道具　一定高度的台子，也可以是教室内的课桌或椅子等。

（3）活动步骤

① 每组成员 12 人左右。

② 自愿者站在台子上，下面的同学两人为一搭档。一个同学先用左手握紧自己的右手腕，另外一个同学也是如此，然后让另一个同学的右手握住第一同学的左手，第一同学的右手握紧另一个同学的左手，形成非常牢固的一个"手结"。其他几对搭档也是如此，然后让他们排成一排，形成一道比较安全的手臂网。

③ 自愿者用左右手交叉抱住自己双臂，并闭上双眼，准备从高台上往后仰面倒下。此时台上自愿者需对台下的同学说："你们准备好要支持我了吗？我相信你们！"台下面的同学需要大声说："我们准备好要支持你了！请相信我们！"然后，自愿者往后倒下，台下的同学接住。

④ 接着再换另一位自愿者，遵循上述的程序，如此依序直到小组内所有自愿者皆完成这项体验活动。

（4）活动讨论　①活动中，当你分别担任自愿者和台下的支撑者时，各有什么样的感觉？②活动中你怎么想或怎么做，才会相信其他人会安全地支持你？③从信任后仰开始直到结束，你觉得身体有什么变化？④经过这样的活动，你觉得人际关系有何改变？

（5）注意事项　①注意绝对安全，场地选择相对要松软些，最好有保护性的海绵垫。②自愿者倒下时需两脚直立，且双手交叉抱在胸前，倒下时身体尽量保持直线，不要扭曲。③台下的同学在组成手臂网时，要摘掉眼镜、手表等易碎或易损坏的东西，以保证台上同学的安全。④自愿者往后倒下时，台下的同学组成的手臂网可以由低到高形成一个斜坡，这样可以减少自愿者身体对台下同学手臂的冲击力，减少疼痛。⑤身体健康有问题的同学（如哮喘、心脏病、恐高心理者等）不能参加。

35. 微笑握手和滚雪球（人际关系）

（1）微笑握手

① 活动目的　放松，感受团体心理成长的特殊氛围。

② 活动操作　主持人："今天的你心情愉快，积极乐观，让我们每个人都来感受今天的你。请你面带微笑，和大家亲切握手，打个招呼。为尊重女生，男生尽量先找女生握手。开始！"主持人喊"停"，每个学生与面对的人或正在握手的人就成为朋友，2 人 1 组落座，各做自我介绍。

③ 请部分学生谈谈自己的感受。

（2）4 人小组向他人介绍

刚才自我介绍的每 2 组自由合并，形成 4 人一组，每位学生将自己刚才认识的朋友向另两位新朋友介绍，谁先说，谁后说，由"手心手背"游戏决定。

（3）滚雪球（连环自我介绍）

① 活动目的。用强制记忆的方式促使成员们相互认识。

② 活动人数。两个 4 人小组合并成 8 人一组。组内成员围成圆圈。

③ 活动操作。主持人：由组内中某人开始向大家用一句话介绍自己。一句话中包括姓名、籍贯、与众不同的特征。按顺时针方向轮流介绍，但介绍者一定要重复说出之前所有作了自我介绍的成员们的信息。

④ 讨论分享。通过该活动你感悟到了什么？（团结、互助、爱心、有集体荣誉感、有竞争意识、交友很开心、活动很快乐、每个人都有潜能、要敢于挑战自己）。

36. 最佳搭档，也叫有缘相识（人际关系）

（1）活动目的　相识相认，建立互动关系。

（2）活动准备　多种彩色纸剪成4小块能相互契合的形状，胶水，硬纸板。

（3）活动步骤　①主持人要求团体成员到场地中央的盘子里选取自己喜欢的纸片。②根据自己所选纸片的颜色与形状，到群体中寻找能与自己图像契合的另一半。③找到后，将色纸贴在硬纸板上，并在彩色纸上写上两个人的名字，两个人自由交谈五分钟，互相认识，找出彼此间三个以上的共同点。④全体成员围圈坐下，每一对轮流向大家介绍对方，使团体中每个人都能认识。

（4）活动深入　在两个“有缘人”的基础上接着做“成双成对”。继续寻找图形契合的另两个“有缘人”。找到后，四个“有缘人”通过交谈，寻找彼此间存在的三四个共同点。

37. 棒打薄情郎（人际关系）

（1）活动目的　相识相认，增进团体凝聚力。

（2）活动准备　用旧报纸卷成一根纸棒。

（3）活动操作　全体成员围圈而坐，轮流介绍自己的名字、兴趣、出生年月等个人资料。每个人都专心去记其他成员的资料。然后站成一圆圈，选一个执棒者站在圈中间，由他面对的人开始大声叫出一个成员的姓名，执棒者马上跑到那个被叫的人面前。被叫的人马上再叫出另一个成员的姓名。如果叫不出来，就会受当头一棒。然后由被打者执棒。依此类推，直到大家熟悉互相的姓名为止。如果一个人3次被打就必须出来表演，作为惩罚。

38. 我们的家（人际关系）

（1）活动目的　培养团队合作意识，甄别团队领导者。

（2）活动操作

所有成员围成圈儿，从1到n报数，每人记住自己的报数。

寻找和自己报数一样的人组成小组，比如所有的1成为一组，所有的2成为一组。每小组可以有6～8人，n数字的大小依此来定。

每个小组形成自己的“家”。用15分钟时间对自己的“家”进行建设。包括：定组名，定口号，定造型，定组长，定组中的角色或分工（每个成员要用躯体语言，也可伴以语言补充来表现）。

时间到后每小组现场展示小组风采，秀出组名、口号、造型、组长和组员。

讨论分享体会和经验。

（3）组建“家”的过程中，老师可以观察，为培养选拔学生干部提供一手资料。

39. 团体规范（人际关系）

（1）活动目的　建立团队规则，明确个人在团体中的定位。

（2）活动准备　6～8人/小组。

（3）活动操作　①小组讨论整个团队规则，并在纸上写出小组意见。②讨论10分钟，然后将纸贴出或请代表在黑板上写下小组讨论的结果。③每个小组派一代表讲解小组意见。④主持人做归纳，每一条如果你同意的话，就用手在自己的大腿上做一个盖章的动作（示范）。

（4）团体规则参考　守时，尽可能地开放自己，尊重他人，关注，倾听，评价，保密，等等。

40. 同舟共济（人际关系）

（1）活动目的　齐心协力，发挥集体的聪明才智，让学生进一步明白合作的重要意义。

（2）活动规则　6人一组，每组圈内放上一张报纸，要求组内成员同时站在报纸上，成员的脚都不许留在报纸外。行动之前每一小组可以充分讨论，拿出最佳方案。做成功后，再请各小组将报纸对折后站上去。如此下去，不断将报纸对折，让各小组想方设法使所有成员同时站在报纸上。比较各小组所用时间，以及最小报纸面积。

（3）分享感受　描述本组刚才如何获胜？此次活动哪些让你印象深刻？之前有无类似感受？

41. 信任之旅（人际关系）

（1）活动目的　通过“盲人”与“拐棍”角色的体验，理解自助与他助同等重要，感受信任与被信任、爱与被爱的幸福与快乐。

（2）活动道具　眼罩每人一只，复杂的盲道设计。

（3）活动步骤　①在背景音乐声中，每个人戴上眼罩扮演一个盲人，先在室内独自穿越障碍旅程，体验盲人的无助、艰辛、恐惧。②所有学生中一半人继续扮演盲人，另一半人扮演帮助盲人的“拐棍”，由“拐棍”帮助盲人完成室外有障碍的旅行。完成后互换角色重新体验。③所有学生均扮演盲人，两个盲人相互帮助到室外走过一段障碍旅程。④学生们交流：在不同情况下，扮演不同角色的感受。

（4）注意事项　①本方案设计了三种情况的“盲人”之旅，根据实际情况可以只做其中的一种。②障碍旅程的设计，应该有跨越、钻圈、下蹲、上攀、独木桥、上下楼等多种障碍。③“盲人”旅行过程中不允许用语言交流，最好配置适当的背景音乐。④在角色互换的旅行中“盲人”与“拐棍”最好不要选择同一人，以陌生的对象为好。

42. 盲人方阵（人际关系）

（1）活动目的　让学生认识一个有领导、有配合、有能动性的队伍才能称之为团队。

（2）活动道具　长绳一根。

（3）活动程序　参与活动者为4的倍数，如16、20、24、28等。让所有成员蒙上眼睛（盲人），将一根绳子拉成一个最大的正方形，并且所有队员都要均分在四条边上。这个项目教会成员如何在信息不充分的条件下寻找出路，大家耗用时间最长、最混乱、所有人最焦虑的时候是在领导人选出、方案确定之前。当领导人产生、有序的组织开始运转的时候，大家虽然未有胜算，但心底已坦然了许多。而行动方案得到大家的认同并推进，使成员在同心协力中初尝胜利的喜悦。

43. 风雨同行（人际关系）

（1）活动目的　让学生体验团队合作中要接纳他人的长处，取长补短。

（2）活动道具　眼罩、口罩、短绳、篮球、雨伞、椅子、书包、水桶、抱枕等物品。

（3）活动步骤

① 7人/组，7人中有2个“盲人”、2个“无脚人”、2个“无手人”、1个“哑巴”。

② 角色分完后，“盲人”戴上眼罩，“哑巴”戴上口罩，“无脚人”捆绑双脚，“无手人”捆绑双手。

③ 主持人把他们带到比赛起点，让小组成员把所有物品搬运到终点，以用时最少的组为胜。

④ 全班交流分享感受。

（4）注意事项　①比赛计时从主持人宣布完游戏规则开始，即包括角色分配、扮演、合作等全过程。②设计的起点与终点间的距离应该大于20米，并且设置障碍提高难度。③每个组的所有物品，要求集体配合、共同承担、一次搬运完毕。

（5）活动说明　有的同学会觉得这个活动像是残疾人运动会。但活动确实让人感受到每个人都有长处与短处。人际之间就是需要相互关心、照顾、协助。我们既需要独立与竞争，更需要依赖与合作。“风雨同行”寓意着我们在人生的过程中，会遇到各种各样的“风雨”挫折，但同伴的支持与合作，可以令我们“风雨兼程、勇往直前”。

44. 坐地起身（人际关系）

（1）活动目的　体会团体合作的重要性。

（2）活动程序　①四个人一组，围成一圈，背对背的坐在地上。②不用手撑地站起来。③随后依次增加人数，每次增加 2 个直至 10 人。

（3）注意事项　活动过程中，主持人要引导同学坚持、坚持、再坚持，成功就在再坚持之中。

45. 人椅（人际关系）

（1）活动目的　体会团体相互支撑的力量。

（2）活动方式

① 坐人椅。保持圆圈形状，适当调整前后距离，每人左手平举、右手高举，徐徐坐在后一个人的膝盖上（意图：做一个同心圆大家齐心协力，缺一不可，最好是讲好规则后同时坐下）。坐下之后，可以喊出自己队伍的口号。看那个小组坐人椅可以坚持更长时间。

② 躺人椅。所有参与者坐在椅子上围成一圈，然后都向右转身，两脚平放在地上，彼此躺在自己后面的人的腿上，然后每隔一个撤掉一个椅子，逐渐把所有的椅子都去掉，所有的人都可以相互支撑着，不会躺倒在地上。

（3）小组讨论　当把自己屁股底下的凳子去掉时是什么感觉？当发现自己得到别人的支持时是什么感觉？你对团队的力量是怎么理解的？

46. 人体“拷贝”（人际关系）

（1）活动目的　学会仔细观察、准确理解、清晰表达，体验信任、沟通、合作带来的成功与快乐。

（2）活动程序

① 每组 10 人以上。

② 每组一路纵队站立，主持人将写有一个数字的纸条让每组的第一个人看一眼，然后请他通过身体扭动把信息传给后面一个，依次“拷贝”传动；最后一位同学跑到主持人处，写出“拷贝”的数字。

③ 一般各组“拷贝”三位数，主持人宣布各组的“拷贝”结果。

④ 小组合作集体造型，完成一组 6 位数表演。

⑤ 全体交流，分享感受。

（3）注意事项

① 避免各组之间的影响，各组“拷贝”的数字不要相同。

②“拷贝”传递时，只允许两个人之间发生联系，不能集体参谋、交流。

③“拷贝”的三位数，如 0.18、8.69、578、328、542、235 等，身体扭动幅度较大的为宜。

④ 强调不准发出声音，否则游戏没有意义。要求只在两个人之间传递信息，已传递完信息的和还未传递信息的学生都要背对两个正在传递信息的学生。

⑤ 除了考虑立体数字表达，还可提示做平面表达。可以是阿拉伯数字表达，也可以是中文数字表达。

47. “啄木鸟”行动（人际关系）

（1）活动目的　通过分析输赢原因，激发“再做一次，会做得更好”的主动性。让成员在合作中体验竞争，在竞争中学会合作。让成员懂得强化团队合作可提高效率，改变思维方式可产生质的飞跃的道理。

（2）活动道具　每人一根20厘米左右长的塑料吸管、每组三根橡皮筋。

（3）活动场地　室外场地为宜，比赛时迎面距离大于20米。

（4）活动步骤　①每组10人，推荐产生一名组长。②每人领取吸管一根，在组长带领下练习5分钟。③每个人把吸管衔在嘴里，把双手放在背后，扮成“啄木鸟”，口衔吸管传递“虫子”（用三根橡皮筋替代）。④每组10人分为5人对5人，迎面接力传递，只能在吸管间传递，不能用手，用时最少的组获胜。

（5）注意事项　①每组10～16人为宜，男女生混合编组不太适宜。②强调不能用手帮忙，如出现橡皮筋掉落的情况，一定在原地由本人捡起后重新开始。③提供的吸管可有多种规格，不同长度、不同粗细等，但各组之间的规格、数量相同，以示公平。④在不违背游戏规则的基础上，默认创新方法。

48. 爱情资格大拍卖（爱情心理）

（1）活动目的　了解自己具备了怎样的恋爱资格，还要怎样的准备，使恋爱更理性化。

（2）第一阶段　小组竞拍恋爱资格。

① 团队学生各抒己见，认为大学生恋爱需要具备什么条件。

② 团队投票选出10种最具代表性的恋爱资格写在黑板上。

③ 团队分成8～10人一组。每组有100万元，每项恋爱资格的底标是5万元，依次竞标上述10项恋爱资格，每次加价不得少于5万元，喊3次无人竞标则由最高价者获得，在该项目旁注明得标者的小组。

④ 竞标过程中，多注意哪些组花了相当高的代价得了哪些项目？哪些项目竞标者最多？

⑤“爱情资格大拍卖”完毕，每组派代表说明，参加竞拍了什么项目？拍得了什么项目？为什么要竞拍这个项目？有什么遗憾？

⑥ 活动中可以播放孙燕姿演唱的歌曲《爱情证书》。

（3）第二阶段　小组描述《泰坦尼克号》续集。

①《泰坦尼克号》男主角杰克和女主角罗丝在泰坦尼克号上相识，相互吸引，热烈相爱。罗丝愿意放弃富有的未婚夫，要与靠画画和赌博赚取生活费的杰克共度一生。假设杰克、罗丝和未婚夫三人都能在船难中幸存下来，那么罗丝和杰克的关系会怎么发展？

② 小组以故事接龙的方式，完成属于你们的《泰坦尼克号》续集。续集描述要注意深入分析人物的心理过程，并记录成简单的剧本。

③ 小组讨论，恋爱之后该考虑的问题有哪些？是哪些因素影响了故事情节的发展？

④ 小组整理后，跟团队分享你们的看法，上交《泰坦尼克号》续集的剧本。

⑤ 从《泰坦尼克号》续集的剧本中挑选2～3个优秀剧本进行排练。由该剧本的小组成员扮演角色，进行心理情景剧表演。

⑥ 活动中可以播放《泰坦尼克号》主题曲。

49. 爱情疗伤歌曲大比拼（爱情心理）

（1）活动目的　积极面对失恋，顺利度过失恋挫折期。

（2）活动步骤

① 8～10人/组。小组讨论什么歌曲可作为失恋后的疗伤歌曲，为什么？（记录下来，

越多越好。）

② 歌曲大比拼。每组派一个代表到场地中央演唱自己小组的疗伤歌曲（小组代表唱不出时，小组成员可上来补充），并说明为什么能疗伤。唱不出者或解释不合理的小组被淘汰，直至剩下最后一个获胜小组。

③ 小组讨论。还有什么更好的方法可以战胜失恋挫折？（记录下来，越多越好。）

④ 每个学生以下面的句型为模板，列举失恋后的十大好处。（找出最合理、最可行的建议，以此作为自己的情感盾牌，积极面对失恋，顺利度过失恋挫折期。）

因为我失恋了，所以我获得了________________________。

⑤ 活动中可以播放许慧欣演唱的歌曲《失恋不败》。

50. 克服厌学情绪（学习心理）

（1）活动目的　通过小品表演形式表现学生对学习的不同态度，从而引导学生自我剖析产生厌学情绪的原因。给厌学者开处方，帮助他们克服厌学情绪，培养学习兴趣。

（2）活动程序　由六名同学分别扮演三种喜欢学习的大学生的学习行为和三种不喜欢学习的大学生的学习行为，看看同学们分别属于哪一类型。

（3）小品内容

① 我是多多，有良好的学习习惯，从小就对新鲜事好奇，多问，学习时专心致志，还十分重视独立思考。我喜欢在知识的海洋里遨游，各科成绩也名列前茅，我经常品尝到成功的喜悦，哪些同学与我一样，请举手。

② 我是来来，学习上我没有我表姐学得好，但对学习也有浓厚的兴趣。当看到自己经过努力取得成功时，我会很快乐。学习有困难，有竞争，才有乐趣。哪些同学像我？

③ 我是咪咪，我觉得学校里的生活很有趣，我也爱学习，虽然学习很苦，但我能努力学习，完成规定的学习任务。哪些同学脸上的表情与我相似，让我们握握手。

④ 我是发发，我觉得读书没有太大的用处，爸爸和表哥没读多少书，照样赚大钱。因此，我也不必用功，只要过得去就可以了。哪些同学与我一样，请举手。

⑤ 我是东东，在学习上家长给我的压力很大，他们很看重分数，每当我的学习成绩下降，家长就会狠狠地骂我。我害怕考试，我觉得生活很累，对学习没一点兴趣。哪些同学和我一样苦恼，请举手。

⑥ 我是拉拉，我讨厌学习，从进小学开始，学习成绩就很差。我曾努力过，但最终还是失败。我对自己一点信心都没有，混一天算一天吧！与我心情一样的同学请举手。

（4）教师小结　这怎么行呢？讨厌学习是不会取得好成绩的。我们一起来想办法帮助他们，好吗？

（5）讨论交流　前后四位同学成为一个会诊小组，一起给大学生开处方，各小组的代表向全班同学汇报。例如处方一：①树立正确的学习动机，端正学习态度。②培养良好的学习习惯，在学习上绝不马虎。③多参加学校的各类活动，培养学习兴趣。④多与同学、老师、父母交流，学点好的学习方法。

（6）总结　我们给厌学的同学想了几个解决问题的好办法，同学们回去可以试试有无效果。请大家记住：只有克服厌学情绪，并付之于实际行动，才能取得好成绩。

51. 时间分割（学习心理）

（1）活动目的　通过扮演时钟，训练反应能力和协调性。懂得珍惜时间，学会合理安排时间。

（2）活动道具　事先准备好 1 厘米宽、100 厘米长的纸条每人一条，印有圆形图案的白纸每人一张，笔每人一支，长短不一的小棍子3根为一套，需若干套。

(3) 活动程序

个人扮时钟：请若干位同学自愿上台，发给每人长、短小棍一副，长棍代表分针，短棍代表时针。听主持人的口令扮演出时钟上时针与分针的关系，如：6点、8点、3点20分、11点05分等。

小组扮时钟：请同学自愿组成3人组，主持人分别发给每人1根小棍子，最长的代表秒针、次长的代表分针、最短的代表时针。听主持人的口令，3人一起组合表示一个时间。

撕纸条：主持人把事先准备好的1厘米宽、100厘米长的纸条发给每位同学。告诉大家，每个人手中的纸条代表时间，假如这个时间是一天，那就是24小时。每个人想一想：自己的一天是怎样度过的，睡觉用了多少时间，把它撕去；吃饭、看电视、玩游戏、踢足球、聊天发呆等分别用了多少时间，把它们一一撕去，看看还剩多少时间是用来学习的？大家比一比谁留给学习的时间最多？

发给每个人一张印有圆形图案的白纸，请大家想一想，假如这个圆表示一周的时间，你怎样进行管理，如何合理分配？请各位画出“时间管理拼图”，画完后进行交流。

(4) 注意事项

棍子长短注意秒、分、时针的比例。

画“时间拼图”，一个圆可以代表一天，也可以是一周、10天等。圆形分割可以用线条，也可以用彩色笔涂出色块。

画“时间拼图”的目的是启发同学思考如何合理安排自己的时间，所以画完后的交流很重要，主持人根据同学的时间管理计划做出恰当的点评。

52. 集思广益（学习心理）

(1) 活动目的　让学生树立求助意识，借助他人的智慧解决自己的难题。培养学生的关爱之心，乐意帮助别人解决难题。

(2) 活动道具　一些塑料饮料瓶（漂流瓶）、一些信封和一些白纸。

(3) 活动程序

① 全班分成4～6人的小组若干。

②“献策”。

每位同学可以自由选择自己是使用漂流瓶还是使用信封。并将漂流瓶、信封和白纸发给每一位学生。每位同学在事先准备好的白纸上写下自己最头痛、最想解决的问题（如学习问题、交往中的问题等，通过描述，自己脑中对问题有个明确的概念），然后把这张纸装在准备好的漂流瓶或信封里。

以小组为单位，把每个小组同学的“求助信”在全班范围内“漂流”，每位同学负责对“漂流”到自己手里的“求助信”献策，并在策略末尾写上自己的名字（注，如果学生不愿留下自己的名字，可以不留；尽量多地把“漂流瓶”传到不同同学的手里），最后“物归原主”。每人不必拘泥于只献一计。

全班内把自己收获到的“计策”进行交流。

③“感谢”。请向为自己提供可行又有效的方法的同学表示你的感谢。走过去，握手并说“谢谢你”（或者用你自己的方式表达）。

(4) 注意事项

① 问题的署名。有的同学在寻求别人帮助的时候，由于害怕自己的隐私被暴露，不敢写其内心真正困惑的问题，所以主持人在宣布写疑难问题的时候，可根据实际情况，纸条上可不一定要署自己的名字，这样可以让学生们心理上有一种安全感，有助于求助问题的真

实性。

② 鼓励大家提出尽可能多的问题解决方法。在献策时应注意，提出解决问题的建议，任何想法想到了就写下来。不管听起来有多么荒谬，也不要“删改”。越多越好，类似于头脑风暴。

③ 为了调节气氛，主持人可请同学们在自己收到的（或小组其他成员收到的）方法中评选以下奖项：最佳方法——最佳创意奖；最奇特方法——别出心裁奖；最容易完成的方法——善解人意奖；方法最多的——“智多星”等荣誉称号。

④ 如果时间充裕，主持人应该就这些“方法”和“建议”进行讨论，让学生能更好地知道提出解决问题的办法时应注意哪些方面，如何使自己的“建议”和“方法”更为有效。

53. 做学习方式变革的主人

(1) 活动目的 了解自己的学习方式，找到适合自己的最佳学习方式。

(2) 主持人准备一份自测题，每个学生一份。

对每个学生来说，学习方式各有不同，有的同学好像并不用功，但学习成绩还是挺好的；有的同学花了很多时间学习，甚至下课时间都用上了，成绩往往不是很好。究其原因有很多：学习基础好坏，头脑灵活程度，学习方式应用等。其中的学习方式是最重要的，只有会学习的人，懂的应用学习方式的人，学习效率才会高，学习效果才会好。请学生做下述自测题（每题 2 分）。

① 你对老师的讲课经常有评价和看法吗？

② 你喜欢老师的填鸭式的教学方法吗？

③ 学习时你感到被动吗？

④ 你能自己找出新知识的重点、难点吗？

⑤ 你喜欢与同学交流知识吗？

⑥ 你喜欢改变自己的学习方式吗？

⑦ 你能归纳、汇总所学的知识吗？

⑧ 你喜欢提问或参加讨论吗？

⑨ 你认为学习方式是一成不变的吗？

⑩ 你注意过别人的学习方式吗？

说明：2、3、9 题答“否”者加分；其余题答“是”者加分。

0～5 分者：学习方式被动，需要彻底改变。

6～10 分者：学习方式欠主动，不够灵活。

11～15 分者：学习方式主动，但缺乏创造性。

16～20 分者：学习方式灵活。

(3) 交流体会 不同性格、不同素质、不同年龄的学生，采用的学习方式各有所异。请各位学生说出自己的学习方式和学习效果。引导学生们讲完后总结。

54. 满水杯

(1) 活动目的 认识人的潜能可以开发。

(2) 操作程序 准备一个玻璃水杯，放在平整的桌子上，往杯子里倒水，直至大家认为不能再倒水了，水满为止。然后主持人问大家：“再往里面放东西，水却不会溢出来，可以做到吗？”得到大家的回答后，逐个小心地往水杯里放曲别针，计数放进水杯里曲别针的数目，100 个曲别针都能放进去，大家震惊吗？

(3) 小组讨论 水杯里水满了还能放东西，一开始你相信吗？当你发现满水杯里还能放很多曲别针时，你是什么感觉？当你认为自己像满水杯一样已经到达极限了的时候，向自己挑战过吗？

55. 大学生活拼图（生涯规划）

（1）活动目的　树立个人发展目标，通过团体力量激发个体内在的发展动力。

（2）活动操作　指导教师：大家现在都处在人生的黄金时期，心中一定有许多的梦想，而大学是成就梦想最好的摇篮。有人说，一个人若看不到未来，就掌握不到现在。人为自己设定目标，带出希望，所有的行为凝聚在这个希望周围，就会活出意义来。下面我们就一起规划一下未来。每个人都拿到一张表（附表 1-2），表里的内容涉及大学生活的很多方面，请你仔细思考，填入你在诸多方面的目标。然后分享。

附表 1-2　大学生活目标

学习：	专业：	人际：
健康：	情感：	休闲：
自我成长：	社会工作：	兼职：

（3）分析　当我们规划完未来的时候，心理变得清晰了，找到一种方向感。这未必就是不变的、终极的目标，但却足以粉碎无谓的烦恼。而且，我们的目标并非高不可攀，只要朝着这个方向前进，脚踏实地，从现在做起，就能实现梦想。

56. 探索之旅（生涯规划）

（1）活动目的　了解不同职业类型的特点，发现适合自己的职业类型。

（2）活动准备　在教室 6 个不同地方，放置 6 张标牌（实用岛、研究岛、艺术岛、社会岛、企业岛、传统岛）。每个标牌旁摆放 6～10 把椅子，具体数目视团体人数而定。

（3）主持人引入

海上有 6 座小岛，每个岛上都住着一群个性和职业相似的居民。现在我们要到这些小岛上去采访当地居民。但是每个人只能去一座小岛，大家根据自己的喜好选择自己喜欢的小岛。

实用岛。居民个性老实，做事勤劳，凡事喜欢自己动手。大都从事农业、技术、工程设计工作。

研究岛。居民重视客观实际，善于观察、思考、分析、研究。大多是科学家、医生、哲学家。

艺术岛。居民富于想象力和创造力，喜欢自由，追求理想。大多从事艺术、写作、设计方面的工作。

社会岛。居民个性温和友善，喜欢与人交往，乐于助人。大多是教师、护士、社会工作人员。

企业岛。居民能言善道，冲劲十足并喜欢接受挑战。大多是律师、政治家、企业经理。

传统岛。居民个性冷静、一丝不苟。处理文书和数字很有耐心，大多是会计师、秘书、图书管理员。

（4）活动实施

宣布活动开始。每个学生用 1 分钟找到自己所喜欢的小岛，并在小岛的椅子上坐下。

如果学生选择的小岛已经坐满了人，可以在岛内两两结合，一个扮演采访者，另一个扮演被采访者。主持人开始计时，在接下来的5分钟内，采访者需要采访以下问题：①你为什么选择这个小岛？②你所选择的职业有什么特点？③你选择这个职业的原因是什么，你想通过这个职业获得什么？④你认为你能否做好这个职业，为什么？采访者把问题的答案记录在采访单上，然后请被采访者签名。

主持人控制时间。5分钟时间到，让学生交换角色，进行第二轮采访。如班级人数是单数时，可以安排其中一组为3人，在这一组设置1个观察者，轮换3次进行，以保证每个人都扮演过所有的角色。

(5) 讨论与分享 每个学生都扮演过所有角色后，主持人可邀请学生向大家分享他们的采访结果。在征得被采访者的同意后，将采访单的内容告诉大家，引导学生讨论："被采访者的职业属于哪一类？这类职业有什么特点？"

57. 生涯规划

(1) 活动目的 帮助大学生建立生涯规划的基本理念，指导学生善于规划时间，明确自己各阶段的目标。

(2) 活动场所 能够搬走桌子，有单独凳子的教室。

(3) 活动方式

① 一个杯子的价值（注重增加自己的价值）

假如你手头有一个杯子需要卖出，它的成本是1元钱，怎么卖？如果仅仅是卖一个杯子，也许最多只能卖2元；如果你卖的是一种最流行款式的杯子，也许它可以卖到3～4元；如果它是一个出名品牌的杯子，说不定可以卖到5～6元；如果这个杯子还有其他功能的话，它可能卖到7～8元；如果这个杯子正好是某个名人用过，与某个历史事件联系起来，说不准100～200元也有人要；如果这个杯子有过某段独特的经历，比如曾经随飞船上过太空之类，1000～2000元或许也不高。

同样一个杯子，杯子内在世界（结构、内容、功能等）依然如故，但随着杯子外在世界的变化，它的价值在不断变化。

如果你想成为一个对社会有用的人，你的努力会被社会接纳，那么你就得给你的生命添上绚丽的色彩，附上高额的价值。

依据你对自己的了解，想想将来选择职业时，你能达到什么程度，从现在起怎样增加你的价值？

② 心有千千节（先一个组，后几个组）

活动目的：体会团体协调和配合。

活动人数：8至12人一组。

活动操作：小组成员手拉手围成一圈，记住自己左右手拉的伙伴后，放手，在圆圈区域内自由活动。20秒左右组织者叫停，全体站住。每个人要去寻找原来左右手牵住的伙伴，并和他（她）继续牵手（注意：左右手不要弄反了）。如果距离太远，可以直线向中间靠拢，直到互相拉住手。小组成员会发现，所有人的手交错拉在一起，就像结成了"千千结"。现在，成员不能松手，但可以钻、跨、绕。大家要想尽一切办法，让这个结不松手也能解开，并恢复到原来的圆圈。这个活动可以一个小组做，也可以几个小组同时进行，看哪个组能在最快的时间内解开这个结。

引出的思考：a. 此活动锻炼小组成员团结协作、互相配合的精神。b. 只要我们努力解开人际之"结"，任何矛盾和误解都有办法化解。c. 我们未来职业生涯中也会遇到矛盾和挫折，只要梳理，总能解决。d. 有时很多矛盾是由于我们自身的原因造成的，只要细心，可以减少很多麻烦。e. 很多工作看似简单，做起来并不容易，所以一项工作没有做到极致，就无理由评价它的好坏。

③ 生命线

活动目的：对过去的我、现在的我、未来的我做评估和展望，对自己的人生进行梳理和规划。如附图 1-1 所示。

下面一条线代表你的生命线，起点是你出生的时候；终点是你预计死亡的年龄，在这条线上找到你今天所处的位置。在这个位置的两方，左边写出你过去两三件最成功的事情，右边写出你今后日子里想要实现的愿望和期待达成的目标。

附图 1-1 生命线

组织者先说明活动内容，然后让团体成员自行填写，之后大家一起分享交流。小组交流中，每个人都绘出自己的生命线给其他人看，边展出边说明，注意自己与他人的内心感受。

④ 脑力激荡（未来我要从事的职业是……）

脑力激荡法由美国奥斯明所创。这种方法是以创造性想法为手段，集体思考和讨论为方式，使大家发挥最大的想象力，用一个灵感激发另一个灵感，产生连锁反应，产生创造性思想，并从中选择最佳解决问题的途径。不可批评别人的创意，但可将别人的创意加以组合或改进，为我所用。

选择一个合格的主持人应该具备下列条件：了解主持的目的；掌握脑力激荡法的原则；善于引导大家思考和发表观点；自己不发表倾向性观点；善于阻止相互间的评价和批评。

选择的地点应该具备下列条件：一间温度适宜、安静、光线柔和的室内；严禁电话或来人干扰；有一块白板或黑板，以及相应的书写工具。

主持人讲清目的、拟解决的问题、活动规则（如相互之间不评论等）。让每人考虑 10 分钟。

脑力激荡中应注意以下几点：尽可能使每个人把各种方案讲出来，不管这个方案听起来多么可笑或不切实际；要求每个人对自己所讲的方案简单说明；鼓励由他人的方案引出新的方案；将每种方案写在白板或黑板上，使每个人都能看见，以利于激发出新的方案。

最后，主持人一定要把同学们从虚幻的未来带回现实中来。这个活动就是要引发同学们对未来职业的思考，初步建立生涯规划的思想。

⑤ 近期目标的制订

活动目的：使学生能够明确自己的发展方向，确定大学中的成长目标，并进行分解细化，从而引导学生初步建立生涯规划的思想，激发自我成才的积极性。

组织者引导学生制定好大学阶段自己要达到的目标，分解到各年级要完成的目标，每个学期要完成的目标，为了实现以上任务，现在要怎么做。

写好后在小组内交流，并请代表发表感想。指导同学从今天起，扎扎实实按既定计划进行，才能实现未来的目标。

⑥ 明天会更好（告别仪式）

活动目的：相互鼓励，整合自我。

在小组内，在一页纸上每个人根据在此次活动对他人的认识和了解，给其他人提出一个未来发展的积极建议，在小组内交流。最后大家起立，拉起手来，针对这次活动的感受，每人说一句话，结束本次活动。

58. 命运之牌（学会感恩）

（1）活动目的　学会接纳自己，珍惜现在所拥有的资源，感知幸福；懂得“命运掌握在自己手中”。

（2）活动场地　室内为宜。

（3）活动道具　轻音乐；写有不同内容的小纸牌若干，纸牌内容如下（参考）。

自己不幸罹患癌症，家里没钱治疗。

家中意外火灾，脸被大火烧伤，留下了一个很难看的伤疤。

家中父母离异，经济困难，读书条件很差。

出生在一个贫困山村，父母无力供养自己读书。

父母不幸罹患重病，治疗花费了很多钱，家庭经济紧张。

父母下岗，家庭经济困难，不能支付目前的学习费用。

自己与同学人际关系很紧张，不受大家的欢迎。

自己患有小儿麻痹症，生活很不方便。

自己小时候因中耳炎治疗不好而变聋。

自己一家三口挤在一个10多平方米的老房子里，食宿条件艰苦。

自己的一只眼睛因意外事故而失明。

自己的一条腿在一次车祸中受伤严重被截肢。

自己相貌普通，在班内不引人注意，学习等各方面都一般。

自己学习成绩优秀，但人缘很差，不受老师和同学的欢迎。

妈妈对自己太唠叨，对自己管得太多，让自己不舒服。

家里以前很富有，现在却因意外事故而陷入经济拮据状态。

自己出生在一个普通的工人家庭。

自己目前的学习成绩很差，常被一些同学看不起。

自己患有口吃，常被同学模仿而引起大家的嘲笑。

自己太胖，大家经常以此开涮，并且给自己起难听的绰号。

自己身高低于同龄人平均身高20厘米。

自己学习成绩列班级最后，努力用功后效果仍不明显。

自己除了学习外，没有其他业余爱好。

自己是个塌鼻子，影响了容貌。

自己患有先天性心脏病，很容易疲劳。

自己在大一结束时取得省级专业技能竞赛一等奖。

自己被评为十佳“校园明星”。

自己的家人去东南亚旅游时因海啸而不幸遇难。

自己走路不小心被车撞，头部严重受伤。

自己的父母对自己要求很严，很专制，很不自由。

家庭经济条件好，但父母对自己缺乏关爱，不喜欢自己。

自己经常受到别人的欺负，心理很忧郁。

（4）活动步骤　①主持人：因受出生环境等各种因素的制约，每个人的命运是不同的。

有的人可能对自己的家庭环境不满意，有的人可能对自己的长相不满意，也有的人可能对目前的自己不满意。假如每人能够获得第二次生命，命运可以重新选择。我手中有很多牌，每张牌就是命运的一种重新安排，它所包含的资料就是你新的生活资料，从现在起，你就是牌上的人。设想一下你处在这种情况下的命运，将你目前的境况与假设的第二次人生选择相比，有何不同？②主持人把纸牌放在一个盒子里，让学生随机抽取一张，不得更换。③全班同学交流全新的“自己”，并询问是否满意牌上的“自己”。生命只有一次，你该怎样面对已经拥有的生活？

（5）注意事项　①若有人对已抽取的纸牌不满意要求更换，主持人可准备比原牌更糟糕的纸牌，询问是否愿意更换。游戏过程中，有的人可能不太严肃认真，主持人要及时给予提醒。②对于纸牌的内容，这里只给出一些参考。主持人可根据同学实际自己设计一些内容。之所以设计的内容大多不尽如人意，主要是想让同学意识到，虽然无法选择出身家庭，虽然对目前环境不一定满意，但无论如何，我们都应该珍惜自己的境遇。③因本游戏内容可能涉及某些同学的伤心处，如父母离异、身体外貌欠缺，所以主持人要先与同学沟通，取得大家同意。游戏前要强调为游戏可能会给学生带来的负面效应表示歉意。

（6）活动点评　做本游戏时，有少数同学对自己的新选择表示满意，大多数同学对自己的新选择不满意甚至不接纳。他们觉得自己目前的处境要比新选择的好得多。实际上，现实生活中有很多条件很糟糕的生活。无论对自己目前的命运处境多么不满意，你都不是最糟糕的。抱怨不解决问题。最好的做法就是接纳目前的命运，珍惜自己拥有的生活，活在当下，用今天的努力去开创美好的明天。

59. 感恩父母（学会感恩）

（1）活动目的　加深对自己父母的了解，感激父母的养育之恩。把感恩意识融入自己的日常生活中。

（2）活动道具　歌曲《感恩的心》，每个同学一份《我所了解的父母》的问卷。

（3）活动步骤

① 用五分钟时间，填写下面空白；播放背景音乐《感恩的心》。

我所了解的父母

爸爸生日________	妈妈生日________
爸爸最喜欢吃的食品________	妈妈最喜欢吃的食品________
爸爸所穿鞋子的尺码________	妈妈所穿鞋子的尺码________
爸爸的兴趣爱好________	妈妈的兴趣爱好________
爸爸年轻时的理想________	妈妈年轻时的理想________
爸爸最得意的一件事________	妈妈最得意的一件事________
爸爸最后悔的一件事________	妈妈最后悔的一件事________
爸爸的最大优点________	妈妈的最大优点________
爸爸对我的期望________	妈妈对我的期望________

② 学生填写完后，让部分同学起来分享他（她）对父母的了解。

（4）注意事项

① 如有条件，最好找几个学生家长亲临现场，和自己的子女互动，效果会更好些。

② 在游戏分享时，一定要向学生说明要本着真诚认真的态度。有的同学不知道自己父母的生日，又害怕同桌或周围的同学看不起自己，就随便填一个生日数字。对于其他有些问题，个别同学觉得是自己家的隐私问题，不愿意回答，此时主持人就不要强求学生回答。

60. 再选我的父母（学会感恩）

（1）活动目的　了解父母在自己生命中的重要性，深知父母不易，懂得感恩。

（2）活动场地　室内为宜。

（3）活动步骤　主持人：游戏和你对父母的孝顺无关，也和你对父母的尊重无关。做完本游戏后，也许会对你的父母有更深入的了解，你会更接纳他们，更爱他们。本游戏很简单，只要一张白纸。我们要重新为自己选一对父母，这在常人眼里很荒谬。请把情感因素减到最小，让想象自由飞翔。

请在白纸的上方写下“再选×××的父母”几个字。×××就是你自己的姓名。

请你郑重地写下你为自己再选的父母的名字。

父：________________

母：________________

你把头脑中涌现的第一个名字写下来就是了。为自己寻觅一对心仪的父母吧。你再选的父母是谁不重要。重要的是你在这个游戏中弥补缺憾，你在表达你长久以来压抑的情感，你在重新构筑你的世界。

如果你写下的再选父母的名字，就是你的亲生父母，那么，祝贺你。这样的概率很少，你有一份罕见的幸福。但愿本游戏之后，如果父母还健在，请向他们深深地表达谢意。如果他们已远行，请面对浩瀚星空，遥望他们的英灵，微笑并且致敬。父母是不可以再选的，但可以在我们的心中重新认识。

三、新生团体心理活动方案（附表1-3）

附表 1-3　新生团体心理活动方案

次数	活动名称	活动目标	活动内容	活动时间	活动材料
1	相识相认	①相互认识、相互熟悉 ②通过人际沟通加强相似性吸引 ③建立团队，制定团体规范	①热身活动(刮大风) ②滚雪球(2人1组自我介绍;4人1组他者介绍;8人1组“叠罗汉”式介绍) ③棒打薄情郎 ④“四定”(定组长、定组名、定口号、定造型) ⑤我们的约定(建立团体规范)	5分钟 40分钟 5分钟 20分钟 20分钟	每组1张报纸 每组1张白纸 每组3支彩笔
2	相处相依	①促进团队合作 ②增强成员间的相互信任 ③引起成员的同感 ④促进人际交往	①热身活动(解开千千结) ②同舟共济 ③信任之旅 ④盲人方阵 ⑤人体“拷贝”	5分钟 10分钟 30分钟 15分钟 30分钟	每组1张报纸 眼罩(总人数一半) 每组1条10米的绳子
3	相信相知	①促使成员对自己进行更深层次和更全面的认识，认识自我，悦纳自我 ②让成员了解自己的价值观，探索人生期望，思考自己的生涯	①热身活动(成长三部曲) ②我的自画像 ③价值拍卖会 ④目标搜索	10分钟 20分钟 40分钟 20分钟	每人1支笔 每人2张A4纸

续表

次数	活动名称	活动目标	活动内容	活动时间	活动材料
4	相亲相爱	①总结与分享团体经验 ②得到成员的支持和鼓励，增强自信心 ③让小组在融洽的氛围中结束	①热身活动(松鼠大树) ②脑力激荡(主题：如何让我们班更和谐?) ③戴高帽 ④礼包大派送 ⑤大家都来说 ⑥手语歌《相亲相爱一家人》	5分钟 30分钟 30分钟 15分钟 5分钟 5分钟	每组1张0号纸 每组1张报纸 每人1张白纸

附录二　常用心理测量表

一、症状自评量表（SCL-90）

（一）测试要求

（1）独立的、不受任何人影响的自我评定。

（2）评定时间范围是“现在或最近一周”。

（3）每次评定一般在20分钟内完成。

以下列出有些人可能会有的问题，请仔细阅读每一条，然后根据最近一星期来自己的实际感觉，选择最符合你的一种情况，填在相应题号的栏中。其中，“没有”记1分，“较轻”记2分，“中等”记3分，“较重”记4分，“严重”记5分。

（二）测试题目（附表2-1）

附表2-1　症状自评量表

项　目	没有	很轻	中度	偏重	严重
1. 头痛					
2. 神经过敏,心中不踏实					
3. 头脑中有不必要的想法或字句盘旋					
4. 头昏或昏倒					
5. 对异性的兴趣减退					
6. 对旁人责备求全					
7. 感到别人能控制你的思想					
8. 责怪别人制造麻烦					
9. 忘记性大					
10. 担心自己的衣饰整齐及仪态的端正					
11. 容易烦恼和激动					
12. 胸痛					
13. 害怕空旷的场所或街道					
14. 感到自己的精力下降,活动减慢					
15. 想结束自己的生命					
16. 听到旁人听不到的声音					
17. 发抖					
18. 感到大多数人都不可信任					
19. 胃口不好					
20. 容易哭泣					
21. 同异性相处时感到害羞不自在					
22. 感到受骗,中了圈套或有人想抓您					

续表

项目	没有	很轻	中度	偏重	严重
23. 无缘无故地突然感到害怕					
24. 自己不能控制地大发脾气					
25. 怕单独出门					
26. 经常责怪自己					
27. 腰痛					
28. 感到难以完成任务					
29. 感到孤独					
30. 感到苦闷					
31. 过分担忧					
32. 对事物不感兴趣					
33. 感到害怕					
34. 你的感情容易受到伤害					
35. 旁人能知道你的私下想法					
36. 感到别人不理解你不同情你					
37. 感到人们对你不友好，不喜欢你					
38. 做事必须做得很慢以保证做得正确					
39. 心跳得很厉害					
40. 恶心或胃部不舒服					
41. 感到比不上他人					
42. 肌肉酸痛					
43. 感到有人在监视你谈论你					
44. 难以入睡					
45. 做事必须反复检查					
46. 难以作出决定					
47. 怕乘电车、公共汽车、地铁或火车					
48. 呼吸有困难					
49. 一阵阵发冷或发热					
50. 因为感到害怕而避开某些东西，场合或活动					
51. 脑子变空了					
52. 身体发麻或刺痛					
53. 喉咙有梗塞感					
54. 感到对前途没有希望					
55. 不能集中注意力					
56. 感到身体的某一部分较弱无力					

续表

项 目	没有	很轻	中度	偏重	严重
57. 感到紧张或容易紧张					
58. 感到手或脚发沉					
59. 想到有关死亡的事					
60. 吃得太多					
61. 当别人看着你或谈论你时感到不自在					
62. 有一些不属于你自己的想法					
63. 有想打人或伤害他人的冲动					
64. 醒得太早					
65. 必须反复洗手、点数目或触摸某些东西					
66. 睡得不稳不深					
67. 有想摔坏或破坏东西的冲动					
68. 有一些别人没有的想法或念头					
69. 感到对别人神经过敏					
70. 在商店或电影院等人多的地方感到不自在					
71. 感到任何事情都很难做					
72. 一阵阵恐惧或惊恐					
73. 感到在公共场合吃东西很不舒服					
74. 经常与人争论					
75. 单独一人时神经很紧张					
76. 别人对你的成绩没有作出恰当的评价					
77. 即使和别人在一起也感到孤单					
78. 感到坐立不安心神不宁					
79. 感到自己没有什么价值					
80. 感到熟悉的东西变成陌生或不像是真的					
81. 大叫或摔东西					
82. 害怕会在公共场合昏倒					
83. 感到别人想占你的便宜					
84. 为一些有关“性”的想法而很苦恼					
85. 认为应该因为自己的过错而受到惩罚					
86. 感到要赶快把事情做完					
87. 感到自己的身体有严重问题					
88. 从未感到和其他人很亲近					
89. 感到自己有罪					
90. 感到自己的脑子有毛病					

（三）分析统计指标

1. 因子分

SCL-90 包括 10 个因子，每一个因子反映出受测者某方面症状痛苦情况，通过因子分可了解症状分布特点。

因子分＝组成某一因子的各项目总分/组成某一因子的项目数

10 个因子含义及所包含项目如下。

（1）躯体化　包括 1、4、12、27、40、42、48、49、52、53、56、58 共 12 项。该因子主要反映身体不适感，包括心血管、胃肠道、呼吸和其他系统的主诉不适，和头痛、背痛、肌肉酸痛，以及焦虑等其他躯体表现。

（2）强迫症状　包括 3、9、10、28、38、45、46、51、55、65 共 10 项。主要指那些明知没有必要，但又无法摆脱的无意义的思想、冲动和行为，还有一些比较一般的认知障碍的行为征象也在这一因子中反映。

（3）人际敏感　包括 6、21、34、36、37、41、61、69、73 共 9 项。主要指某些个人的不自在感与自卑感，特别是与其他人相比较时更加突出。在人际交往中的自卑感，心神不安，明显不自在，以及人际交流中的自我意识、消极的期待亦是这方面症状的典型原因。

（4）忧郁症状　包括 5、14、15、20、22、26、29、30、31、32、54、71、79 共 13 项。苦闷的情感与心境为代表性症状，生活兴趣的减退、动力缺乏、活力丧失等为特征。还反映失望、悲观以及与抑郁相联系的认知和躯体方面的感受，另外，还包括有关死亡的思想和自杀观念。

（5）焦虑症状　包括 2、17、23、33、39、57、72、78、80、86 共 10 项。一般指那些烦躁，坐立不安，神经过敏，紧张以及由此产生的躯体征象，如震颤等。测定游离不定的焦虑及惊恐发作是本因子的主要内容，还包括一项解体感受项目。

（6）敌对症状　包括 11、24、63、67、74、81 共 6 项。主要反映敌对的思想、感情及行为。其项目包括厌烦的感觉、摔物、争论直到不可控制的脾气暴发等各方面。

（7）恐怖症状　包括 13、25、47、50、70、75、82 共 7 项。恐惧的对象包括出门旅行、空旷场地、人群、公共场所和交通工具。此外，还有反映社交恐怖的一些项目。

（8）偏执症状　包括 8、18、43、68、76、83 共 6 项。本因子围绕偏执性思维的基本特征而制订，主要指投射性思维、敌对、猜疑、妄想、被动体验和夸大等。

（9）精神病性　包括 7、16、35、62、77、84、85、87、88、90 共 10 项。反映各式各样的急性症状和行为，限定不严的精神病性过程的指征。此外，也可以反映精神病性行为的继发征兆和分裂性生活方式的指征。

（10）饮食睡眠　包括 19、44、59、60、64、66、89 共 7 项。作为附加项目，以便使各因子分之和等于总分。

各因子分的计算方法：因子分 ＝ 因子各项目合计分/因子项目数。例如，强迫症状，假设因子各项目合计分 30÷10(个项目) ＝ 3(因子分)。

2. 总分

（1）总分是 90 个项目所得分之和。

（2）总症状指数，也称总均分＝总分÷90。

（3）阳性项目数是指评为 2～5 分的项目数，阳性症状痛苦水平＝总分÷阳性项目数。

（4）阳性症状均分是指总分减去阴性项目（评为 1 的项目）总分，再除以阳性项目数。

3. 分析

分析时主要看各因子分。比较简便、粗略的判断方法是：当因子分≥3，即表明受测者的该因子症状已达到中等以上严重程度。此时，受测者应寻求必要的心理咨询和心理治疗。

附表 2-2 是中国正常成人的 SCL-90 的因子分常模，如果因子分超过常模即为异常。

附表 2-2　中国正常成人 SCL-90 因子分常模

项目	X+SD	项目	X+SD
躯体化	1.34±0.45	恐怖	1.33±0.47
强迫	1.69±0.61	偏执	1.52±0.60
人际敏感	1.76±0.67	精神病性	1.36±0.47
抑郁	1.57±0.61	饮食睡眠	1.33±0.45
焦虑	1.42±0.43	总均分	1.44±0.43
敌对	1.50±0.57	阳性项目数	27.45±19.32

二、自我和谐量表（SCCS）

指导语：下面是一些个人对自己看法的陈述，填答时，请您看清每句话的意思，然后选一个数字以代表该句话与您现在对自己的看法相符合的程度（1 代表该句话完全不符合您的情况，2 代表比较不符合您的情况，3 代表不确定，4 代表比较符合您的情况，5 代表完全符合您的情况），每个人对自己的看法都有其独特性，因此答案是没有对错的，您只要如实回答就行了。

1. 我周围的人往往觉得我对自己的看法有些矛盾
2. 有时我会对自己在某方面的表现不满意
3. 每当遇到困难，我总是首先分析造成困难的原因
4. 我很难恰当表达我对别人的情感反应
5. 我对很多事情都有自己的观点，但我并不要求别人也与我一样
6. 我一旦形成对事物的看法，就不会再改变
7. 我经常对自己的行为不满意
8. 尽管有些时候得做一些不愿意的事，但我基本上是按自己意愿办事的
9. 一件事好就是好，不好就是不好，没有什么可含糊的
10. 如果我在某件事上不顺利，我就往往会怀疑自己的能力
11. 我至少有几个知心的朋友
12. 我觉得我所做的很多事情都是不该做的
13. 不论别人怎么说，我的观点绝不改变
14. 别人常常会误解我对他们的好意
15. 很多情况下我不得不对自己的能力表示怀疑
16. 我朋友中有些是与我截然不同的人，这并不影响我们的关系

17. 与朋友交往过多容易暴露自己的隐私
18. 我很了解自己对周围人的情感
19. 我觉得自己目前的处境与我的要求相距太远
20. 我很少去想自己所作的事是否应该
21. 我所遇到的很多问题都无法自己解决
22. 我很清楚自己是什么样的人
23. 我很能自如地表达我所要表达的意思
24. 如果有足够的证据，我也可以改变自己的观点
25. 我很少考虑自己是一个什么样的人
26. 把心里话告诉别人不仅得不到帮助，还可能招致麻烦
27. 在遇到问题时，我总觉得别人都离我很远
28. 我觉得很难发挥出自己应有的水平
29. 我很担心自己的所作所为会引起别人的误解
30. 如果我发现自己某些方面表现不佳，总希望尽快弥补
31. 每个人都在忙自己的事，很难与他们沟通
32. 我认为能力再强的人也可能遇上难题
33. 我经常感到自己是孤独无援的
34. 一旦遇到麻烦，无论怎样做都无济于事
35. 我总能清楚地了解自己的感受

记分方法：

各分量表的得分为其包含的项目分直接相加，三个分量表包含的项目如下。

(1) 自我与经验的不和谐（正向计分）：1，4，7，10，12，14，15，17，19，21，23，27，28，29，31，33。

(2) 自我的灵活性（反向计分）：2，3，5，8，11，16，18，22，24，30，32，35。

(3) 自我的刻板性（正向计分）：6，9，13，20，25，26，34。

正向计分，即选 1 计 1 分，选 2 计 2 分，选 3 计 3 分，选 4 计 4 分，选 5 计 5 分。

反向计分，即选 1 计 5 分，选 2 计 4 分，选 3 计 3 分，选 4 计 2 分，选 5 计 1 分。

(1) 自我与经验的不和谐累积得分：

(2) 自我的灵活性累积得分：

(3) 自我的刻板性累积得分：

三个量表分数相加得到总分：

结果解释（仅供参考）：

总分越高，说明自我和谐度越低。在大学生中，低于 74 分为低分组，75～102 为中间组，103 以上为高分组。

三、情绪类型测试

指导语：你在多大程度上受理智的控制，又在多大程度上受“本能”情绪的控制？回答以下问题，将每题分值相加的总和与结果对照，可以确定情绪状态与类型。

1. 如果让你选择，你更愿意：(　　)。

A. 同许多人一起工作并亲密接触　　B. 和一些人一起工作　　C. 独自工作

2. 当为解闷而读书时，你喜欢：(　　)。

A. 读史书、秘闻、传记类　　B. 读历史小说、社会问题小说

C. 读幻想小说、荒诞小说

3. 对恐怖影片反应如何？（　　）

A. 不能忍受　　B. 害怕　　C. 很喜欢

4. 以下哪种情况符合你：（　　）。

A. 很少关心他人的事　　B. 关心熟人的生活

C. 爱听新闻，关心别人的生活细节

5. 去外地时，你会：（　　）。

A. 为亲戚们的平安感到高兴　　B. 陶醉于自然风光

C. 希望去更多的地方

6. 你看电影时会哭或觉得要哭吗？（　　）

A. 经常　　B. 有时　　C. 从不

7. 遇见朋友时，通常是：（　　）。

A. 点头问好　　B. 微笑、握手和问候　　C. 拥抱他们

8. 如果在车上有个烦人的陌生人要你听他讲自己的经历，你会怎样：（　　）。

A. 显示你颇有同感　　B. 真的很感兴趣

C. 打断他，做自己的事

9. 是否想过给报纸的问题专栏写稿？（　　）

A. 绝对没想过　　B. 有可能想过　　C. 想过

10. 被问及私人问题，你会怎样？（　　）

A. 感到不快活和气愤，拒绝回答　　B. 平静地对他说出你认为适当的话

C. 虽然不快，但还是回答了

11. 在咖啡店里要了杯咖啡，这时发现邻座有一位姑娘在哭泣，你会怎样？（　　）

A. 想说些安慰话，但却羞于启口　　B. 问她是否需要帮助

C. 换个座位远离她

12. 在朋友家聚餐之后，朋友和其爱人激烈地吵了起来，你会怎样？（　　）

A. 觉得不快，但无能为力　　B. 立即离开

C. 尽力为他们排解

13. 送礼物给朋友：（　　）。

A. 仅仅在新年和生日　　B. 全凭兴趣

C. 在觉得有愧或忽视了他们时

14. 一个刚相识的人对你说了些恭维话，你会怎样？（　　）

A. 感到窘迫　　B. 谨慎地观察对方

C. 非常喜欢听，并开始喜欢对方

15. 如果你因家事不快，上班时你会：（　　）。

A. 继续不快，并显露出来

B. 工作起来，把烦恼丢在一边

C. 尽量理智，但仍因压不住而发脾气

16. 生活中的一个重要关系破裂了，你会：（　　）。

A. 感到伤心，但尽可能正常生活　　B. 至少在短暂时间内感到痛心

C. 无可奈何地摆脱忧伤之情

17. 一只迷路的小猫闯进你家，你会：（　　）。

A. 收养并照顾它　　B. 扔出去

C. 想给它找个主人，找不到就让它安乐死

18. 对于信件或纪念品，你会：（　　）。

A. 刚收到时便无情地扔掉　　B. 保存多年

C. 两年清理一次

19. 是否因内疚或痛苦而后悔？（　　）。

A. 是的，一直很久　　B. 偶尔后悔

C. 从不后悔

20. 同一个很羞怯或紧张的人谈话时，你会：（　　）。

A. 因此感到不安

B. 觉得逗他讲话很有趣

C. 有点生气

21. 你喜欢的孩子是：（　　）。

A. 很小的时候，而且有点可怜巴巴

B. 长大了的时候

C. 能同你谈话的时候，并且形成了自己的个性

22. 恋人抱怨你花在工作上的时间太多了，你会怎样？（　　）

A. 解释说这是为了你们两人的共同利益，然后仍像以前那样去做

B. 试图把时间更多地花在家庭上

C. 对两方面的要求感到矛盾，并试图使两方面都令人满意

23. 在一场特别好的演出结束后，你会：（　　）。

A. 用力鼓掌　　B. 勉强地鼓掌

C. 加入鼓掌，但觉得很不自在

24. 当拿到母校出的一份刊物时，你会：（　　）。

A. 通读一遍后扔掉　　B. 仔细阅读，并保存起来

C. 不看就扔进垃圾桶

25. 看到路对面有一个熟人时，你会：（　　）。

A. 走开　　B. 走过去问好

C. 招手，如对方没反应便走开

26. 听说一位朋友误解了你的行为，并且正在生你的气，你会怎样？（　　）

A. 尽快联系，作出解释

B. 等朋友自己清醒过来

C. 等待一个好时机再联系，但对误解的事不作解释

27. 怎样处置不喜欢的礼物？（　　）

A. 立即扔掉　　B. 热情地保存起来

C. 藏起来，仅在赠者来访时才摆出来

28. 对示威游行、爱国主义行动、宗教仪式的态度如何？（　　）

A. 冷淡　　B. 感动得流泪　　C. 使你窘迫

29. 有没有毫无理由地觉得害怕？（　　）

A. 经常　　B. 偶尔　　C. 从不

30. 下面哪种情况与你最相符？（　　）

A. 十分留心自己的感情　　B. 总是凭感情办事

C. 感情没什么要紧，结局才最重要

记分方法：

题目 选择	1	2	3	4	5	6	7	8	9	10	11	12	13	14	15	总分
A	3	1	1	1	1	3	1	2	1	3	2	2	1	2	3	
B	2	2	3	2	3	2	2	3	2	1	3	1	3	1	1	
C	1	3	2	3	2	1	3	1	3	2	1	3	2	3	2	
得分																

题目 选择	16	17	18	19	20	21	22	23	24	25	26	27	28	29	30	总分
A	2	3	1	3	2	3	1	3	2	1	3	1	1	3	2	
B	3	1	3	2	3	1	3	1	3	3	1	3	3	2	3	
C	1	2	2	1	1	2	2	2	1	2	2	2	2	1	1	
得分																

所有项目总分：

结果解释（仅供参考）：

30～50分：理智型情绪。很少为什么事而激动，即使生气，也表现得很有克制力。主要弱点是对他人的情绪缺少反应。爱情生活很有局限，而且可能会听到人们在背后说你“冷血动物”。目前需要松弛自己。

51～69分：平衡型情绪。时而感情用事，时而十分克制。即使在很恶劣的环境下握起了拳头，但仍能从情绪中摆脱出来。因此，很少与人争吵，爱情生活十分愉快、轻松。即使偶尔陷入情感纠纷，也能不自觉地处理得妥帖。

70～90分：冲动型情绪。是个非常重感情的人。如果是女性，一定是眼泪的俘虏。如果是男性，可能非常随和，但好强，且喜欢自我炫耀。可能经常陷入那种短暂的风暴式的爱情纠纷，因此麻烦百出，想劝你冷静，简直是不可能的事情。这里有必要提醒你：克制自己。

四、情商自测问卷

指导语：对下列问题请回答：“A. 是”或“B. 否”。

1. 与自己的恋人或爱人争吵后，你能在他人面前掩饰住自己的沮丧。
2. 当工作进展不顺利时，你认为这预示着结局可能不妙。
3. 在你最好的朋友和你说话前，你就能先看出他（她）的情绪状况。
4. 常常为一些忧心事夜不能眠。
5. 你常会受浪漫爱情片或伤感片感染。
6. 如果人际关系不妙，你觉得首先应当检讨并改变自己的看法或做法。
7. 如果你忘记了恋人或爱人的生日，更可能是因为自己太忙，而不是不善于记别人的生日。
8. 你经常想知道别人是怎样看待或评价自己的。
9. 你对自己几乎能使每个与自己打交道的人高兴而自豪。
10. 你厌烦讨价还价，尽管讨价还价能使你少花一百块钱。
11. 你十分相信直率说话能使一切事情变得容易解决。

12. 在讨论中，尽管知道自己是正确的，但你也会转换，不愿与对方争论。

13. 在工作中做出一个决策，你会不时反省一下，看看它是否正确。

14. 你不会担心环境的改变，因为你对自己的适应能力有信心。

15. 如果有群体性的娱乐活动，你往往能提出有趣的建议。

16. 若你有一根魔棒，你将用它改变自己的外貌和个性。

17. 不管你工作多努力，你的上司似乎总在催促你。

18. 你觉得恋人或爱人的厚望会对你构成不小的压力。

19. 你认为小小一点压力是不会伤害任何人的。

20. 你会把个人的隐私告诉你最好的朋友。

21. 你会对你的合作者发火，如果他（她）总是唠唠叨叨对你不放心。

22. 你的锻炼没有收获，是因为方法不对，而不是锻炼本身无益。

23. 你打牌输了，是因为牌不好，而不是打牌太难。

24. 如果你的朋友说了伤你感情的话，你会认为他是个以自己为中心，言行不考虑别人的人。

25. 如果失败，往往是因为你本不想做，而不是你无能。

记分方法：选 A 得 1 分，选 B 得 0 分，计算累积总分。

结果解释（仅供参考）：

完整的情商包括自我意识、情绪调节、自我激励、冲动控制和人际技巧五大方面。

得 20～25 分：你对自己的才能极有信心。你不会轻易被情绪击倒，而且十分善于控制自己的情感。一般情况下，你能与他人融洽相处，并显得出类拔萃。但如果过于自信，就会因感觉过好而令人生厌，或者忽视艰苦努力，则仍可能会成为一个失败者。

得 9～19 分：你能意识到自己和他人的情感，但有时仍显得不够关注。你对自己不断提出要求和目标，如果你能更好地分析与理解自己与别人的情感和需求，并能不怕挫折、吸取教训、扬长避短，你会显现出自己的优势的。

得 0～8 分：你太注重自己而漠视他人了。粗鲁的行为方式也许能帮你一时，但很快你会发现这样会失大于得。你要学会尊重别人的意见和需求，学会在不损害别人利益的同时得到自己想要的东西。如果得了低分，不要太沮丧，关注一下自己的情商，亡羊补牢，为时不晚。

五、心理压力的自我检查

指导语：请对以下表述进行自我诊断，记录下有多少项与你本人情况相符合。

1. 经常患感冒，且不易治愈。
2. 常有手脚发冷的情形。
3. 手掌和腋下常出汗。
4. 突然出现呼吸困难的苦闷窒息感。
5. 时有心脏悸动现象。
6. 有胸痛情况发生。
7. 有头重感或头脑不清醒的昏沉感。
8. 眼睛很容易疲劳。
9. 有鼻塞现象。
10. 有头晕眼花的情形发生。
11. 站立时有发晕的情形。

12. 有耳鸣的现象。
13. 口腔内有破裂或溃烂情形发生。
14. 经常喉痛。
15. 舌头上出现白苔。
16. 面对自己喜欢吃的东西，却毫无食欲。
17. 常觉得吃下的东西像沉积在胃里。
18. 有腹部发胀、疼痛感觉，而且常下痢、便秘。
19. 肩部很容易坚硬酸痛。
20. 背部和腰经常疼痛。
21. 疲劳感不易解除。
22. 有体重减轻的现象。
23. 稍微做一点事就马上感到很疲劳。
24. 早上经常有起不来的倦怠感。
25. 不能集中精力专心做事。
26. 睡眠不好。
27. 睡觉时经常作梦。
28. 在深夜突然醒来时不易继续再睡着。
29. 与人交际应酬变得很不起劲。
30. 稍有一点不顺心就会生气，而且时有不安的情形发生。

结果解释（仅供参考）：

以上所列的30项自我诊断的症状中，计算与你的情况相符的项目数量。如在这些症状中，你有5项，属于轻微紧张型，只需多加留意，注意调适休息便可恢复；如有11项至20项，则属于严重紧张型，需要重视，可以选择咨询；若有21项以上，就会出现适应障碍的问题，需要引起特别注意，寻求心理咨询。

六、心理承受力自测问卷

指导语：请你仔细阅读每一个题，并根据自己的实际情况，对下列题目作出“是”或“否”的回答。对这些问题的答案不要作过多的考虑，对每个问题立即做出回答比考虑后再回答更为正确。

1. 你认为自己是个弱者吗？
2. 你是否喜欢冒险和刺激？
3. 你生活在使你感到快乐和温暖的班级里吗？
4. 如果现在就去睡，你担心自己会睡不着？
5. 生病时你依旧乐观吗？
6. 你是否认为家人需要你？
7. 晚睡两个小时会使你第二天明显的精神不振吗？
8. 看完惊险片很长一段时间内，你一直觉得心有余悸吗？
9. 你常常觉得生活很累吗？
10. 你是否有一些无话不谈的知心朋友？
11. 当考试成绩不理想时，你会感到非常沮丧吗？
12. 你认为自己健壮吗？
13. 当你与某个同学闹意见后，你一直无法消除相处时的尴尬吗？

14. 大部分时间你对未来充满信心吗？

15. 你有一个关心、爱护你的家吗？

16. 当你在课堂上回答不出问题时，你在课后还会久久地感到烦恼吗？

17. 每到一个新地方，你是否常常会出些问题，如吃不下饭、睡不着觉、拉肚子、头晕等？

18. 即使在困难时，你还是相信困难终将过去吗？

19. 你明显偏食吗？

20. 当你与父母发生不愉快时，你是否曾想离家出走？

21. 你是否每周至少进行一次所喜欢的体育活动，如登山、打球、游戏等？

22. 你觉得自己有些神经衰弱吗？

23. 你认为你的老师喜欢你吗？

24. 心情不愉快时，你的饭量与平时差不多吗？

25. 看到苍蝇、蟑螂等讨厌的东西，你感到害怕吗？

26. 你相信自己能够战胜任何挫折吗？

27. 你是否常常与同学们交流看法？

28. 你常常因为想心事而躺在床上久久不能入睡吗？

29. 在人多的场合或陌生人面前说话，你是否感到窘迫？

30. 你是否认为你受到的挫折与其他人相比，根本算不了什么？

记分方法：

第 2，3，5，6，10，12，14，15，18，21，23，24，26，27，30 题答“是”记 1 分，答“否”记 0 分。

其余各题答“是”记 0 分，答“否”记 1 分。

各题得分相加，统计总分。

结果解释（仅供参考）：

0～9 分：你的心理承受能力差。你遇到困难易灰心，常有挫折感。

10～20 分：你的心理承受能力一般。你能轻松地承受一些小的压力，但遇到大的打击时，还是容易产生心理危机。

21～30 分：你的心理承受能力强。你能在各种艰难困苦面前保持旺盛的斗志。

七、意志力评定问卷

指导语：根据自己的实际情况，在每题后的 5 个答案中选择一个最适合你的答案。

1. 我很喜欢长跑、长途旅行、爬山等体育运动，但不是我的身体条件适合这些项目，而是因为它们能使我更有毅力。（很同意；比较同意；可否之间；不大同意；不同意）

2. 我给自己订的计划常常因为主观原因不能如期完成。（这种情况很多；较多；不多不少；较少；没有）

3. 如没有特殊原因，我能每天按时起床，不睡懒觉。（很同意；较同意；可否之间；不大同意；不同意）

4. 订的计划应有一定的灵活性，如果完成有困难，随时可以改变或撤销它。（很同意；较同意；无所谓；不大同意；不同意）

5. 在学习的娱乐发生冲突的时候，哪怕这种娱乐很有吸引力，我也会马上决定去学习。（经常如此；较经常；时有时无；较少；并非如此）

6. 学习或工作遇到困难时，最好的办法是立即向师长、同事、朋友、同学求援。（同

意；较同意；无所谓；不大同意；不同意）

7. 在练长跑遇到生理反应，觉得跑不动时，我经常咬紧牙关，坚持到底。（经常如此；较同意；时有时无；较少；并非如此）

8. 我常因读一本引人入胜的小说而不能按时睡眠。（经常有；较多；时有时无；较少；没有）

9. 我在做一件该做的事之前，常能想到做与不做的好坏结果，而有目的地去做。（经常如此；较经常；时有时无；较少；并非如此）

10. 如果对一件事情不感兴趣，那么不管它是什么事情，我的积极性都不高。（经常如此；较经常；时有时无；较少；并非如此）

11. 当我同时面临一件该做的事和一件不该做却吸引着我的事时，我经常经过激烈的斗争，使前者占上风。（是；有时是；是与非之间；很少这样；不是这样）

12. 有时我躺在床上，下决心第二天要干一件重要事情（如突击学一下外语），但到第二天，这种劲头就消失了。（常有；较常有；时有时无；较少有；没有）

13. 我能长时间做一件重要但枯燥无味的事情。（是；有时是；是与非之间；很少这样；不是这样）

14. 生活中遇到复杂情况时，我常常优柔寡断，举棋不定。（常有；较常有；时有时无；较少有；没有）

15. 做一件事之间，我首先想的是它的重要性，其次才想它是否使我感兴趣。（是；有时是；是与非之间；很少这样；不是）

16. 我遇到困难情况时，常常希望别人帮我拿主意。（是；有时是；时有时无；较少有；没有）

17. 我决定做一件事时，常常说干就干，决不拖延或让它落空。（是；有时是；是与非之间；很少这样；不是）

18. 在和别人争吵时，虽然明知不对，我却忍不住说些过头话，甚至骂他几句。（时常有；有时有；有时无；很少有；没有）

19. 我希望做一个坚强有毅力的人，因为我深信“有志者事竟成”。（是；有时是；是与非之间；很少这样；不是）

20. 我相信机遇，好多事实证明，机遇的作用常常大大超过人的努力。（是；有时是；是与非之间；很少这样；不是）

记分方法：

凡单序号题（1、3、5……），每题后面的5种回答依次记5、4、3、2、1分，依次类推；

凡双序号题（2、4、6……），每题后面的5种回答依次记1、2、3、4、5分，依次类推；

结果解释（仅供参考）：

合计分分值含义：81～100分意志很坚强；61～80分意志较坚强；41～60分意志力一般；21～40分意志较薄弱；0～20分意志很薄弱。

八、艾森克人格问卷成人版（EPQ）

指导语：在这张问卷上共有共85个问题，请根据自己的实际情况作“是”或“不是”的回答。这些问题要求你按自己的实际情况回答，不要去猜测怎样才是正确的回答。因为这里不存在正确或错误的回答，也没有捉弄人的问题，将问题的意思看懂了就快点回答，不要花很多时间去想。每个问题都要问答。问卷无时间限制，但不要拖延太长，也不要未看懂问题便回答。

1. 你是否有广泛的爱好？
2. 在做任何事情之前，你是否都要考虑一番？
3. 你的情绪时常波动吗？
4. 当别人做了好事，而周围的人却认为是你做的时候，你是否感到洋洋得意？
5. 你是一个健谈的人吗？
6. 你曾经无缘无故觉得自己“可怜”吗？
7. 你曾经有过贪心使自己多得份外物质利益吗？
8. 晚上你是否小心地把门锁好？
9. 你认为自己活泼吗？
10. 当看到小孩（或动物）受折磨时你是否难受？
11. 你是否时常担心你会说出（或做出）不应该说（或做）的事情？
12. 若你说过要做某件事，是否不管遇到什么困难都要把它做成？
13. 在愉快的聚会中，你通常是否尽情享受？
14. 你是一位易激怒的人吗？
15. 你是否有过自己做错了事反而责备别人的时候？
16. 你喜欢会见陌生人吗？
17. 你是否相信参加储蓄是一种好办法？
18. 你的感情是否容易受到伤害？
19. 你想服用有奇特效果或有危险性的药物吗？
20. 你是否时常感到“极其厌烦”？
21. 你曾多占多得别人的东西（甚至一针一线）吗？
22. 如果条件允许，你喜欢经常外出（旅行）吗？
23. 对你所喜欢的人，你是否为取乐开过过头玩笑？
24. 你是否常因“自罪感”而烦恼？
25. 你是否有时候谈论一些你毫无所知的事情？
26. 你是否宁愿看些书，而不想去会见别人？
27. 有坏人想要害你吗？
28. 你认为自己“神经过敏”吗？
29. 你的朋友多吗？
30. 你是个忧虑重重的人吗？
31. 你在儿童时代是否立即听从大人的吩咐而毫无怨言？
32. 你是一个无忧无虑、逍遥自在的人吗？
33. 有礼貌、爱整洁对你很重要吗？
34. 你是否担心将会发生可怕的事情？
35. 在结识新朋友时，你通常是主动的吗？
36. 你觉得自已是个非常敏感的人吗？
37. 和别人在一起的时候，你是否不常说话？
38. 你是否认为结婚是个框框，应该废除？
39. 你有时有点自吹自擂吗？
40. 在一个沉闷的场合，你能给大家添点生气吗？

41. 慢腾腾开车的司机是否使你讨厌?
42. 你担心自己的健康吗?
43. 你是否喜欢说笑话和谈论有趣的事?
44. 你是否觉得大多数事情对你都是无所谓的?
45. 你小时候曾经有过对父母鲁莽无礼的行为吗?
46. 你喜欢和别人打成一片,整天相处在一起吗?
47. 你失眠吗?
48. 你饭前必定洗手吗?
49. 当别人问你话时,你是否对答如流?
50. 你是否宁愿有富裕时间喜欢早点动身去赴约会?
51. 你经常无缘无故感到疲倦和无精打采吗?
52. 在游戏或打牌时你曾经作弊吗?
53. 你喜欢紧张的工作吗?
54. 你时常觉得自己的生活很单调吗?
55. 你曾经为了自己而利用过别人吗?
56. 你是否参加的活动太多,已超过自己可能分配的时间?
57. 是否有那么几个人时常躲着你?
58. 你是否认为人们为保障自己的将来而精打细算勤俭节约所费的时间太多了?
59. 你是否曾经想过去死?
60. 若你确知不会被发现,你会少付人家钱吗?
61. 你能使一个联欢会开得成功吗?
62. 你是否尽力使自己不粗鲁?
63. 一件使你为难的事情过去之后,是否使你烦恼好久?
64. 你是否曾经坚持要照你的想法办事?
65. 当你去乘火车时,你是否最后一分钟到达?
66. 你是否“神经质”?
67. 你常感到寂寞吗?
68. 你的言行总是一致的吗?
69. 你有时喜欢玩弄动物吗?
70. 有人对你或你的工作吹毛求疵时,是否容易伤害你的积极性?
71. 你去赴约会或上班时,是否曾经迟到?
72. 你是否喜欢周围有许多热闹和高兴的事?
73. 你愿意让别人怕你吗?
74. 你是否有时兴致勃勃,有时却很懒散不想动?
75. 你有时会把今天应做的事拖到明天吗?
76. 别人是否认为你是生气勃勃的?
77. 别人是否对你说过许多谎话?
78. 你是否对有些事情易性急生气?
79. 若你犯有错误,是否都愿意承认?
80. 你是一个整洁严谨,有条不紊的人吗?
81. 在公园里或马路上,你是否总是把果皮或废纸扔到垃圾箱里?
82. 遇到为难的事情,你是否拿不定主意?

83. 你是否有过随口骂人的时候?

84. 当你乘车或坐飞机外出时，你是否担心会碰撞或出意外?

85. 你是一个爱交往的人吗?

记分方法：

P精神质量表（psychoticism，P）第19、23、27、38、41、44、57、58、65、69、73、77题答“是”和第2、8、10、17、33、50、62、80题答“否”的每题各得1分。

E外向量表（extrovi-sion，E）第1、5、9、13、16、22、29、32 、35、40、43、46、49、53、56、61、72、76、85题答“是”和第26、37题答“否”的每题各得1分。

N神经质量表（neuroticism，N）第3、6、11、14、18、20、24、28、30、34、36、42、47、51、54、59、63、66、67、70、74、78、82、84题答“是”每题各得1分。

L掩饰量表（Lie，L）第12、31、48、68、79、81题答“是”和第4、7、15、21、25、39、45、52、55、60、64、71、75、83题答“否”的每题各得1分。

最后根据被试者在各量表上获得的总分（粗分），按年龄和性别常模换算出标准T分，便可分析被试者的个性特点。

结果解释：(仅供参考，实际上应按标准差计算再确定)

P量表分：分数高于8表示可能是孤独、不关心他人，难以适应外部环境，不近人情，与别人不友好，喜欢寻衅搅扰，喜欢干奇特的事情，并且不顾危险。

E量表分：分数高于15，表示人格外向，可能是好交际，渴望刺激和冒险，情感易于冲动。分数低于8，表示人格内向，如好静，富于内省，不喜欢刺激，喜欢有秩序的生活方式，情绪比较稳定。

N量表分：分数高于14表示焦虑、忧心忡忡、常郁郁不乐，有强烈情绪反应，甚至出现不够理智的行为。分数低于9表示情绪稳定。

L量表分：L量表分如高于18，显示被试有掩饰倾向，测验结果可能失真。

(1) 外向不稳定型（胆汁质）：积极、乐观、冲动、善交际、兴奋、攻击、好动、暴躁；

(2) 外向稳定型（多血质）：善社交、开朗、健谈、敏感、逍遥自在、活泼、无忧无虑、有领导能力；

(3) 内向不稳定型（抑郁质）：寂静、不善社交、保守、悲观、严肃、刻板、焦虑、抑郁；

(4) 内向稳定型（黏液质）：安静、好脾气、可信赖、能控制、温和、有思想、谨慎、被动。

问卷说明：

艾森克人格问卷（Eysenck personality questionnaire，EPQ）由英国心理学教授艾森克及其夫人编制，从几个个性调查发展而来。相对于其他以因素分析法编制的人格问卷而言，它所涉及的概念较少，施测方便，有较好的信度和效度，是国际上最具影响力的心理量表之一。

EPQ的成人问卷由P、E、N、L四个量表组成，主要调查内外向（E)、神经质（N)、精神质（P）三个维度。艾森克认为个性可分析出三个维度，其中E维因素与中枢神经系统的兴奋、抑制的强度密切相关，N维因素与植物性神经的不稳定性有密切相关。艾森克认为遗传因素对三个维度均有影响。正常人也具有神经质和精神质，这两者又可以通俗地说成是情绪稳定性和倔强性，而不是暗指神经症和精神病。但是高级神经的活动如果在不利因素影响下也可能向病理方面发展。L量表是测验受试者的“掩饰”倾向，即不真实的回答，同样也有测量受试者纯朴性的作用。

实际生活中，多数人均属于极端内外向之间，或者倾向内向或外向。内向或外向的人，又可有情绪稳定或不稳定。同理，具有各种不同程度E和N的人，还具有不同程度的P特点。

(1) P量表

P分高的人表现为不关心人，独身者，常有麻烦，在哪里都感不合适，有的可能残忍、缺乏同情心、感觉迟钝，常抱有敌意，进攻，对同伴和动物缺乏人类感情。如为儿童，常对人仇视、缺乏是非感、无社会化概念，多恶作剧，是一种麻烦的儿童。

P分低的无上述情况。

(2) E量表

E分高为外向：爱社交，广交朋友，渴望兴奋，喜欢冒险，行动常受冲动影响，反应快，乐观，好谈笑，情绪倾向失控，作事欠踏实。

E分低为内向：安静、离群、保守、交友不广、但有挚友。喜瞻前顾后，行为不易受冲动影响，不爱兴奋的事，作事有计划，生活有规律，作事严谨，倾向悲观，踏实可靠。

(3) N量表

N分高，情绪不稳定，焦虑、紧张、易怒，往往又有抑郁。睡眠不好，往往有几种心身障碍。情绪过分，对各种刺激的反应都过于强烈，动情绪后难以平复，如与外向结合时，这种人容易冒火，以至进攻。概括地说，是一种紧张的人，好抱偏见，以致错误。

N分低，情绪过于稳定，反应很缓慢，很弱，又容易平复，通常是平静的，很难生气，在一般人难以忍耐的刺激下也有所反应，但不强烈。

(4) L量表

掩饰量表，原来作为区别答卷有效或无效的效度量表。L分高，表示答的不真实，答卷无效。但后来的经验（包括MMPI的使用经验）说明，它的分数高低与许多因素有关，而不只是真实与否一个因素。例如年龄（中国常模表明，年小儿童和老年人均偏高）、性别（女性偏高）因素。

每一维度除单独解释外，还可与其他维度相结合作解释。例如，E量表与N量表结合，以E为横轴，N为纵轴，便构成四相，即外向—不稳定，Eysenck认为它相当于古代气质分型的胆汁质；外向—稳定，相当于多血质；内向—稳定，相当于黏液质；内向—不稳定，相当于抑郁质。各型之间有移行型，因此他以维度为直径，在四象限外画成一圆，在圆上可排列四个基本型的各过渡型

九、气质类型测试

指导语：本测验是有关个人的兴趣、爱好、态度等方面的问题。每个人对这些问题都有自己的看法，回答自然也不一样，因而答案没有“对”、“错”之分，请不要有所顾忌，完全应该根据自己的真实体验和实际情况来回答，不要花费太多的时间去思考，应顺其自然，根据第一印象作出判断，选择一个与你的情况最相符的答案。

A. 很符合；B. 较符合；C. 介于符合和不符合之间；D. 比较不符合；E. 完全不符合

(　　) 1. 做事力求稳妥，不做无把握的事。

(　　) 2. 遇到可气的事就怒不可遏，想把心理的话全都说出来才痛快。

(　　) 3. 宁肯一个人干事，不愿很多人在一起。

(　　) 4. 到一个新环境很快就能适应。

(　　) 5. 厌恶那些强烈的刺激，如尖叫、噪声、危险镜头等。

(　　) 6. 和人争吵时，总是先发制人，喜欢挑衅。

（ ）7. 喜欢安静的环境。
（ ）8. 善于与人交往。
（ ）9. 羡慕那些善于克制自己感情的人。
（ ）10. 生活有规律，很少违反作息制度。
（ ）11. 大多数情况下情绪是乐观的。
（ ）12. 碰到陌生人觉得很拘束。
（ ）13. 遇到令人气愤的事，能很好地克制。
（ ）14. 做事总是有旺盛的精力。
（ ）15. 遇到问题常常举棋不定，优柔寡断。
（ ）16. 在人群中从不觉得过分拘束。
（ ）17. 情绪高昂时，觉得干什么都有趣；情绪低落时，又觉得什么都没意思。
（ ）18. 当注意力集中于一物时，别的事很难使我分心。
（ ）19. 理解问题总比别人快。
（ ）20. 碰到危险情境，常有一种极度恐怖感。
（ ）21. 对学习、工作、事业怀有很高的热情。
（ ）22. 能够长时间做枯燥、单调的工作。
（ ）23. 符合兴趣的事情，干起来劲头十足，否则就不想干。
（ ）24. 一点小事就能引起情绪波动。
（ ）25. 讨厌做那种需要耐心、细致的工作。
（ ）26. 与人交往不卑不亢。
（ ）27. 喜欢参加热烈的活动。
（ ）28. 爱看感情细腻、描写人物内心活动的文学作品。
（ ）29. 工作学习时间长了，常感到厌倦。
（ ）30. 不喜欢长时间谈论一个问题，愿意实际动手干。
（ ）31. 宁愿侃侃而谈，不愿窃窃私语。
（ ）32. 别人说我总是闷闷不乐。
（ ）33. 理解问题比别人慢些。
（ ）34. 疲倦时只要短暂的休息就能精神抖擞，重新投入工作。
（ ）35. 心理有话宁愿自己想，不愿说出来。
（ ）36. 认准一个目标就希望尽快实现，不达目的，誓不罢休。
（ ）37. 学习、工作同样一段时间，常比别人更疲倦。
（ ）38. 做事有些莽撞，常常不考虑后果。
（ ）39. 老师或师傅讲授新知识、技术时，总希望他讲慢些，多重复几遍。
（ ）40. 能够很快忘记那些不愉快的事情。
（ ）41. 做作业或完成一件工作总比别人花的时多。
（ ）42. 喜欢运动量大的剧烈体育活动，或参加各种文艺活动。
（ ）43. 不能很快地把注意力从一件事转移到另一件事情上去。
（ ）44. 接受一个任务后，就希望把它迅速解决。
（ ）45. 认为墨守成规比冒风险强些。
（ ）46. 能够同时注意几件事物。
（ ）47. 当我烦的时候，别人很难使我高兴起来。
（ ）48. 爱看情节跌宕起伏、激动人心的小说。

（　　）49. 对工作抱认真严谨、始终如一的态度。
（　　）50. 和周围人们的关系总是相处不好。
（　　）51. 喜欢复习学习过的知识，重复已掌握的工作。
（　　）52. 希望做变化大、花样多的工作。
（　　）53. 小时候会背的诗歌，我似乎比别人记得清楚。
（　　）54. 别人说我“出语伤人”，可我并不觉得这样。
（　　）55. 在体育活动中，常因反应慢而落后。
（　　）56. 反应敏捷、头脑清楚。
（　　）57. 喜欢有条理而不甚麻烦的工作。
（　　）58. 兴奋的事常使我失眠。
（　　）59. 老师讲新概念，常常听不懂，但是弄懂以后就很难忘记。
（　　）60. 假如工作枯燥无味，马上就会情绪低落。

记分方法：本气质量表共60题，每种气质类型15题，被试要按题目陈述，并根据自己的实际情况选择：“很符合”记2分，“较符合”记1分，“介于符合与不符合之间”记0分，“完全不符合”记－1分，“完全不符合”记－2分。然后填入下表计算得分。

A	胆汁质	题号	2 6 9 14 17 21 27 31 36 38 42 48 50 54 58	得分合计
		答案		
		得分		
B	多血质	题号	4 8 11 16 19 23 25 29 34 40 44 46 52 56 60	得分合计
		答案		
		得分		
C	黏液质	题号	1 7 10 13 18 22 26 30 33 39 43 45 49 55 57	得分合计
		答案		
		得分		
D	抑郁质	题号	3 5 12 15 20 24 28 32 35 37 41 47 51 53 59	得分合计
		答案		
		得分		

结果解释（仅供参考）：

如某栏得分超出20分，并明显高于其他3栏（＞4分），则为该类型典型气质；

如某栏得分在10～20分之间，并明显高于其他3栏（＞4分），则为该类型一般气质；

如两栏得分接近＜3分，并明显高于其他两栏（＞4分），则为两种气质的混合型；

如三栏得分接近＜3分，并明显高于其他一栏（＞4分），则为三种气质的混合型；

如四栏分数接近＜3分，则为四种气质的混合型。

由此可能有13种气质类型：（1）胆汁；（2）多血；（3）黏液；（4）抑郁；（5）胆汁－多血；（6）多血－黏液；（7）黏液－抑郁；（8）胆汁－抑郁；（9）胆汁－多血－黏液；（10）多血－黏液－抑郁；（11）胆汁－多血－抑郁；（12）胆汁－黏液－抑郁；（13）胆汁－多血－黏液－抑郁。

多数人的气质为一般型气质或两种气质的混合型，典型气质或三、四种气质的混合型的人数少。

十、人际关系行为困扰诊断量表

指导语：本量表共28个问题，每个问题用“是”或“否”回答。请你认真完成，然后根据后面提供的记分方法，对测验结果作出解释。

1. 关于自己的烦恼有苦难言。
2. 和生人见面时感觉不自然。
3. 过分羡慕和妒忌别人。
4. 与异性交往太少。
5. 对连续不断的会谈感到困难。
6. 在社交场合感到紧张。
7. 时常伤害别人。
8. 与异性交往感觉不自然。
9. 与一大群朋友在一起，常感到孤寂和失落。
10. 极易受窘。
11. 与别人不能和睦相处。
12. 不知道与异性相处如何适可而止。
13. 当不熟悉的人对自己倾诉他的生平遭遇以求同情时，自己常感到不自在。
14. 担心别人对自己有什么坏印象。
15. 总是尽力使别人欣赏自己。
16. 暗自思慕异性。
17. 时常避免表达自己的感受。
18. 对自己的仪表（容貌）缺乏信心。
19. 讨厌某人或被某人所讨厌。
20. 瞧不起异性。
21. 不能专注地倾听。
22. 自己的烦恼无人可申诉。
23. 受别人排斥与冷落。
24. 被异性瞧不起。
25. 不能广泛地听取各种意见、看法。
26. 自己常因受伤害而暗自伤心。
27. 常被别人谈论、愚弄。
28. 与异性交往不知如何更好地相处。

Ⅰ	题目	1	5	9	13	17	21	25	小计
	分数								
Ⅱ	题目	2	6	10	14	18	22	26	小计
	分数								
Ⅲ	题目	3	7	11	15	19	23	27	小计
	分数								
Ⅳ	题目	4	8	12	16	20	24	28	小计
	分数								
总分									

记分方法：

回答“是”的记 1 分，回答“否”的记 0 分。

结果解释（仅供参考）：

如果总分在 0～8 分之间，说明你在与朋友相处上的困扰较少。你善于交谈，性格开朗，积极主动，关心别人，愿意与朋友在一起，彼此相处得不错。而且，你能够从与朋友相处中得到许多乐趣。你的生活是比较充实而且丰富多彩的，与异性朋友也相处得很好。一句话，你不存在或较少存在交友方面的困扰，善于与朋友相处，人缘很好，获得许多人的好感与赞同。

如果总分在 9～14 分之间，说明你与朋友相处存在一定程度的困扰。你的人缘一般，你和朋友的关系并不牢固，时好时坏，经常处在一种起伏波动之中。

如果总分在 15～28 分之间，那就表明你在同朋友相处上的行为困扰较严重，分数超过 20 分，则表明你的人际关系行为困扰程度很严重，而且在心理上出现较为明显的障碍。你可能不善于交谈，不开朗，或者有明显的自高自大、讨人嫌的行为。

以上是从总体上评述你的人际关系。下面，将根据你在每一横栏上的小计分数，具体指出你与朋友相处的困扰行为及其可供参考的纠正方法。

(1) 记分表中Ⅰ横栏上的小计分数，表明你在交谈方面的行为困扰程度

如果得分在 6 分以上，说明你不善于交谈，只有在极需要的情况下才同别人交谈，总难于表达自己的感受，无论是愉快还是烦恼；你不是个很好的倾听者，往往无法专心听别人说话或只对单独的话题感兴趣。

如果得分在 3～5 分之间，说明你的交谈能力一般，会诉说自己的感受，但不能讲得条理清晰；如果与对方不太熟悉，开始时你往往表现得拘谨与沉默，不大愿意跟对方交谈。但这种局面一般不会持续很久。经过一段时间的接触与锻炼，你可能会主动与人搭话，在这方面的困扰也会逐渐消除。

如果得分在 0～2 分之间，说明你有较高的交谈能力和技巧，善于利用恰当的说话方式来交流思想感情，因而在与别人建立友情方面，往往更容易获得成功。

(2) 记分表中Ⅱ横栏上的小计分数，表明你在交际与交友方面的行为困扰程度

如果得分在 6 分以上，说明你在社交活动与交友方面存在严重的行为困扰。比如，在正常集体活动与社交场合，比大多数同伴更为拘谨；在有陌生人或老师在场时，往往感到更加紧张；往往过多考虑自己的形象而使自己处于越来越被动和孤立的境地。

如果得分在 3～5 分之间，说明你在社交与交友方面存在一定的困扰。你不喜欢一个人呆着，需要和朋友在一起，但却不善于创造条件并积极主动地寻找知心朋友。

如果得分在 0～2 分之间，说明你对人较为真诚和热情，不存在人际交往困扰。

(3) 记分表中Ⅲ横栏上的小计分数，表明你在待人接物方面的行为困扰程度

如果得分在 6 分以上，说明你缺乏待人接物的机智与技巧。在实际的人际交往中，你也许有意无意地伤害别人，或者过分羡慕别人甚至在内心嫉妒别人。因此，可能受到别人的冷漠、排斥，甚至愚弄。

如果得分在 3～5 分之间，说明你是个比较圆滑的人。对待不同的人，你有不同的态度，而不同的人对你也有不同的评价。你讨厌某人或者被某人讨厌，但却非常喜欢一个人或者被另一个人喜欢。你的朋友关系某些方面是和谐的、良好的，某些方面却是紧张的、恶劣的。因此，你的情绪很不稳定，内心极不平衡，常常处于矛盾状态中。

如果得分在 0～2 分之间，说明你较尊重别人，敢于承担责任，对环境的适应性强。你常常以自己的真诚、宽容、责任心强等个性特点，获得众人的好感与赞同。

（4）记分表中Ⅳ横栏上的小计分数，表明你与异性朋友交往方面的行为困扰程度

如果得分在5分以上，说明你在与异性交往的过程中存在较为严重的困扰。也许你对异性存有过分的思慕，或者对异性持有偏见。这两种态度都有片面之处。也许是不知如何把握好与异性同学交往的分寸而陷入困扰之中。

如果得分在3～4分之间，说明你与异性同学交往的行为困扰程度一般。有时你可能觉得与异性同学交往是一件愉快的事，有时又有可能觉得这种交往似乎是一种负担，不知道如何与异性交往最为适宜。

如果得分在0～2分之间，说明你知道如何正确处理与异性朋友之间的关系。你对异性同学持公正的态度，能大方自然地与他们交往，并且在与异性朋友交往中，得到了许多从同性朋友那里得不到的东西。你可能是一个比较受欢迎的人。无论是同性朋友还是异性朋友，多数人都比较喜欢和赞赏你。

十一、恋爱态度测试

指导语：下列题目均有A、B、C、D四个选项，请在每题中选择一项你认为最适合的填在题后的括号内。

1. 你对未来妻子要求最主要的是（男性选择）：（　　）。

A. 善于理家做活，利落能干　　B. 容貌漂亮，风度翩翩

C. 人品不错，能体贴帮助自己　　D. 顺从你的意思

2. 你对未来丈夫要求最主要的是（女性选择）：（　　）。

A. 潇洒大方，有男子风度　　B. 有钱有势，社交能力强

C. 为人诚实正直，有进取心，待人和蔼可亲　　D. 只要他爱我，其他都不考虑

3. 你认为完美的结合应是：（　　）。

A. 门当户对　　B. 郎才女貌　　C. 心心相印　　D. 情趣相投

4. 对最佳恋爱时间的考虑是：（　　）。

A. 自己已经成熟，懂得人生的意义和爱情的内涵，并且确定了事业上的主攻方向

B. 随着年龄的增大，自有贤妻与好丈夫光临，“月老”不会忘记每个人的

C. 先下手为强，越早越主动

D. 还没想过

5. 你希望自己是怎样结识恋人的：（　　）。

A. 青梅竹马，情深意长　　B. 一见钟情，难分难舍

C. 在工作和学习中逐渐产生恋情　　D. 经熟人介绍

6. 你认为推进爱情的良策是：（　　）。

A. 极力讨好取悦对方　　B. 尽力使自己变得更完美

C. 百依百顺，言听计从　　D. 无计可施

7. 你希望恋爱的时间是：（　　）。

A. 越短越好，最好是“闪电式”　　B. 时间依进展而定

C. 时间要拖长些　　D. 自己无主张，全听对方的

8. 谁都希望完整全面地了解对方，你觉得了解他（她）的最佳途径是：（　　）。

A. 精心布置特殊场面，连连对恋人进行考验　　B. 坦诚相待地交谈，细心地观察

C. 通过朋友打听　　D. 没想过

9. 你十分倾心的恋人，随着时间的推移，暴露出一些缺点和不足，这时候你：（　　）。

A. 采取婉转的方式告知并帮助对方改进　　B. 无所谓

C. 嫌弃对方，犹豫动摇　　D. 内心十分痛苦

10. 当你初步踏进爱河之中，一位条件更好的异性对你表示爱慕时，你于是：(　　)。

A. 说明实情　　B. 对其冷淡，但维持友谊

C. 瞒着恋人和其来往　　D. 听之任之

11. 当你久已倾慕一位异性并发出爱的信息时，你忽然发现他（她）另有所爱，你怎么办？(　　)。

A. 静观待变，进退自如　　B. 参与角逐，继续穷追

C. 抽身止步，成人之美　　D. 不知道

12. 恋爱进程很少会一帆风顺，而你对恋爱中出现的矛盾、波折怎样看？(　　)。

A. 最好平顺些，既然已经出现了，也是件好事，双方正好趁此了解和考验对方

B. 感到伤心难过，认为这是不幸

C. 疑虑顿生，就此提出分手

D. 没对策

13. 由于性情不合或其他原因，你们的恋爱搁浅了，对方提出分手。这时候你：(　　)。

A. 千方百计缠住对方　　B. 到处诋毁对方名誉

C. 说声再见，各奔前程　　D. 不知所措

14. 当你十分依赖的恋人背信弃义，喜新厌旧，甩掉你以后，你怎么办？(　　)。

A. 当自己眼睛认错了人　　B. 你不仁，我不义

C. 吸取教训，重新开始　　D. 痛苦得难以自拔

15. 你爱途坎坷，多次恋爱均告失败，随着年龄增长进入“老大难”的行列，你：(　　)。

A. 一如从前，宁缺毋滥　　B. 讨厌追求，随便凑合一个

C. 检查一下选择标准是否实际　　D. 叹息命运不佳，从此绝望

16. 你认为恋爱作为人生一个极其重要的环节，其最终所达到的目的应当是：(　　)。

A. 找到一个情投意合的爱侣

B. 成家过日子，抚育儿女

C. 满足性的饥渴

D. 只是觉得新鲜有趣儿，没有明确的想法

记分方法：

题目 选择	1	2	3	4	5	6	7	8	9	10	11	12	13	14	15	16	总分
A	2	1	1	3	2	1	1	0	3	3	2	3	1	2	1	3	
B	1	1	1	2	1	3	3	3	1	2	1	2	0	0	1	2	
C	3	3	3	0	3	2	2	2	0	0	3	1	3	3	3	0	
D	1	2	2	1	1	0	0	1	2	1	0	1	1	1	0	1	
得分																	

结果解释（仅供参考）：

将你所选字母后的数字相加，总分在 42 分以上说明你的恋爱观正确，总分在 33～41 分之间说明你的恋爱观基本正确，总分在 32 分以下说明你的恋爱观需要调整。

十二、大学生学习动力自我诊断量表

指导语：这个测量表主要帮助你了解自己在学习动机，学习目标上是否存在干扰。共

20个题目，请你实事求是地在与自己情况相符合的题目上打个“√”号，不符合的题目后面打“×”号。

1. 如果别人不督促你，你极少主动学习。

2. 你一读书就觉得疲劳与厌烦，直想睡觉。

3. 当你读书时，需要很长时间才能提起精神。

4. 除了老师指定的作业外，你不想再多读书。

5. 如有不懂的地方，你根本不想设法弄懂它。

6. 你常想自己不用花太多时间成绩也会超过别人。

7. 你迫切希望自己在短时间内就能大幅度提高自己学习的成绩。

8. 你常为短时间内成绩没能提高而烦恼不已。

9. 为了及时完成某项作业你宁愿废寝忘食、通宵达旦。

10. 为了及时完成作业，你放弃了许多你感兴趣的活动，如体育锻炼、看电影与郊游。

11. 你觉得读书没意思，想去找个工作做。

12. 你常认为课本上的基础知识没啥好学的，只有看高深的理论，读大部头作品才带劲。

13. 只在你喜欢的科目上下工夫，而对不喜欢的科目放任自流。

14. 你花在课外读物上的时间比花在教科书上的时间要多得多。

15. 你把自己的时间平均分配在各科上。

16. 你给自己定下的学习目标，多数因做不到而不得不放弃。

17. 你几乎毫不费劲就实现了你的学习目标。

18. 你总是同时为实现几个学习目标忙得焦头烂额。

19. 为了对付每天的学习任务，你已经感到力不从心。

20. 为了实现一个大目标，你不再给自己制定循序渐进的小目标。

结果解释（仅供参考）：

上述20个题目可分成四组，它们分别测查你在四个方面的困扰程度：1～5题测查你的学习动机是否太弱；6～10题测查你的学习动机是否太强；11～15题测查你的学习兴趣是否存在困扰；16~20题测查你在学习目标上是否存在困扰。假若你对某组中的大多数题目持认同的态度，则一般说明你在相应的学习欲望上存在一些不够正确的认识，或存在一定程度的困扰。

十三、焦虑自评量表（SAS）

指导语：焦虑是一种比较普遍的精神体验，长期存在焦虑反应的人易发展为焦虑症。本量表包含20个项目，分为4级评分，请您仔细阅读以下内容，根据最近一星期的情况如实回答。

填表说明：所有题目均共用答案，请在A、B、C、D下划“√”，每题限选一个答案。

自评题目：

答案选项说明：A没有或很少时间（过去一周内，出现这类情况的日子不超过一天）；B小部分时间（过去一周内，有1～2天有过这类情况）；C相当多时间（过去一周内，3～4天有过这类情况）；D绝大部分或全部时间（过去一周内，有5～7天有过这类情况）。

1. 我觉得比平时容易紧张或着急	A	B	C	D
2. 我无缘无故感到害怕	A	B	C	D
3. 我容易心里烦乱或感到惊恐	A	B	C	D

4. 我觉得我可能将要发疯 A B C D
*5. 我觉得一切都很好 A B C D
6. 我手脚发抖打战 A B C D
7. 我因为头疼、颈痛和背痛而苦恼 A B C D
8. 我觉得容易衰弱和疲乏 A B C D
*9. 我觉得心平气和，并且容易安静坐着 A B C D
10. 我觉得心跳得很快 A B C D
11. 我因为一阵阵头晕而苦恼 A B C D
12. 我有晕倒发作，或觉得要晕倒似的 A B C D
*13. 我吸气呼气都感到很容易 A B C D
14. 我的手脚麻木和刺痛 A B C D
15. 我因为胃痛和消化不良而苦恼 A B C D
16. 我常常要小便 A B C D
*17. 我的手脚常常是干燥温暖的 A B C D
18. 我脸红发热 A B C D
*19. 我容易入睡并且一夜睡得很好 A B C D
20. 我做噩梦 A B C D

记分方法：

正向计分题 A、B、C、D 按 1、2、3、4 分计；反向计分题（标注 * 的题目题号：5、9、13、17、19）按 4、3、2、1 计分。总分乘以 1.25 取整数，即得标准分。

结果解释（仅供参考）：

低于 50 分者为正常；50～60 分者为轻度焦虑；61～70 分者为中度焦虑，70 分以上者为重度焦虑。焦虑评定的临界值为 T 分 50，分值越高，焦虑倾向越明显。

十四、抑郁自评量表（SDS）

指导语：本量表包含 20 个项目，分为 4 级评分，为保证调查结果的准确性，务请您仔细阅读以下内容，根据最近一星期的情况如实回答。

填表说明：所有题目均共用答案，请在 A、B、C 、D 下划“√”，每题限选一个答案。

答案选项说明：A 没有或很少时间（过去一周内，出现这类情况的日子不超过一天）；B 小部分时间（过去一周内，有 1～2 天有过这类情况）；C 相当多时间（过去一周内，3～4 天有过这类情况）；D 绝大部分或全部时间（过去一周内，有 5～7 天有过这类情况）。

自评题目：

1. 我觉得闷闷不乐，情绪低沉 A B C D
*2. 我觉得一天之中早晨最好 A B C D
3. 我一阵阵哭出来或想哭 A B C D
4. 我晚上睡眠不好 A B C D
*5. 我吃得跟平常一样多 A B C D
*6. 我与异性密切接触时和以往一样感到愉快 A B C D
7. 我发觉我的体重在下降 A B C D
8. 我有便秘的苦恼 A B C D
9. 我心跳比平时快 A B C D
10. 我无缘无故地感到疲乏 A B C D

*11. 我的头脑跟平常一样清楚 A B C D
*12. 我觉得经常做的事情并没困难 A B C D
13. 我觉得不安而平静不下来 A B C D
*14. 我对将来抱有希望 A B C D
15. 我比平常容易生气激动 A B C D
*16. 我觉得作出决定是容易的 A B C D
*17. 我觉得自己是个有用的人，有人需要我 A B C D
*18. 我的生活过得很有意思 A B C D
19. 我认为如果我死了别人会生活得更好些 A B C D
*20. 平常感兴趣的事我仍然照样感兴趣 A B C D

记分方法：

正向计分题 A、B、C、D 按 1、2、3、4 分计；反向计分题（标注 * 的题目，题号：2、5、6、11、12、14、16、17、18、20）按 4、3、2、1 计分。总分乘以 1.25 取整数，即得标准分。

结果解释（仅供参考）：

低于 50 分者为正常；50～60 分者为轻度抑郁；61～70 分者为中度抑郁，70 分以上者为重度抑郁。抑郁评定的临界值为 T 分 50，分值越高，抑郁倾向越明显。

十五、事业成功指数测试

指导语：下列题目中，每题均有三个备选答案，请你实事求是地在每道题后选择一个适合你的答案。

1. 对于团体的工作，你抱着：（　　）。
   A. 热心参加的态度　　B. 漠不关心的态度　　C. 十分厌烦
2. 你对工作的态度是：（　　）。
   A. 宁肯做待遇低些但价值高的工作
   B. 认为工作只不过是为了解决生活
   C. 一心一意只做报酬高的工作，不理会工作有没有意义
3. 当自己逐渐变老时，你同时会：（　　）。
   A. 积累更多的知识或者技能
   B. 内心感到恐惧与不安
   C. 毫无感觉，不予理会
4. 对于交朋友，你会感觉到：（　　）。
   A. 十分重要，因此在平时你就喜欢与人交往，注意礼貌，争取友谊
   B. 以为友谊很平常，不必重视
   C. 友谊无价值，不如孤独自处
5. 对于报章刊物的看法：（　　）。
   A. 认为有注意的必要，因此常选择性阅读，以了解世界大事，学习新的知识
   B. 当做是茶余饭后的消遣，可有可无
   C. 不予注意，认为与其看报章，不如去看戏
6. 对于服装，你的态度是：（　　）。
   A. 要求端正、整齐，不必奢华
   B. 只要能保暖适体，不必讲究

C. “先敬罗衣后敬人”，对服装十分讲究

7. 当你孤独寂寞时，你就会：( )。
   A. 去找朋友，或去找些事情来做
   B. 独自去散散步，或者去看看戏
   C. 闭门胡思乱想来打发时间

8. 当自己有缺点的时候，你就：( )。
   A. 承认自己的缺点，极力设法改正
   B. 如果没有人发觉，就不予理会，也不自我检讨
   C. 即使有人指点，也极力否认

9. 对于生活开支，你：( )。
   A. 精打细算，量入为出，养成储蓄的习惯
   B. 认为只要不欠债就行
   C. 今朝有酒今朝醉，不必有什么计划

10. 当遇到困难时，你就：( )。
   A. 找出产生困难的原因，并且把遇到挫折当做是一次经验和教训
   B. 内心不安，设法找人来帮忙
   C. 独自悲哀，感到消极，对前途无望

11. 当别人批评你时，你就：( )。
   A. 冷静地考虑别人的意见，如果是对的，就予以接受；不当的也不随便发怒，只找机会辩白一下
   B. 不理会别人的批评，不作任何反应
   C. 对别人的批评，一概表示不满，并且与人争吵

12. 对男女关系的看法，你认为：( )。
   A. 男女地位是平等的，彼此是合作的关系，任何一方均不应抱利用对方的心理。和异性朋友来往，不可存有邪念
   B. 男女之间应保持相当距离
   C. 男女关系很平常，可以很随便

13. 当别人遇到困难时，你就：( )。
   A. 首先判断对方遇到的是什么困难，如果有援助的必要，就立即去帮助对方
   B. 不问理由，尽力去助人
   C. 认为这是别人的事，采取袖手旁观的态度

14. 对事物的“新”或“旧”的看法：( )。
   A. 认为事物不必分新旧，好不好要看价值如何
   B. 一视同仁
   C. 只接受新的事物，旧的一概不要

15. 你对生活的安排是采取：( )。
   A. 拟订一年的计划，在一年之中又按月拟订具体的工作和学习目标
   B. 请他人为自己安排，或者仿照他人的生活计划
   C. 认为过一天算一天，不必做什么安排

记分方法：

每题 A 记 5 分，B 记 2 分，C 记 0 分。各题得分相加，统计总分。

结果解释（仅供参考）：

60分以上：优等。你对生活和事业抱有崇高理想，能面对现实，遇见困难挫折能设法克服，能与人合作，创造事业。

40～59分：中等。你对生活和事业有一定想法，基本上能正视现实，对大部分困难和挫折能想方设法克服，但有时也会产生悲观消极的念头。

39分以下：说明你对各种问题的认识尚不清楚，或抱有错误观念，对克服困难缺乏信心。你必须加紧练习，锻炼自己，多多交友，才能创造美好的前途。

十六、生活满意度指数Z（LSIZ）

指导语：下面的一些陈述涉及人们对生活的不同感受，请阅读下列陈述，如果你同意该观点，就请在“同意”下做一记号；如果不同意该观点，请在“不同意”之下做一记号；如果无法肯定是否同意，则在“?”之下做一记号。请务必回答每一个问题。

同意　不同意？

1. 当我老了以后发现事情似乎要比原先想象得好。(A)
2. 与我所认识的多数人相比，我更好地把握了生活中的机遇。(A)
3. 现在是我一生中最沉闷的时期。(D)
4. 我现在和年轻的时候一样幸福。(A)
5. 现在是我一生中最美好的时光。(A)
6. 我所做的事情多半是令人厌烦和单调乏味的。(D)
7. 我现在做的事情和以前做的事一样有趣。(A)
8. 回首往事，我相当满足。(A)
9. 我已经为一个月甚至一年后该做的事情制订了计划。(A)
10. 回首往事，我有许多想得到的东西没有得到。(A)
11. 与其他人相比，我惨遭失败的次数太多了。(D)
12. 我在生活中得到了相当多我所期望的东西。(A)
13. 不管人们怎样说，许多普通人是越过越糟糕，而不是越过越好。(D)

记分方法：

A为正序记分项目，“同意”记2分，“不同意”记0分，“?”记1分；

D为反向记分项目，“同意”记0分，“不同意”记2分，“?”记1分。

结果解释（仅供参考）：

LSIZ得分从0～26分，分数越高，满意度越高。

参 考 文 献

[1] 胡凯. 大学生心理健康教育. 北京：人民出版社，2007.

[2] 陈家麟. 学校心理教育. 北京：教育科学出版社，1995.

[3] 段鑫星，赵玲. 大学生心理健康教育. 北京：科学出版社，2008.

[4] 梁天坚，刘翠秀. 大学生心理健康. 北京：科学出版社，2009.

[5] 张泽玲. 当代大学生心理素质教育与训练. 北京：机械工业出版社，2005.

[6] 马存根. 大学生心理健康教育. 北京：人民卫生出版社，2005.

[7] 肖水源. 大学生心理健康教师用书. 北京：人民卫生出版社，2005.

[8] 涂旭东，张烈山. 大学生心理健康. 北京：中国医药科技出版社，2006.

[9] 齐力. 大学生心理健康素质教程. 北京：五洲传播出版社，2005.

[10] 汪海燕. 高职高专学生心理健康指导. 北京：高等教育出版社，2005.

[11] 佐斌. 大学生心理发展. 北京：高等教育出版社，2004.

[12] 薛德钧，田晓红. 大学生心理与心理健康. 北京：北京大学出版社，中国林业出版社，2007.

[13] 张大均，吴明霞. 大学生心理健康. 北京：清华大学出版社，2007.

[14] 欧晓霞，曲振国. 大学生心理健康. 北京：清华大学出版社，2006.

[15] 周家华，王金凤. 大学生心理健康教育. 北京：清华大学出版社，2010.

[16] 贾晓明，陶勑恒. 大学生心理健康——走向和谐与适应. 北京：北京理工大学出版社，2005.

[17] 黄希庭. 大学生心理健康教育. 上海：华东师范大学出版社，2004.

[18] 边玉芳. 心理健康. 上海：华东师范大学出版社，2007.

[19] 王群. 大学生心理健康教育. 上海：复旦大学出版社，2004.

[20] 何金彩，唐闻捷. 大学生心理健康与发展. 杭州：浙江大学出版社，2005.

[21] 胡凯，黄涉琴. 大学生心理素质健康发展. 湖南：湖南科技出版社，1999.

[22] 谢炳炎，于祥成. 大学生心理健康教育与指导. 湖南：湖南大学出版社，2005.

[23] 徐峰，武桂琴，聂秀范. 大学生心理健康向导. 沈阳：东北大学出版社，2005.

[24] 黄群瑛. 大学生心理素质训练. 大连：大连理工大学出版社，2008.

[25] 林永和. 大学生心理素质训练教程. 桂林：广西师范大学出版社，2004.

[26] 郑日昌. 大学生心理卫生. 济南：山东教育出版社，1997.

[27] 聂振伟. 大学生心理健康教程. 西安：陕西科学技术出版社，2005.

[28] 申小莹，钞秋玲. 大学生心理教育教程. 西安：西安交通大学出版社，2002.

[29] 肖沛雄等. 大学生心理与训练. 广州：中山大学出版社，2000.

[30] 廖克玲. 高职院校心理教育教程. 广州：广东科技出版社，2006.

[31] 吕建国. 大学生心理健康教育. 成都：四川大学出版社，2005.

[32] 牧之，张震，牛红梅. 性格的神奇力量. 北京：新世界出版社，2005.

[33] 郑全全，余国良. 人际关系心理学. 北京：人民教育出版社，1999.

[34] 金盛华. 社会心理学. 北京：高等教育出版社，2005.

[35] ［奥］弗洛伊德. 性学三论. 林克明译. 西安：太白文艺出版社，2004.

[36] ［英］霭理士. 性心理学. 潘光旦译注. 北京：商务印书馆，1997.

[37] 史国亮. 大学生人生规划系统解决方案与经典咨询案例实用手册. 北京：高等教育出版社，2012.

[38] 胡佩诚. 心理治疗. 北京：中国医药科技出版社，2006.

[39] 易法建，冯正直. 心理医生. 重庆：重庆出版社，2006.

[40] 樊富珉. 团体心理咨询. 北京：高等教育出版社，2005.

[41] ［美］戴尔·卡内基. 正能量——活出全新的自己. 陈玮译. 北京：商业出版社，2012.

[42] ［美］韦恩·戴尔. 你的误区. 崔京瑞，王南译. 北京：群言出版社，2007.

[43] [美] 韦恩·戴尔. 正能量实践版. 崔京瑞，王南译. 长沙：湖南文艺出版社，2013.

[44] [美] 韦恩·戴尔. 正能量修成手册. 金九菊译. 北京：友谊出版公司，2013.

[45] [英] 理查德·怀斯曼. 正能量. 李磊译. 长沙：湖南文艺出版社，2012.

[46] 理查德·怀斯曼. 正能量 2——幸运的方法. 符泉生，何金娥译. 长沙：湖南文艺出版社，2013.